フーリエ解析の話

北田 均 著

現代数学社

まえがき

　本書ではフーリエによって見いだされたフーリエ級数，フーリエ積分やその発展応用であるフーリエ変換などを見ていきたいと思う．そしてこれらがより抽象的観点から内積を持った完備な無限次元線型空間であるヒルベルト空間の理論として見直され得ること等も見ていこうと思う．フーリエ級数展開，フーリエの積分公式を見たのち，それらの現代的発展である擬微分作用素，フーリエ積分作用素という概念を導入しフーリエ級数展開の一般化としての自己共役作用素の固有関数による関数の展開が可能であるかという「現代のフーリエ解析」への導入を行う．この問題はフーリエが彼の書『熱の解析的理論』(1807年) において述べた「すべての関数はフーリエ級数展開される」という予見の一般化である．この問題が如何に現代解析学の発展に関わっているかについては井川満先生の『理系への数学』への連載「偏微分方程式への誘い」などをご覧いただきたい．本書では現代フーリエ解析へのほんの入門部分を述べ，読者の将来の発展への契機となることを願っている．

　本書は現代数学社の『理系への数学』に連載されたものに若干の手を加えたものである．筆者の考えをまとめる機会を与えて頂いた現代数学社の富田栄社長および富田淳氏にこの場をお借りし感謝の意を表する．

2007年7月 東京にて

北田　均

目 次

第 I 部　フーリエ解析入門　　1

第 1 章　フーリエ級数はなぜ収束するか　　3
- 1.1　フーリエ級数とは？ 3
- 1.2　フーリエ級数の収束 5
- 1.3　関数 f が滑らかな場合 9
- 1.4　フーリエ積分 12
- 1.5　まとめ 13

第 2 章　連続関数のフーリエ級数展開　　15
- 2.1　復習 15
- 2.2　連続関数の場合 17
- 2.3　フーリエ級数のセサロ総和 18
- 2.4　正規直交基底 22
- 2.5　連続的微分可能な場合 24
- 2.6　フーリエの主張の意味 26
- 2.7　まとめ 27

第 3 章　フーリエ変換と反転公式　　29
- 3.1　フーリエ変換 30
- 3.2　急減少関数の性質 30
- 3.3　$e^{-x^2/2}$ のフーリエ変換 33
- 3.4　フーリエの反転公式 34
- 3.5　パーセバルの関係式 36
- 3.6　まとめ 38

第 4 章　フーリエ変換とヒルベルト空間　　39
- 4.1　ヒルベルト空間 40
- 4.2　完備化 44
- 4.3　$L^2(\mathbb{R}^m)$ 上のフーリエ変換 45
- 4.4　ポアッソンの和公式 49
- 4.5　まとめ 50

第 5 章　フーリエ級数展開とヒルベルト空間　　51
- 5.1　ヒルベルト空間 $L^2([-\pi,\pi])$ 52
- 5.2　ディリクレの定理の証明 54
- 5.3　フーリエの積分公式再見 62
- 5.4　フーリエ級数展開 63
- 5.5　積分の第二平均値定理の応用 66
- 5.6　まとめ 70

第 6 章　偏微分方程式とフーリエ解析　　71
- 6.1　熱伝導方程式 71
- 6.2　ノイマン型境界条件 76
- 6.3　無限区間における熱伝導方程式 77
- 6.4　まとめ 82

第 7 章　振動積分とフーリエ変換　　83
- 7.1　振動積分 85
- 7.2　一般の振動積分 89
- 7.3　振動積分の多重積分 93
- 7.4　$\mathcal{B}$-関数に対するフーリエの反転公式 94
- 7.5　まとめ 97

第 8 章　擬微分作用素の表象　　99
- 8.1　単化表象 100
- 8.2　表象と擬微分作用素 102
- 8.3　擬微分作用素の積 104
- 8.4　表象のテイラー展開 106

| | 8.5 まとめ . . . . | 108 |

第9章 擬微分作用素の多重積 **111**

	9.1 多重積の表象	112
	9.2 擬微分作用素の可逆性	115
	9.3 擬微分作用素の L^2-有界性	116
	9.4 演習問題	122
	9.5 まとめ	122

第10章 フーリエ積分作用素 **125**

	10.1 相関数の空間 $P_\sigma(\tau;\ell)$ とシンボルの空間 B_ℓ^k	126
	10.2 擬微分作用素とフーリエ積分作用素の積	129
	10.3 フーリエ積分作用素の積	130
	10.4 フーリエ積分作用素の可逆性	133
	10.5 まとめ	136

第11章 シュレーディンガー方程式と擬微分作用素 **137**

	11.1 $V(t) \equiv 0$ の場合	140
	11.2 一般の $V(t)$ の場合	143
	11.3 $V(t)$ が $\mathcal{B}$-関数の場合	146
	11.4 まとめ	151

第12章 シュレーディンガー方程式とフーリエ積分作用素 **153**

	12.1 摂動に対する仮定と古典軌道	157
	12.2 相関数とハミルトン-ヤコビ方程式	161
	12.3 基本解 $U(t,s)$	163
	12.4 まとめ	169

第II部　数　学　的　量　子　力　学　　**171**

第13章 時間の矛盾 **173**

第14章 位置と運動量 **177**

第 15 章 局所時間　183
- 15.1 局所時間の定義 183
- 15.2 局所時間の正当性 184
- 15.3 時間の不確定性 201

第 16 章 局所系　203

第 17 章 自由ハミルトニアン　207
- 17.1 自由ハミルトニアンに対するスペクトル表現 207
- 17.2 自由リゾルベントの空間的漸近挙動 216
- 17.3 自由発展作用素の伝播評価 227

第 18 章 2 体ハミルトニアン　241
- 18.1 2 体ハミルトニアンの固有値 241
- 18.2 波動作用素 245
- 18.3 漸近的完全性 250

第 19 章 多体ハミルトニアン　267
- 19.1 序 267
- 19.2 散乱空間 271
- 19.3 単位の分解 273
- 19.4 連続スペクトル空間の分解 280
- 19.5 蒸散する固有状態 - 自己相似性 301
- 19.6 波動作用素の像の特徴付け 303

第 20 章 一般相対性原理　315

第 21 章 観測　319
- 21.1 序 319
- 21.2 第一段 323
- 21.3 第二段 325

第 22 章 数学は矛盾している?　331

第 23 章 混沌としての宇宙 **341**

第 24 章 局所運動の存在 **351**
 24.1 ゲーデルの定理 351
 24.2 局所時間の存在 353
 24.3 作用素による証明 354

第 I 部

フーリエ解析入門

第1章 フーリエ級数はなぜ収束するか

1.1 フーリエ級数とは？

フーリエ (J. Fourier) は彼の本『熱の解析的理論』(1807 年)[1]に「区間 $[-\pi, \pi]$ 上で定義されたすべての関数 $f(x)$ はある係数の列 $\{a_n\}_{n=0}^{\infty}$ および $\{b_n\}_{n=1}^{\infty}$ に対し

$$f(x) = \frac{a_0}{2} + \sum_{n=1}^{\infty} (a_n \cos nx + b_n \sin nx) \qquad (1.1)$$

の形に表される」と書いた．ここで関数 f が与えられれば係数列 $\{a_n\}_{n=0}^{\infty}$ および $\{b_n\}_{n=1}^{\infty}$ は以下のように定義される．

$$a_n = \frac{1}{\pi} \int_{-\pi}^{\pi} f(y) \cos ny \, dy \quad (n = 0, 1, \cdots) \qquad (1.2)$$

$$b_n = \frac{1}{\pi} \int_{-\pi}^{\pi} f(y) \sin ny \, dy \quad (n = 1, 2, \cdots) \qquad (1.3)$$

上の $f(x)$ の式 (1.1) の右辺を**フーリエ級数**と呼び式 (1.2), (1.3) の a_n, b_n を f の**フーリエ係数**という．式 (1.1) は無限個の項の和でそのような無限和は一般に級数と呼ばれる．ここで注意すべきことは上で述べた「区間 $[-\pi, \pi]$ 上で定義されたすべての関数 $f(x)$」とは正確に述べれば $f(x)$ は $-\pi \leq x \leq \pi$ なる実数 x に対し何らかの実数値 $f(x)$ を対応させる「実数値」関数であるということである．複素数を使うともっと見通しのよくなることを後に見る．

---

[1] [19], Chapter III Propagation of heat in an infinite rectangular solid, Section VI. Development of an arbitrary function in trigonometric series. 特にその 204 ページの式 (p) およびその前後においてその主張が述べられている．この本は 1822 年に出版されたがÉcole Polytéchnique に提出され Lagrange, Laplace, Lacroix, Monge より構成された委員会に出版を拒絶された 1807 年の草稿は後に Darboux によって発見された．

4　第1章　フーリエ級数はなぜ収束するか

　ここで係数 a_n, b_n を与える積分 (1.2), (1.3) は $f(x)$ の端点 $x = -\pi$ の値によらないからそこだけ

$$f(-\pi) = f(\pi) \tag{1.4}$$

としておけば関数 f は周期 2π を持つ周期関数となる．以下 f をこのような周期関数に修正したものを考える．従って f は半開区間 $(-\pi, \pi]$ 上で定義された関数と考えられる．

　ここで級数という言葉を思い出しておこう．たとえば $|x| < 1$ のとき等比数列 x^m の $m = 0$ から第 k 項 x^k までの和が

$$1 + x + x^2 + \cdots + x^k = \frac{1 - x^{k+1}}{1 - x}$$

でありかつ $k \to \infty$ のとき $x^{k+1} \to 0$ であることからその無限和が

$$1 + x + x^2 + \cdots + x^k + \cdots = \frac{1}{1 - x}$$

と求まるが，このような無限和を一般に級数というのであった．この場合は関数

$$\frac{1}{1-x}$$

が無限等比級数に展開されるわけである．このときこの級数の各項は x の多項式 x^m $(m = 0, 1, 2, \cdots)$ であるが，もっと一般に級数というのは無限数列 $\{a_n\}_{n=0}^{\infty}$ に対しその有限部分和

$$s_k = a_0 + a_1 + a_2 + \cdots + a_k = \sum_{n=0}^{k} a_n$$

からなる数列 $\{s_k\}_{k=0}^{\infty}$ のことで，この数列が収束するとき級数

$$s = a_0 + a_1 + a_2 + \cdots + a_k + \cdots = \sum_{n=0}^{\infty} a_n$$

が収束するというのであった．従って上に述べたフーリエ級数はたしかに級数である．上で触れたフーリエの述べたことは区間 $[-\pi, \pi]$ 上の任意の周

期関数 $f(x)$ が上の形をした三角級数に展開されるということである．これはいま述べた $1/(1-x)$ が多項式 x^k の無限和に展開されるのに対し，区間 $[-\pi, \pi]$ 上の一般の周期関数 $f(x)$ が周期 $2\pi/n$ ($n = 1, 2, \cdots$) を持つ周期関数 $\cos nx$, $\sin nx$ にフーリエ係数 a_n, b_n をかけて得られる級数に展開されると言うことを述べている．区間 $[-\pi, \pi]$ 上で定義された周期関数 $f(x)$ は区間 $[-\pi, \pi]$ の外の x に対してはある整数 m で $x + 2m\pi \in [-\pi, \pi]$ なるものが必ずあるから

$$f(x) = f(x + 2m\pi)$$

と定義することにより f は実数全体 $\mathbb{R} = (-\infty, \infty)$ の上で定義された周期 2π の関数に拡張される．上の三角級数自身は収束すれば周期 2π をもつからフーリエの言ったことは実数 $\mathbb{R}$ 上で定義された周期 2π の関数は「かならず」三角級数に展開されるということである．

しかしこのような形をした三角級数は関数 f が与えられたとき上の式 (1.2), (1.3) で与えられる係数 a_n, b_n に対し本当に収束するのか？そしてさらに重要な問題は収束するとしてそれは果たして本当に $f(x)$ 自身に収束するのだろうか？

この問題は後の数学の基礎を与える多くの問題に関係している．フーリエが上記の本を出版してからポアッソン (Poisson) やコーシー (Cauchy) が収束を証明しようと試みたが成功しなかった．最初の部分的成功はディリクレ (Dirichlet) によって与えられた (1829)．本章ではディリクレの与えた条件よりもう少し強い条件を考えて (1.1) の右辺の「フーリエ級数が収束する」とは本質的にはどういう条件であるのかということを見ていこうと思う．

1.2　フーリエ級数の収束

まず式 (1.1) の右辺で関数 $g(x)$ が与えられているとする．つまり仮に式 (1.1) の右辺が収束してもそれが f に等しいことはすぐにはわからないから，当面は式 (1.1) の右辺の収束を考える．そのため一応式 (1.1) の右辺が定義

するであろう関数を $g(x)$ と書くことにし

$$g(x) = \frac{a_0}{2} + \sum_{n=1}^{\infty} (a_n \cos nx + b_n \sin nx) \tag{1.5}$$

とおいて議論を進めるわけである．このとき形式的に式 (1.5) の両辺に $\frac{1}{\pi}\cos kx$ ($k=0,1,\cdots$) あるいは $\frac{1}{\pi}\sin kx$ ($k=1,2\cdots$) を掛けて x について $-\pi$ から π まで積分してみる．すると左辺はそれぞれ式 (1.2), (1.3) で $f=g$ とおいた

$$\frac{1}{\pi}\int_{-\pi}^{\pi} g(x)\cos kx\, dx$$

あるいは

$$\frac{1}{\pi}\int_{-\pi}^{\pi} g(x)\sin kx\, dx$$

に等しくなる．このとき (1.5) の右辺は無限和であり従って有限和の極限であるから上記積分が式 (1.5) の右辺各項の積分の無限和に等しくなるとは限らない．つまり，右辺の無限和という極限操作と積分という極限操作は交換可能とは限らないのである．しかし当面仮にこれらが交換可能と仮定し，いま部分積分を思い出して積分を実行すると

$$\int_{-\pi}^{\pi} \cos nx\, \cos kx\, dx = 0\ (n \neq k) \tag{1.6}$$

$$\int_{-\pi}^{\pi} \sin nx\, \sin kx\, dx = 0\ (n \neq k) \tag{1.7}$$

$$\int_{-\pi}^{\pi} \sin nx\, \cos kx\, dx = 0\ (\text{すべての } n, k) \tag{1.8}$$

$$\int_{-\pi}^{\pi} \sin nx\, \sin nx\, dx = \pi\ (\text{すべての } n) \tag{1.9}$$

$$\int_{-\pi}^{\pi} \cos nx\, \cos nx\, dx = \pi\ (\text{すべての } n) \tag{1.10}$$

が得られる．従って (1.5) の右辺の各項に $\frac{1}{\pi}\cos kx$ あるいは $\frac{1}{\pi}\sin kx$ を掛けて区間 $[-\pi,\pi]$ で積分して n について無限和を取る場合それぞれ

$$a_k \quad \text{あるいは} \quad b_k$$

1.2. フーリエ級数の収束　7

となる．以上より少なくとも形式的には関数 g が式 (1.5) の形の展開式を持てばその係数はほぼ自動的に式 (1.2), (1.3) で $f = g$ とした式

$$a_k = \frac{1}{\pi} \int_{-\pi}^{\pi} g(x) \cos kx \, dx$$
$$b_k = \frac{1}{\pi} \int_{-\pi}^{\pi} g(x) \sin kx \, dx$$

で与えられることがわかる．したがってこのことが厳密に示されれば f のフーリエ級数展開 (1.1) が示されたことになる．

いま $i = \sqrt{-1}$ を虚数単位としてオイラーの公式

$$e^{iy} = \cos y + i \sin y \quad (y \in \mathbb{R})$$

を思い起こすと

$$\cos ny = \frac{1}{2}(e^{iny} + e^{-iny})$$
$$\sin ny = \frac{1}{2i}(e^{iny} - e^{-iny})$$

となるからフーリエ級数 (1.5) は

$$g(x) = \sum_{n=-\infty}^{\infty} \frac{1}{2\pi} \int_{-\pi}^{\pi} f(y) e^{-iny} dy \, e^{inx}$$

と書き換えられる．ここで

$$e_k(x) = \frac{1}{\sqrt{2\pi}} e^{ikx} \tag{1.11}$$

とおけば上式は

$$g(x) = \sum_{n=-\infty}^{\infty} \int_{-\pi}^{\pi} f(y) \overline{e_n(y)} dy \, e_n(x) \tag{1.12}$$

となる．ただし複素数 $\alpha = \alpha_1 + i\alpha_2$ (α_1, α_2 は実数) に対し $\overline{\alpha} = \alpha_1 - i\alpha_2$ は α の共役複素数を表す．したがってフーリエ級数が収束するか否かはこの複素形の級数が収束するか否かという問題に書き換えられた．一般に区間 $[-\pi, \pi]$ 上の複素数値関数 $f(y), g(y)$ に対しその内積を

$$(f, g) = \int_{-\pi}^{\pi} f(y) \overline{g(y)} dy$$

第1章 フーリエ級数はなぜ収束するか

と定義する．すると級数表示 (1.12) の係数は

$$\int_{-\pi}^{\pi} f(y)\overline{e_n(y)}dy = (f, e_n)$$

と内積を用いて書ける．すなわち $g(x)$ は

$$g(x) = \sum_{n=-\infty}^{\infty} (f, e_n)e_n(x) \tag{1.13}$$

という形に書けたわけである．このことは以前の実数型のフーリエ級数の形を見れば同じ形の関係であることがわかる．ここで係数を決める内積 (f, e_n) の中の振動因子 $e_n(y) = \frac{1}{\sqrt{2\pi}}e^{iny}$ は以前の実数型の振動 $\sin ny, \cos ny$ のあいだの関係式 (1.6)〜(1.10) と同様の関係

$$(e_k, e_n) = \frac{1}{2\pi}\int_{-\pi}^{\pi} e^{iky}e^{-iny}dy = \delta_{kn}$$

を満たすことが簡単な積分計算によりわかる．ここでは実数型の関係式 (1.6)〜(1.10) を導いたときのような複雑な部分積分は不要になる．ただし δ_{kn} はクロネッカーのデルタといわれるもので

$$\delta_{kn} = \begin{cases} 1 & (k = n) \\ 0 & (k \neq n) \end{cases}$$

で定義される．

このように関数系 $\{e_1(x), e_2(x), \cdots, e_k(x), \cdots\}$ でその内積が関係

$$(e_k, e_n) = \delta_{kn}$$

を満たすものを一般に正規直交系をなす関数系と呼ぶ．上のフーリエ級数の場合は

$$e_k(x) = \frac{1}{\sqrt{2\pi}}e^{ikx} \quad (k = 0, \pm 1, \pm 2, \cdots)$$

は区間 $[-\pi, \pi]$ 上の正規直交系となっている．区間 $[-\pi, \pi]$ 上の関数 f に対し自分自身との内積の正の (あるいは非負の) 平方根を f のノルムといい

$$\|f\| = \sqrt{(f, f)}$$

と表す.

いま任意の整数 $L \geq 0$ および複素数の無限列 α_n ($n = \cdots, -2, -1, 0, 1, 2, \cdots$) に対し

$$f_L(x) = \sum_{n=-L}^{L} \alpha_n \frac{1}{\sqrt{2\pi}} e^{inx} = \sum_{n=-L}^{L} \alpha_n e_n(x)$$

とおいて $f - f_L$ のノルムを計算すると $e_n(x) = \frac{1}{\sqrt{2\pi}} e^{inx}$ が正規直交系をなすことから少々計算すれば

$$\begin{aligned} 0 &\leq \|f - f_L\|^2 \\ &= \|f\|^2 - \sum_{n=-L}^{L} |(f, e_n)|^2 + \sum_{n=-L}^{L} |(f, e_n) - \alpha_n|^2 \end{aligned}$$

がえられる.右辺は非負で $\alpha_n = (f, e_n)$ の時最小であるから任意の整数 $L \geq 0$ に対し

$$\sum_{n=-L}^{L} |(f, e_n)|^2 \leq \|f\|^2$$

が成り立つことがわかる.$L \geq 0$ は任意の整数であったから $L \to \infty$ として

$$\sum_{n=-\infty}^{\infty} |(f, e_n)|^2 = \frac{1}{2\pi} \sum_{n=-\infty}^{\infty} |(f, e^{iny})|^2 \leq \|f\|^2$$

が得られる.これはベッセル (Bessel) の不等式と呼ばれているものである.したがって関数 f のノルムが有限なら級数

$$\sum_{n=-\infty}^{\infty} |(f, e_n)|^2$$

は収束する.

1.3 関数 f が滑らかな場合

以上で準備が整ったのでこの節では区間 $[-\pi, \pi]$ 上の周期関数 $f(x)$ が一回微分可能でその導関数 $f'(x)$ も周期的で連続な場合を考える.これを f は区間 $[-\pi, \pi]$ 上一回連続的微分可能といい,記号で $f \in C^1([-\pi, \pi])$ と書く.

10   第1章 フーリエ級数はなぜ収束するか

この場合フーリエ級数の式 (1.12) の係数

$$\begin{aligned}(f, e_n) &= \int_{-\pi}^{\pi} f(y) \frac{1}{\sqrt{2\pi}} e^{-iny} dy \quad (n \neq 0)\\ &= -\frac{1}{in} \int_{-\pi}^{\pi} f(y) \frac{1}{\sqrt{2\pi}} \frac{d}{dy}(e^{-iny}) dy\end{aligned}$$

は部分積分できて

$$\begin{aligned}(f, e_n) &= \frac{1}{in} \frac{1}{\sqrt{2\pi}} \int_{-\pi}^{\pi} f'(y) e^{-iny} dy\\ &= \frac{1}{in}(f', e_n)\end{aligned} \quad (1.14)$$

と導関数 f' のフーリエ係数 (f', e_n) を用いて表される.したがってこれは $n \neq 0$ のとき

$$|(f, e_n)| \leq \frac{1}{|n|}|(f', e_n)|$$

を満たす.これより上のベッセルの不等式を導関数 f' に適用してシュワルツの不等式を用いると,

$$\sum_{n=-\infty}^{\infty}{}' = \sum_{n=-\infty}^{-1} + \sum_{n=1}^{\infty}$$

により $n = 0$ 以外の n についての和を表すとき

$$\begin{aligned}\sum_{n=-\infty}^{\infty}{}' |(f, e_n)| &\leq \sum_{n=-\infty}^{\infty}{}' \frac{1}{|n|}|(f', e_n)|\\ &\leq \left(\sum_{n=-\infty}^{\infty}{}' \frac{1}{|n|^2}\right)^{\frac{1}{2}} \left(\sum_{n=-\infty}^{\infty}{}' |(f', e_n)|^2\right)^{\frac{1}{2}} < \infty\end{aligned}$$

となる.したがってフーリエ級数の式 (1.12) は周期関数 $f(x)$ が一回連続的微分可能であれば収束することがわかる.

あるいは f が2回連続的微分可能と仮定すれば上の部分積分 (1.14) を二回行うことができて

$$(f, e_n) = \frac{1}{in}(f', e_n) = -\frac{1}{n^2}(f'', e_n)$$

が得られる．ここで

$$|(f'', e_n)| \leq \frac{1}{\sqrt{2\pi}} \int_{-\pi}^{\pi} |f''(y)| dy \stackrel{def}{=} C_2 < \infty$$

が n に依らない定数 $C_2 \geq 0$ に対し成り立つから

$$\sum_{n=-\infty}^{\infty}{}' |(f, e_n)| \leq C_2 \sum_{n=-\infty}^{\infty}{}' \frac{1}{n^2} < \infty$$

となりベッセルの不等式を用いずともフーリエ級数は収束することがわかる．一般に k 回連続的微分可能であれば

$$\sum_{n=-\infty}^{\infty}{}' |(f, e_n)| \leq C_k \sum_{n=-\infty}^{\infty}{}' \frac{1}{n^k} < \infty$$

となり微分可能性あるいは滑らかさが増大するほどフーリエ級数は「速く」収束することがわかる．

以上の事柄はフーリエ級数の収束は本質的にその係数

$$a_n = \frac{1}{\pi} \int_{-\pi}^{\pi} f(y) \cos ny \, dy \quad (n = 0, 1, \cdots) \tag{1.15}$$

$$b_n = \frac{1}{\pi} \int_{-\pi}^{\pi} f(y) \sin ny \, dy \quad (n = 1, 2, \cdots) \tag{1.16}$$

の減少によること，そしてその減少度は関数 f の滑らかさが増大するほど速くなりフーリエ級数は収束がよくなることを示している．あるいは複素数の形で書けば与えられた関数 f と振動する指数関数 $e_n(y) = \frac{1}{\sqrt{2\pi}} e^{iny}$ との内積で与えられる係数

$$(f, e_n)$$

の $n \to \pm\infty$ での減少度は関数 f の滑らかさが増大するほど速くなりフーリエ級数は収束がよくなることを示している．これは関数 f が滑らかであれば積分

$$(f, e_n) = \frac{1}{\sqrt{2\pi}} \int_{-\pi}^{\pi} f(y) e^{-iny} dy$$

の中で原点の周りを振動する振動因子 e^{-iny} の効果が多く現れ，n が大きいほど関数 f の値が平均化され打ち消し合い積分の値が小さくなることを示す．このような振動するがゆえに収束がよくなる積分は近年振動積分と呼ばれ擬微分作用素やフーリエ積分作用素の基礎を与えるものとなっている．

1.4 フーリエ積分

フーリエ級数 (1.12) あるいはそのもとの形 (1.5) を見てみると係数の部分

$$(f, e_n) = \frac{1}{\sqrt{2\pi}} \int_{-\pi}^{\pi} f(y) e^{-iny} dy$$

は連続的な積分であるが，その和を取る部分は離散的で $n = -\infty$ から $n = \infty$ までとびとびに足している．この部分も連続的積分にして

$$g(x) = \int_{-\infty}^{\infty} \frac{1}{2\pi} \int_{-\pi}^{\pi} f(y) e^{-i\xi y} dy \ e^{i\xi x} d\xi \tag{1.17}$$

としてみたらどうなるか？

この場合も収束を見るには f が k 回連続的微分可能であれば離散的な場合の係数に相当する部分は

$$\begin{aligned}
(f, e^{i\xi y}) &= \int_{-\pi}^{\pi} f(y) e^{-i\xi y} dy \\
&= \frac{1}{(-i\xi)^k} (f^{(k)}, e^{i\xi y})
\end{aligned}$$

となり $\xi \neq 0$ について $\xi \to \pm\infty$ のとき $|\xi|^{-k}$ のオーダーで減少する．ただし上で $f^{(k)}$ は関数 f の k 階微分を表す．したがって $k > 1$ ならばフーリエ積分 (1.17) は ξ に関し積分可能になり，やはり関数 f が十分滑らかならばフーリエ積分も収束する．

このフーリエ積分は関数 f が周期的な場合だけではなく実数 $\mathbb{R}$ 全体で定義されていて，たとえば $\mathbb{R}$ 上で絶対値関数 $|f|$ が積分可能であれば以下のように拡張される．

$$(f, e^{i\xi y}) = \int_{-\infty}^{\infty} f(y) e^{-i\xi y} dy \tag{1.18}$$

とするとき

$$\begin{aligned} g(x) &= \int_{-\infty}^{\infty} \frac{1}{2\pi} \int_{-\infty}^{\infty} f(y) e^{-i\xi y} dy\; e^{i\xi x} d\xi \\ &= \frac{1}{\sqrt{2\pi}} \int_{-\infty}^{\infty} \frac{1}{\sqrt{2\pi}} (f, e^{i\xi y}) e^{i\xi x} d\xi. \end{aligned} \quad (1.19)$$

一般に式 (1.18) に $\frac{1}{\sqrt{2\pi}}$ を掛けた $\frac{1}{\sqrt{2\pi}}(f, e^{i\xi y})$ を f のフーリエ変換と呼び

$$\begin{aligned} (\mathcal{F}f)(\xi) &= \widehat{f}(\xi) = \frac{1}{\sqrt{2\pi}}(f, e^{i\xi y}) \\ &= (2\pi)^{-1/2} \int_{-\infty}^{\infty} f(y) e^{-i\xi y} dy \end{aligned} \quad (1.20)$$

等と書く．あるクラスの関数 f に対しては式 (1.19) は $g = f$ として成り立つ．この事実はフーリエの反転公式と呼ばれる．この場合フーリエ変換 (1.20) に対しその逆変換は逆フーリエ変換と呼ばれる

$$(\mathcal{F}^{-1}h)(x) = \widetilde{h}(x) = (2\pi)^{-1/2} \int_{-\infty}^{\infty} h(\xi) e^{i\xi x} d\xi$$

で与えられ

$$f(x) = \mathcal{F}^{-1}\mathcal{F}f(x) = \mathcal{F}\mathcal{F}^{-1}f(x)$$

が成り立つ．

1.5 まとめ

本章ではある関数 f のフーリエ級数，フーリエ積分がどういうものかを見，それが収束すると言うことは本質的に関数 f がある程度滑らかなことが条件であることを見た．実はこの条件は双対性を用いて滑らかでない超関数のフーリエ変換等にまで拡張されるのであるが，その基本はやはりテスト関数と呼ばれる超関数を定義する際のコアになる関数族の滑らかさによっている．先述のディリクレ等の人々はこの滑らかさをどの程度弱めら

れるかという方向で研究した人々である．ディリクレの結果は，フーリエ級数の部分和をディリクレ積分というもので表すことによって得られ，基本的に $[-\pi, \pi]$ 上の周期的連続関数はフーリエ級数展開できる，というものである．さらに区分的に連続である場合も含まれている．彼の結果はさらに '有界変動関数' に対しても拡張されることも知られている．先に「フーリエ級数の収束は f の滑らかさによる」と述べたが，この結果から見られるように「滑らかさ」とはある程度の「特異性」を持ったものまで含んでいる．

フーリエ級数やフーリエ変換に関しては関連した話題がたくさんある．フーリエ級数展開のもとは無限遠まで一様に延びた周期関数である三角関数であるが，近年局所的な台 (関数 f の台とは $f(x) \neq 0$ なる点 x の集合の閉包) を持った関数あるいは無限遠で急速に減少する関数を展開の基礎におくウェーブレット理論のようなものも現れ多くの技術的応用を与えている．これらもその抽象的構造は最初に述べたヒルベルト空間論でまとめることができる．しかし個々の具体的な展開の基礎となる関数族 (それらはたとえば 1 次元の場合ただ一つの関数から生成される関数族) はそれぞれ固有の性質を持ち，固有の研究手法や方法を必要とする．そして各々が固有の応用分野を持ち，画像処理，音声処理等それぞれの固有の技術的分野に適した関数族を発見し用いることが重要な事柄となる．三角関数ないし指数関数 e^{inx} はそのような多くの特別な関数の性質をある意味で「ほぼ均等に」持ち合わせているという点がフーリエ解析ないしフーリエ級数展開を重要なものにしているのであろう．事実フーリエ変換はウェーブレットの理論的研究において必須の事柄である．

第2章 連続関数のフーリエ級数展開

前章ではフーリエ級数

$$f(x) = \frac{a_0}{2} + \sum_{n=1}^{\infty} (a_n \cos nx + b_n \sin nx) \qquad (2.1)$$

の収束は係数

$$a_n = \frac{1}{\pi} \int_{-\pi}^{\pi} f(y) \cos ny \, dy \quad (n = 0, 1, \cdots) \qquad (2.2)$$

$$b_n = \frac{1}{\pi} \int_{-\pi}^{\pi} f(y) \sin ny \, dy \quad (n = 1, 2, \cdots) \qquad (2.3)$$

を与える関数 f の滑らかさによる,ということを見た.しかし実際この級数が与えられた関数 f に収束するか?という問いには答えていなかった.本章では f が連続関数であれば実際右辺の級数は関数 f に収束することを見てみようと思う.

2.1 復習

前章では (2.1) の右辺の級数は f が区間 $[-\pi, \pi]$ で周期的,つまり

$$f(-\pi) = f(\pi)$$

を満たしかつ区間 $[-\pi, \pi]$ において連続的微分可能であれば,部分積分とベッセルの不等式を用いて収束することがいえることを見た.その際右辺が関数

$$g(x) = \frac{a_0}{2} + \sum_{n=1}^{\infty} (a_n \cos nx + b_n \sin nx) \qquad (2.4)$$

を定義するものと仮定した上で内積

$$(f,h) = \int_{-\pi}^{\pi} f(y)\overline{h(y)}dy$$

および正規直交系

$$e_k(x) = \frac{1}{\sqrt{2\pi}}e^{ikx} \quad (k=0,\pm 1,\pm 2,\cdots)$$

を用いて (2.4) を

$$g(x) = \sum_{n=-\infty}^{\infty}(f,e_n)e_n(x)$$

と書き直し複素数値関数 f にまでフーリエ級数を拡張した．その上で関数 f が区間 $[-\pi,\pi]$ 上連続的微分可能であれば部分積分により $n \neq 0$ に対し

$$(f,e^{iny}) = \frac{1}{in}(f',e^{iny})$$

がいえることと導関数 f' に対するベッセルの不等式

$$\sum_{n=-\infty}^{\infty}|(f',e_n)|^2 \leq \|f'\|^2$$

を用い，$n \geq 1$ に対して

$$\sum_{n=1}^{\infty}|(f,e_n)| \leq \left(\sum_{n=1}^{\infty}\frac{1}{|n|^2}\right)^{\frac{1}{2}}\left(\sum_{n=1}^{\infty}|(f',e_n)|^2\right)^{\frac{1}{2}} < \infty$$

と評価することにより収束を示した．$n \leq -1$ に対しても同様の評価を用いて収束が示された．ただし関数 f のノルム $\|f\|$ とは内積を用いて

$$\|f\| = \sqrt{(f,f)}$$

により定義されるものであった．

2.2 連続関数の場合

関数 f が区間 $[-\pi, \pi]$ において単に連続と仮定した場合は微分はできないから上のような評価はできない．上記の評価は内積 (f, e^{iny}) が部分積分によって

$$(f, e^{iny}) = \frac{1}{in}(f', e^{iny})$$

と書けるといういわば f の「内的」構造を用いて示されたものであった．連続関数の場合は f より得られる部分和

$$f_\ell(x) = \sum_{n=-\ell}^{\ell} (f, e_n) e_n(x) \quad (\ell = 0, 1, 2, \cdots) \tag{2.5}$$

の相加平均

$$F_\ell(x) = \frac{f_0(x) + f_1(x) + \cdots + f_\ell(x)}{\ell + 1} \tag{2.6}$$

をもちいて f の「外的」性質の考察から示す．

ところで仮に級数

$$\lim_{\ell \to \infty} f_\ell(x) = \sum_{n=-\infty}^{\infty} (f, e_n) e_n(x) \tag{2.7}$$

が収束するとすれば数列 $F_\ell(x)$ も収束する．しかしたとえば級数

$$s_\ell = \sum_{n=1}^{\ell} (-1)^n$$

は $s_{2n} = 0$, $s_{2n+1} = -1$ であり収束しないが，その相加平均

$$S_\ell = \frac{1}{\ell}(s_1 + s_2 + \cdots + s_\ell)$$

は

$$S_{2\ell} = \frac{-\ell}{2\ell}, \quad S_{2\ell+1} = \frac{-\ell - 1}{2\ell + 1}$$

であるから

$$\lim_{\ell \to \infty} S_\ell = -\frac{1}{2}$$

と収束する．このように相加平均を取って収束するとき級数 s_ℓ はセサロ (Cesàro) の意味で 1 次総和可能あるいは (C,1) 総和可能，ないし (C-1) 総和可能という．

2.3 フーリエ級数のセサロ総和

いま f を実数値関数としてフーリエ級数の部分和

$$f_\ell(x) = \sum_{n=-\ell}^{\ell} (f, e_n) e_n \quad (\ell = 0, 1, 2, \cdots) \tag{2.8}$$

について相加平均により定義される数列

$$F_\ell(x) = \frac{1}{\ell+1} \left(f_0(x) + f_1(x) + \cdots + f_\ell(x) \right)$$

が収束するか否か見てみよう．$f_\ell(x)$ は (2.8) の定義より

$$\begin{aligned}
f_\ell(x) &= \frac{1}{2\pi} \left(f, \sum_{n=-\ell}^{\ell} e^{iny} e^{-inx} \right) \\
&= \frac{1}{2\pi} \int_{-\pi}^{\pi} f(y) \sum_{n=-\ell}^{\ell} e^{-iny} e^{inx} dy \\
&= \frac{1}{2\pi} \int_{-\pi}^{\pi} f(y) \sum_{n=-\ell}^{\ell} e^{in(x-y)} dy
\end{aligned}$$

に等しい．$y - x = \theta$ と変数変換して関数 f の周期性を用いればこれは

$$f_\ell(x) = \frac{1}{2\pi} \int_{-\pi}^{\pi} f(x+\theta) \sum_{n=-\ell}^{\ell} e^{-in\theta} d\theta$$

となる．ここで $\theta \neq 0$ のとき

$$\sum_{n=-\ell}^{\ell} e^{-in\theta} = \frac{e^{i\ell\theta} - e^{-i(\ell+1)\theta}}{1 - e^{-i\theta}} \tag{2.9}$$

である．$\theta = 0$ の時は

$$\sum_{n=-\ell}^{\ell} e^{-in\theta} = 2\ell + 1$$

で有限値であり式 (2.9) は $\theta \in [-\pi, \pi]$ で周期的でありかつ連続となる．ゆえに上記 $f_\ell(x)$ は

$$f_\ell(x) = \frac{1}{2\pi} \int_{-\pi}^{\pi} f(x+\theta) \frac{e^{i\ell\theta} - e^{-i(\ell+1)\theta}}{1 - e^{-i\theta}} d\theta \tag{2.10}$$

となる．

ここで f は実数値関数と仮定しているから

$$(f, e^{iky})e^{ikx} = \overline{(f, e^{i(-k)y})e^{i(-k)x}}$$

であり (2.8) の $n = k$ と $n = -k$ の 2 項の和は実数である．そこで (2.2), (2.3) を用いれば (2.8) は

$$f_\ell(x) = \frac{a_0}{2} + \sum_{n=1}^{\ell} (a_n \cos nx + b_n \sin nx)$$

となり (2.1) に他ならない．特に $f_\ell(x)$ は実数であり (2.10) は

$$\begin{aligned}
f_\ell(x) &= \frac{1}{2\pi} \int_{-\pi}^{\pi} f(x+\theta) \frac{\cos(\ell\theta) - \cos(\ell+1)\theta}{1 - \cos\theta} d\theta \\
&= \frac{1}{2\pi} \int_{-\pi}^{\pi} f(x+\theta) \frac{\sin\left(\ell + \frac{1}{2}\right)\theta}{\sin\frac{\theta}{2}} d\theta
\end{aligned} \tag{2.11}$$

となる．この右辺はディリクレ積分といわれ，f が一般の有界変動関数の場合のフーリエ級数展開を示す際に使われる．そのような精密な議論は後の章に譲りここではセサロ和を考えると式 (2.11) の上の方の式から

$$\begin{aligned}
F_\ell(x) &= \frac{1}{2(\ell+1)\pi} \int_{-\pi}^{\pi} f(x+\theta) \frac{1 - \cos(\ell+1)\theta}{1 - \cos\theta} d\theta \\
&= \frac{1}{2(\ell+1)\pi} \int_{-\pi}^{\pi} f(x+\theta) \frac{\sin^2((\ell+1)\theta/2)}{\sin^2(\theta/2)} d\theta
\end{aligned}$$

が得られる．この式で $f(x)$ を恒等的に 1 に等しい関数とすれば

$$\frac{1}{2(\ell+1)\pi}\int_{-\pi}^{\pi}\frac{\sin^2((\ell+1)\theta/2)}{\sin^2(\theta/2)}d\theta = 1 \tag{2.12}$$

が得られる．これより

$$F_\ell(x) - f(x) = \frac{1}{2(\ell+1)\pi}\int_{-\pi}^{\pi}(f(x+\theta)-f(x))\frac{\sin^2((\ell+1)\theta/2)}{\sin^2(\theta/2)}d\theta$$

となる．

関数 f は区間 $[-\pi,\pi]$ において連続関数であったから

$$f(x+\theta) - f(x)$$

は θ の絶対値が十分小なら非常に小さくなる．すなわち任意の小さい正の数 $\epsilon > 0$ に対しある正の数 $\delta > 0$ がとれて x の値によらず

$$|\theta| < \delta \quad \text{ならば} \quad |f(x+\theta) - f(x)| < \epsilon \tag{2.13}$$

となる．また f は連続関数だからその絶対値は区間 $[-\pi,\pi]$ である定数 $K > 0$ により押さえられる．すなわち任意の $y \in [-\pi,\pi]$ に対し

$$|f(y)| \leq K. \tag{2.14}$$

そこで上の $F_\ell(x) - f(x)$ の右辺の積分を以下のように三つに分ける．

$$F_\ell(x) - f(x) = \frac{1}{2(\ell+1)\pi}\left(\int_{-\pi}^{-\delta} + \int_{-\delta}^{\delta} + \int_{\delta}^{\pi}\right)\cdots d\theta.$$

右辺の真ん中の項の絶対値は (2.12) と (2.13) により ϵ で押さえられる．右辺の第一項は (2.14) により

$$\frac{2K}{2(\ell+1)\pi}\int_{-\pi}^{-\delta}\frac{\sin^2((\ell+1)\theta/2)}{\sin^2(\theta/2)}d\theta \leq \frac{K}{(\ell+1)}\frac{1}{\sin^2(\delta/2)}$$

と押さえられる．ここで $\ell \to \infty$ とすればこれは 0 に収束する．第三項も同様であり，以上で関数 f が区間 $[-\pi,\pi]$ において周期的で連続であればその

2.3. フーリエ級数のセサロ総和　21

フーリエ級数はセサロ総和可能でその総和は f に等しいことがいえた. つまり $\ell \to \infty$ のとき

$$F_\ell(x) = \frac{1}{\ell+1}\left(f_0(x) + f_1(x) + \cdots + f_\ell(x)\right) \to f(x)$$

がいえた. これはフェイェール (Fejér) の定理と呼ばれているものである. この収束の程度つまり $F_\ell(x) - f(x)$ の小さくなる仕方は $x \in [-\pi, \pi]$ によらず同じである. これを $F_\ell(x)$ は $f(x)$ に区間 $[-\pi, \pi]$ 上一様収束するという. したがって $\ell \to \infty$ のとき

$$\|F_\ell - f\|^2 = \int_{-\pi}^{\pi} (F_\ell(x) - f(x))^2 dx \to 0$$

である. ここで F_ℓ はある複素数列 α_n $(n = \cdots, -2, -1, 0, 1, 2, \cdots)$ に対し

$$F_\ell(x) = \sum_{n=-\ell}^{\ell} \alpha_n e_n(x)$$

と書ける. ベッセルの不等式の証明と同様に

$$\begin{aligned}0 &\leq \|f - F_\ell\|^2 \\ &= \|f\|^2 - \sum_{n=-\ell}^{\ell} |(f, e_n)|^2 + \sum_{n=-\ell}^{\ell} |(f, e_n) - \alpha_n|^2 \end{aligned} \quad (2.15)$$

である. この右辺は $\alpha_n = (f, e_n)$ の時最小になるのだから以上より

$$\|f - f_\ell\|^2 \leq \|f - F_\ell\|^2$$

が言え, これと上記 $\|F_\ell - f\|^2 \to 0$ $(\ell \to \infty)$ より $\ell \to \infty$ のとき

$$\|f - f_\ell\|^2 \to 0 \tag{2.16}$$

が言える. これをフーリエ級数 f_ℓ は関数 f に二乗平均収束する, あるいは $L^2([-\pi, \pi])$ において収束するという.

ところで f_ℓ の定義 (2.5) より f_ℓ 自身

$$f_\ell(x) = \sum_{n=-\ell}^{\ell} \alpha_n e_n(x)$$

の形に書けるから式 (2.15) が F_ℓ を f_ℓ に置き換えて成り立つ．このとき

$$\alpha_n = (f, e_n)$$

であったから式 (2.15) より

$$0 \leq \|f\|^2 - \sum_{n=-\ell}^{\ell} |(f, e_n)|^2 = \|f - f_\ell\|^2$$

である．ところが式 (2.16) から右辺は $\ell \to \infty$ のとき 0 に収束するからこれより

$$\|f\|^2 = \sum_{n=-\infty}^{\infty} |(f, e_n)|^2 \tag{2.17}$$

が成り立つ．すなわち正規直交系 $e_n(x) = \frac{1}{\sqrt{2\pi}} e^{inx}$ ($n = 0, \pm 1, \pm 2, \cdots$) に対してはベッセルの不等式において等号が成り立つ．この事実をパーセバルの等式という．

以上の議論は f が複素数値で $f = f_1 + i f_2$ と書ける場合は実数部分 f_1 と虚数部分 f_2 との各々に適用できるから，(2.8) のフーリエ級数による (2.16) の形の展開は一般の連続な複素数値関数 f に対し成り立つ．

2.4　正規直交基底

いま連続関数 f が正規直交系 $\{e_n(y)\}_{n=-\infty}^{\infty} = \{\frac{1}{\sqrt{2\pi}} e^{iny}\}_{n=-\infty}^{\infty}$ のすべてのベクトルと直交するとする．すなわち

$$(f, e_n) = 0$$

とする．すると f のフーリエ係数はすべて 0 であり，f のフーリエ級数の部分和 f_ℓ は

$$f_\ell(x) = \sum_{n=-\ell}^{\ell} (f, e_n) e_n(x) = 0$$

2.4. 正規直交基底

とすべて 0 になる．よって上の (2.16) より $\ell \to \infty$ のとき

$$\|f\|^2 \to 0$$

となる．この左辺は ℓ によらないから結局

$$\|f\|^2 = \int_{-\pi}^{\pi} |f(x)|^2 dx = 0$$

となり連続関数 f で $e_n(y) = \frac{1}{\sqrt{2\pi}} e^{iny}$ のすべてと直交するものはほとんど至るところ 0 な関数

$$f = 0$$

のみとなる．このことを $\{e_n(y)\}_{n=-\infty}^{\infty} = \{\frac{1}{\sqrt{2\pi}} e^{iny}\}_{n=-\infty}^{\infty}$ は $L^2([-\pi, \pi])$ の完備な正規直交系をなす，あるいは正規直交基底をなすという．これは線型空間の言葉で言えば $\{e_n\}_{n=-\infty}^{\infty}$ は無限次元線型空間 $L^2([-\pi, \pi])$ の基底をなす事を示している．その厳密な議論は完備性の概念の定義などを必要とするので後の章に譲るがここではその精神のみを述べてみる．すなわちいま $g \in L^2([-\pi, \pi])$ を連続関数とする．するとベッセルの不等式から

$$\sum_{n=-\infty}^{\infty} |(g, e_n)|^2 \leq \|g\|^2 < \infty.$$

よって級数

$$\sum_{n=-\infty}^{\infty} (g, e_n) e_n$$

は $L^2([-\infty, \infty])$ においてある $g_\infty \in L^2([-\infty, \infty])$ に収束する．このことから

$$(g - g_\infty, e_n) = (g, e_n) - (g, e_n) = 0$$
$$(n = 0, \pm 1, \pm 2, \cdots)$$

がいえる．従って上述のことから

$$g = g_\infty = \sum_{n=-\infty}^{\infty} (g, e_n) e_n$$

が成り立つ．これは $\{e_n\}_{n=-\infty}^{\infty}$ が $L^2([-\pi,\pi])$ の正規直交基底をなすことを示す．実際は空間 $L^2([-\pi,\pi])$ は連続でない関数も含んでおりこれらのことや上記 (2.16) 等の事柄は連続関数に限らず成り立つことも証明される．

f が連続関数なら (2.16) から $f_\ell(x)$ は正の幅を持った $[-\pi,\pi]$ の部分区間 $[a,b] \subset [-\pi,\pi]$ において f に収束しないと言うことは起こらない．実際もし区間 $[a,b]$ においてある正の数 $\rho > 0$ に対し

$$|f(x) - f_\ell(x)| \geq \rho > 0$$

であるとすると

$$\begin{aligned} \|f - f_\ell\|^2 &\geq \int_a^b |f(x) - f_\ell(x)|^2 dx \\ &\geq (b-a)\rho^2 > 0 \end{aligned}$$

となり (2.16) に矛盾する．したがって連続関数のフーリエ級数 $\{f_\ell\}_{l=0}^{\infty}$ は区間 $[-\pi,\pi]$ のほとんど至るところ f に各点収束する．

2.5　連続的微分可能な場合

2.1 で述べたように，f が区間 $[-\pi,\pi]$ で周期的で連続的微分可能な場合はそのフーリエ級数

$$g(x) = \sum_{n=-\infty}^{\infty} (f, e_n) e_n(x)$$

が収束することを前章で見た．これに前節の結果を用いれば f_ℓ は f に各点収束することが言える．実際任意の $x \in [-\pi,\pi]$ において

$$\begin{aligned} &|(f(x) - f_\ell(x)) - (f(-\pi) - f_\ell(-\pi))| \\ &\leq \int_{-\pi}^{x} |f'(y) - (f_\ell)'(y)| \, dy \\ &\leq \sqrt{2\pi} \left(\int_{-\pi}^{x} |f'(y) - (f_\ell)'(y)|^2 \, dy \right)^{1/2}. \end{aligned}$$

(2.18)

2.5. 連続的微分可能な場合

ここで
$$f_\ell(x) = \sum_{n=-\ell}^{\ell} (f, e_n)e_n(x) = \frac{1}{2\pi}\sum_{n=-\ell}^{\ell}(f, e^{iny})e^{inx}$$
であり，また部分積分と関数 f の周期性から

$$\begin{aligned}(f_\ell)'(x) &= \sum_{n=-\ell}^{\ell} in(f, e_n)e_n(x)\\ &= \sum_{n=-\ell}^{\ell}\frac{1}{2\pi}\int_{-\pi}^{\pi} f(y)\left(-\frac{d}{dy}\right)(e^{-iny})dy\, e^{inx}\\ &= \sum_{n=-\ell}^{\ell}\frac{1}{2\pi}\int_{-\pi}^{\pi} f'(y)e^{-iny}dy\, e^{inx}\\ &= \sum_{n=-\ell}^{\ell} (f', e_n)e_n(x)\\ &= (f')_\ell(x)\end{aligned}$$

である．したがって (2.18) の右辺は

$$\sqrt{2\pi}\left(\int_{-\pi}^{x}|f'(y)-(f')_\ell(y)|^2\, dy\right)^{1/2} = \sqrt{2\pi}\,\|f'-(f')_\ell\|$$

となり，f' が区間 $[-\pi, \pi]$ において周期的で連続だからこれは (2.16) により $\ell \to \infty$ のとき 0 に収束する．以上より任意の $x \in [-\pi, \pi]$ において $\ell \to \infty$ のとき

$$|(f(x)-f_\ell(x))-(f(-\pi)-f_\ell(-\pi))| \to 0. \tag{2.19}$$

(2.16) よりある点 $x = x_0 \in [-\pi, \pi]$ では $\ell \to \infty$ のとき $f_\ell(x_0) \to f(x_0)$．よって (2.19) において $x = x_0$ ととることにより

$$f_\ell(-\pi) \to f(-\pi) \quad (\ell \to \infty)$$

が得られる．これと (2.19) より任意の $x \in [-\pi, \pi]$ において

$$f_\ell(x) \to f(x) \quad (\ell \to \infty).$$

がいえる．

2.6　フーリエの主張の意味

以上で区間 $[-\pi, \pi]$ 上の周期的連続関数はフーリエ級数に展開されることを見た．フーリエは第 1 章の冒頭に書いたように「区間 $[-\pi, \pi]$ 上で定義されたすべての関数 $f(x)$ はある係数の列 $\{a_n\}_{n=0}^{\infty}$ および $\{b_n\}_{n=1}^{\infty}$ に対し

$$f(x) = \frac{a_0}{2} + \sum_{n=1}^{\infty} (a_n \cos nx + b_n \sin nx)$$

の形に表される」と『熱の解析的理論』(1807 年) に書いた．しかし今まで見た範囲では連続関数がフーリエ級数に展開される程度にすぎず，「すべての関数がフーリエ級数に展開される」というのは言い過ぎのような感じがしないでもない．しかし彼の本が書かれた時代には関数という概念自体が現代のように明確な定義が与えられておらず，点 x_0 の周りの多項式 $(x - x_0)^k$ ($k = 0, 1, 2, \cdots$) に係数 a_k を掛けて足した無限級数

$$\sum_{k=0}^{\infty} a_k (x - x_0)^k$$

などのようなものがその時代の関数という概念の実態であったといってよい．このようなある点 x_0 の周りでいわゆるテイラー級数に展開される関数は現代では解析関数と呼ばれ，実数を超えて点 x_0 の近くの複素領域にまで「正則に」拡張されるようなものである．彼の時代には関数というものはこのような解析関数にせいぜい局所的な特異点を加えた有理型関数のようなものであると思われていたといっても過言ではないであろう．連続関数というのはこのような解析関数ないし有理型関数に較べ特異性を除けば格段に広い関数概念である．フーリエの主張はこのような広大な関数の世界へ近代数学を誘い，現代の稔り多い解析学への入り口を与えたものであった．その意味でフーリエの言った「すべての関数がフーリエ級数に展開される」というのはその時代から大胆に現代解析学を予見した言葉であったのである．実際現代解析学では緩増加超関数はフーリエの反転公式の意味で「フーリエ展開」されると言ってよく，この意味でフーリエの予見は広大な関数空間に対し成り立つ．

2.7 まとめ

　本章では関数 f が単に連続な場合に 2.3 でセサロの総和法を用いて区間 $[-\pi, \pi]$ のほとんど至るところの点で f のフーリエ級数が f に収束することを見た．しかし除外点ではどうであろうか？この場合は本章の式 (2.11) で触れたディリクレの積分を用いて証明される．この証明によれば f が連続な場合のみならず，有界変動関数の場合も不連続点で f の値を少々修正すればフーリエ級数展開が言えることが示される．連続的微分可能な場合はセサロの総和法から各点収束が言えた．

　次章ではフーリエ変換を考察しフーリエの反転公式ないし積分公式と呼ばれる現代解析学に欠かせない事実を見てゆこうと思う．

第3章　フーリエ変換と反転公式

前章までにおいては区間 $[-\pi, \pi]$ で周期的な実数値関数 f が連続であればフーリエ級数は収束し

$$f(x) = \frac{a_0}{2} + \sum_{n=1}^{\infty} (a_n \cos nx + b_n \sin nx) \tag{3.1}$$

が成り立つことを見た．ただし係数 a_n, b_n は

$$a_n = \frac{1}{\pi} \int_{-\pi}^{\pi} f(y) \cos ny \, dy \quad (n = 0, 1, \cdots) \tag{3.2}$$

$$b_n = \frac{1}{\pi} \int_{-\pi}^{\pi} f(y) \sin ny \, dy \quad (n = 1, 2, \cdots) \tag{3.3}$$

で定義された．上の展開式は関数 f が有界変動関数等のある程度の特異性を持つ関数でも成り立つことも述べた．本章では第1章で触れた，式(3.1)の n に関する離散和を連続的な「積分」に置き換えた場合を考察する．すでに述べたようにこれは複素関数 f について

$$f(x) = \int_{-\infty}^{\infty} \frac{1}{2\pi} \int_{-\infty}^{\infty} f(y) e^{-i\xi y} dy \, e^{i\xi x} d\xi \tag{3.4}$$

という関係式が成り立つか否かという問題である．この右辺が関数 f に等しいということは上述のように区間 $[-\pi, \pi]$ における周期的連続関数 f がフーリエ級数展開可能である，という第2章で見た事実の連続版である．この等式をフーリエの反転公式という．

3.1 フーリエ変換

第1章で述べたように関数 f のフーリエ変換 $\mathcal{F}f$ および逆フーリエ変換 $\mathcal{F}^{-1}f$ は

$$(\mathcal{F}f)(\xi) = (2\pi)^{-1/2} \int_{-\infty}^{\infty} f(x) e^{-i\xi x} dx \tag{3.5}$$

$$(\mathcal{F}^{-1}f)(x) = (2\pi)^{-1/2} \int_{-\infty}^{\infty} f(\xi) e^{i\xi x} d\xi \tag{3.6}$$

と定義された．上に述べたフーリエの反転公式というのはこの記号を使えば逆フーリエ変換 $\mathcal{F}^{-1}$ がその言葉通りフーリエ変換の「逆変換」となっているということである．つまり

$$\mathcal{F}\mathcal{F}^{-1}f = f, \quad \mathcal{F}^{-1}\mathcal{F}f = f \tag{3.7}$$

がある関数のクラスに属する f について成り立つということである．これまで見たようにフーリエ級数が収束するためには関数 f が十分滑らかであればよかった．フーリエ積分の場合積分区間は無限遠まで延びているので，無限区間での積分可能性を保証するために，滑らかさに加えて関数 f はその高階微分まで込めて遠方で十分早く減少していれば都合がよい．

そこで無限回微分可能な関数 f のクラスとして次の条件を満たすものを考察する．すなわち任意の非負整数 j, k に対し

$$\left| x^j f^{(k)}(x) \right| \tag{3.8}$$

が実数 $\mathbb{R}$ 上一様有界な関数を考え，そのような関数を $\mathbb{R}$ 上の急減少関数と呼ぶ．そしてその全体を $\mathcal{S} = \mathcal{S}(\mathbb{R})$ と表し，急減少関数の空間という．

3.2 急減少関数の性質

このような急減少関数 $f \in \mathcal{S}$ はそれ自身無限遠方で任意の多項式の逆数関数より早く減少するのでそのフーリエ変換

$$(\mathcal{F}f)(\xi) = (2\pi)^{-1/2} \int_{-\infty}^{\infty} f(x) e^{-i\xi x} dx$$

3.2. 急減少関数の性質

は収束する．さらにこれを微分してみると $f \in \mathcal{S}$ より微分と積分の順序が交換できて

$$\frac{d^k}{d\xi^k}(\mathcal{F}f)(\xi) = (2\pi)^{-1/2} \int_{-\infty}^{\infty} f(x)(-ix)^k e^{-i\xi x} dx$$

が成り立つ．この右辺の積分は f が急減少なので実際収束する．さらにこれに ξ^j を掛けてみると部分積分により

$$\xi^j \frac{d^k}{d\xi^k}(\mathcal{F}f)(\xi)$$
$$= (2\pi)^{-1/2} \int_{-\infty}^{\infty} f(x)(-ix)^k \left(-\frac{1}{i}\frac{d}{dx}\right)^j (e^{-i\xi x}) dx$$
$$= (2\pi)^{-1/2} \int_{-\infty}^{\infty} \left(\frac{1}{i}\frac{d}{dx}\right)^j \left((-ix)^k f(x)\right) (e^{-i\xi x}) dx$$

となるが，$f \in \mathcal{S}$ より右辺の積分は収束し $\mathbb{R}$ 上有界である．よって $f \in \mathcal{S}$ のフーリエ変換 $\mathcal{F}f(\xi)$ 自身変数 ξ について急減少関数であり，$\mathcal{F}f \in \mathcal{S}(\mathbb{R})$ が成り立つ．すなわちフーリエ変換は $\mathcal{S}(\mathbb{R})$ からそれ自身への写像であり従ってフーリエ変換の言葉通り $\mathcal{S}$ の「変換」になっている．逆フーリエ変換 $\mathcal{F}^{-1}$ はフーリエ変換 $\mathcal{F}f$ により

$$\mathcal{F}^{-1}f(x) = \mathcal{F}f(-x) \tag{3.9}$$

と書けるから同様に $\mathcal{F}^{-1}$ も $\mathcal{S}$ の変換となっている．

以上得られた関係式をまとめると任意の非負整数 j, k に対し

$$\xi^j \frac{d^k}{d\xi^k}(\mathcal{F}f)(\xi) = \mathcal{F}\left(\left(\frac{1}{i}\frac{d}{dx}\right)^j \left((-ix)^k f(x)\right)\right)$$
$$x^j \frac{d^k}{dx^k}(\mathcal{F}^{-1}f)(x) = \mathcal{F}^{-1}\left(\left(-\frac{1}{i}\frac{d}{d\xi}\right)^j \left((i\xi)^k f(\xi)\right)\right)$$

となる．微分に注目するとこれは

$$\mathcal{F}\left(x^k f(x)\right) = \left(-\frac{1}{i}\frac{d}{d\xi}\right)^k (\mathcal{F}f)(\xi)$$
$$\mathcal{F}\left(\left(\frac{1}{i}\frac{d}{dx}\right)^j f\right)(\xi) = \xi^j \mathcal{F}(f)(\xi)$$

とまとめられる．あるいは作用素の記号のみを用いかつ $j=k=1$ の場合が本質的であることに着目すれば，もっと見通しよく

$$x = \mathcal{F}^{-1}\left(-\frac{1}{i}\frac{d}{d\xi}\right)\mathcal{F},$$
$$\frac{1}{i}\frac{d}{dx} = \mathcal{F}^{-1}\xi\mathcal{F}$$

と書ける．すなわち x-空間における掛け算作用素 x は ξ-空間では微分作用素

$$-\frac{1}{i}\frac{d}{d\xi}$$

に対応し，x-空間における微分作用素

$$\frac{1}{i}\frac{d}{dx}$$

は ξ-空間における掛け算作用素 ξ に対応する．

作用素 A, B の交換子 $[A, B]$ を

$$[A, B] = AB - BA$$

と定義すれば，これら微分作用素と掛け算作用素との間には

$$\left[\frac{1}{i}\frac{d}{dx}, x\right] = \frac{1}{i}$$

という交換関係が成り立つ．これは量子力学で正準交換関係と呼ばれているものである．この事実は量子力学を古典力学と本質的に異なるものとしている不確定性関係そのものに対応している．このような交換関係を満たす作用素の対を互いにconjugateであると呼ぶ．（これを「共役」と訳す向きもあるが数学で用いる「共役」という言葉の意味とは少々異なるのでここでは英語のままで書いておいた．）量子力学においては変数 x は「位置」に対応し微分作用素

$$\frac{1}{i}\frac{d}{dx}$$

は「運動量」に対応する．これらのconjugateな掛け算作用素としての位置作用素 x と微分作用素としての運動量作用素 $(1/i)d/dx$ は上述の意味においてフーリエ変換により互いに「双対」なものとして結びつけられている．

3.3　$e^{-x^2/2}$ のフーリエ変換

フーリエの反転公式を示すために一つの具体的な関数

$$e^{-x^2/2} \tag{3.10}$$

のフーリエ変換を計算する．それは定義によれば

$$\mathcal{F}(e^{-x^2/2})(\xi) = (2\pi)^{-1/2} \int_{-\infty}^{\infty} e^{-x^2/2} e^{-ix\xi} dx \tag{3.11}$$

であり，$e^{-x^2/2}$ は急減少関数であるから前節よりそのフーリエ変換は存在する．この積分の被積分関数は複素数値であるから複素積分を用いて計算する．

いま $A > 0, \xi \in \mathbb{R}$ に対し

$$\int_{-A}^{A} e^{-x^2/2} e^{-ix\xi} dx = e^{-\xi^2/2} \int_{-A}^{A} e^{-(x+i\xi)^2/2} dx \tag{3.12}$$

なる積分を考える．$z = x + i\xi \in \mathbb{C}$（$\mathbb{C}$ は複素数全体）とおくと関数 $e^{-z^2/2}$ は $z \in \mathbb{C}$ について正則関数である．従って下記のような向きを持った4本の線分のなす $\mathbb{C}$ 内の閉回路に沿っての $e^{-z^2/2}$ の複素線積分はコーシーの積分定理によってゼロである．

$-A$ から A へ向かう線分，

A から $A + i\xi$ へ向かう線分，

$A + i\xi$ から $-A + i\xi$ へ向かう線分，

$-A + i\xi$ から $-A$ へ向かう線分．

すなわち

$$\int_{-A}^{A} e^{-x^2/2} dx + \int_{0}^{\xi} e^{-(A+iv)^2/2} i dv$$
$$+ \int_{A}^{-A} e^{-(x+i\xi)^2/2} dx + \int_{\xi}^{0} e^{-(-A+iv)^2/2} i dv = 0.$$

左辺第2項と第4項は $A \to \infty$ のとき 0 に収束する．第1項はガウス積分であり $A \to \infty$ のとき

$$\int_{-A}^{A} e^{-x^2/2} dx \to \int_{-\infty}^{\infty} e^{-x^2/2} dx = \sqrt{2\pi}.$$

従って第3項の $A \to \infty$ の時の極限値は

$$\lim_{A \to \infty} \int_{-A}^{A} e^{-(x+i\xi)^2/2} dx = \sqrt{2\pi}$$

となる．ゆえに (3.11), (3.12) と合わせて

$$\mathcal{F}(e^{-x^2/2})(\xi) = e^{-\xi^2/2} \tag{3.13}$$

が得られた．

3.4　フーリエの反転公式

さて関数 $g \in \mathcal{S}$ に対しそのフーリエ変換を第1章において述べたように

$$\mathcal{F}g(\xi) = \widehat{g}(\xi)$$

と略記する．その上で $f \in \mathcal{S}$ に対し以下のように計算する．

$$\begin{aligned}
&\int_{-\infty}^{\infty} f(\xi) \widehat{g}(\xi) e^{ix\xi} d\xi \\
&= \int_{-\infty}^{\infty} f(\xi) \left((2\pi)^{-1/2} \int_{-\infty}^{\infty} g(y) e^{-i\xi y} dy \right) e^{ix\xi} d\xi \\
&= (2\pi)^{-1/2} \int_{-\infty}^{\infty} \left(\int_{-\infty}^{\infty} f(\xi) e^{-i\xi(y-x)} d\xi \right) g(y) dy \\
&= \int_{-\infty}^{\infty} \widehat{f}(y-x) g(y) dy \\
&= \int_{-\infty}^{\infty} \widehat{f}(y) g(x+y) dy. \tag{3.14}
\end{aligned}$$

以上の積分順序の交換は $f, g \in \mathcal{S}$ により正当化される．

3.4. フーリエの反転公式

このようになったところで関数 f を正の数 $\epsilon > 0$ に対し

$$f_\epsilon(\xi) = f(\epsilon\xi)$$

なる関数で置き換える．すると上の式は

$$\int_{-\infty}^{\infty} f_\epsilon(\xi)\widehat{g}(\xi)e^{ix\xi}d\xi = \int_{-\infty}^{\infty} \widehat{f_\epsilon}(y)g(x+y)dy$$

となる．ここで

$$\begin{aligned}\widehat{f_\epsilon}(y) &= \mathcal{F}f_\epsilon(y) \\ &= (2\pi)^{-1/2}\int_{-\infty}^{\infty} f(\epsilon\xi)e^{-iy\xi}d\xi \\ &= (2\pi)^{-1/2}\int_{-\infty}^{\infty} f(u)e^{-iyu/\epsilon}\epsilon^{-1}du \\ &= \epsilon^{-1}\widehat{f}(y/\epsilon).\end{aligned}$$

よって

$$\begin{aligned}\int_{-\infty}^{\infty} f(\epsilon\xi)\widehat{g}(\xi)e^{ix\xi}d\xi &= \int_{-\infty}^{\infty} f_\epsilon(\xi)\widehat{g}(\xi)e^{ix\xi}d\xi \\ &= \int_{-\infty}^{\infty} \widehat{f_\epsilon}(y)g(x+y)dy \\ &= \epsilon^{-1}\int_{-\infty}^{\infty} \widehat{f}(y/\epsilon)g(x+y)dy \\ &= \int_{-\infty}^{\infty} \widehat{f}(u)g(x+\epsilon u)du. \end{aligned} \quad (3.15)$$

いま関数 f として

$$f(x) = e^{-x^2/2}$$

をとると前節の計算より

$$\widehat{f}(u) = e^{-u^2/2}.$$

これらを上の式 (3.15) に代入して $\epsilon \to 0$ とする．一般に

$$|f(\epsilon\xi)| = |e^{-\epsilon^2\xi^2/2}| \leq 1 \quad (\xi \in \mathbb{R})$$

かつ
$$f(\epsilon\xi) = e^{-\epsilon^2\xi^2/2} \to 1 \quad (\epsilon \to 0)$$
が成り立ち，またある定数 $K > 0$ に対し $g(x + \epsilon u)$ は
$$|g(x + \epsilon u)| \leq K \quad (x, u \in \mathbb{R}, \epsilon > 0)$$
を満たしかつ $\epsilon \to 0$ のとき任意の $x \in \mathbb{R}$ について
$$g(x + \epsilon u) \to g(x)$$
となる．ゆえに (3.15) より $\epsilon \to 0$ の極限において
$$\int_{-\infty}^{\infty} \widehat{g}(\xi) e^{ix\xi} d\xi = g(x) \int_{-\infty}^{\infty} \widehat{f}(u) du$$
$$= g(x) \int_{-\infty}^{\infty} e^{-u^2/2} du$$
$$= (2\pi)^{1/2} g(x)$$
が成り立ち，反転公式
$$\mathcal{F}^{-1}\mathcal{F}g = g$$
が示された．これと式 (3.9) を用いて
$$\mathcal{F}\mathcal{F}^{-1}g = g$$
も示される．この事実をフーリエの積分公式あるいは積分定理とも呼ぶ．

3.5　パーセバルの関係式

式 (3.14) において $x = 0$ ととると
$$\int_{-\infty}^{\infty} f(\xi)\widehat{g}(\xi) d\xi = \int_{-\infty}^{\infty} \widehat{f}(y) g(y) dy. \tag{3.16}$$

が成り立つ. これをパーセバルの関係式と呼ぶ. ここにおいて $f(\xi) = \widehat{h}(\xi) = \mathcal{F}h(\xi)$ ととれば $\widehat{f}(y) = \mathcal{F}^2 h(y) = h(-y)$ ゆえ

$$\int_{-\infty}^{\infty} \widehat{h}(\xi)\widehat{g}(\xi)d\xi = \int_{-\infty}^{\infty} h(-y)g(y)dy. \tag{3.17}$$

が成り立つ. $j \in \mathcal{S}$ として g を $g(y) = \overline{j(-y)}$ ととれば

$$\widehat{g}(\xi) = (2\pi)^{-1/2} \int_{-\infty}^{\infty} \overline{j(-y)} e^{-iy\xi} dy$$
$$= (2\pi)^{-1/2} \int_{-\infty}^{\infty} \overline{j(y)} e^{iy\xi} dy$$
$$= \overline{\widehat{j}(\xi)}$$

であるから上の式は

$$\int_{-\infty}^{\infty} \widehat{h}(\xi)\overline{\widehat{j}(\xi)}d\xi = \int_{-\infty}^{\infty} h(y)\overline{j(y)}dy. \tag{3.18}$$

となる. これもパーセバルの関係式と呼ばれる. 内積

$$(f,g) = \int_{-\infty}^{\infty} f(y)\overline{g(y)}dy$$

を用いれば式 (3.18) は

$$(\mathcal{F}h, \mathcal{F}j) = (\widehat{h}, \widehat{j}) = (h, j) \tag{3.19}$$

となる.

 関数 $f \in \mathcal{S}$ のノルムは

$$\|f\| = \sqrt{(f,f)}$$

と定義されたからパーセバルの等式 (3.19) から

$$\|\mathcal{F}f\| = \|f\| \tag{3.20}$$

が成り立つ.

 このことはノルム $\|\cdot\|$ で定義される $\mathcal{S} = \mathcal{S}(\mathbb{R})$ の「距離」

$$d(f,g) = \|f - g\| \tag{3.21}$$

に関しフーリエ変換はその距離を保つ等長作用素であることを示している．あるいはノルム空間の言葉で言えば，フーリエ変換は $\mathcal{S}$ をノルム $\|\cdot\|$ あるいは内積 $(\cdot,\cdot)$ に関して「完備化」した空間においてユニタリ作用素あるいはユニタリ変換を定義することを示している．ノルム $\|\cdot\|$ について $\mathcal{S} = \mathcal{S}(\mathbb{R})$ を完備化した空間を $\mathbb{R}$ 上の L^2 空間と呼び $L^2(\mathbb{R})$ と書く．第 1 章で触れた記号 $L^2([-\pi,\pi])$ も実は区間 $[-\pi,\pi]$ 上の周期的連続関数の全体を内積

$$(f,g) = \int_{-\pi}^{\pi} f(y)\overline{g(y)}dy$$

に関して完備化した空間を意味していたのである．このように線型演算と内積が定義された完備な空間をヒルベルト空間という．第 1 章冒頭で述べたヒルベルト空間のことである．空間 $L^2(\mathbb{R})$ および $L^2([-\pi,\pi])$ はそれぞれのノルムないし内積に関しヒルベルト空間をなし，フーリエ変換は $L^2(\mathbb{R})$ のユニタリ変換を定義するのである．この事実をプランシュレルの定理という．

3.6 まとめ

本章ではフーリエ変換を概観しフーリエの反転公式，パーセバルの関係式，プランシュレルの定理等を見，ヒルベルト空間の考えに少し触れた．これらはフーリエ解析と呼ばれているものの基本であり，関数の関数解析的な取り扱いにおいて重要な役割を果たす．これらから超関数およびそのフーリエ変換，そして超関数の一部分として定義される様々な関数空間とその解析等へ発展してゆく．次章ではヒルベルト空間の概念を定式化しフーリエ変換との関連を見ようと思う．

第4章　フーリエ変換とヒルベルト空間

前章ではフーリエ変換 $\mathcal{F}$ が急減少関数の空間 $\mathcal{S} = \mathcal{S}(\mathbb{R})$ の変換としてきちんと定義されていることを見た．急減少関数 $f \in \mathcal{S}$ に対しそのフーリエ変換 $\mathcal{F}f$ および逆フーリエ変換 $\mathcal{F}^{-1}f$ は

$$(\mathcal{F}f)(\xi) = (2\pi)^{-1/2} \int_{-\infty}^{\infty} f(x) e^{-i\xi x} dx \tag{4.1}$$

$$(\mathcal{F}^{-1}f)(x) = (2\pi)^{-1/2} \int_{-\infty}^{\infty} f(\xi) e^{i\xi x} d\xi \tag{4.2}$$

と定義され，それぞれやはり急減少関数を定義した．そしてこれらはノルムを

$$\|f\| = \sqrt{(f,f)}, \tag{4.3}$$

$$(f,g) = \int_{-\infty}^{\infty} f(x) \overline{g(x)} dx \tag{4.4}$$

によって定義するときパーセバルの関係式によりこのノルムおよび内積を不変にした．すなわち

$$\|\mathcal{F}f\| = \|f\| \tag{4.5}$$

$$(\mathcal{F}f, \mathcal{F}g) = (f,g) \tag{4.6}$$

を満たした．逆フーリエ変換 $\mathcal{F}^{-1}$ は

$$\mathcal{F}^{-1}f(x) = \mathcal{F}f(-x)$$

を満たすからこれより逆フーリエ変換も

$$\|\mathcal{F}^{-1}f\| = \|f\|$$
$$(\mathcal{F}^{-1}f, \mathcal{F}^{-1}g) = (f,g)$$

を満たす．本章では急減少関数の空間 $\mathcal{S} = \mathcal{S}(\mathbb{R})$ をこのノルムに関し「完備化」することによってヒルベルト空間 $L^2(\mathbb{R})$ を構成しフーリエ変換が自然に $L^2(\mathbb{R})$ のユニタリ変換に拡張されることを見る．

4.1 ヒルベルト空間

　実数 $\mathbb{R}$ 上の複素数値関数 f の集合 $\mathcal{H}$ がヒルベルト空間をなすとは $\mathcal{H}$ が線型空間をなしかつ $\mathcal{H}$ の二元 $f, g \in \mathcal{H}$ に対しその内積 $(f, g) \in \mathbb{C}$ が定義され，それによってノルム

$$\|f\| = \sqrt{(f, f)} \ (\geq 0)$$

を定義するとき，このノルムによって定義される二元 $f, g \in \mathcal{H}$ 間の距離

$$d(f, g) = \|f - g\| \tag{4.7}$$

により $\mathcal{H}$ が完備な距離空間をなすことを言う．

　すなわちまず $\mathcal{H}$ が線型空間をなすとは以下の二つの性質 (I) および (II) が成り立つことである．ただし以下では 0 は恒等的にゼロな関数を表す．

(I) 任意の $f, g, h \in \mathcal{H}$ に対し和 $f + g \in \mathcal{H}$ が $(f + g)(x) = f(x) + g(x)$ により定義され次の性質を満たす．

　　1) $(f + g) + h = f + (g + h)$.

　　2) $f + g = g + f$.

　　3) 任意の $f \in \mathcal{H}$ に対し $f + 0 = 0 + f = f$.

　　4) 任意の $f \in \mathcal{H}$ に対しある $g \in \mathcal{H}$ が存在して $f + g = 0$ を満たす．

(II) 任意の $f, g \in \mathcal{H}, a, b \in \mathbb{C}$ に対しスカラー倍 $af \in \mathcal{H}$ が $(af)(x) = af(x)$ により定義され次を満たす．

　　1) $(a + b)f = af + bf$.

　　2) $a(f + g) = af + ag$.

3) $(ab)f = a(bf)$.

4) $1f = f$.

明らかに (I) の 4) の g は

$$g(x) = -f(x)$$

で定義される f とは逆の符号を持つ値をとる関数 $-f$ である．また任意の $a \in \mathbb{C}$ に対し $a0 = 0$ であり，かつ明らかに $0f = 0$ である．

これらの性質が $\mathbb{R}$ 上の $\mathbb{C}$-値関数に対し成り立つことは上の関数の和とスカラー倍の定義から明らかである．

二つの関数 $f, g \in \mathcal{H}$ に対しその内積 (f, g) は前章までのように

$$(f, g) = \int_{-\infty}^{\infty} f(x) \overline{g(x)} dx$$

により定義される．このときこの内積は次の性質を満たすことは明らかであろう．

(III) $f, g, h \in \mathcal{H}, c \in \mathbb{C}$ に対し

1) $(f, g+h) = (f, g) + (f, h)$

2) $(cf, g) = c(f, g)$

3) $(f, g) = \overline{(g, f)}$

4) $(f, f) \geq 0$

5) $(f, f) = 0 \iff f = 0$

前述のように $f \in \mathcal{H}$ に対し $\|f\| = \sqrt{(f, f)}$ を f の長さあるいはノルムという．$(f, g) = 0$ のとき f と g は互いに直交するという．

以上では $\mathcal{H}$ は関数の空間として定義したが，関数の代わりに実数や複素数自体を考えることもできる．これらは恒等的に定数をとる関数と見なすことで内積の定義を除けば以上の定義の特別の場合と考えることができる．さらに $\mathbb{R}$ に属する実数や $\mathbb{C}$ に属する複素数の m 個の組 $(x_1, \cdots, x_m)$ $(x_j \in \mathbb{R}$

または $x_j \in \mathbb{C}, (j = 1, 2, \cdots, m))$ を値にとる定数写像を考えることもできる．この場合得られる空間はそれぞれ $\mathbb{R}^m$ あるいは $\mathbb{C}^m$ と書かれる：

$$\mathbb{R}^m = \{x = (x_1, \cdots, x_m) \mid x_j \in \mathbb{R} \ (j = 1, 2, \cdots, m)\},$$
$$\mathbb{C}^m = \{x = (x_1, \cdots, x_m) \mid x_j \in \mathbb{C} \ (j = 1, 2, \cdots, m)\}.$$

前者の $\mathbb{R}^m$ はいわゆる m 次元ユークリッド空間である．後者の $\mathbb{C}^m$ は m 次複素空間等と呼ばれる．これらの線型演算の定義は明らかであろう．すなわちふつうの数によるスカラー倍および数ベクトルの間の和および差である．また内積は両者に共通の形に書けば

$$(x, y) = \sum_{j=1}^{m} x_j \overline{y_j}$$

である．ユークリッド空間の場合は複素共役はとる必要がないのでこれは

$$(x, y) = \sum_{j=1}^{m} x_j y_j$$

となる．

上記 (I), (II) および (III) を満たす空間を一般に内積の入った線型空間あるいは計量線型空間と呼ぶ．

実数の空間 $\mathbb{R}$ はその元のなす数列 $\{a_k\}_{k=1}^{\infty}$ がコーシー列であるとき，すなわち「任意の正の数 $\epsilon > 0$ に対しある番号 $N \geq 1$ があって任意の番号 $k, \ell \geq N$ に対し

$$|a_k - a_\ell| < \epsilon$$

を満たす」とき，この数列は必ずある実数 $a \in \mathbb{R}$ に収束するという顕著な性質を持つ．これを実数の完備性ないし完全性という．

この意味の完備性は実数あるいは複素数の m 個の組 $x = (x_1, \cdots, x_m)$, $y = (y_1, \cdots, y_m)$ の間の距離をたとえば

$$d(x, y) = |x - y| = \sqrt{\sum_{j=1}^{m} |x_j - y_j|^2}$$

4.1. ヒルベルト空間 43

と定義するとユークリッド空間 $\mathbb{R}^m$ あるいは m 次複素空間 $\mathbb{C}^m$ に対しても成り立つことが実数の完備性から示される．すなわち $\{a^k\}_{k=1}^{\infty}$ を実数あるいは複素数の n 個の組 $a^k = (a_1^k, \cdots, a_m^k)$ の列とするとき，上に定義した距離 $d(a^k, a^\ell) = |a^k - a^\ell|$ に関し次の性質が成り立つ．

> 任意の正の数 $\epsilon > 0$ に対しある番号 $N \geq 1$ があって任意の番号 $k, \ell \geq N$ に対し
> $$|a^k - a^\ell| < \epsilon$$
> を満たすとき，ある実数ないし複素数の組 $a = (a_1, \cdots, a_m)$ が存在して $\mathbb{R}^m$ あるいは $\mathbb{C}^m$ の元の列 $\{a^k\}_{k=1}^{\infty}$ は $a = (a_1, \cdots, a_m)$ に収束する．すなわち
> $$\lim_{k \to \infty} |a^k - a| = 0$$
> が成り立つ．

この意味で m 次ユークリッド空間 $\mathbb{R}^m$ および m 次複素空間 $\mathbb{C}^m$ は「完備」である．距離が上記 (4.7) で定義された計量線型空間 $\mathcal{H}$ にこの意味の完備性を拡張するとき，それを満たす空間 $\mathcal{H}$ をヒルベルト空間と呼ぶ．すなわち計量線型空間 $\mathcal{H}$ が完備であるとは繰り返せば以下のようになる．

> $\{f_k\}_{k=1}^{\infty}$ を $\mathcal{H}$ の元よりなる関数列とする．このとき任意の正の数 $\epsilon > 0$ に対しある番号 $N \geq 1$ があって任意の番号 $k, \ell \geq N$ に対し
> $$\|f_k - f_\ell\| < \epsilon$$
> を満たすとき，この列は必ずある関数 $f \in \mathcal{H}$ に収束する．すなわち
> $$\lim_{k \to \infty} \|f_k - f\| = 0$$
> が成り立つ．

いまは関数の空間としてヒルベルト空間を定義したが，一般には完備な計量線型空間をヒルベルト空間という．

4.2 完備化

最初に述べた急減少関数の空間 $\mathcal{S} = \mathcal{S}(\mathbb{R})$ は内積

$$(f,g) = \int_{-\infty}^{\infty} f(x)\overline{g(x)}dx$$

に関し計量線型空間となっている．

しかし以下の例に見られるようにこの空間は完備でない．
いま関数列

$$f_k(x) = \begin{cases} |x|^{-1/3-1/(k+2)} & (1/k \le |x| \le 1) \\ 0 & (|x| \ge 2) \end{cases}$$

($k = 1, 2, 3, \cdots$) で $-1/k \le x \le 1/k$ および $1 < |x| < 2$ のあいだを結び $\mathbb{R}$ 全体で滑らか (すなわち無限回微分可能) にしたものを考えるとこれは $\mathcal{S}$ の関数列となる．関数 $x^{-2/3}$ は区間 $(0,1]$ で積分可能であるから区間 $1/k \le x \le 1$ においてはこの関数列は $k > \ell > 1$ に対し

$$\int_{1/k}^{1} |f_k(x) - f_\ell(x)|^2 dx$$
$$= \int_{1/k}^{1} \left||x|^{-1/3-1/(k+2)} - |x|^{-1/3-1/(\ell+2)}\right|^2 dx$$
$$= \int_{1/k}^{1} x^{-2/3-2/(\ell+2)} \left|x^{1/(\ell+2)-1/(k+2)} - 1\right|^2 dx$$
$$\to 0 \quad (k > \ell \to \infty)$$

を満たす．区間 $|x| \ge 2$ でのこの積分は恒等的に 0 である．細かい議論が必要なので本書では詳細は省略するが，関数 f_k は区間 $[-2, -1]$, $[-1/k, 1/k]$ と $[1, 2]$ において滑らかに結んで次の性質を満たすようにできる．

$$\int_{-\infty}^{\infty} |f_k(x) - f_\ell(x)|^2 dx \to 0 \quad (k > \ell \to \infty).$$

このことからこの関数列 $\{f_k\}_{k=1}^{\infty}$ は $\mathcal{S}(\mathbb{R})$ のコーシー列である．しかしその収束先である関数 f は区間 $[-1, 0)$ および区間 $(0, 1]$ で

$$f(x) = |x|^{-1/3}$$

となり，原点 $x = 0$ で滑らかでなく $\mathcal{S}$ に属さない．このことから急減少関数の空間 $\mathcal{S} = \mathcal{S}(\mathbb{R})$ は上記のノルム (4.3) ないし内積 (4.4) に関し完備でない．

このように一般の計量線型空間は完備とは限らない．しかしそのような空間でも各コーシー列の収束先をもとの空間に付け加えて完備に拡大することができる．これは常に可能であり，空間 $\mathcal{S}$ もノルム (4.3) に関し完備になるように拡張することができる．このような拡大された空間を完備化された空間という．$\mathcal{S}$ をノルム (4.3) に関し完備化した空間を $L^2(\mathbb{R})$ と書き，二乗可積分な関数の空間あるいは「$\mathbb{R}$ 上の L^2(エルツー) 空間」と呼ぶ．この空間の定義は厳密にはルベーグ積分の概念を必要とするが，ここではおおよそのイメージとして積分

$$\int_{-\infty}^{\infty} |f(x)|^2 dx$$

が有限な関数 f の全体と考えておく．つまり上記のようにたとえば原点で $|x|^{-1/3}$ のような特異性を持つような関数はその二乗 $|x|^{-2/3}$ は原点の周りで積分可能であり，無限遠でも $|f(x)|^2$ が積分可能であれば $L^2(\mathbb{R})$ に属する．

以上では一次元の空間 $\mathbb{R}$ 上の関数を考えたが一般の m 次ユークリッド空間 $\mathbb{R}^m$ 上の多重積分を考えれば $\mathbb{R}^m$ 上の二乗可積分な関数の全体 $L^2(\mathbb{R}^m)$ を定義することができる．この場合 $\mathbb{R}^m$ 上の $\mathbb{C}$-値関数 $f(x)$, $g(x)$ ($x = (x_1, \cdots, x_m) \in \mathbb{R}^m$) に対し $L^2(\mathbb{R}^m)$ のノルムと内積はそれぞれ

$$\|f\| = \sqrt{(f,f)}, \tag{4.8}$$

$$(f,g) = \int_{\mathbb{R}^m} f(x)\overline{g(x)} dx$$

$$= \int_{-\infty}^{\infty} \cdots \int_{-\infty}^{\infty} f(x)\overline{g(x)} dx_1 \cdots dx_m \tag{4.9}$$

と多重積分を用いて定義される．

4.3　$L^2(\mathbb{R}^m)$ 上のフーリエ変換

最初に述べたように $\mathcal{S} = \mathcal{S}(\mathbb{R})$ の元 f に対しそのフーリエ変換 $\mathcal{F}f$ は

$$(\mathcal{F}f)(\xi) = (2\pi)^{-1/2} \int_{-\infty}^{\infty} f(x) e^{-i\xi x} dx$$

と定義された．これを多重積分を用い以下のように $\mathbb{R}^m$ 上の急減少関数に対し拡張する．

まず $\mathbb{R}^m$ 上の $\mathbb{C}$-値関数 $f(x)$ $(x \in \mathbb{R}^m)$ が急減少関数であることを定義するため以下の記号を導入する．∂_x で偏微分作用素のベクトル

$$\partial_x = \left(\frac{\partial}{\partial x_1}, \cdots, \frac{\partial}{\partial x_m}\right)$$

を表す．次に非負整数の組 $\alpha = (\alpha_1, \cdots, \alpha_m)$ $(\alpha_j \geq 0)$ を多重指数といい $|\alpha| = \alpha_1 + \cdots + \alpha_m$ をその長さという．そして

$$\partial_x^\alpha = \frac{\partial^{\alpha_1}}{\partial x_1^{\alpha_1}} \cdots \frac{\partial^{\alpha_m}}{\partial x_m^{\alpha_m}}$$
$$x^\alpha = x_1^{\alpha_1} \cdots x_m^{\alpha_m}$$

と定義する．このとき $f(x)$ が急減少関数であるとは任意の多重指数 α, β に対し

$$|x^\alpha \partial_x^\beta f(x)|$$

が $\mathbb{R}^m$ 上一様有界な関数であることである．この全体を $\mathcal{S} = \mathcal{S}(\mathbb{R}^m)$ と書く．

いま $x, \xi \in \mathbb{R}^m$ に対し $x\xi$ はそれらの内積

$$x\xi = (x, \xi) = \sum_{j=1}^m x_j \xi_j$$

を表すとする．このとき $f \in \mathcal{S}(\mathbb{R}^m)$ に対し (多重) 積分

$$\begin{aligned}(\mathcal{F}f)(\xi) &= (2\pi)^{-m/2} \int_{\mathbb{R}^m} f(x) e^{-i\xi x} dx \\ &= (2\pi)^{-m/2} \int_{-\infty}^\infty \cdots \int_{-\infty}^\infty e^{-i\xi x} f(x)\, dx_1 \cdots dx_m \\ &= (2\pi)^{-m/2} \int_{-\infty}^\infty e^{-ix_m \xi_m} \cdots \int_{-\infty}^\infty e^{-ix_1 \xi_1} f(x_1, \cdots, x_m)\, dx_1 \cdots dx_m\end{aligned}$$

は収束する．この積分 $(\mathcal{F}f)(\xi)$ を m 実変数関数 $f \in \mathcal{S} = \mathcal{S}(\mathbb{R}^m)$ のフーリエ変換という．1 次元の場合と同様に $f \in \mathcal{S}(\mathbb{R}^m)$ に対し $\mathcal{F}f \in \mathcal{S}(\mathbb{R}^m)$ であり $\mathcal{F}$ は $\mathcal{S}(\mathbb{R}^m)$ の変換となっている．

4.3. $L^2(\mathbb{R}^m)$ 上のフーリエ変換　47

　この n 次元のフーリエ変換 $(\mathcal{F}f)(\xi)$ は一次元の積分を繰り返し行ったものと等しくなるので一次元の場合のフーリエの反転公式，パーセバルの関係式等が m 次元の場合にそのまま拡張されて成り立つ．すなわちフーリエ逆変換を

$$\mathcal{F}^{-1}f(x) = \mathcal{F}f(-x)$$

と定義すると反転公式

$$\mathcal{F}^{-1}\mathcal{F}f(x) = f(x)$$

が成り立つ．さらにパーセバルの関係式が1次元の場合と同様に成り立ち，特に任意の $f, g \in \mathcal{S}(\mathbb{R}^m)$ に対し

$$\|\mathcal{F}f\| = \|f\|,$$
$$(\mathcal{F}f, \mathcal{F}g) = (f, g)$$

が成り立つ．
　いま関数列 $f_k(x) \in \mathcal{S}(\mathbb{R}^m)$ がある関数 $f(x) \in L^2(\mathbb{R}^m)$ に $L^2(\mathbb{R}^m)$ のノルムに関し収束するとする：

$$f_k \to f \quad (k \to \infty).$$

すると f_k はノルム (4.8) に関しコーシー列をなし，パーセバルの関係式より $\mathcal{S}(\mathbb{R}^m)$ の完備化空間 $L^2(\mathbb{R}^m)$ において

$$\|\mathcal{F}f_k - \mathcal{F}f_\ell\| = \|f_k - f_\ell\| \to 0 \quad (k > \ell \to \infty) \tag{4.10}$$

が成り立つから $\mathcal{F}f_k (\in \mathcal{S}(\mathbb{R}^m))$ も $L^2(\mathbb{R}^m)$ におけるコーシー列をなす．したがって $\mathcal{F}f_k$ はある関数 $g \in L^2(\mathbb{R}^m)$ に $L^2(\mathbb{R}^m)$ において収束する：

$$\mathcal{F}f_k \to g \quad (k \to \infty). \tag{4.11}$$

そこでフーリエ変換 $\mathcal{F}$ をこのような $L^2(\mathbb{R}^m)$ の関数 f に対し

$$\mathcal{F}f = g \tag{4.12}$$

と定義すると

$$\mathcal{F}f_k \to \mathcal{F}f \quad (k \to \infty) \tag{4.13}$$

が $L^2(\mathbb{R}^m)$ のノルムについての収束の意味で成り立つ．ゆえに $f_k \in \mathcal{S}(\mathbb{R}^m)$ についてのパーセバルの関係式

$$\|\mathcal{F}f_k\| = \|f_k\|$$

から収束先の関数 $f \in L^2(\mathbb{R}^m)$ についても

$$\|\mathcal{F}f\| = \|f\|$$

が成り立つことがいえる．$L^2(\mathbb{R}^m)$ の任意の関数 f は何らかの $\mathcal{S}(\mathbb{R}^m)$ のコーシー列の極限になるから以上より任意の $f, g \in L^2(\mathbb{R}^m)$ に対しそのフーリエ変換 $\mathcal{F}f, \mathcal{F}g \in L^2(\mathbb{R}^m)$ が定義され

$$\begin{cases} \|\mathcal{F}f\| = \|f\|, \\ (\mathcal{F}f, \mathcal{F}g) = (f, g) \end{cases} \tag{4.14}$$

を満たす．ゆえに以上のように拡張されたフーリエ変換 $\mathcal{F}$ は $L^2(\mathbb{R}^m)$ のノルムと内積を保つ線型変換である．

いま一般の $L^2(\mathbb{R}^m)$ の線型変換 T に対し

$$(T^*f, g) = (f, Tg)$$

が任意の $f, g \in L^2(\mathbb{R}^m)$ に対し成り立つような T^* を T の随伴変換ないし共役変換と呼ぶことにすると以上のことより

$$\mathcal{F}^{-1} = \mathcal{F}^*$$

が成り立つ．すなわち

$$\mathcal{F}^*\mathcal{F} = \mathcal{F}\mathcal{F}^* = I$$

が成り立つ．ただし I は $L^2(\mathbb{R}^m)$ の恒等写像である．このときフーリエ変換 $\mathcal{F}$ は $L^2(\mathbb{R}^m)$ のユニタリ変換をなすという．すなわちプランシュレルの定理が示された．

4.4 ポアッソンの和公式

本節では以上の応用としてフーリエ変換とフーリエ級数との関係を示すポアッソンの和公式と呼ばれるものを紹介する．

いま $g \in \mathcal{S}(\mathbb{R})$ とするとそのフーリエ変換 $\widehat{g}$ も $\mathcal{S}(\mathbb{R})$ に属する．このとき $x \in \mathbb{R}$ を固定する毎に級数

$$f(x) = \sum_{n=-\infty}^{\infty} g(x + 2\pi n)$$

は収束し，x について無限回微分可能な周期 2π の周期関数を定義する．したがって複素化されたフーリエ係数 (f, e_k) $(e_k(x) = e^{ikx}/\sqrt{2\pi})$ は

$$\begin{aligned}(f, e_k) &= \frac{1}{\sqrt{2\pi}} \int_{-\pi}^{\pi} f(y) e^{-iky} dy \\ &= \sum_{n=-\infty}^{\infty} \frac{1}{\sqrt{2\pi}} \int_{-\pi}^{\pi} g(y + 2\pi n) e^{-iky} dy \\ &= \sum_{n=-\infty}^{\infty} \frac{1}{\sqrt{2\pi}} \int_{(2n-1)\pi}^{(2n+1)\pi} g(y) e^{-iky} dy \\ &= \frac{1}{\sqrt{2\pi}} \int_{-\infty}^{\infty} g(y) e^{-iky} dy \\ &= \mathcal{F}g(k) = \widehat{g}(k)\end{aligned}$$

となる．ゆえに

$$\begin{aligned}f(x) &= \sum_{k=-\infty}^{\infty} (f, e_k) e_k(x) \\ &= \frac{1}{\sqrt{2\pi}} \sum_{k=-\infty}^{\infty} \widehat{g}(k) e^{ikx}.\end{aligned}$$

とくに $x = 0$ として任意の $g \in \mathcal{S}(\mathbb{R})$ に対し

$$\sum_{n=-\infty}^{\infty} g(2\pi n) = f(0) = \frac{1}{\sqrt{2\pi}} \sum_{k=-\infty}^{\infty} \widehat{g}(k)$$

が得られる．$a, b > 0$ を $ab = 2\pi$ と取るとき $h(x) = g(2\pi x/a)$ と書けばこれは

$$\sqrt{a} \sum_{n=-\infty}^{\infty} h(an) = \sqrt{b} \sum_{n=-\infty}^{\infty} \widehat{h}(bn)$$

となる．これをポアッソンの和公式という．

これより ϑ 関数を $x > 0$ に対し

$$\vartheta(x) = \sum_{n=-\infty}^{\infty} e^{-\pi n^2 x}$$

と定義するとき，第3章で求めた $e^{-x^2/2}$ のフーリエ変換を用いて変換公式

$$\vartheta(x) = \frac{1}{\sqrt{x}} \vartheta\left(\frac{1}{x}\right)$$

が成り立つことがいえる．この証明は読者の演習問題としておく．

4.5 まとめ

本章では急減少関数の空間 $\mathcal{S}(\mathbb{R}^m)$ をノルムないし内積

$$\|f\| = \sqrt{(f, f)},$$
$$(f, g) = \int_{\mathbb{R}^m} f(x) \overline{g(x)} dx$$

に関し完備化し，二乗可積分な関数よりなるヒルベルト空間 $L^2(\mathbb{R}^m)$ が得られることを見た．そして急減少関数の空間 $\mathcal{S}(\mathbb{R}^m)$ におけるフーリエ変換が $L^2(\mathbb{R}^m)$ のノルムと内積を不変に保ち，従ってヒルベルト空間 $L^2(\mathbb{R}^m)$ 上のユニタリ変換に自然に拡張されることを見た．次章ではヒルベルト空間の基底という概念を定義しこれまで見たフーリエ級数展開がこの概念により見通しよく見直されることを見ようと思う．

第5章 フーリエ級数展開とヒルベルト空間

前章では n 次ユークリッド空間 $\mathbb{R}^m$ $(m \geq 1)$ 上の急減少関数の空間 $\mathcal{S} = \mathcal{S}(\mathbb{R}^m)$ を内積

$$(f, g) = \int_{\mathbb{R}^m} f(x)\overline{g(x)}dx$$

あるいはそれより定義されるノルム

$$\|f\| = \sqrt{(f,f)}$$

に関し完備化することにより $\mathbb{R}^m$ 上で二乗可積分な関数の全体が完備な計量線型空間，すなわちヒルベルト空間 $L^2(\mathbb{R}^m)$ として得られることを見た．

本章では第 1 章で見た区間 $[-\pi, \pi]$ 上周期的な連続関数の全体を内積

$$(f, g) = \int_{-\pi}^{\pi} f(x)\overline{g(x)}dx \tag{5.1}$$

ないしそれより定義されるノルム

$$\|f\| = \sqrt{(f,f)} \tag{5.2}$$

に関し完備化することにより区間 $[-\pi, \pi]$ 上二乗可積分な関数の空間 $L^2([-\pi, \pi])$ を定義し，その基底として第 1 章で導入した

$$e_k(x) = \frac{1}{\sqrt{2\pi}}e^{ikx} \quad (-\pi \leq x \leq \pi) \tag{5.3}$$

がとれることを見る．これを連続化した $\mathbb{R}$ 上のフーリエ変換では対応する「基底」は

$$e_\xi(x) = e(x, \xi) = \frac{1}{\sqrt{2\pi}}e^{i\xi x} \quad (-\infty < x, \xi < \infty) \tag{5.4}$$

であるが，これは $[-\pi, \pi]$ 上の L^2-関数に対する上記の基底 (5.3) が $L^2([-\pi, \pi])$ に属するのとは異なり，$L^2(\mathbb{R})$ には属さない．従ってヒルベルト空間 $L^2(\mathbb{R})$ の基底とはいえない．しかしある意味で「一般化された基底」と見ることができる．

5.1　ヒルベルト空間 $L^2([-\pi, \pi])$

空間 $L^2([-\pi, \pi])$ は，前章で定義したヒルベルト空間 $L^2(\mathbb{R})$ と同様に区間 $[-\pi, \pi]$ 上の周期的連続関数の全体 $C^0([-\pi, \pi])$ の内積ないしノルム

$$(f, g) = \int_{-\pi}^{\pi} f(x)\overline{g(x)}dx,$$
$$\|f\| = \sqrt{(f, f)}$$

に関する完備拡大として定義される．従って $L^2([-\pi, \pi])$ の任意の元 f は $C^0([-\pi, \pi])$ のある列 $\{f_k\}_{k=1}^{\infty}$ の極限として表される．すなわち

$$\lim_{k \to \infty} \|f_k - f\|$$
$$= \lim_{k \to \infty} \left(\int_{-\pi}^{\pi} |f_k(x) - f(x)|^2 dx \right)^{1/2}$$
$$= 0.$$

実際にはルベーグ積分を用いてこの空間 $L^2([-\pi, \pi])$ の元である関数 f は区間 $[-\pi, \pi]$ 上 $|f(x)|^2$ がルベーグ積分可能な関数の全体に一致することが示される．

この「一致」はこのような二乗可積分な関数 f がフーリエ級数展開されることがいえれば示される．すなわち上記 (5.3) の

$$e_k(x) = \frac{1}{\sqrt{2\pi}} e^{ikx} \quad (-\pi \le x \le \pi)$$

が事実 $L^2([-\pi, \pi])$ の基底をなしていることを見ればわかる．言い換えれば任意の $f \in L^2([-\pi, \pi])$ に対し $L^2([-\pi, \pi])$ において展開式

$$f = \sum_{n=-\infty}^{\infty} (f, e_n) e_n \tag{5.5}$$

5.1. ヒルベルト空間 $L^2([-\pi,\pi])$

が成り立つことがいえれば,この右辺は有限和においては区間 $[-\pi,\pi]$ 上の周期的連続関数を定義するから,$L^2([-\pi,\pi])$ の任意の元 f は $C^0([-\pi,\pi])$ の関数の列

$$f_\ell = \sum_{n=-\ell}^{\ell} (f,e_n)e_n$$

の極限として表されることがいえる.

式 (5.5) は f が連続関数の場合成り立つことは第 2 章においてセサロの総和法により示した.しかし一般の L^2-関数 f については式 (5.5) の展開が成り立つことを示すにはルベーグ積分の概念が必要なので本書では示さず,$L^2([-\pi,\pi])$ に属する一般の関数 f は $C^0([-\pi,\pi])$ の関数の列の L^2-ノルムに関する極限として定義されるものと考える.この立場に立つ場合我々の知りたいことはどのような関数が $L^2([-\pi,\pi])$ に属するか,ということである.この問いに一つの答えを与えるのがこれまで何回も触れてきたディリクレの結果であり,それによれば区間 $[-\pi,\pi]$ 上の周期的な実数値の有界変動関数は確かにフーリエ級数展開され,従って $L^2([-\pi,\pi])$ に属する.ここで何回も定義なしで出てきた有界変動関数というものを定義すると,それは区間 $[-\pi,\pi]$ 上の二つの単調増大関数 $h(x), g(x)$ の差として書ける関数のことである.すなわち

$$f(x) = h(x) - g(x)$$

と書ける場合である.従って有界変動関数について議論するときはその成分である一つの単調増大関数について論ずればよく,はじめから f を区間 $[-\pi,\pi]$ 上単調増大として良い.ただし f の周期性について論ずる場合だけ上記の差の表現 $f(x) = h(x) - g(x)$ に戻ればよい.

f が区間 $[-\pi,\pi]$ 上単調増大であれば f は区間 $[-\pi,\pi]$ の各点 x において右極限

$$f(x+0) = \lim_{y \to x, y > x} f(y)$$

および左極限

$$f(x-0) = \lim_{y \to x, y < x} f(y)$$

を持つ.

第5章 フーリエ級数展開とヒルベルト空間

このときディリクレの定理は以下のようにまとめられる．

定理 5.1 区間 $[-\pi, \pi]$ 上の任意の周期的有界変動関数 f に対しそのフーリエ級数

$$\sum_{n=-\infty}^{\infty} (f, e_n) e_n(x)$$

は各点 $x \in [-\pi, \pi]$ において収束し，x において f が連続であればその収束値は $f(x)$ であり，f が点 x において不連続であれば収束値は

$$\frac{1}{2}(f(x-0) + f(x+0))$$

に等しい．

5.2 ディリクレの定理の証明

ディリクレの定理の証明を述べる．

まず f は区間 $[-\pi, \pi]$ における周期的有界変動な実数値関数であるとする．一般性を失うことなく区間 $[-\pi, \pi]$ において $f(x) \geq 0$ と仮定して良い．すると f は区間 $[-\pi, \pi]$ において（リーマン）積分可能であるのでフーリエ級数の係数

$$(f, e_n) = \int_{-\pi}^{\pi} f(x) \frac{1}{\sqrt{2\pi}} e^{-inx} dx$$

が定義されることに注意する．このときフーリエ級数の第 ℓ 部分和

$$f_\ell(x) = \sum_{n=-\ell}^{\ell} (f, e_n) e_n \quad (\ell = 0, 1, 2, \cdots) \tag{5.6}$$

5.2. ディリクレの定理の証明

は第 2 章に述べたように f の周期性を用いれば

$$\begin{aligned}
f_\ell(x) &= \frac{1}{2\pi}\left(f, \sum_{n=-\ell}^{\ell} e^{iny}e^{-inx}\right) \\
&= \frac{1}{2\pi}\int_{-\pi}^{\pi} f(y) \sum_{n=-\ell}^{\ell} e^{-iny}e^{inx} dy \\
&= \frac{1}{2\pi}\int_{-\pi}^{\pi} f(y) \sum_{n=-\ell}^{\ell} e^{in(x-y)} dy \\
&= \frac{1}{2\pi}\int_{-\pi}^{\pi} f(x+\theta) \sum_{n=-\ell}^{\ell} e^{-in\theta} d\theta
\end{aligned}$$

に等しい.ここで右辺の和は $\theta = 0$ の場合も込めて

$$\sum_{n=-\ell}^{\ell} e^{-in\theta} = \frac{e^{i\ell\theta} - e^{-i(\ell+1)\theta}}{1 - e^{-i\theta}} \tag{5.7}$$

と連続関数として表される.これより

$$f_\ell(x) = \frac{1}{2\pi}\int_{-\pi}^{\pi} f(x+\theta) \frac{e^{i\ell\theta} - e^{-i(\ell+1)\theta}}{1 - e^{-i\theta}} d\theta \tag{5.8}$$

となるが,f は実数値ということから

$$(f, e^{iky})e^{ikx} = \overline{(f, e^{i(-k)y})e^{i(-k)x}}$$

であり (5.6) の $n = k$ と $n = -k$ の 2 項の和は実数である.特に $f_\ell(x)$ は実数であり (5.8) は

$$\begin{aligned}
f_\ell(x) &= \frac{1}{2\pi}\int_{-\pi}^{\pi} f(x+\theta) \frac{\cos(\ell\theta) - \cos(\ell+1)\theta}{1 - \cos\theta} d\theta \\
&= \frac{1}{2\pi}\int_{-\pi}^{\pi} f(x+\theta) \frac{\sin\left(\ell + \frac{1}{2}\right)\theta}{\sin\frac{\theta}{2}} d\theta
\end{aligned} \tag{5.9}$$

となる.この右辺はディリクレ積分といわれるものであることはすでに第

2 章で述べた．これは $L = \ell + 1/2$ と書くと

$$f_\ell(x) = \frac{1}{2\pi}\int_{-\pi}^{\pi} f(x+\theta)\frac{\sin L\theta}{\sin(\theta/2)}d\theta$$
$$= \frac{1}{2\pi}\int_0^{\pi} f(x+\theta)\frac{\sin L\theta}{\sin(\theta/2)}d\theta + \frac{1}{2\pi}\int_0^{\pi} f(x-\theta)\frac{\sin L\theta}{\sin(\theta/2)}d\theta \quad (5.10)$$

となる．ここから以降の議論では関数 f を二つの単調増大な関数の差として表し，その一方のみを考えれば十分である．そこで以降式 (5.10) の f 自身が単調増大と仮定する．第 2 項も同様であるので右辺第 1 項を考えると $\theta \in (0, \pi]$ に関し関数

$$\frac{\theta}{\sin(\theta/2)} - 2 \geq 0$$

は単調増大で $\theta \to 0$ のとき 0 に収束する．従って

$$h_x(\theta) = f(x+\theta)\left(\frac{\theta}{\sin(\theta/2)} - 2\right) \geq 0$$

も $(0, \pi]$ において単調増大であり $\theta \to 0$ のとき 0 に収束する．また関数

$$g_x(\theta) = 2\left(f(x+\theta) - f(x+0)\right) \geq 0$$

も同様の性質を満たす．以上より

$$j_x(\theta) = h_x(\theta) + g_x(\theta) \geq 0$$

とおけば j_x は $(0, \pi]$ において単調増大であり $\theta \to 0$ のとき 0 に収束して，(5.10) の右辺第 1 項は

$$\frac{1}{2\pi}\int_0^{\pi} f(x+\theta)\frac{\sin L\theta}{\sin(\theta/2)}d\theta$$
$$= \frac{1}{2\pi}\int_0^{\pi} j_x(\theta)\frac{\sin L\theta}{\theta}d\theta + f(x+0)\frac{1}{\pi}\int_0^{\pi} \frac{\sin L\theta}{\theta}d\theta \quad (5.11)$$

となる．この最後の項は $L\theta = t$ と変数変換することにより

$$f(x+0)\frac{1}{\pi}\int_0^{L\pi} \frac{\sin t}{t}dt$$

となるが積分

$$\int_0^\infty \frac{\sin t}{t}dt = \lim_{M \to \infty}\int_0^M \frac{\sin t}{t}dt = \frac{\pi}{2} \tag{5.12}$$

を用いれば $L \to \infty$ のとき $\frac{1}{2}f(x+0)$ に収束する．

さて式 (5.11) の右辺第 1 項の関数 $j_x(\theta) \geq 0$ は区間 $(0,\pi]$ において単調増大で $\theta \to 0$ のとき 0 に収束するから，$\theta = 0$ で値 0 を取るように拡張すれば関数 $j_x(\theta)$ は区間 $[0,\pi]$ において単調増大で $\theta \to 0$ のとき 0 に収束するという性質を持つ．

ここで以下の定理が成り立つことが知られている．

定理 5.2 (積分の第二平均値定理) 区間 $[a,b]$ 上の関数 $j(\theta)$ が単調増大で $j(\theta) \geq 0$ であり，かつ区間 $[a,b]$ 上の関数 $g(\theta)$ がリーマン積分可能であればある $c \in [a,b]$ に対し

$$\int_a^b j(\theta)g(\theta)d\theta = j(b-0)\int_c^b g(\theta)d\theta$$

が成り立つ．右辺の $j(b-0)$ は $j(b)$ としてもよい．

証明 アーベルの級数変形と呼ばれる次の補題と中間値の定理を用いる．

補題 5.3 数列 $j_0, j_1, \cdots, j_n$ および $g_0, g_1, \cdots, g_n$ が与えられていて $j_n \geq j_{n-1} \geq \cdots \geq j_1 \geq j_0 \geq 0$ を満たすとする．いま $G_\ell = g_n + g_{n-1} + \cdots + g_\ell$ ($\ell = 0, 1, 2, \cdots, n$) とおくと

$$j_n \min_{0 \leq \ell \leq n} G_\ell \leq S = \sum_{k=0}^n j_k g_k \leq j_n \max_{0 \leq \ell \leq n} G_\ell$$

が成り立つ．

補題 5.3 の証明 $G_{n+1} = 0$, $j_{-1} = 0$ とおくと $k = 0, 1, \cdots, n$ に対し $g_k = G_k - G_{k+1}$ だから S は

$$S = \sum_{k=0}^n j_k(G_k - G_{k+1}) = \sum_{k=0}^n G_k(j_k - j_{k-1})$$

となる．$j_k - j_{k-1} \geq 0$ だからこれより

$$j_n \min_{0 \leq \ell \leq n} G_\ell \leq S \leq j_n \max_{0 \leq \ell \leq n} G_\ell$$

が得られ，補題が言えた．

定理の証明はまずリーマン積分の定義により区間 $[a,b]$ の n 等分割

$$a = \theta_0 < \theta_1 < \cdots < \theta_{n-1} < \theta_n = b,$$
$$\theta_k - \theta_{k-1} = \frac{b-a}{n} \quad (k = 1, 2, \cdots, n)$$

をとるとき

$$\int_a^b j(\theta) g(\theta) d\theta = \lim_{n \to \infty} \sum_{k=0}^{n-1} j(\theta_k) g(\theta_k) \frac{b-a}{n}$$

となることを思い起こす．定理の仮定より補題を適用して

$$j(\theta_{n-1}) \min_{0 \leq \ell \leq n-1} \sum_{k=\ell}^{n-1} g(\theta_k) \frac{b-a}{n} \leq \sum_{k=0}^{n-1} j(\theta_k) g(\theta_k) \frac{b-a}{n}$$
$$\leq j(\theta_{n-1}) \max_{0 \leq \ell \leq n-1} \sum_{k=\ell}^{n-1} g(\theta_k) \frac{b-a}{n}.$$

ここで右辺の max を与える整数 ℓ を $1 \leq L_n \leq n-1$ と書くと $\theta_{L_n} \in [a,b]$ は有界閉集合 $[a,b]$ の点列であるから収束する部分列 $\theta_{L_{n(p)}} \to d$ (as $p \to \infty$) を持つ[1]．記号を変えてこの部分列自身を θ_{L_n} と書いてよい．このとき任意の正の数 $\epsilon > 0$ に対しある整数 $N \geq 1$ が存在して $n > N$ に対し

$$|\theta_{L_n} - d| < \epsilon$$

となる．一般性を失うことなく

$$0 \leq \theta_{L_n} - d < \epsilon$$

---

[1] この性質は p. 42 で述べた実数の完備性と同値であることが知られている．すなわち実数のコーシー列が必ずある実数に収束することは次の有界数列公理と同値である：「有界な実数列は収束する部分列を持つ」．詳しくは小野俊彦氏との共著『理学を志す人のための数学入門』(現代数学社, 2006) の第 10 章「実数の連続性」を参照されたい．

5.2. ディリクレの定理の証明　59

と仮定してよい．よってこの整数 $L_n \geq 1$ に対し

$$\left| \int_d^b g(\theta) d\theta - \sum_{k=L_n}^{n-1} g(\theta_k) \frac{b-a}{n} \right|$$
$$\leq \left| \int_d^b g(\theta) d\theta - \left(\sum_{k=L_n}^{n-1} g(\theta_k) \frac{b-a}{n} + g(d)(\theta_{L_n} - d) \right) \right| + |g(d)(\theta_{L_n} - d)|$$
$$\leq \left| \int_d^b g(\theta) d\theta - \left(\sum_{k=L_n}^{n-1} g(\theta_k) \frac{b-a}{n} + g(d)(\theta_{L_n} - d) \right) \right| + |g(d)|\epsilon$$

が成り立つ．したがって極限

$$\lim_{n \to \infty} \max_{1 \leq \ell \leq n-1} \sum_{k=\ell}^{n-1} g(\theta_k) \frac{b-a}{n} = \lim_{n \to \infty} \sum_{k=L_n}^{n-1} g(\theta_k) \frac{b-a}{n}$$

は存在して

$$\int_d^b g(\theta) d\theta$$

に等しい．g がリーマン積分可能であるから関数

$$G(d) = \int_d^b g(\theta) d\theta$$

は $d \in [a, b]$ について連続である．よってこれはある点 $d_0 \in [a, b]$ で最大値をとるから

$$\int_a^b j(\theta) g(\theta) d\theta \leq j(b-0) \lim_{n \to \infty} \max_{1 \leq \ell \leq n-1} \sum_{k=\ell}^{n-1} g(\theta_k) \frac{b-a}{n} \leq j(b-0) G(d_0)$$

がいえた．

同様にして下から押さえてある点 $c_0 \in [a, b]$ において

$$j(b-0) G(c_0) \leq \int_a^b j(\theta) g(\theta) d\theta \leq j(b-0) G(d_0)$$

がいえる．ゆえに連続関数に対する中間値の定理からある点 $c \in [a, b]$ において

$$\int_a^b j(\theta) g(\theta) d\theta = j(b-0) G(c) = j(b-0) \int_c^b g(\theta) d\theta$$

がいえ，定理 5.2 の証明が終わる．以上の証明ではリーマン和を $k=0$ から $k=n-1$ までの和としたがこれを $k=1$ から $k=n$ までの和としても積分の値は同じである．この場合は $j(b-0)$ を $j(b)$ に置き換えた結果が得られる．もちろん $c \in [a,b]$ は $j(b-0)$ の場合とは一般には異なる． □

式 (5.11) に戻ると $j_x(\theta) \geq 0$ は $\theta \to 0$ のとき 0 に収束するから与えられた非常に小さい正の数 $\epsilon > 0$ に対しある正の数 $\pi > \delta > 0$ がとれて $0 \leq \theta \leq \delta$ のとき $j_x(\theta) \geq 0$ は $0 \leq j_x(\theta) \leq \epsilon$ を満たす．よって上の定理よりある $\alpha \in [0, \delta]$ に対し

$$\left| \int_0^\delta j_x(\theta) \frac{\sin L\theta}{\theta} d\theta \right| = j_x(\delta) \left| \int_\alpha^\delta \frac{\sin L\theta}{\theta} d\theta \right| \leq \epsilon \left| \int_{L\alpha}^{L\delta} \frac{\sin t}{t} dt \right|. \quad (5.13)$$

積分 (5.12) が有限であることより右辺はある定数 $C > 0$ に対し $L > 0$ について一様に $C\epsilon$ で押さえられる．

同様に同じ定理よりある $\rho \in [\delta, \pi]$ に対し

$$\left| \int_\delta^\pi j_x(\theta) \frac{\sin L\theta}{\theta} d\theta \right| = j_x(\pi) \left| \int_\rho^\pi \frac{\sin L\theta}{\theta} d\theta \right|.$$

$L\theta = t$ と変数変換するとこれは

$$j_x(\pi) \left| \int_{L\rho}^{L\pi} \frac{\sin t}{t} dt \right|$$

となるが積分 (5.12) が有限であることと $\rho \geq \delta > 0$ から $L \to \infty$ のとき 0 に収束する．これと上記 (5.13) より $L \to \infty$ すなわち $\ell \to \infty$ のとき

$$f_\ell(x) \to \frac{1}{2}(f(x+0) + f(x-0))$$

が示される．

この収束は f が連続な部分区間においては一様に成り立つことがいえ，従って後節 5.4 に述べるように $L^2([-\pi, \pi])$ における収束となり，有界変動関数は $L^2([-\pi, \pi])$ に属することがわかる．

例として階段関数

$$f(x) = \begin{cases} 1 & (0 \leq x \leq \pi) \\ -1 & (-\pi < x < 0) \end{cases}$$

を考えると，$0 < x < \pi$ では連続なので上の平均値は $f(x) = 1$ に等しくなり，$-\pi < x < 0$ では $f(x) = -1$ と等しくなる．$x = 0$ では平均値は

$$\frac{1}{2}(1 + (-1)) = 0$$

となりちょうど中間の値である．この点 $x = 0$ における f の値を $f(0) = 0$ と変更してもフーリエ級数の係数には影響はないからこのような変更の元にフーリエ級数展開が不連続関数についても成り立つことがわかる．この例の場合具体的にフーリエ係数 (f, e_n) を計算すれば

$$(f, e_n)e_n(x) + (f, e_{-n})e_{-n}(x)$$

$$= \begin{cases} \dfrac{4}{n\pi} \sin(nx) & (n \text{ が奇数のとき}) \\ 0 & (n \text{ が偶数のとき}) \end{cases}$$

が得られる．これより上の階段関数 $f(x)$ は

$$f(x) = \frac{4}{\pi} \sum_{m=0}^{\infty} \frac{1}{2m+1} \sin\left((2m+1)x\right)$$

と展開されることがわかる．とくに $x = \frac{\pi}{2}$ ととれば

$$\sin\left(\frac{2m+1}{2}\pi\right) = (-1)^m$$

よりライプニッツの公式

$$\frac{\pi}{4} = \sum_{m=0}^{\infty} \frac{(-1)^m}{2m+1} = 1 - \frac{1}{3} + \frac{1}{5} - \frac{1}{7} + \cdots$$

が得られる．

このような有界変動関数のほかに空間 $L^2([-\pi, \pi])$ はもっと特異的な関数を含んでいる．たとえば第4章で $L^2(\mathbb{R})$ の関数の例として述べたものを区間 $[-\pi, \pi]$ に限定した

$$f(x) = |x|^{-1/3} \quad (-\pi \leq x < 0, \ 0 < x \leq \pi)$$

も明らかに $L^2([-\pi,\pi])$ に属する．一般にはたとえば原点である正の数 $\delta > 0$ に対し

$$f(x) = |x|^{-(1/2-\delta)}$$

程度の局所的特異性を持つ関数は $L^2([-\pi,\pi])$ に属する．これらの事実は空間 $L^2([-\pi,\pi])$ は実際二乗可積分な関数の全体であることを示唆している．

5.3　フーリエの積分公式再見

前節で示したことの特別の場合として以下の事実が成り立つ．

命題 5.4　関数 f が区間 $[-\pi,\pi]$ において有界変動であれば

$$\frac{1}{2}(f(x+0)+f(x-0)) = \lim_{L\to\infty} \frac{1}{\pi} \int_{-\pi}^{\pi} f(x+\theta) \frac{\sin(L\theta)}{\theta} d\theta$$

が成立する．

この事実の証明に用いたのは f が有界変動であるということであった．従って f が無限区間 $(-\infty,\infty)$ において有界変動でかつ積分可能であれば以上の議論は成り立つ．特に f が区間 $(-\infty,\infty)$ において有界変動で

$$\int_{-\infty}^{\infty} |f(x)| dx < \infty$$

を満たせば f は区間 $(-\infty,\infty)$ で積分可能である．このとき前節と同様の議論をすれば

$$\frac{1}{2}(f(x+0)+f(x-0)) = \lim_{L\to\infty} \frac{1}{\pi} \int_{-\infty}^{\infty} f(x+\theta) \frac{\sin(L\theta)}{\theta} d\theta \tag{5.14}$$

がいえる．ところが

$$\int_0^L \cos(t\theta) dt = \frac{\sin(L\theta)}{\theta}$$

であるから上記 (5.14) は

$$\frac{1}{2}(f(x+0)+f(x-0))$$
$$= \lim_{L\to\infty} \frac{1}{\pi} \int_{-\infty}^{\infty} f(x+\theta) \int_0^L \cos(t\theta) dt d\theta$$
$$= \lim_{L\to\infty} \frac{1}{\pi} \int_0^L \int_{-\infty}^{\infty} f(x+\theta) \cos(t\theta) d\theta dt$$
$$= \frac{1}{\pi} \int_0^{\infty} \int_{-\infty}^{\infty} f(y) \cos(t(x-y)) dy dt$$

となる．ここで

$$\cos ty = \frac{1}{2}(e^{ity} + e^{-ity})$$

ゆえ上式は

$$\frac{1}{2}(f(x+0)+f(x-0)) = \frac{1}{2\pi} \int_{-\infty}^{\infty} \int_{-\infty}^{\infty} f(y) e^{it(x-y)} dy dt$$

と書ける．これは第3章で述べた急減少関数に関するフーリエの反転公式ないし積分公式そのものである．すなわちディリクレの結果は連続関数および有界変動関数に対しすでに反転公式を示していたのである．

5.4　フーリエ級数展開

さて本章の本題に戻ると，フーリエ級数展開の式 (5.5) が $L^2([-\pi,\pi])$ において成り立つと言うことは

$$f = \sum_{n=-\infty}^{\infty} (f, e_n) e_n \tag{5.15}$$

の収束が L^2-ノルムについて成り立つと言うことである．すなわち

$$\lim_{\ell\to\infty} \left\| f - \sum_{n=-\ell}^{\ell} (f, e_n) e_n \right\| = 0 \tag{5.16}$$

が成り立つと言うことである.この式のノルムの二乗は $e_n(x) = \frac{1}{\sqrt{2\pi}} e^{inx}$ が $L^2([-\pi, \pi])$ において正規直交系をなし

$$(e_n, e_k) = \delta_{nk}$$

を満たすから,第1章のベッセルの不等式の証明と同様にして

$$0 \leq \left\| f - \sum_{n=-\ell}^{\ell} (f, e_n) e_n \right\|^2 = \|f\|^2 - \sum_{n=-\ell}^{\ell} |(f, e_n)|^2$$

が成り立つ.これが $\ell \to \infty$ でゼロに収束すると言うことはベッセルの不等式で等号が成り立つことと同値である.すなわち式 (5.16) が成り立つ必要十分条件は

$$\|f\|^2 = \sum_{n=-\infty}^{\infty} |(f, e_n)|^2 \tag{5.17}$$

である.

先の節 5.2 で触れたように,ディリクレの定理で述べた関数系 $\{e_n\}_{n=-\infty}^{\infty}$ が区間 $[-\pi, \pi]$ 上の有界変動関数 f をフーリエ級数に展開することの証明からフーリエ級数展開式は関数 f が連続な部分区間で一様に成り立つことが示される.これより上述の $L^2([-\pi, \pi])$ のノルムに関する収束が従う.従って以上の議論から有界変動関数のフーリエ級数展開は式 (5.15) ないし式 (5.16) あるいは式 (5.17) の意味において成り立つことがいえ,区間 $[-\pi, \pi]$ 上の有界変動関数は $L^2([-\pi, \pi])$ に属する.

式 (5.15) の展開が $L^2([-\pi, \pi])$ の収束の意味で成り立つと言うことは有限次元の線型空間 V の有限個の基底 $e_1, \cdots, e_k$ が V の任意の元 x をある係数 $x_1, \cdots, x_k$ に対し

$$x = \sum_{n=1}^{k} x_n e_n$$

と展開することに対応する.すなわち以上で示したことは無限次元の計量線型空間であるヒルベルト空間 $L^2([-\pi, \pi])$ の任意の元 f が無限個の元を持つ基底 $\{e_n\}_{n=-\infty}^{\infty}$ によって展開されることを示し,従って $\{e_n\}_{n=-\infty}^{\infty}$ が有限次元の場合の基底と同様の性質を満たすことを示している.この意味で $\{e_n\}_{n=-\infty}^{\infty}$ はヒルベルト空間 $L^2([-\pi, \pi])$ の正規直交基底をなすという.

5.4. フーリエ級数展開

前節で述べたフーリエの積分公式ないし反転公式は有限区間 $[-\pi,\pi]$ 上の関数のフーリエ級数展開の「連続版」である．実際フーリエの積分公式は有限区間の場合の正規直交基底

$$e_n(x) = \frac{1}{\sqrt{2\pi}} e^{inx} \quad (n = 0, \pm 1, \pm 2, \cdots)$$

を連続な族

$$e_\xi(x) = e(x,\xi) = \frac{1}{\sqrt{2\pi}} e^{i\xi x} \quad (-\infty < x, \xi < \infty) \tag{5.18}$$

に置き換えたものが成り立つことを示している．第 3 章で述べたようにこの族によって定義されるフーリエ変換

$$\mathcal{F}f(\xi) = (2\pi)^{-1/2} \int_{-\infty}^{\infty} f(x) e^{-ix\xi} dx$$

はヒルベルト空間 $L^2(\mathbb{R})$ のユニタリ変換をなしていた．従って $\mathcal{F}^{-1} = \mathcal{F}^*$ でありフーリエの積分公式ないし反転公式

$$\begin{aligned}\mathcal{F}^{-1}\mathcal{F}f(x) &= \frac{1}{2\pi} \int_{-\infty}^{\infty} e^{ix\xi} \int_{-\infty}^{\infty} f(y) e^{-iy\xi} dy d\xi \\ &= \frac{1}{2\pi} \int_{-\infty}^{\infty} \int_{-\infty}^{\infty} f(y) e^{i(x-y)\xi} dy d\xi\end{aligned}$$

はフーリエ級数展開の連続版である．しかしヒルベルト空間 $L^2(\mathbb{R})$ は可算無限個の元よりなる正規直交基底を持っていることが知られており，上述の式 (5.18) のような連続個の基底は不要である．というより基底が満たすべき「基底は空間 $L^2(\mathbb{R})$ の元である」という要請から式 (5.18) の関数系は空間 $L^2(\mathbb{R})$ の基底とはなり得ない．この意味で連続版の基底はふつうの基底の概念を満たさない．しかし上の反転公式の意味するところから「連続個の基底」というのは一般化された基底と考えて良さそうである．実際式 (5.18) の関数系はラプラシアン

$$\Delta = \frac{d^2}{dx^2}$$

に対し

$$\Delta e_\xi(x) = -\xi^2 e_\xi(x)$$

を満たすという意味でラプラシアンの一般化された固有関数系をなす．ラプラシアンは有限次元線型空間の自己共役作用素と同様にその共役作用素 Δ^* が自分自身に等しくなるという性質を持つ．すなわち

$$\Delta^* = \Delta$$

を満たすためその固有関数系 $e_\xi(x)$ $(\xi \in \mathbb{R})$ は自己共役作用素の固有関数系として $L^2(\mathbb{R})$ を張ることが期待される．このことは実際上述のフーリエの積分公式から知られることである．この意味において上述の式 (5.18) の関数系は $L^2(\mathbb{R})$ のある種の「一般化された基底」と考えることができる．このことは 1 以上の次元を持つ $\mathbb{R}^m$ 上の空間 $L^2(\mathbb{R}^m)$ に対しても一般化される．

5.5 積分の第二平均値定理の応用

この節では第 5.2 節で示した定理 5.2 すなわち積分の第二平均値定理の一応用を述べる．

定理 5.5 f が無限区間 $[0, \infty)$ 上定義された実数値関数で任意の $T > 0$ に対し区間 $[0, T]$ 上リーマン積分可能であるとし，極限

$$\lim_{T \to \infty} \int_0^T f(t) dt$$

が存在するとする．また $(\epsilon, t) \in (0, 1) \times [0, \infty)$ 上の有界関数 $h(\epsilon, t) \geq 0$ が $\epsilon > 0$ を固定するごとに $t \geq 0$ について単調増大であり，かつ各 $t \geq 0$ に対し

$$\lim_{\epsilon \downarrow 0} h(\epsilon, t) = 0$$

を満たすとする．このとき以下の極限が存在し

$$\lim_{\epsilon \downarrow 0} \lim_{T \to \infty} \int_0^T h(\epsilon, t) f(t) dt = 0$$

が成り立つ．

5.5. 積分の第二平均値定理の応用

証明 極限

$$\lim_{T\to\infty}\int_0^T h(\epsilon,t)f(t)dt$$

の存在は $b > a \to \infty$ のとき

$$\int_a^b h(\epsilon,t)f(t)dt \to 0$$

を示せばよいが，第二平均値定理よりこの積分はある $q \in [a,b]$ に対し

$$\int_a^b h(\epsilon,t)f(t)dt = h(\epsilon,b)\int_q^b f(t)dt$$

に等しい．$b \geq q \geq a \to \infty$ であるから仮定の極限

$$\lim_{T\to\infty}\int_0^T f(t)dt$$

が存在することからこのとき

$$\int_q^b f(t)dt \to 0$$

である．$h(\epsilon,t)$ は有界正値であるからある $M > 0$ に対し

$$0 \leq h(\epsilon,t) \leq M \quad (\epsilon \in (0,1),\ t \geq 0)$$

が成り立つ．以上より

$$\int_a^b h(\epsilon,t)f(t)dt = h(\epsilon,b)\int_q^b f(t)dt \to 0 \quad (\text{as } b > a \to \infty)$$

がいえた．したがって極限

$$L(\epsilon) = \lim_{T\to\infty}\int_0^T h(\epsilon,t)f(t)dt$$

は存在するから任意の $\delta > 0$ に対しある定数 $T > 0$ が存在して

$$\left|L(\epsilon) - \int_0^T h(\epsilon,t)f(t)dt\right| < \delta/2$$

となる．この第二項の積分は第二平均値定理よりある $p \in [0,T]$ に対し

$$\int_0^T h(\epsilon,t)f(t)dt = h(\epsilon,T)\int_p^T f(t)dt$$

と書ける．仮定より極限

$$\lim_{T\to\infty}\int_0^T f(t)dt$$

が存在するからある定数 $K>0$ が存在して任意の $T \geq p \geq 0$ に対し

$$\left|\int_p^T f(t)dt\right| \leq K$$

が成り立つ．他方 $T>0$ を固定するとき

$$h(\epsilon,T) \to 0 \quad (\text{as } \epsilon \to 0)$$

であるから $\epsilon>0$ が十分小の時

$$\left|\int_0^T h(\epsilon,t)f(t)dt\right| = h(\epsilon,T)\left|\int_p^T f(t)dt\right| \leq Kh(\epsilon,T) < \delta/2.$$

上と合わせて $\epsilon>0$ が十分小の時

$$|L(\epsilon)| \leq \left|L(\epsilon) - \int_0^T h(\epsilon,t)f(t)dt\right| + \left|\int_0^T h(\epsilon,t)f(t)dt\right| < \delta$$

がいえ証明が終わる． □

具体的な応用として以下が示されるがこれは読者の演習問題としておく．

問 f が無限区間 $[0,\infty)$ 上定義された実数値関数で任意の $T>0$ に対し区間 $[0,T]$ 上リーマン積分可能であるとする．さらに極限

$$\lim_{T\to\infty}\int_0^T f(t)dt$$

が存在するとする．このとき極限

$$\lim_{\epsilon \downarrow 0} \lim_{T \to \infty} \int_0^T e^{-\epsilon t} f(t) dt$$

が存在し以下の関係を満たすことを示せ．

$$\lim_{\epsilon \downarrow 0} \lim_{T \to \infty} \int_0^T e^{-\epsilon t} f(t) dt = \lim_{T \to \infty} \int_0^T f(t) dt.$$

ディリクレの定理を含めこれらの結果は振動する関数 $f(t)$ の広義積分に関する結果であり，一般にはルベーグ積分論をそのまま用いては証明されない[2]．リーマン積分がルベーグ積分で本質的に扱えない場合を含んでいることの証左である．

第二平均値定理 5.2 は $j(\theta) \geq 0$ という条件をとり単に $j(\theta)$ が単調増大とするとき以下のように書き換えられる．

定理 5.6 (積分の第二平均値定理一般形) 区間 $[a,b]$ 上の関数 $j(\theta)$ が単調増大であり，かつ区間 $[a,b]$ 上の関数 $g(\theta)$ がリーマン積分可能であればある $c \in [a,b]$ に対し

$$\int_a^b j(\theta) g(\theta) d\theta = j(a) \int_a^c g(\theta) d\theta + j(b) \int_c^b g(\theta) d\theta$$

が成り立つ．

これは定理 5.2 において $j(\theta)$ を $j(\theta) - j(a) \geq 0$ に置き換えれば容易に得られる．

---

[2]広義ルベーグ積分を定義すれば別である．

5.6 まとめ

　本章ではフーリエ級数展開の基礎となる空間 $L^2([-\pi,\pi])$ を連続関数の空間 $C^0([-\pi,\pi])$ の L^2-ノルムに関する完備化として定義し，そこには有界変動関数や局所的な特異性を持つ関数も属することをディリクレの結果の証明を見ながら眺めた．その過程ですでに見たフーリエの反転公式ないし積分公式がディリクレの結果によっても示されることを見た．さらにフーリエ級数展開がヒルベルト空間 $L^2([-\pi,\pi])$ の正規直交基底

$$e_n(x) = \frac{1}{\sqrt{2\pi}} e^{inx} \quad (n = 0, \pm 1, \pm 2, \cdots)$$

に関する展開として見直されることを示した．そしてフーリエの積分公式をその一般化と見直すことにより連続個の関数系

$$e_\xi(x) = e(x,\xi) = \frac{1}{\sqrt{2\pi}} e^{i\xi x} \quad (-\infty < x, \xi < \infty)$$

も $L^2(\mathbb{R})$ のある種の基底と見ることができることを示唆した．さらに積分の第二平均値定理の応用を述べルベーグ積分では扱えないリーマン積分論固有の結果を示した．

第6章 偏微分方程式とフーリエ解析

これまで 5 章にわたってフーリエ解析の基礎的な事柄を学んできた．一部は概略を述べるにとどめざるを得ない部分もあったがフーリエ解析の大筋はご理解いただけたと思う．本章ではこれらの応用として偏微分方程式の解を求めることを考え，その例としてフーリエが彼の書『熱の解析的理論』(1807 年) でめざした熱方程式の解を求めることを試みる．

6.1 熱伝導方程式

1 次元の熱 (伝導) 方程式は

$$L(u) = \frac{\partial u}{\partial t} - \frac{\partial^2 u}{\partial x^2} = 0 \quad (t > 0) \tag{6.1}$$

$$u(0, x) = j(x) \quad (x \in \mathbb{R}) \tag{6.2}$$

の形をしている．ここで $u = u(t,x) \in \mathbb{R}$ は時刻 t における位置 $x \in \mathbb{R}$ での温度を表ししたがって実数値関数である．この方程式は 1 次元の空間 $\mathbb{R}$ 全体で定義され，時刻 $t = 0$ における初期条件 $j(x)$ が与えられた初期値問題の熱方程式である．

これにさらに $L > 0$ として空間座標 x に関する境界条件

$$u(t, -L) = u(t, L) = 0 \quad (t \geq 0) \tag{6.3}$$

を加えた方程式を初期境界値問題という．ここではまず後者の初期境界値問題をフーリエ級数の方法を用いて解いてみよう．

このような解 $u(t,x)$ が $t > 0, -L \leq x \leq L$ において存在するとすればそれは各 $t > 0$ において $x \in [-L, L]$ に関する二回微分可能な関数であるはず

である．さらに境界条件 (6.3) により区間 $[-L, L]$ の両端における値が等しく $\mathbb{R}$ における周期関数と考えられる．したがってこれまでの章で見たようにそのような解は区間 $[-L, L]$ においてフーリエ級数

$$u(t, x) = \frac{a_0(t)}{2} + \sum_{n=1}^{\infty} (a_n(t)\cos(n\pi x/L) + b_n(t)\sin(n\pi x/L)) \qquad (6.4)$$

に展開される．ただし係数 $a_n(t), b_n(t)$ は時刻 $t > 0$ に依存する関数で

$$a_n(t) = \frac{1}{L} \int_{-L}^{L} u(t, y)\cos(n\pi y/L) dy \quad (n = 0, 1, \cdots)$$
$$b_n(t) = \frac{1}{L} \int_{-L}^{L} u(t, y)\sin(n\pi y/L) dy \quad (n = 1, 2, \cdots)$$

で与えられる．

式 (6.4) を方程式 (6.1) に代入し形式的に項別微分してみると任意の $t > 0$ に対し

$$\frac{1}{2}\frac{\partial a_0}{\partial t}(t) + \sum_{n=1}^{\infty} \left(\frac{\partial a_n}{\partial t}(t)\cos(n\pi x/L) + \frac{\partial b_n}{\partial t}(t)\sin(n\pi x/L) \right)$$
$$+ \sum_{n=1}^{\infty} (a_n(t)(n\pi/L)^2 \cos(n\pi x/L) + b_n(t)(n\pi/L)^2 \sin(n\pi x/L))$$
$$= 0 \qquad (6.5)$$

が得られる．ここで第 1 章で見た関係式の変形

$$\int_{-L}^{L} \cos(n\pi x/L)\cos(k\pi x/L)\, dx = 0 \ (n \neq k)$$
$$\int_{-L}^{L} \sin(n\pi x/L)\sin(k\pi x/L)\, dx = 0 \ (n \neq k)$$
$$\int_{-L}^{L} \sin(n\pi x/L)\cos(k\pi x/L)\, dx = 0 \ (すべての\ n, k)$$
$$\int_{-L}^{L} \sin(n\pi x/L)\sin(n\pi x/L)\, dx = \pi \ (すべての\ n)$$
$$\int_{-L}^{L} \cos(n\pi x/L)\cos(n\pi x/L)\, dx = \pi \ (すべての\ n)$$

6.1. 熱伝導方程式

を用いて式 (6.5) の両辺に $\cos(k\pi x/L)$ あるいは $\sin(k\pi x/L)$ を掛けて x について $-L$ から L まで積分してみる．この積分が項別に行えると仮定するとこれより $a_n(t)$, $b_n(t)$ に関する関係式

$$\frac{\partial a_0}{\partial t}(t) = 0$$
$$\frac{\partial a_n}{\partial t}(t) + (n\pi/L)^2 a_n(t) = 0$$
$$\frac{\partial b_n}{\partial t}(t) + (n\pi/L)^2 b_n(t) = 0$$

が求まる．これを $a_n(t)$, $b_n(t)$ に関する常微分方程式と見て解けば

$$a_0(t) = a_0(0)$$
$$a_n(t) = a_n(0) \exp(-(n\pi/L)^2 t)$$
$$b_n(t) = b_n(0) \exp(-(n\pi/L)^2 t)$$

が得られる．ただし $a_n(0)$, $b_n(0)$ は $t=0$ のときの初期条件 (6.2) における $j(x)$ が適当な条件を満たすとき (たとえば連続関数のとき) のフーリエ級数展開

$$j(x) = \frac{a_0(0)}{2} + \sum_{n=1}^{\infty} (a_n(0) \cos(n\pi x/L) + b_n(0) \sin(n\pi x/L))$$

により定まる数である．したがって少なくとも形式的に熱方程式 (6.1) の初期境界値問題は

$$\begin{aligned}u(t,x) = &\frac{a_0(0)}{2} + \sum_{n=1}^{\infty} \exp(-(n\pi/L)^2 t) \\ &\times (a_n(0) \cos(n\pi x/L) + b_n(0) \sin(n\pi x/L))\end{aligned} \quad (6.6)$$

と解かれる．ここで境界条件 (6.3) を適用すれば

$$a_n(0) = 0 \quad (n = 0, 1, 2, \cdots)$$

第6章 偏微分方程式とフーリエ解析

となるから形式解は

$$u(t,x) = \sum_{n=1}^{\infty} b_n(0) \exp(-(n\pi/L)^2 t) \sin(n\pi x/L) \tag{6.7}$$

となる．

いまこの初期条件の周期的実数値関数 $j(x)$ が $C^1([-L,L])$ に属すると仮定すると，第1章で見たように微分可能性とベッセルの不等式より

$$\sum_{n=1}^{\infty} (|a_n(0)| + |b_n(0)|)$$
$$\leq \sqrt{2} \sum_{n=1}^{\infty} (|a_n(0)|^2 + |b_n(0)|^2)^{1/2}$$
$$= \frac{2}{\sqrt{L}} \sum_{n=1}^{\infty} |(j, e_n^L)| < \infty \tag{6.8}$$

が成り立つ．ただし関数列 $e_n^L(x)$ は

$$e_n^L(x) = \frac{1}{\sqrt{2L}} e^{in\pi x/L}$$

で定義され，内積は今の場合

$$(f,g) = \int_{-L}^{L} f(y) \overline{g(y)} dy$$

と定義される．上式 (6.8) が成り立つとき $j(x)$ のフーリエ級数は絶対収束するという．

ここで

$$|\cos(n\pi x/L)| \leq 1, \quad |\sin(n\pi x/L)| \leq 1,$$
$$0 \leq \exp(-(n\pi/L)^2 t) \leq 1 \quad (t \geq 0)$$

であるから初期条件 $j(x)$ のフーリエ級数の絶対収束性から上記の解 (6.6) の絶対収束性が導かれる．したがってこの級数 (6.6) を項別に微分して得られる級数

$$\frac{\partial u}{\partial t}(t,x) = -\sum_{n=1}^{\infty} (n\pi/L)^2 \exp(-(n\pi/L)^2 t)$$
$$\times (a_n(0) \cos(n\pi x/L) + b_n(0) \sin(n\pi x/L))$$

および

$$\frac{\partial^2 u}{\partial x^2}(t,x) = -\sum_{n=1}^{\infty} (n\pi/L)^2 \exp(-(n\pi/L)^2 t) \\ \times (a_n(0)\cos(n\pi x/L) + b_n(0)\sin(n\pi x/L))$$

もともに因子 $\exp(-(n\pi/L)^2 t)$ のおかげで $t>0$ に対し絶対収束しかつこの収束は $x \in [-L, L]$ および $t>0$ について一様である.ここで一般的に以下の定理が成り立つことが知られている.

定理 6.1 $\mathbb{R}$ の区間 $[a,b]$ から $\mathbb{R}$ への関数列 $f_N : [a,b] \longrightarrow \mathbb{R}$ が連続的微分可能とする.さらに各 $t \in [a,b]$ において $\lim_{N \to \infty} f_N(t) = f(t)$ かつ微分 $f'_N(t)$ は $N \to \infty$ のとき区間 $[a,b]$ 上一様に関数 $g(t)$ に収束するとする.このとき f は区間 $[a,b]$ 上で連続的微分可能で

$$f'(t) = g(t)$$

が成り立つ.

この定理は微分積分学の基本定理を用いて容易に証明されるので読者自ら試みて頂きたい.

この定理において

$$f_N(t,x) = \sum_{n=1}^{N} \exp(-(n\pi/L)^2 t) \\ \times (a_n(0)\cos(n\pi x/L) + b_n(0)\sin(n\pi x/L))$$

ととれば上の二つの項別微分は正当化され,したがって上述の形式的議論は正しく成立することがわかる.以上により式 (6.7) は熱伝導方程式 (6.1) の初期境界値問題の正しい解を与えることがわかる.

6.2 ノイマン型境界条件

前節で考察した境界条件 (6.3) はディリクレ型境界条件と呼ばれているものである．これは境界における温度 $u(t,x)$ の値を直接与えるものである．これに対し境界での温度の変化率を与えるノイマン型境界条件というものがある．たとえば

$$\frac{\partial u}{\partial x}(t,-L) = \frac{\partial u}{\partial x}(t,L) = 0 \quad (t \geq 0) \tag{6.9}$$

のようなものである．この場合は初期条件の関数 $j(x)$ はその微分が

$$j'(-L) = j'(L) = 0 \tag{6.10}$$

を満たす．$j(x)$ が二回連続的微分可能であれば前節と同様に第1章で述べたことから $j(x)$ は絶対かつ一様収束するフーリエ級数に展開される．

$$j(x) = \frac{c_0(0)}{2} + \sum_{n=1}^{\infty} \left(c_n(0) \cos(n\pi x/L) + d_n(0) \sin(n\pi x/L) \right).$$

ここで

$$\frac{d}{dx}(\cos(n\pi x/L)) = -(n\pi/L)\sin(n\pi x/L),$$
$$\frac{d}{dx}(\sin(n\pi x/L)) = (n\pi/L)\cos(n\pi x/L)$$

であり，j が二回連続的微分可能であることからその微分 $j'(x)$ はやはり絶対かつ一様に収束するフーリエ級数によって

$$j'(x) = \sum_{n=1}^{\infty} \left(-c_n(0)(n\pi/L)\sin(n\pi x/L) + d_n(0)(n\pi/L)\cos(n\pi x/L) \right). \tag{6.11}$$

と展開される．したがって関数

$$u(t,x) = \frac{c_0(0)}{2} + \sum_{n=1}^{\infty} \exp(-(n\pi/L)^2 t)$$
$$\times \left(c_n(0)\cos(n\pi x/L) + d_n(0)\sin(n\pi x/L) \right)$$

は一様かつ絶対収束し求めるノイマン問題の解を与える．

ここで境界条件 (6.10) を式 (6.11) に適用すれば

$$d_n(0) = 0 \quad (n = 1, 2, \cdots)$$

となり解

$$u(t,x) = \frac{c_0(0)}{2} + \sum_{n=1}^{\infty} c_n(0) \exp(-(n\pi/L)^2 t) \cos(n\pi x/L) \tag{6.12}$$

が得られる．

6.3 無限区間における熱伝導方程式

前節までは方程式 (6.1) および (6.2) において有限の地点 $x = -L, L$ における境界条件をおいた熱方程式を考えた．もしこの境界条件が無限遠点 $x = -\infty, \infty$ におけるものであったらどうなるだろうか？この節ではこの境界条件に対応する

$$\lim_{x \to \pm\infty} u(t,x) = 0 \tag{6.13}$$

をおいた初期値問題

$$L(u) = \frac{\partial u}{\partial t} - \frac{\partial^2 u}{\partial x^2} = 0 \quad (t > 0) \tag{6.14}$$

$$u(0,x) = j(x) \quad (x \in \mathbb{R}) \tag{6.15}$$

を考察する．

この場合当然初期条件の関数 $j(x)$ も

$$\lim_{x \to \pm\infty} j(x) = 0 \tag{6.16}$$

を満たすはずである．このような関数でフーリエ展開される関数の空間として以前 $L^2(\mathbb{R})$ を考えた．この空間に属する関数 $j(x)$ はその絶対値の二乗

$|j(x)|^2$ が $\mathbb{R}$ 上ルベーグ積分可能な関数の全体に一致することは証明は与えていないがすでに述べた．我々の立場からは空間 $L^2(\mathbb{R})$ は急減少関数の空間 $\mathcal{S} = \mathcal{S}(\mathbb{R})$ の L^2-ノルム

$$\|f\| = \sqrt{(f,f)},$$
$$(f,g) = \int_{-\infty}^{\infty} f(x)\overline{g(x)}dx$$

に関する完備化として構成された (第 4 章参照)．本節では初期関数 $j(x)$ は $L^2(\mathbb{R})$ に属するとして熱方程式 (6.14), (6.15) を満たす解を考察する．

そのような解 $u(t,x)$ は熱方程式 (6.14) からその x に関する二階微分

$$\frac{\partial^2 u}{\partial x^2}(t,x)$$

は方程式 (6.14) の第一項

$$\frac{\partial u}{\partial t}(t,x)$$

に等しく，従って x に関する限り微分していない $u(t,x)$ 同様空間 $L^2(\mathbb{R})$ に属すべきものと考えられる．このように二階微分まで込めて空間 $L^2(\mathbb{R})$ に属する関数の全体を二階のソボレフ空間 (Sobolev space of order 2) と呼び $H^2(\mathbb{R})$ と表す．厳密な定義は省き感じを表すとすれば二階のソボレフ空間は

$$H^2(\mathbb{R}) = \left\{ f \ \middle| \ \int_{-\infty}^{\infty} \sum_{k=0}^{2} |\partial_x^k f(x)|^2 dx < \infty \right\}$$

と定義される．ただし第 4 章で定義したように記号 ∂_x は今の 1 次元の空間座標 x については微分作用素

$$\partial_x = \frac{d}{dx}$$

を表す．二階のソボレフ空間の内積およびノルムは

$$(f,g)_2 = \sum_{k=0}^{2} (\partial_x^k f, \partial_x^k g) = \sum_{k=0}^{2} \int_{-\infty}^{\infty} \partial_x^k f(x) \overline{\partial_x^k g(x)} dx,$$
$$\|f\|_2 = \sqrt{(f,f)_2}$$

6.3. 無限区間における熱伝導方程式

と定義され，急減少関数の空間 $\mathcal{S}(\mathbb{R})$ のこれらの内積ないしノルムに関する完備化が二階のソボレフ空間 $H^2(\mathbb{R})$ を定義すると考えられる．これらの内積およびノルムの定義は第4章で述べたヒルベルト空間の性質を満たし，完備化された $H^2(\mathbb{R})$ はこれらのノルムないし内積に関しヒルベルト空間を成す．

さて初期条件 $j(x)$ は $L^2(\mathbb{R})$ に属するから第3章に述べたフーリエの反転公式により

$$\begin{aligned}j(x) &= \mathcal{F}^{-1}\mathcal{F}j(x) \\ &= (2\pi)^{-1}\int_{-\infty}^{\infty} e^{ix\xi}\int_{-\infty}^{\infty} j(y)e^{-iy\xi}dyd\xi \\ &= (2\pi)^{-1/2}\int_{-\infty}^{\infty} e^{ix\xi}\widehat{j}(\xi)d\xi\end{aligned}$$

を満たす．解 $u(t,x)$ も存在すればやはり

$$\begin{aligned}u(t,x) &= \mathcal{F}^{-1}\mathcal{F}u(t,x) \\ &= (2\pi)^{-1}\int_{-\infty}^{\infty} e^{ix\xi}\int_{-\infty}^{\infty} u(t,y)e^{-iy\xi}dyd\xi \\ &= (2\pi)^{-1/2}\int_{-\infty}^{\infty} e^{ix\xi}\widehat{u}(t,\xi)d\xi \end{aligned} \quad (6.17)$$

を満たすはずである．ただし $\widehat{u}(t,\xi)$ は $u(t,x)$ の変数 x に関するフーリエ変換を表す．

式 (6.17) を熱方程式 (6.14) に代入して微分と積分の順序が交換可能と仮定して変形すると

$$(2\pi)^{-1/2}\int_{-\infty}^{\infty} e^{ix\xi}\left(\frac{\partial}{\partial t} + |\xi|^2\right)\widehat{u}(t,\xi)d\xi = 0$$

が得られる．これが正しければフーリエ変換が1対1であることから任意の $\xi \in \mathbb{R}$ に対し

$$\left(\frac{\partial}{\partial t} + |\xi|^2\right)\widehat{u}(t,\xi) = 0$$

が得られる．

これは変数 t に関する常微分方程式であり，初期条件は

$$\widehat{u}(0,\xi) = \widehat{j}(\xi)$$

で与えられる．したがって容易に解くことができて解は $t \geq 0$ に対し

$$\widehat{u}(t,\xi) = \exp(-t|\xi|^2)\widehat{j}(\xi)$$

となる．これを式 (6.17) に代入して少なくとも形式的に無限区間における熱方程式の解は

$$\begin{aligned}
u(t,x) &= \mathcal{F}^{-1}(\widehat{u}(t,\xi)) = F^{-1}(\exp(-t|\xi|^2)\,\widehat{j}(\xi))\\
&= (2\pi)^{-1/2}\int_{-\infty}^{\infty} e^{ix\xi}\exp(-t|\xi|^2)\,\widehat{j}(\xi)d\xi\\
&= (2\pi)^{-1/2}\int_{-\infty}^{\infty} e^{ix\xi - t|\xi|^2}\,\widehat{j}(\xi)d\xi \quad (6.18)
\end{aligned}$$

と与えられる．これは $t=0$ ではフーリエの反転公式より明らかに初期条件

$$u(0,x) = j(x)$$

を満たす．関数 $j(x)$ が急減少関数であればこの $u(t,x)$ に微分作用素

$$L = \frac{\partial}{\partial t} - \frac{\partial^2}{\partial x^2}$$

を施して積分と順序交換ができるからこの場合 $u(t,x)$ は実際に熱方程式

$$L(u) = 0, \quad u(0,x) = j(x)$$

の解を与える．

フーリエ変換してみれば j のソボレフノルムは

$$\|j\|_2 = \left(\sum_{m=0}^{2}\int_{-\infty}^{\infty}|\xi|^{2m}|\widehat{j}(\xi)|^2 d\xi\right)^{1/2}$$

に等しいことから一般の $j \in L^2(\mathbb{R})$ の場合は関数 $j(x)$ が二階のソボレフ空間に属すると言うことは

$$|\xi|^2|\widehat{j}(\xi)| \in L^2(\mathbb{R})$$

ということと同値である．従って初期条件の関数 j が二階のソボレフ空間 $H^2(\mathbb{R})$ に属する場合は上述の微分作用素と積分の順序交換がやはり正当化され式 (6.18) は実際に熱方程式 (6.14) の初期条件 (6.15) を満たす解を与える．

式 (6.18) より

$$u(t,x) = (2\pi)^{-1/2} \int_{-\infty}^{\infty} e^{ix\xi - t|\xi|^2} \widehat{j}(\xi) d\xi$$
$$= (2\pi)^{-1} \int_{-\infty}^{\infty} \int_{-\infty}^{\infty} e^{ix\xi - t|\xi|^2 - iy\xi} d\xi \, j(y) dy$$

が得られる．この式の内側の積分

$$(2\pi)^{-1/2} \int_{-\infty}^{\infty} e^{ix\xi - t|\xi|^2 - iy\xi} d\xi$$
$$= (2\pi)^{-1/2} \int_{-\infty}^{\infty} e^{i(x-y)\xi} e^{-t|\xi|^2} d\xi$$

は $t > 0$ のとき急減少関数 $e^{-t|\xi|^2}$ のフーリエ変換により

$$\mathcal{F}(e^{-t|\xi|^2})(y-x)$$

となるが，これは第 3 章で計算してあり，

$$\mathcal{F}(e^{-t|\xi|^2})(y) = \frac{1}{\sqrt{2t}} e^{-|y|^2/(4t)}$$

であった．従って熱方程式 (6.14) の解 $u(t,x)$ は

$$u(t,x) = \frac{1}{\sqrt{4\pi t}} \int_{-\infty}^{\infty} \exp\left(-\frac{|x-y|^2}{4t}\right) j(y) dy$$

という表示を持つ．これは座標空間の変数のみを用いた解の表示を与える．

本節の結果は少々変形すれば x が一般次元の空間 $\mathbb{R}^m$ を動く場合にもほとんどそのまま成立する．

6.4 まとめ

　本章ではフーリエの元々の動機であった熱方程式の解を彼の編み出したフーリエ解析によって求めることを試みた．ここに述べた方法や結果はフーリエが彼の本に書いた記述とは若干異なるがその精神を現代化した立場から実現したものである．

　第2章でも触れたとおりフーリエの方法は彼の時代から遙かな未来の現代解析学を見通したものであり，今現在ですらその方法は多くの進展の原動力となっている．次章以降では偏微分方程式論等へのフーリエ解析学の現代的な展開である擬微分作用素の理論を概観してみようと思う．

第7章　振動積分とフーリエ変換

第3章で見たようにフーリエ変換$\mathcal{F}$は急減少関数の空間$\mathcal{S}=\mathcal{S}(\mathbb{R}^m)$ $(m\geq 1)$ からそれ自身への変換を定義した．さらに第4章で見たようにフーリエ変換$\mathcal{F}$は$\mathcal{S}(\mathbb{R}^m)$をノルム

$$\|f\| = \sqrt{(f,f)},$$
$$(f,g) = \int_{\mathbb{R}^m} f(x)\overline{g(x)}dx$$

に関して完備化した空間$L^2(\mathbb{R}^m)$からそれ自身への変換に自然に拡張され

$$\|\mathcal{F}f\| = \|f\|, \quad (\mathcal{F}f, \mathcal{F}g) = (f,g)$$

を満たした．したがってフーリエ変換は$L^2(\mathbb{R}^m)$からそれ自身への連続写像を定義する．すなわち関数列$f_k \in L^2(\mathbb{R}^m)$がある関数$f \in L^2(\mathbb{R}^m)$に対し$\|f_k - f\| \to 0$ $(k\to\infty)$を満たすときそのフーリエ像$\mathcal{F}f_k$は

$$\|\mathcal{F}f_k - \mathcal{F}f\| \to 0 \quad (k\to\infty)$$

を満たす．これはフーリエ変換$\mathcal{F}$が$L^2(\mathbb{R}^m)$のユニタリ変換をなすことからの自然な帰結であった．さらに第3章で見たように$\alpha = (\alpha_1, \cdots, \alpha_m)$を多重指数とするとき微分作用素

$$\partial_x^\alpha = \frac{\partial^{\alpha_1}}{\partial x_1^{\alpha_1}} \cdots \frac{\partial^{\alpha_m}}{\partial x_m^{\alpha_m}}$$

は

$$i^{-|\alpha|}\partial_x^\alpha = \mathcal{F}^{-1}\xi^\alpha \mathcal{F} \tag{7.1}$$

と表すことができた．ただし$|\alpha| = \alpha_1 + \cdots + \alpha_m$は多重指数$\alpha$の長さと呼ばれるものであった．第3章では$m=1$の1次元の場合のみ述べたが関係

式 (7.1) はその場合の繰り返しにより容易に示すことができる．この事実を見やすく表すために記号

$$D_x = (D_{x_1}, \cdots, D_{x_m}),$$
$$D_{x_j} = \frac{1}{i}\frac{\partial}{\partial x_j} \quad (j=1,2,\cdots,m),$$
$$D_x^\alpha = D_{x_1}^{\alpha_1} \cdots D_{x_m}^{\alpha_m}$$

を導入すると式 (7.1) は

$$D_x^\alpha = \mathcal{F}^{-1}\xi^\alpha \mathcal{F} \tag{7.2}$$

と書ける．初等的な段階では記号 D_x はふつう微分のこととして導入されるがフーリエ解析では D_x は微分作用素 ∂_x に因子 $1/i$ を掛けたものを表す．式 (7.2) はフーリエ変換を積分を用いて陽に書けば関数 $f \in \mathcal{S} = \mathcal{S}(\mathbb{R}^m)$ に対し少なくとも形式的に

$$D_x^\alpha f(x) = (2\pi)^{-m} \int_{\mathbb{R}^m} \int_{\mathbb{R}^m} e^{i(x-y)\xi} \xi^\alpha f(y) dy d\xi \tag{7.3}$$

と書ける．これを一般化し右辺の ξ^α を一般の複素数値関数 $p(x,\xi,y)$ に置き換えて得られる作用素を擬微分作用素といい

$$p(X, D_x, X')f(x) = (2\pi)^{-m} \iint e^{i(x-y)\xi} p(x,\xi,y) f(y) dy d\xi \tag{7.4}$$

と書き表す．ただし二重積分は $2m$ 次元ユークリッド空間 $\mathbb{R}^{2m}$ 上の積分を表す．$p(X, D_x, X')$ の代わりに $p(X, D_x, Y)$ と書くこともある．この表式の関数 $p(x,\xi,y)$ を擬微分作用素 $p(X, D_x, X')$ の表象あるいはシンボル (symbol) ということもある．後述するように一般には表象という言葉はもう少し限定的な意味で使われることもある．式 (7.3) はフーリエの反転公式

$$f(x) = (2\pi)^{-m} \int_{\mathbb{R}^m} \int_{\mathbb{R}^m} e^{i(x-y)\xi} f(y) dy d\xi$$

に微分作用素 D_x^α を施して得られるものであり，この意味で擬微分作用素という概念はフーリエの積分公式の直接の拡張である．本章ではこのような擬微分作用素をきちんと定義するために振動積分という考えを導入する．

7.1 振動積分

式 (7.3) の被積分関数中の $f(y)$ は変数 $y(\in \mathbb{R}^m)$ について急減少関数であるので (7.3) の積分は y については収束する．しかし変数 $\xi(\in \mathbb{R}^m)$ については何ら減少因子はなく積分は一般に収束しない．しかし式 (7.3) は式 (7.2) のことであったから本来関数 f のフーリエ変換 $\widehat{f}(\xi) = \mathcal{F}f(\xi) \in \mathcal{S}$ を用いて

$$D_x^\alpha f(x) = (2\pi)^{-m/2} \int_{\mathbb{R}^m} e^{ix\xi} \xi^\alpha \widehat{f}(\xi) d\xi \tag{7.5}$$

と書くべきものであり，こう書けば $\mathcal{F}f \in \mathcal{S}$ であるからこの積分は明らかに収束する．この式はフーリエ変換 $\mathcal{F}f$ を具体的に書けば

$$D_x^\alpha f(x) = (2\pi)^{-m} \int_{\mathbb{R}^m} e^{ix\xi} \xi^\alpha \int_{\mathbb{R}^m} e^{-iy\xi} f(y) dy d\xi \tag{7.6}$$

であり，この段階では収束に何ら問題はない．式 (7.3) が一般には収束しないのはこの式 (7.6) の内側の積分を外側の積分と同じ位置に持ってきて二重積分と見なしたからであり，問題が起こったのは積分の順序を変えたためである．

この積分の順序交換を問題なく行えるように減少因子を導入する．いま $\chi(\xi)$ を急減少関数で

$$\chi(0) = 1 \tag{7.7}$$

を満たすものとする．この関数から正の数 $\epsilon > 0$ に対し関数

$$\chi_\epsilon(\xi) = \chi(\epsilon \xi)$$

を作り式 (7.6) の右辺に導入する：

$$(2\pi)^{-m} \int_{\mathbb{R}^m} e^{ix\xi} \xi^\alpha \chi_\epsilon(\xi) \int_{\mathbb{R}^m} e^{-iy\xi} f(y) dy d\xi. \tag{7.8}$$

すると関数 χ_ϵ は各 $\epsilon > 0$ を固定するごとにやはり急減少関数であるからこの式において変数 ξ に関する積分は順序によらず収束し

$$(2\pi)^{-m} \iint e^{i(x-y)\xi} \xi^\alpha \chi_\epsilon(\xi) f(y) dy d\xi \tag{7.9}$$

と二重積分として書ける.$\epsilon \to 0$ とすると式 (7.7) により任意の $\xi \in \mathbb{R}^m$ に対し $\chi_\epsilon(\xi) = \chi(\epsilon\xi) \to 1$ でありかつこの収束は有界収束である.すなわちある定数 $M > 0$ に対し

$$|\chi_\epsilon(\xi)| \leq M$$

を満たしたまま 1 に収束する.したがって式 (7.9) は $\epsilon \to 0$ のとき少なくとも形の上では我々が最初書いた式 (7.3) になる.しかも式 (7.9) は式 (7.8) に等しいからその $\epsilon \to 0$ のときの極限値は式 (7.5) で与えられるものと一致する.そこで我々は積分 (7.3) を式 (7.9) の $\epsilon \to 0$ のときの極限

$$D_x^\alpha f(x) = \lim_{\epsilon \to 0} (2\pi)^{-m} \iint e^{i(x-y)\xi} \xi^\alpha \chi_\epsilon(\xi) f(y) dy d\xi \tag{7.10}$$

として定義することにする.以降記号を簡単にするため変数

$$\widehat{\xi} = (2\pi)^{-m} \xi$$

を用いる.すると式 (7.10) は

$$D_x^\alpha f(x) = \lim_{\epsilon \to 0} \iint e^{i(x-y)\xi} \xi^\alpha \chi_\epsilon(\xi) f(y) dy d\widehat{\xi} \tag{7.11}$$

と書ける.一般の擬微分作用素 (7.4) も同様に定義する.たとえば式 (7.4) において複素数値関数 $p(x, \xi, y)$ が任意の非負整数 $\ell \geq 0$ に対し

$$|p|_\ell = \max_{|\alpha|+|\beta|+|\gamma| \leq \ell} \sup_{x, \xi, y \in \mathbb{R}^m} \left| \partial_x^\alpha \partial_\xi^\beta \partial_y^\gamma p(x, \xi, y) \right| < \infty \tag{7.12}$$

を満たす場合,擬微分作用素 $p(X, D_x, X')$ は $f \in \mathcal{S}$ に対し

$$p(X, D_x, X') f(x) = \lim_{\epsilon \to 0} \iint e^{i(x-y)\xi} p(x, \xi, y) \chi_\epsilon(\xi) f(y) dy d\widehat{\xi} \tag{7.13}$$

と定義される.式 (7.10) ないし (7.11) はフーリエ変換を用いて式 (7.5) に等しいことが示され,従ってさらにその値は急減少関数 $\chi(\xi)$ が式 (7.7) を満たす限りその取り方によらないことがわかる.しかし式 (7.13) は関数 $p(x, \xi, y)$ が変数 y によるためフーリエ変換を用いて (7.5) のような簡単な形に書き直すことができない.したがって値が χ の取り方によらないことがわからないのみならず $\epsilon \to 0$ のときの収束も上のようなフーリエ変換に帰着させ

る方法では示されない．しかしこれらの事柄は以下のようにして示すことができる．

いま簡単な事実
$$i\frac{\partial}{\partial y_j}e^{-iy\xi} = \xi_j e^{-iy\xi}$$
に注目して微分作用素 L を
$$L = (1+|\xi|^2)^{-1}(1+i\xi\cdot\partial_y) \tag{7.14}$$
と定義する．ただし
$$\xi\cdot\partial_y = \sum_{j=1}^{m}\xi_j\frac{\partial}{\partial y_j}$$
である．すると作り方から明らかに
$$Le^{-iy\xi} = e^{-iy\xi} \tag{7.15}$$
となる．これを ℓ 回繰り返せば
$$L^\ell e^{-iy\xi} = e^{-iy\xi} \tag{7.16}$$
となるがこの関係式を上の式 (7.13) に代入すると
$$p(X,D_x,X')f(x) = \lim_{\epsilon\to 0}\iint L^\ell\left(e^{i(x-y)\xi}\right)p(x,\xi,y)\chi_\epsilon(\xi)f(y)dyd\widehat{\xi} \tag{7.17}$$
が得られる．$\epsilon > 0$ を固定したときは χ_ϵ が急減少関数であるから右辺の積分においては ξ に関する積分は収束する．y については関数 f が急減少であるから y について部分積分できる．すなわち
$${}^tL = (1+|\xi|^2)^{-1}(1-i\xi\cdot\partial_y)$$
とおけば
$$p(X,D_x,X')f(x) = \lim_{\epsilon\to 0}\iint e^{i(x-y)\xi}({}^tL)^\ell\left(p(x,\xi,y)f(y)\right)\chi_\epsilon(\xi)dyd\widehat{\xi} \tag{7.18}$$

となる．ここで p は (7.12) を満たし f は急減少関数であるから ${}^t L$ の定義からある定数 $C_\ell > 0$ に対し

$$\left|({}^t L)^\ell \left(p(x,\xi,y)f(y)\right)\right| \leq C_\ell (1+|\xi|)^{-\ell}(1+|y|)^{-m-1} \quad (7.19)$$

である．したがって ℓ を十分大きな整数と取れば (具体的には $\ell \geq m+1$ でよい) 式 (7.7) より式 (7.18) の $\epsilon \to 0$ の時の極限は存在して

$$p(X, D_x, X')f(x) = \iint e^{i(x-y)\xi}({}^t L)^\ell \left(p(x,\xi,y)f(y)\right) dy d\widehat{\xi} \quad (7.20)$$

に等しくなる．この形を見れば関数 χ は表れずしたがって極限は (7.7) を満たす関数 χ の取り方によらないこともわかる．

さらに式 (7.20) に左から $x^\alpha D_x^\beta$ を施すと部分積分により

$$\begin{aligned}
&x^\alpha D_x^\beta (p(X, D_x, X')f)(x) \\
&= \iint D_\xi^\alpha (e^{ix\xi}) e^{-iy\xi} \xi^\beta ({}^t L)^\ell \left(p(x,\xi,y)f(y)\right) dy d\widehat{\xi} \\
&= \iint e^{ix\xi} (-D_\xi)^\alpha \left(e^{-iy\xi} \xi^\beta ({}^t L)^\ell \left(p(x,\xi,y)f(y)\right)\right) dy d\widehat{\xi} \quad (7.21)
\end{aligned}$$

となる．ここでの ξ^β という増大因子は式 (7.19) で ℓ を大きく取れば押さえられる．D_ξ^α という微分は $e^{-iy\xi}$ に働けば y^α 程度の増大因子を生み出す．$({}^t L)^\ell \left(p(x,\xi,y)f(y)\right)$ は p はその微分も込めて $\mathbb{R}^{3m}$ 上有界であり f は y について急減少であるからこの増大因子 y^α は $({}^t L)^\ell \left(p(x,\xi,y)f(y)\right)$ に吸収され積分 (7.21) は収束し $\mathbb{R}^m$ 上 x について一様有界である．以上より $p(X, D_x, X')f(x)$ は x についてやはり急減少関数であることがわかる．したがって振動積分で定義される擬微分作用素 $p(X, D_x, X')$ は $\mathcal{S}$ の変換を定義する．

一般に式 (7.13) の極限が存在し減少因子 χ の取り方によらないときその極限を振動積分と呼ぶ．以上の議論からわかるようにこの極限が存在することの証明の要点は振動因子である指数関数 $e^{i(x-y)\xi}$ に $-i\xi$ を掛けることは y に関し微分することと同じであるという事実を用いて ξ についての増大を部分積分により急減少な f の y に関する微分に吸収して ξ を掛けた効果を消すところにある．これを逆手に取れば ξ に関する減少が得られ $\epsilon \to 0$ での極限が存在し χ の取り方によらないことが言える．この議論は第 1 章

で見た滑らかな周期関数のフーリエ級数の収束の証明と同じ考え方である．すなわち関数 f が滑らかであることから振動因子 $e^{i(x-y)\xi}$ が有効に働いて被積分関数の値を平均化し結果として被積分関数が総体として小さくなり積分が収束するのである．この議論はルベーグ積分を用いないで行われていることに注意する．正確に言えばルベーグ積分を直接用いる議論では一般に振動積分は発散してしまい以上のような議論は行えない．すなわち上記 (7.8) において減少因子 $\chi_\epsilon(\xi)$ を導入しのちに $\epsilon \to 0$ とするのはリーマン積分における広義積分の考えであり，本来のルベーグ積分 (7.3) は発散する．ルベーグ積分はある意味でリーマン積分の一般化として導入されたがリーマン積分すべてをカバーするものではなく振動積分のようにリーマン積分を用いて初めて議論が可能な事柄が存在するのである．

7.2　一般の振動積分

　前節では $f \in \mathcal{S}$ に対し振動積分 (7.4) を極限 (7.13) として定義した．しかし $f \in L^2(\mathbb{R}^m)$ のような場合は関数 f は急減少とは限らない．この場合は f は滑らかとも限らない．先に述べたように振動積分は本質的にリーマン積分であり従って被積分関数はふつう連続程度の滑らかさを持つと仮定される．$f \in L^2(\mathbb{R}^m)$ のような場合関数 f は一般にリーマン積分可能でない場合もある．たとえば有限区間 $[0,1]$ 上で定義された次の関数 g は区間 $[0,1]$ 上でルベーグ積分可能であるがリーマン積分可能ではない:

$$g(x) = \begin{cases} 1 & (x \text{ は有理数}), \\ -1 & (x \text{ は無理数}). \end{cases}$$

このような関数に対しては振動積分は直接には定義されない．しかし以前述べたように $f \in L^2(\mathbb{R}^m)$ は $\mathcal{S}$ に属する関数の列の極限として表されることより式 (7.4) により定義される振動積分は $L^2(\mathbb{R}^m)$ に属する関数 f まで拡張される．

　そのような特異性を持つ関数についての議論は後に回し本節では関数 f が滑らかな場合で任意の非負整数 $\ell \geq 0$ に対し

$$|f|_\ell = \max_{|\alpha| \leq \ell} \sup_{x \in \mathbb{R}^m} |\partial_x^\alpha f(x)| < \infty \tag{7.22}$$

を満たす場合に対し振動積分を通常のリーマン積分の拡張として定義することを考える．式 (7.22) を満たす関数 f の全体を $\mathcal{B}$ と書くことにし，そのような関数を $\mathcal{B}$-関数と呼ぶことにする．これは無限回微分可能で各導関数 $\partial_x^\alpha f(x)$ が $\mathbb{R}^m$ 上一様有界な関数 f の全体であり一般には $L^2(\mathbb{R}^m)$ に属さない関数も含んでいる．このような関数 f に対しては式 (7.13) と同様に減少因子 $\chi_\epsilon(y) = \chi(\epsilon y)$ を導入し極限

$$p(X, D_x, X')f(x) = \lim_{\epsilon \to 0} \iint e^{i(x-y)\xi} p(x, \xi, y)\chi_\epsilon(\xi)\chi_\epsilon(y)f(y)dyd\widehat{\xi} \quad (7.23)$$

が存在すればそれを振動積分 (7.4) の定義とするのが自然であろう．あるいはより一般に $2m$ 次元変数 $(\xi, y) \in \mathbb{R}^{2m}$ の急減少関数 $\chi(\xi, y) \in \mathcal{S}(\mathbb{R}^{2m})$ で

$$\chi(0, 0) = 1 \quad (7.24)$$

なるものを考え

$$\chi_\epsilon(\xi, y) = \chi(\epsilon\xi, \epsilon y)$$

とおくとき極限

$$p(X, D_x, X')f(x) = \lim_{\epsilon \to 0} \iint e^{i(x-y)\xi} p(x, \xi, y)\chi_\epsilon(\xi, y)f(y)dyd\widehat{\xi} \quad (7.25)$$

が存在して式 (7.24) を満たす急減少関数 $\chi(\xi, y) \in \mathcal{S}(\mathbb{R}^{2m})$ の取り方によらないときそれを (7.4) の定義としてもよいだろう．この式は (7.14) と同様の微分作用素

$$P = (1 + |x-y|^2)^{-1}(1 - i(x-y) \cdot \partial_\xi) \quad (7.26)$$

を導入すれば

$$Pe^{i(x-y)\xi} = e^{i(x-y)\xi} \quad (7.27)$$

が成り立つから前と同様任意の $k = 0, 1, 2, \cdots$ に対し

$$P^k e^{i(x-y)\xi} = e^{i(x-y)\xi} \quad (7.28)$$

が言える．そこでその転置作用素を

$${}^tP = (1 + |x-y|^2)^{-1}(1 + i(x-y) \cdot \partial_\xi)$$

とすれば (7.18) と同様の式

$$p(X, D_x, X')f(x) = \lim_{\epsilon \to 0} \iint e^{i(x-y)\xi} ({}^tP)^k ({}^tL)^\ell \left(\chi_\epsilon(\xi, y) p(x, \xi, y) f(y) \right) dy d\widehat{\xi} \quad (7.29)$$

が得られる．任意の多重指数 α, β に対し

$$\begin{cases} \partial_\xi^\alpha \chi_\epsilon(\xi, y) = \epsilon^{|\alpha|} (\partial_\xi^\alpha \chi)(\epsilon\xi, \epsilon y), \\ \partial_y^\beta \chi_\epsilon(\xi, y) = \epsilon^{|\beta|} (\partial_y^\beta \chi)(\epsilon\xi, \epsilon y) \end{cases} \quad (7.30)$$

でありかつ (7.12) および (7.22) により $\epsilon > 0$ および $x, \xi, y \in \mathbb{R}^m$ によらない定数 $C_{k\ell} > 0$ に対し

$$\left| ({}^tP)^k ({}^tL)^\ell \left(\chi_\epsilon(\xi, y) p(x, \xi, y) f(y) \right) \right| \\ \leq C_{k\ell} (1 + |\xi|)^{-\ell} (1 + |x - y|)^{-k} \quad (7.31)$$

であるから $k, \ell \geq m + 1$ なら極限 (7.25) が存在する．その極限値は (7.24) と (7.30) から

$$p(X, D_x, X')f(x) = \iint e^{i(x-y)\xi} ({}^tP)^k ({}^tL)^\ell (p(x, \xi, y) f(y)) dy d\widehat{\xi} \quad (7.32)$$

となる．この式には急減少関数 χ は現れないから極限値 (7.25) は χ の取り方にはよらない．しかし式 (7.32) は見かけ上整数 $k, \ell \geq m + 1$ の取り方によるように見えるから極限値 (7.25) も整数 $k, \ell \geq m + 1$ の取り方によるように見える．しかし $\epsilon \to 0$ の極限値を取る途中の $\epsilon > 0$ に対する式は (7.25) の $\lim_{\epsilon \to 0}$ の中身

$$\iint e^{i(x-y)\xi} p(x, \xi, y) \chi_\epsilon(\xi, y) f(y) dy d\widehat{\xi}$$

でありこれは $k, \ell \geq m + 1$ によらないから極限値 (7.25) も k, ℓ によらない．以上により極限 (7.25) は χ にも途中の計算に現れる整数 k, ℓ にもよらない値を与える．しかも (7.12) と (7.22) から極限値 (7.32) は $x \in \mathbb{R}^m$ について一様有界である．さらにこれらの議論で $p(X, D_x, X')f(x)$ の x に関する微分を

考えても同様の事柄が言え任意の多重指数 α に対し $D_x^\alpha \left(p(X, D_x, X') f \right)(x)$ も $x \in \mathbb{R}^m$ について一様有界であることが示される．以上より式 (7.4) で与えられる擬微分作用素 $p(X, D_x, X')$ が関数 $f \in \mathcal{B}$ に対し振動積分としてきちんと定義され，しかもそれは $\mathcal{B}$ の変換を定義することがわかった．

以上では式 (7.4) で定義される振動積分

$$p(X, D_x, X') f(x) = (2\pi)^{-m} \iint e^{i(x-y)\xi} p(x, \xi, y) f(y) dy d\xi \qquad (7.33)$$

を考えたが，これは変数変換 $x - y = -z$ を行い書き換えれば

$$p(X, D_x, X') f(x) = \iint e^{-iz\xi} p(x, \xi, x+z) f(x+z) dz d\widehat{\xi} \qquad (7.34)$$

となる．一般にはあるクラスの関数 $a = a(\eta, y)$ に対し急減少関数 $\chi \in \mathcal{S}(\mathbb{R}^{2m})$ で

$$\chi(0, 0) = 1 \qquad (7.35)$$

なるものを取るとき極限

$$\lim_{\epsilon \to 0} \iint e^{-iy\eta} \chi(\epsilon \eta, \epsilon y) a(\eta, y) dy d\widehat{\eta} \qquad (7.36)$$

が存在してこのような関数 χ の取り方によらない場合この積分を振動積分

$$\mathrm{Os}[e^{-iy\eta} a] = \mathrm{Os}\text{-} \iint e^{-iy\eta} a(\eta, y) dy d\widehat{\eta} \qquad (7.37)$$

の値と定義する．この記号を使えば (7.34) は

$$p(X, D_x, X') f(x) = \mathrm{Os}\text{-} \iint e^{-iy\eta} p(x, \eta, x+y) f(x+y) dy d\widehat{\eta} \qquad (7.38)$$

と書ける．この例からわかるように関数 $a = a(\eta, y)$ はたとえば任意の多重指数 α, β に対し

$$\sup_{\eta, y \in \mathbb{R}^m} |\partial_\eta^\alpha \partial_y^\beta a(\eta, y)| < \infty$$

を満たせば振動積分 (7.36) は存在する．さらに一般にある定数 $k_1, k_2 \in \mathbb{R}$, $\sigma \in [0, 1)$ が存在して任意の多重指数 α, β に対し

$$|\partial_\eta^\alpha \partial_y^\beta a(\eta, y)| \leq C_{\alpha\beta} (1 + |\eta|)^{k_1 + \sigma|\beta|} (1 + |y|)^{k_2 + \sigma|\alpha|} \qquad (7.39)$$

を満たす関数 $a(\eta, y)$ に対し振動積分 (7.36) が定義される．このような定義は各々の応用の場面で適宜変形して与えることができる．

7.3 振動積分の多重積分

いま関数 $p_1(x,\xi,y)$, $p_2(x,\xi,y)$ がともに評価 (7.12) を満たす場合 $f \in \mathcal{B}$ に対し振動積分で定義される二つの擬微分作用素

$$p_1(X, D_x, X')f(x) = \iint e^{i(x-y)\xi} p_1(x,\xi,y) f(y) dy d\widehat{\xi}, \qquad (7.40)$$

$$p_2(X, D_x, X')f(x) = \iint e^{i(x-y)\xi} p_2(x,\xi,y) f(y) dy d\widehat{\xi} \qquad (7.41)$$

の積

$$\begin{aligned}&p_1(X, D_x, X') p_2(X, D_x, X') f(x) \\ &= \iint e^{i(x-y)\xi} p_1(x,\xi,y) \iint e^{i(y-z)\eta} p_2(y,\eta,z) f(z) dz d\widehat{\eta} dy d\widehat{\xi}\end{aligned} \qquad (7.42)$$

を考えてみよう.これは振動積分の定義に戻れば

$$\begin{aligned}&\lim_{\epsilon \to 0} \iint e^{i(x-y)\xi} p_1(x,\xi,y) \chi_\epsilon(\xi,y) \\ &\times \lim_{\epsilon' \to 0} \iint e^{i(y-z)\eta} p_2(y,\eta,z) \chi_{\epsilon'}(\eta,z) f(z) dz d\widehat{\eta} dy d\widehat{\xi}\end{aligned} \qquad (7.43)$$

である.この多重積分においておのおのの二重積分に対応して (7.14) および (7.26) で定義される微分作用素 L および P を用いて部分積分して (7.31) に相当する評価をおのおのの二重積分内で行えば結局この二重積分は部分積分した段階で積分順序によらないことがわかる.この事実を用いて積分順序を変えて式 (7.42) を書き換えればたとえば

$$p_1(X, D_x, X') p_2(X, D_x, X') f(x) = \iint e^{i(x-z)\eta} q(x,\eta,z) f(z) dz d\widehat{\eta}, \quad (7.44)$$

ただし

$$\begin{aligned}q(x,\eta,z) &= \iint e^{i(x-y)(\xi-\eta)} p_1(x,\xi,y) p_2(y,\eta,z) dy d\widehat{\xi} \\ &= \mathrm{Os}[e^{-iy\xi} p_1(x, \xi+\eta, x+y) p_2(x+y, \eta, z)]\end{aligned} \qquad (7.45)$$

が得られる.すなわち二つの擬微分作用素の積は新たな表象 $q(x,\eta,z)$ を持ったもう一つの擬微分作用素を定義する.

一般の振動積分の多重積分

$$\text{Os}\left[e^{-ix\xi}\text{Os}[e^{-iy\eta}a(x,\xi,y,\eta)]\right] \tag{7.46}$$

の場合も同様で上のような部分積分による考察を行えばこれは積分順序によらず同一の値を取り

$$\text{Os}\left[e^{-ix\xi}\text{Os}[e^{-iy\eta}a(x,\xi,y,\eta)]\right] = \text{Os}\left[e^{-iy\eta}\text{Os}[e^{-ix\xi}a(x,\xi,y,\eta)]\right]$$
$$= \text{Os}\left[e^{-i(y\eta+x\xi)}a(x,\xi,y,\eta)\right] \tag{7.47}$$

が成り立つことが言える．ただし関数 $a(x,\xi,y,\eta)$ は変数 $(x,y,\xi,\eta) \in \mathbb{R}^{4m}$ に対し (7.39) の拡張された評価

$$|\partial_\xi^\alpha \partial_x^\beta \partial_\eta^{\alpha'} \partial_y^{\beta'} a(x,\xi,y,\eta)| \leq C_{\alpha\beta\alpha'\beta'}(1+|\xi|)^{k_1+\sigma|\beta|}(1+|x|)^{k_2+\sigma|\alpha|}$$
$$\times (1+|\eta|)^{k_3+\sigma|\beta'|}(1+|y|)^{k_4+\sigma|\alpha'|} \tag{7.48}$$

を満たすとする．ただし $k_j \in \mathbb{R}$ $(j=1,2,3,4), 0 \leq \sigma < 1$ である．式 (7.47) は振動積分に対するいわゆるフビニの定理 (Fubini's theorem) と呼ばれるものである．

7.4　$\mathcal{B}$-関数に対するフーリエの反転公式

第 7.2 節で $p(x,\xi,y), f(x)$ が任意の整数 $\ell \geq 0$ に対し

$$|p|_\ell = \max_{|\alpha|+|\beta|+|\gamma|\leq \ell} \sup_{x,\xi,y\in\mathbb{R}^m} \left|\partial_x^\alpha \partial_\xi^\beta \partial_y^\gamma p(x,\xi,y)\right| < \infty \tag{7.49}$$

および

$$|f|_\ell = \max_{|\alpha|\leq \ell} \sup_{x\in\mathbb{R}^m} |\partial_x^\alpha f(x)| < \infty \tag{7.50}$$

を満たすとき擬微分作用素

$$p(X,D_x,X')f(x) = \lim_{\epsilon\to 0} \iint e^{i(x-y)\xi} p(x,\xi,y)\chi_\epsilon(\xi,y)f(y)dyd\widehat{\xi} \tag{7.51}$$

7.4. $\mathcal{B}$-関数に対するフーリエの反転公式

が (7.24) を満たす急減少関数 $\chi \in \mathcal{S}(R^{2m})$ の取り方によらず定まることを見た．ここで表象 p が恒等的に 1 に等しい場合すなわち

$$p(x,\xi,y) = 1$$

の場合この p は (7.49) を満たし，式 (7.51) は

$$p(X, D_x, X')f(x) = \lim_{\epsilon \to 0} \iint e^{i(x-y)\xi} \chi_\epsilon(\xi, y) f(y) dy \widehat{d\xi} \tag{7.52}$$

となる．これは形式的に書けば

$$p(X, D_x, X')f(x) = \iint e^{i(x-y)\xi} f(y) dy \widehat{d\xi} \tag{7.53}$$

であり形の上からはフーリエの反転公式の形をしておりしたがってその値は

$$p(X, D_x, X')f(x) = f(x) \tag{7.54}$$

となると予想される．以下これを確かめてみよう．

極限 (7.52) が $\chi(\xi, y) \in \mathcal{S}(\mathbb{R}^{2m})$ の取り方によらないことは 7.2 節で見たから $\chi_1(\xi), \chi_2(y)$ をそれぞれ変数 $\xi, y \in \mathbb{R}^m$ についての急減少関数で

$$\chi_1(0) = \chi_2(0) = 1 \tag{7.55}$$

を満たすものとし $\chi(\xi, y)$ を

$$\chi(\xi, y) = \chi_1(\xi)\chi_2(y) \tag{7.56}$$

としてよい．このとき式 (7.52) は

$$p(X, D_x, X')f(x) = \lim_{\epsilon \to 0} \iint e^{i(x-y)\xi} \chi_1(\epsilon\xi) \chi_2(\epsilon y) f(y) dy \widehat{d\xi}$$
$$= \lim_{\epsilon \to 0} \int \left(\int e^{i(x-y)\xi} \chi_1(\epsilon\xi) \widehat{d\xi} \right) \chi_2(\epsilon y) f(y) dy \tag{7.57}$$

となるが

$$(2\pi)^{-m/2} \int e^{i(x-y)\xi} \chi_1(\epsilon\xi) d\xi = \epsilon^{-m} \widehat{\chi_1}(\epsilon^{-1}(y-x))$$
$$\tag{7.58}$$

であるから (7.57) の右辺は

$$(2\pi)^{-m/2} \lim_{\epsilon \to 0} \int \epsilon^{-n} \widehat{\chi_1}(\epsilon^{-1}(y-x)) \chi_2(\epsilon y) f(y) dy \tag{7.59}$$

となる．ここで変数変換

$$y = x + \epsilon z$$

を行えば式 (7.59) は

$$(2\pi)^{-m/2} \lim_{\epsilon \to 0} \int \widehat{\chi_1}(z) \chi_2(\epsilon x + \epsilon^2 z) f(x + \epsilon z) dz \tag{7.60}$$

となる．この式で $\epsilon \to 0$ とすれば (7.50) および (7.55) より被積分関数は有界のまま $\widehat{\chi_1}(z) f(x)$ に収束する．したがって式 (7.60) は

$$(2\pi)^{-m/2} \int \widehat{\chi_1}(z) f(x) dz = (2\pi)^{-m/2} \int \widehat{\chi_1}(z) dz f(x) \tag{7.61}$$

に等しい．この右辺の

$$(2\pi)^{-m/2} \int \widehat{\chi_1}(z) dz = (2\pi)^{-m/2} \int e^{i0z} (\mathcal{F}\chi_1)(z) dz$$

は χ_1 のフーリエ変換 $(\mathcal{F}\chi_1)(z)$ の逆フーリエ変換 $\mathcal{F}^{-1}\mathcal{F}\chi_1(\eta) = \chi_1(\eta)$ の $\eta = 0$ における値であるから (7.55) により

$$\chi_1(0) = 1$$

に等しい．よって式 (7.61) したがって式 (7.57) すなわち式 (7.52) は

$$\begin{aligned} p(X, D_x, X') f(x) &= \lim_{\epsilon \to 0} \iint e^{i(x-y)\xi} \chi_\epsilon(\xi, y) f(y) dy d\widehat{\xi} \\ &= f(x) \end{aligned} \tag{7.62}$$

となり式 (7.54) が確かめられた．以上まとめれば任意の $\mathcal{B}$-関数 $f \in \mathcal{B}$ に対しフーリエの反転公式

$$f(x) = (2\pi)^{-m} \iint e^{i(x-y)\xi} f(y) dy d\xi \tag{7.63}$$

が示された．

7.5 まとめ

　本章ではフーリエの反転公式の一般化として擬微分作用素を導入しそれが部分積分を用いて振動積分としてきちんと定義されることを見た．これらの擬微分作用素は $\mathcal{S}$ および $\mathcal{B}$ の変換を定義することも示した．その上で一般の振動積分の定義を概観し，二つの擬微分作用素の積が振動積分のフビニの定理により単一の表象を持った新たな擬微分作用素として書き表されることを見た．これらの事実は後により一般の個数の擬微分作用素の積，いわゆる擬微分作用素の多重積 (multi-product) の議論の際さらに拡張されるが基本はこれらの振動積分のフビニの定理によるのである．さらに擬微分作用素がフーリエの反転公式の自然な拡張であることからの当然の帰結として $f \in \mathcal{B}$ に対してもフーリエの反転公式が成り立つことを示した．

第8章　擬微分作用素の表象

前章では任意の整数 $\ell \geq 0$ に対し評価

$$|p|_\ell = \max_{|\alpha|+|\beta|+|\gamma|\leq \ell} \sup_{x,\xi,y\in\mathbb{R}^m} \left|\partial_x^\alpha \partial_\xi^\beta \partial_y^\gamma p(x,\xi,y)\right| < \infty \qquad (8.1)$$

を満たす表象 (symbol) p を持つ擬微分作用素 $p(X, D_x, X')$ を $f \in \mathcal{B}$ に対し

$$\begin{aligned} p(X, D_x, X')f(x) \\ = \lim_{\epsilon\to 0} \iint e^{i(x-y)\xi} p(x,\xi,y) \chi_\epsilon(\xi,y) f(y) dy d\widehat{\xi} \end{aligned} \qquad (8.2)$$

として定義した．ただし $f \in \mathcal{B}$ とは任意の $\ell \geq 0$ に対し

$$|f|_\ell = \max_{|\alpha|\leq \ell} \sup_{x\in\mathbb{R}^m} |\partial_x^\alpha f(x)| < \infty \qquad (8.3)$$

を満たすことであり，上記式 (8.2) における関数 χ_ϵ ($\epsilon > 0$) は $(\xi, y) \in \mathbb{R}^{2m}$ についての急減少関数 $\chi(\xi, y)$ で

$$\chi(0,0) = 1 \qquad (8.4)$$

をみたすものから

$$\chi_\epsilon(\xi, y) = \chi(\epsilon\xi, \epsilon y) \qquad (8.5)$$

として定義されるものであった．式 (8.1) で定義される $|p|_\ell$ は表象 p のセミノルムと呼ばれるものであり，表象の空間の位相を与えるものである．

本章では表象として最も簡単な表現を与え擬微分作用素の演算を表象の演算として考察してみよう．

8.1 単化表象

いま擬微分作用素 (8.2) の表象 $p(x,\xi,y)$ から次のような関数を定義する．

$$p_L(x,\xi) = \iint e^{-iy\eta} p(x,\xi+\eta, x+y) dy d\widehat{\eta}. \tag{8.6}$$

ただし以降二重積分は前章で定義した振動積分を表すものとする．すると $p(x,\xi,y)$ が評価 (8.1) を満たすことから前章で述べたように部分積分により関数 $p_L(x,\xi)$ も任意の整数 $\ell \geq 0$ に対し評価

$$|p_L|_\ell = \max_{|\alpha|+|\beta|\leq \ell} \sup_{x,\xi\in\mathbb{R}^m} \left|\partial_x^\alpha \partial_\xi^\beta p_L(x,\xi)\right| < \infty \tag{8.7}$$

を満たすことがわかる．このとき任意の $f\in\mathcal{B}$ に対し次が成り立つ．

$$p_L(X,D_x)f(x) = p(X,D_x,X')f(x). \tag{8.8}$$

ただし左辺は式 (8.2) において $p(x,\xi,y)$ を $p_L(x,\xi)$ に置き換えて定義されるものを表す．すなわち

$$p_L(X,D_x)f(x) = \lim_{\epsilon\to 0}\iint e^{i(x-y)\xi} p_L(x,\xi)\chi_\epsilon(\xi,y)f(y)dy d\widehat{\xi} \tag{8.9}$$

である．先述の約束にしたがえばこれは

$$p_L(X,D_x)f(x) = \iint e^{i(x-y)\xi} p_L(x,\xi)f(y)dy d\widehat{\xi} \tag{8.10}$$

と書かれる．式 (8.8) の証明はまず $f\in\mathcal{B}$ に対し前章の第 7.4 節で述べたようにフーリエの反転公式

$$f(y) = \iint e^{i(y-z)\eta} f(z) dz d\widehat{\eta} \tag{8.11}$$

が成り立つことに注意しこの式を (8.2) に代入すると

$$\begin{aligned}p(X,D_x,X')f(x) &= \iint e^{i(x-y)\xi} p(x,\xi,y)f(y)dy d\widehat{\xi} \\ &= \iint e^{i(x-y)\xi} p(x,\xi,y) \iint e^{i(y-z)\eta} f(z) dz d\widehat{\eta} dy d\widehat{\xi}\end{aligned} \tag{8.12}$$

が得られる．振動積分に対しフビニの定理が成り立つことを前章で示したからこの式において積分順序は任意に交換できる．そこで等式

$$(x-y)\xi + (y-z)\eta = (x-z)\eta - (x-y)(\eta-\xi)$$

を用いてこの式を次のように書き換えることができる．

$$\begin{aligned}&p(X, D_x, X')f(x)\\ &= \iint e^{i(x-z)\eta} \iint e^{-i(x-y)(\eta-\xi)} p(x,\xi,y) dy d\widehat{\xi}\, f(z) dz d\widehat{\eta}.\end{aligned} \quad (8.13)$$

この内側の二重積分で変数変換

$$x-y = -w, \quad \eta-\xi = -\zeta$$

を行えば式 (8.13) は

$$\begin{aligned}&p(X, D_x, X')f(x)\\ &= \iint e^{i(x-z)\eta} \iint e^{-iw\zeta} p(x,\eta+\zeta, x+w) dw d\widehat{\zeta}\, f(z) dz d\widehat{\eta}.\end{aligned} \quad (8.14)$$

となる．変数を

$$\eta \to \xi, \quad w \to y, \quad \zeta \to \eta$$

と置き換えればこれは式 (8.6) で与えられる $p_L(x,\xi)$ を用いて

$$\begin{aligned}&p(X, D_x, X')f(x)\\ &= \iint e^{i(x-z)\xi} \iint e^{-iy\eta} p(x,\xi+\eta, x+y) dy d\widehat{\eta}\, f(z) dz d\widehat{\xi}\\ &= \iint e^{i(x-z)\xi} p_L(x,\xi) f(z) dz d\widehat{\xi}\\ &= p_L(X, D_x) f(x)\end{aligned} \quad (8.15)$$

と書くことができて式 (8.8) が示された．このような表象 $p_L(x,\xi)$ をもとの表象 $p(x,\xi,y)$ の左単化表象 (left simplified symbol) と呼ぶ．同様に右単化表象 (right simplified symbol) $p_R(\xi, x')$ が

$$\begin{aligned}p_R(\xi, x') &= \iint e^{-iy\eta} p(x'+y, \xi-\eta, x') dy d\widehat{\eta}\\ &= \iint e^{iy\eta} p(x'+y, \xi+\eta, x') dy d\widehat{\eta}\end{aligned} \quad (8.16)$$

によって定義され $f \in \mathcal{B}$ に対し

$$p(X, D_x, X')f(x) = p_R(D_x, X')f(x) \tag{8.17}$$

を満たすことが言える．この証明は読者の演習問題としておく．

評価 (8.7) をもう少し精密にしてみよう．式 (8.6) で微分作用素

$$\begin{cases} L = (1+|\eta|^2)^{-1}(1+i\eta \cdot \partial_y), \\ P = (1+|y|^2)^{-1}(1+iy \cdot \partial_\eta) \end{cases} \tag{8.18}$$

を用いて部分積分すれば

$$p_L(x,\xi) = \iint e^{-iy\eta}({}^tP)^k({}^tL)^\ell p(x,\xi+\eta,x+y)dyd\eta \tag{8.19}$$

となる．ここで $k, \ell \geq m+1$ と取ればある定数 $C_0 > 0$ に対し

$$|p_L|_0 \leq C_0 |p|_{2m+2} \tag{8.20}$$

が得られる．微分についても同様にして任意の整数 $j \geq 0$ に対しある定数 $C_j > 0$ が存在して

$$|p_L|_j \leq C_j |p|_{2m+2+j} \tag{8.21}$$

が言える．これは (8.1) を満たす 3 変数のシンボルの空間から (8.7) を満たす 2 変数のシンボルの空間への写像 $p \mapsto p_L$ が連続であることを示している．

8.2 表象と擬微分作用素

いま表象 $p(x,\xi)$ によって定義される擬微分作用素

$$Pf(x) = p(X, D_x)f(x) = \iint e^{i(x-y)\eta} p(x,\eta) f(y) dyd\widehat{\eta} \tag{8.22}$$

を考える．このとき $p(x,\eta)$ が作用素 P の表象であることを示すために $p(x,\eta) = \sigma(P)(x,\eta)$ と書くこともある．$\xi \in \mathbb{R}^m$ を固定するとき指数関数

$$u(x) = e^{ix\xi} \tag{8.23}$$

8.2. 表象と擬微分作用素

は x について $\mathcal{B}$-関数であるからこれに式 (8.22) の作用素 P を施すことができる．結果は

$$\begin{aligned}
(Pu)(x) &= \iint e^{i(x-y)\eta} p(x,\eta) u(y) dy d\widehat{\eta} \\
&= \iint e^{i(x-y)\eta} p(x,\eta) e^{iy\xi} dy d\widehat{\eta} \\
&= e^{ix\xi} \iint e^{i(x-y)(\eta-\xi)} p(x,\eta) dy d\widehat{\eta} \\
&= e^{ix\xi} \iint e^{-iy(\eta-\xi)} p(x,\eta) dy d\widehat{\eta} \\
&= e^{ix\xi} \iint e^{-iy\eta} p(x,\xi+\eta) dy d\widehat{\eta}
\end{aligned} \quad (8.24)$$

となる．右辺の被積分関数中の $p(x,\xi+\eta)$ には積分変数は η しか現れずかつこの関数は $x,\xi \in \mathbb{R}^m$ を固定するとき η について $\mathcal{B}$-関数であるから前章の第 7.4 節のフーリエの反転公式が適用でき，その結果

$$(Pu)(x) = e^{ix\xi} p(x,\xi) \tag{8.25}$$

が得られる．書き換えれば

$$e^{-ix\xi}(Pu)(x) = u(-x)\left(p(X,D_x)u\right)(x) = p(x,\xi) \tag{8.26}$$

となる．図式的に書けばこれは

$$e^{-ix\xi}\, p(X,D_x)\, e^{ix\xi} = p(x,\xi) \tag{8.27}$$

である．この関係式を標準の表象 $p(x,\xi)$ の定義とする文献もある．すなわち一般に作用素 P が指数関数 $u(x) = e^{ix\xi}$ に作用するとき関数

$$p(x,\xi) = e^{-ix\xi}\, (Pu)(x) = e^{-ix\xi}\, (Pe^{ix\xi})(x) \tag{8.28}$$

を与える P を擬微分作用素と呼ぶ場合もある．この場合一般の関数 $f \in \mathcal{B}$ はフーリエの反転公式により

$$f(x) = \iint e^{i(x-y)\xi} f(y) dy d\widehat{\xi}$$

と書けるから形式的に

$$(Pf)(x) = \iint (Pe^{ix\xi})(x)\, e^{-iy\xi} f(y) dy d\widehat{\xi}$$

と書けこれに式 (8.28) を適用すれば

$$(Pf)(x) = \iint e^{i(x-y)\xi} p(x,\xi) f(y) dy d\widehat{\xi}$$

となり形式的に今まで述べてきた擬微分作用素の形になる．したがってこの意味において式 (8.27) を表象の定義とすることは意味を持つ．

8.3 擬微分作用素の積

前章の第 7.3 節で述べたように評価 (8.1) を満たす二つの関数 $p_1(x,\xi,y)$, $p_2(x,\xi,y)$ に対し振動積分で定義される二つの擬微分作用素

$$p_1(X, D_x, X') f(x) = \iint e^{i(x-y)\xi} p_1(x,\xi,y) f(y) dy d\widehat{\xi}, \qquad (8.29)$$

$$p_2(X, D_x, X') f(x) = \iint e^{i(x-y)\xi} p_2(x,\xi,y) f(y) dy d\widehat{\xi} \qquad (8.30)$$

の積

$$p_1(X, D_x, X') p_2(X, D_x, X') f(x)$$
$$= \iint e^{i(x-y)\xi} p_1(x,\xi,y) \iint e^{i(y-z)\eta} p_2(y,\eta,z) f(z) dz d\widehat{\eta} dy d\widehat{\xi} \quad (8.31)$$

は

$$q(x,\eta,z) = \iint e^{i(x-y)(\xi-\eta)} p_1(x,\xi,y) p_2(y,\eta,z) dy d\widehat{\xi}$$
$$= \mathrm{Os}[e^{-iy\xi} p_1(x,\xi+\eta, x+y) p_2(x+y,\eta,z)] \qquad (8.32)$$

とおくとき

$$p_1(X, D_x, X') p_2(X, D_x, X') f(x) = \iint e^{i(x-z)\eta} q(x,\eta,z) f(z) dz d\widehat{\eta}$$
$$= q(X, D_x, X') f(x) \qquad (8.33)$$

8.3. 擬微分作用素の積

と新たな擬微分作用素 $q(X, D_x, X')$ により表された. p_1, p_2 が評価 (8.1) を満たすことからこの q も評価 (8.1) を満たすことが前章のように振動積分の部分積分により示される.

後の計算の準備のため q の評価を計算しておこう. まず q そのものの評価は (8.32) において微分作用素

$$\begin{cases} L = (1+|\xi|^2)^{-1}(1+i\xi\cdot\partial_y), \\ P = (1+|y|^2)^{-1}(1+iy\cdot\partial_\xi) \end{cases} \quad (8.34)$$

を用いて部分積分することにより

$$\begin{aligned}&q(x,\eta,z) \\ &= \mathrm{Os}[e^{-iy\xi}p_1(x,\xi+\eta,x+y)p_2(x+y,\eta,z)] \\ &= \iint e^{-iy\xi}({}^tP)^k({}^tL)^\ell \left(p_1(x,\xi+\eta,x+y)p_2(x+y,\eta,z)\right)dy\widehat{d\xi} \end{aligned} \quad (8.35)$$

と書き換える. p_1, p_2 は評価 (8.1) を満たすからこの積分は $k, \ell \geq m+1$ なら収束し, ある定数 $C_0 > 0$ に対し評価

$$|q|_0 \leq C_0 |p_1|_{2m+2}|p_2|_{m+1} \quad (8.36)$$

が得られる. q の微分については積の微分の公式より必要なら定数 $C_0 > 0$ を大きく取り直せば

$$|q|_\ell \leq C_0^2 \sum_{\ell_1+\ell_2\leq\ell} |p_1|_{2m+2+\ell_1}|p_2|_{m+1+\ell_2} \quad (8.37)$$

が得られる. ただしこの和において $\ell_1, \ell_2 \geq 0$ は整数である. いまもう一組のシンボル p_3, p_4 を考えそれらによって定義される擬微分作用素 $p_3(X, D_x, X')$ と $p_4(X, D_x, X')$ の積のシンボルを $r(x,\xi,y)$ とすると式 (8.35) より

$$\begin{aligned}&(q-r)(x,\eta,z) \\ &= \mathrm{Os}[e^{-iy\xi}(p_1-p_3)(x,\xi+\eta,x+y)p_2(x+y,\eta,z)] \\ &\quad + \mathrm{Os}[e^{-iy\xi}p_3(x,\xi+\eta,x+y)(p_2-p_4)(x+y,\eta,z)]\end{aligned}$$

$$(8.38)$$

となる．これに上述の部分積分を施せば (8.37) と同様にして

$$|q-r|_\ell \leq C_0^2 \sum_{\ell_1+\ell_2 \leq \ell} \left(|p_1-p_3|_{2m+2+\ell_1} |p_2|_{m+1+\ell_2} \right.$$
$$\left. +|p_3|_{2m+2+\ell_1}|p_2-p_4|_{m+1+\ell_2} \right) \tag{8.39}$$

が得られる．したがって二つの擬微分作用素のシンボル p_1, p_2 からその積のシンボルを作る演算は (8.1) の定義する位相に関し連続な写像を定義することがわかる．

式 (8.37) において $p_2(y,\eta,z) = f(y)$, $f \in \mathcal{B}$ と取れば式 (8.32) より

$$q(x,\eta,z) = \iint e^{i(x-y)\xi} p_1(x,\xi,y) f(y) dy d\widehat{\xi}$$
$$= p_1(X, D_x, X') f(x)$$

となりこの値は η, z にはよらずしたがって擬微分作用素 $p_1(X, D_x, X')$ の定義を与える．特に評価 (8.37) はこの場合ある定数 $C_1 > 0$ に対し

$$|p_1(X,D_x,X')f|_\ell \leq C_1 |p_1|_{2m+2+\ell} |f|_{m+1+\ell} \tag{8.40}$$

を与える．これは式 (8.1) を満たすシンボルを持った擬微分作用素 $p(X.D_x, X')$ はセミノルム (8.3) で与えられる位相を持った空間 $\mathcal{B}$ から同じ空間 $\mathcal{B}$ への連続写像を定義することを意味する．同様に急減少関数の空間 $\mathcal{S}$ の元 f に対しセミノルムを整数 $\ell \geq 0$ に対し

$$|f|_\ell^{(\mathcal{S})} = \max_{|\alpha|+|\beta| \leq \ell} \sup_{x \in \mathbb{R}^m} |x^\alpha \partial_x^\beta f(x)| \tag{8.41}$$

と定義すれば (8.1) を満たすシンボルを持った擬微分作用素 $p(X, D_x, X')$ は $\mathcal{S}$ から $\mathcal{S}$ への連続写像を定義することが部分積分を用いて示される．

8.4　表象のテイラー展開

第 8.1 節で見たように表象 $p(x,\xi,y)$ に対しその左および右単化表象 $p_L(x,\xi)$ および $p_R(\xi,y)$ は $p_L(X,D_x)$ および $p_R(D_x, X')$ により $P = p(X, D_x, X')$ と同一の擬微分作用素を定義した．そしてたとえば p_L は

$$p_L(x,\xi) = \iint e^{-iy\eta} p(x, \xi+\eta, x+y) dy d\widehat{\eta}. \tag{8.42}$$

8.4. 表象のテイラー展開

と定義された. ここで $0 \leq \theta \leq 1$ に対し

$$g(\theta) = p(x, \xi + \theta\eta, x + y) \tag{8.43}$$

とおいてテイラーの公式を適用すると

$$\begin{aligned}g(1) &= p(x, \xi + \eta, x + y) \\ &= \sum_{j=0}^{N-1} \frac{1}{j!} g^{(j)}(0) + N \int_0^1 \frac{1}{N!} g^{(N)}(\theta)(1-\theta)^{N-1} d\theta\end{aligned} \tag{8.44}$$

が得られる[1]. ただし $g^{(j)}(\theta)$ は $g(\theta)$ の j 階導関数である. g の定義に戻り p を用いて書き直せば多少の計算の後

$$\begin{aligned}&p(x, \xi + \eta, x + y) \\ &= \sum_{|\alpha|<N} \frac{\eta^\alpha}{\alpha!} \partial_\xi^\alpha p(x, \xi, x + y) \\ &\quad + N \sum_{|\gamma|=N} \frac{\eta^\gamma}{\gamma!} \int_0^1 (1-\theta)^{N-1} \partial_\xi^\gamma p(x, \xi + \theta\eta, x + y) d\theta\end{aligned} \tag{8.45}$$

が得られる. ただし多重指数 $\alpha = (\alpha_1, \cdots, \alpha_m)$ に対し $\alpha! = \alpha_1! \cdots \alpha_m!$ である. この式を p_L の定義式 (8.42) に代入し $\eta^\alpha e^{-iy\eta} = (-D_y)^\alpha e^{-iy\eta}$ を用いて部分積分したうえでフーリエの反転公式を用いれば

$$\begin{aligned}&p_L(x, \xi) \\ &= \sum_{|\alpha|<N} \frac{1}{\alpha!} (\partial_\xi^\alpha D_y^\alpha p)(x, \xi, x) \\ &\quad + N \sum_{|\gamma|=N} \frac{1}{\gamma!} \int_0^1 (1-\theta)^{N-1} (\partial_\xi^\gamma D_y^\gamma p_\theta)(x, \xi, x) d\theta\end{aligned} \tag{8.46}$$

---

[1] たとえば小野俊彦氏との共著『理学を志す人のための数学入門』の第 14 章の問 14.10 参照.

となる．ただし $0 \leq \theta \leq 1$ に対し

$$p_\theta(x,\xi,y) = \iint e^{-iz\eta} p(x, \xi+\theta\eta, y+z) dz d\widehat{\eta} \qquad (8.47)$$

である．特に

$$\begin{cases} p_0(x,\xi,y) = p(x,\xi,y), \\ p_1(x,\xi,x) = p_L(x,\xi) \end{cases}$$

となる．表象 p がたとえばある定数 $\ell_1, k_1, \ell_2 \in \mathbb{R}$ と任意の多重指数 α, β, γ に対し定数 $C_{\alpha\beta\gamma} > 0$ が取れて

$$|\partial_x^\alpha \partial_\xi^\beta \partial_y^\gamma p(x,\xi,y)| \leq C_{\alpha\beta\gamma} (1+|x|)^{\ell_1 - |\alpha|} (1+|\xi|)^{k_1} (1+|y|)^{\ell_2 - |\gamma|} \qquad (8.48)$$

を満たすとき式 (8.46) において N を十分大きく取ると右辺の第二項は x についていくらでも早く減少する．このことを用いて第一項を $p_L(x,\xi)$ の近似と見なすことができる．このような近似を表象の漸近展開という．本書では表象として式 (8.1) を満たすような表象を考えているが一般の微分方程式の解の解析等の問題では式 (8.48) あるいはこれの x と ξ の役割を交換したような評価を満たすシンボルを考えることが多い．そのような場合には上記の漸近展開が有用な場合があり解の近似解を求めるのに使われることがある．以上述べた事柄は右単化表象に対しても同様な形で成り立つ．また擬微分作用素の積のシンボルを各因子のシンボルを用いて漸近展開することも有用な場合がある．

8.5 まとめ

本章では擬微分作用素の表象ないしシンボルの最も簡単な形を求める方法を考察し，左および右単化表象を定義した．特に左単化表象は与えられた作用素 P が

$$p(x,\xi) = e^{-ix\xi}\, P\, e^{ix\xi}$$

という関係式により関数 $p(x,\xi)$ を定義する場合の P の擬微分作用素としての表現

$$P = p(X, D_x)$$

を与えるという条件によって規定されることも見た．さらに二つの擬微分作用素の積のシンボルを与えその評価を因子のシンボルのセミノルムを用いて与えた．また単化表象のテイラー展開を概観しそれがシンボルの漸近展開を与える場合がありある種の微分方程式の問題においては重要な役割を果たすことにも触れた．

第9章　擬微分作用素の多重積

前章で任意の整数 $\ell \geq 0$ に対し評価

$$|p|_\ell = \max_{|\alpha|+|\beta|+|\gamma|\leq \ell} \sup_{x,\xi,y\in\mathbb{R}^m} \left|\partial_x^\alpha \partial_\xi^\beta \partial_y^\gamma p(x,\xi,y)\right| < \infty \tag{9.1}$$

を満たす二つのシンボル関数 $p_1(x,\xi,y)$, $p_2(x,\xi,y)$ に対し振動積分で定義される二つの擬微分作用素

$$p_1(X, D_x, X')f(x) = \iint e^{i(x-y)\xi} p_1(x,\xi,y) f(y) dy d\widehat{\xi}, \tag{9.2}$$

$$p_2(X, D_x, X')f(x) = \iint e^{i(x-y)\xi} p_2(x,\xi,y) f(y) dy d\widehat{\xi} \tag{9.3}$$

の積

$$\begin{aligned}&p_1(X,D_x,X')p_2(X,D_x,X')f(x) \\ &= \iint e^{i(x-y)\xi} p_1(x,\xi,y) \iint e^{i(y-z)\eta} p_2(y,\eta,z) f(z) dz d\widehat{\eta} dy d\widehat{\xi}\end{aligned} \tag{9.4}$$

は

$$\begin{aligned}q(x,\eta,z) &= \iint e^{i(x-y)(\xi-\eta)} p_1(x,\xi,y) p_2(y,\eta,z) dy d\widehat{\xi} \\ &= \mathrm{Os}[e^{-iy\xi} p_1(x,\xi+\eta,x+y) p_2(x+y,\eta,z)]\end{aligned} \tag{9.5}$$

とおくとき

$$\begin{aligned}p_1(X,D_x,X')&p_2(X,D_x,X')f(x) \\ &= \iint e^{i(x-z)\eta} q(x,\eta,z) f(z) dz d\widehat{\eta} \\ &= q(X,D_x,X')f(x)\end{aligned} \tag{9.6}$$

と新たな擬微分作用素 $q(X, D_x, X')$ により表されることを示した．さらに積のシンボル q は評価

$$|q|_\ell \leq C_0^2 \sum_{\ell_1+\ell_2 \leq \ell} |p_1|_{2m+2+\ell_1} |p_2|_{m+1+\ell_2} \tag{9.7}$$

を満たすことも示した．本章では一般の個数の擬微分作用素の積のシンボルを与えその評価を求める．

9.1 多重積の表象

いま $\nu \geq 1$ を整数とし $p_j(x, \xi, x')$ $(j = 1, 2, \cdots, \nu + 1)$ を $\nu + 1$ 個の評価 (9.1) を満たすシンボルとする．このときシンボル $q_{\nu+1}(x, \xi, x')$ を

$$q_{\nu+1}(x, \xi, x')$$
$$= \text{Os-} \overbrace{\int \cdots \int}^{2\nu} e^{-i \sum_{j=1}^{\nu} y^j \eta^j} \prod_{j=1}^{\nu} p_j(x + \overline{y^{j-1}}, \xi + \eta^j, x + \overline{y^j})$$
$$\times p_{\nu+1}(x + \overline{y^\nu}, \xi, x') d\boldsymbol{y}^\nu d\widehat{\boldsymbol{\eta}}^\nu \tag{9.8}$$

と定義する．ただし

$$\overline{y^0} = 0, \quad \overline{y^j} = y^1 + \cdots + y^j \quad (j = 1, 2, \cdots, \nu)$$
$$d\boldsymbol{y}^\nu = dy^1 \cdots dy^\nu, \quad d\widehat{\boldsymbol{\eta}}^\nu = d\widehat{\eta}^1 \cdots d\widehat{\eta}^\nu$$

である．このとき直接の計算により

$$q_{\nu+1}(X, D_x, X') = p_1(X, D_x, X') \cdots p_{\nu+1}(X, D_x, X') \tag{9.9}$$

が容易に言える．ただしこの表式を正当化するには $q_{\nu+1}(x, \xi, x')$ が評価 (9.1) を満たすことをいわねばならない．実際以下が示される．

定理 9.1 ある定数 $C_0 > 0$ が存在して任意の整数 $\nu \geq 1, \ell \geq 0$ に対し

$$|q_{\nu+1}|_\ell \leq C_0^{\nu+1} \sum_{\ell_1+\cdots+\ell_{\nu+1} \leq \ell} \prod_{j=1}^{\nu+1} |p_j|_{3m+3+\ell_j} \tag{9.10}$$

が成り立つ．ただし和における $\ell_j \geq 0$ はすべて整数である．

9.1. 多重積の表象

これを示すためまず $\ell = 0$ の場合を考える．前と同様の微分作用素

$$P_d = (1 + |y^d|^2)^{-1}(1 + iy^d \cdot \partial_{\eta^d}) \quad (d = 1, 2, \cdots, \nu)$$

を導入し部分積分を行えば (9.8) は

$$\begin{aligned}
&q_{\nu+1}(x, \xi, x') \\
&= \text{Os-}\overbrace{\int \cdots \int}^{2\nu} e^{-i\sum_{j=1}^{\nu} y^j \eta^j} \prod_{d=1}^{\nu} ({}^tP_d)^{m+1} \\
&\quad \times \prod_{j=1}^{\nu} p_j(x + \overline{y^{j-1}}, \xi + \eta^j, x + \overline{y^j}) \\
&\quad \times p_{\nu+1}(x + \overline{y^\nu}, \xi, x')d\boldsymbol{y}^\nu d\widehat{\boldsymbol{\eta}}^\nu
\end{aligned} \quad (9.11)$$

となる．ここで $j = 1, \cdots, \nu$ に対し変数変換

$$z^j = y^1 + \cdots + y^j, \quad \text{すなわち} \quad y^j = z^j - z^{j-1}, \quad z^0 = 0$$

を行えば

$$\sum_{j=1}^{\nu} y^j \eta^j = \sum_{j=1}^{\nu} z^j(\eta^j - \eta^{j+1}), \quad \eta^{\nu+1} = 0$$

であるから (9.11) は

$$\begin{aligned}
&q_{\nu+1}(x, \xi, x') \\
&= \text{Os-}\overbrace{\int \cdots \int}^{2\nu} e^{-i\sum_{j=1}^{\nu} z^j(\eta^j - \eta^{j+1})} \prod_{d=1}^{\nu} ({}^t\widetilde{P}_d)^{m+1} \\
&\quad \times \prod_{j=1}^{\nu} p_j(x + z^{j-1}, \xi + \eta^j, x + z^j) \\
&\quad \times p_{\nu+1}(x + z^\nu, \xi, x')d\boldsymbol{z}^\nu d\widehat{\boldsymbol{\eta}}^\nu
\end{aligned} \quad (9.12)$$

となる．ただし

$$\widetilde{P}_d = (1 + |z^d - z^{d-1}|^2)^{-1}(1 + i(z^d - z^{d-1}) \cdot \partial_{\eta^d})$$
$$(d = 1, 2, \cdots, \nu)$$

である．ここで微分作用素
$$L_k = (1 + |\eta^k - \eta^{k+1}|^2)^{-1}(1 + i(\eta^k - \eta^{k+1}) \cdot \partial_{z^k})$$
$$(k = 1, 2, \cdots, \nu)$$
を用いてさらに部分積分すると

$$\begin{aligned}q_{\nu+1}&(x, \xi, x') \\ &= \text{Os-}\overbrace{\int \cdots \int}^{2\nu} e^{-i\sum_{j=1}^{\nu} z^j (\eta^j - \eta^{j+1})} \prod_{k=1}^{\nu} ({}^t L_k)^{m+1} \\ &\quad \times \prod_{d=1}^{\nu} ({}^t \widetilde{P}_d)^{m+1} \prod_{j=1}^{\nu} p_j(x + z^{j-1}, \xi + \eta^j, x + z^j) \\ &\quad \times p_{\nu+1}(x + z^\nu, \xi, x') d\boldsymbol{z}^\nu d\widehat{\boldsymbol{\eta}}^\nu \end{aligned} \tag{9.13}$$

が得られる．したがってこの絶対値を評価すれば

$$\begin{aligned}|q_{\nu+1}|_0 & \\ \leq &\overbrace{\int \cdots \int}^{2\nu} \prod_{k=1}^{\nu} (1 + |\eta^k - \eta^{k+1}|)^{-m-1} \\ &\times \prod_{d=1}^{\nu} (1 + |z^d - z^{d-1}|)^{-m-1} d\boldsymbol{z}^\nu d\widehat{\boldsymbol{\eta}}^\nu \\ &\times \prod_{j=1}^{\nu} |p_j|_{3m+3} \, |p_{\nu+1}|_{m+1} \end{aligned} \tag{9.14}$$

となる．この積分を評価すればある定数 $C_0 > 0$ に対し

$$|q_{\nu+1}|_0 \leq C_0^{\nu+1} \prod_{j=1}^{\nu+1} |p_j|_{3m+3} \tag{9.15}$$

が得られる．$q_{\nu+1}$ の微分の評価は関数の積の微分の公式を用いれば以上の計算を見直して容易に (9.10) が示される．ここで注意すべきことはこの評価 (9.10) における定数 $C_0 > 0$ は因子の擬微分作用素 $p_j(X, D_x, X')$ の個数 $\nu + 1$ にも微分の階数を表す整数 $\ell \geq 0$ にも依存しないことである．

9.2　擬微分作用素の可逆性

x を実数ないし複素数とするとき $|x| < 1$ なら $1-x$ の逆数 $\dfrac{1}{1-x} = (1-x)^{-1} = 1 + x + x^2 + \cdots$ は存在する．同様に擬微分作用素 $P = p(X, D_x, X')$ に対しそのシンボル $p(x, \xi, x')$ がセミノルム $|p|_\ell$ に関し十分小さいとき逆作用素 $(I-P)^{-1}$ が存在するかという問題を考えてみよう．ただし I は $\mathcal{B}$ ないし $\mathcal{S}$ の恒等作用素を表す．以下が成り立つ．

定理 9.2 ある定数 $c_0 > 0$ が存在してシンボル $p(x, \xi, x')$ が

$$|p|_{3m+3} \leq c_0 \tag{9.16}$$

を満たせば擬微分作用素 $P = p(X, D_x, X')$ に対し逆作用素 $(I-P)^{-1}$ が存在してある擬微分作用素 $Q = q(X, D_x, X')$ で与えられる．

これを示すために $\nu \geq 1$ として多重積 $P^{\nu+1}$ のシンボルを $p_{\nu+1} = p_{\nu+1}(x, \xi, x')$ と表すことにしよう．すると定理9.1により

$$|p_{\nu+1}|_\ell \leq C_0^{\nu+1} \sum_{\ell_1 + \cdots + \ell_{\nu+1} \leq \ell} \prod_{j=1}^{\nu+1} |p|_{3m+3+\ell_j} \tag{9.17}$$

が成り立つ．特に $\nu + 1 \geq \ell$ のとき和における $\ell_j \geq 0$ は整数であるから $\ell_1 + \cdots + \ell_{\nu+1} \leq \ell$ を満たすもののうち $\ell_j \geq 1$ となるものの最大個数は ℓ であり，残りの因子においては $\ell_j = 0$ である．したがって仮定 (9.16) より

$$\begin{aligned}|p_{\nu+1}|_\ell &\leq C_0^{\nu+1} (|p|_{3m+3})^{\nu+1-\ell} \sum_{\ell_1 + \cdots + \ell_{\nu+1} \leq \ell} (|p|_{3m+3+\ell})^\ell \\ &\leq (C_0 c_0)^{\nu+1-\ell} (C_0 |p|_{3m+3+\ell})^\ell C_{\nu, \ell}\end{aligned} \tag{9.18}$$

が成り立つ．ただし数 $C_{\nu, \ell}$ は次式で与えられ ν によらないある定数 $C_\ell > 0$ に対し

$$C_{\nu, \ell} = \sum_{\ell_1 + \cdots + \ell_{\nu+1} \leq \ell} 1 = \sum_{j=0}^{\ell} \binom{\nu+j}{j} \leq C_\ell \nu^\ell \tag{9.19}$$

を満たす．ただし通常の組み合わせの記号で書けば

$$\binom{\nu+j}{j} = \frac{(\nu+j)!}{j!\,\nu!} = {}_{\nu+j}\mathrm{C}_j$$

であり，これは $\nu+1$ 個のものから重複を許して j 個取り出すいわゆる重複組み合わせの個数 ${}_{\nu+1}\mathrm{H}_j$ である．このような組み合わせの記号 ${}_n\mathrm{C}_r$ や ${}_n\mathrm{H}_r$ は日本においてのみ通用するものでありふつうは二項係数の記号 $\binom{n}{r} = \frac{n!}{r!(n-r)!}$ を用いることを注意しておく．さて式 (9.19) を式 (9.18) に代入すれば

$$|p_{\nu+1}|_\ell \leq C_\ell \nu^\ell (C_0 c_0)^{\nu+1-\ell} (C_0 |p|_{3m+3+\ell})^\ell \tag{9.20}$$

がえられる．ここで $c_0 > 0$ を $0 < C_0 c_0 < 1$ を満たすように小さく取れば級数

$$\sum_{\nu=\ell-1}^{\infty} \nu^\ell (C_0 c_0)^{\nu+1-\ell}$$

は収束するからシンボルの級数

$$1 + p + p_2 + p_3 + \cdots \tag{9.21}$$

はセミノルム (9.1) で与えられる位相を持つシンボルの空間において収束し同じシンボルの空間の元 $q = q(x, \xi, x')$ を定義する．これをシンボルとする擬微分作用素 $Q = q(X, D_x, X')$ は (9.21) より

$$Q = I + P + P^2 + P^3 + \cdots \tag{9.22}$$

を満たす．これを作用素 $I - P$ の右および左から掛ければ簡単な計算により

$$(I - P)Q = Q(I - P) = I \tag{9.23}$$

となり Q が $(I - P)^{-1}$ を与えることがわかり証明が終わる．

9.3 擬微分作用素の L^2-有界性

前章で述べたように (9.1) を満たすシンボルを持つ擬微分作用素は $\mathcal{B}$ および $\mathcal{S}$ からそれ自身への連続な変換を定義した．擬微分作用素は線型作用

素であるから連続ということは有界ということと同じである．すなわち擬微分作用素 P が $\mathcal{B}$ における有界作用素を定義するというのは任意の整数 $\ell \geq 0$ に対しある整数 $k \geq 0$ と定数 $C_{\ell k} > 0$ が存在して任意の $f \in \mathcal{B}$ に対し

$$|Pf|_\ell \leq C_{\ell k}|f|_k \tag{9.24}$$

が成り立つことである．急減少関数の空間のセミノルムを前章のように

$$|f|_\ell^{(\mathcal{S})} = \max_{|\alpha|+|\beta|\leq \ell} \sup_{x\in\mathbb{R}^m} |x^\alpha \partial_x^\beta f(x)| \tag{9.25}$$

と定義すれば P が $\mathcal{S}$ の連続な変換を定義することも式 (9.24) と同様の形に表される．

以前何回も出てきた空間 $L^2(\mathbb{R}^m)$ はセミノルムとして

$$\|f\| = \sqrt{(f,f)}$$
$$(f,g) = \int_{\mathbb{R}^m} f(x)\overline{g(x)}dx$$

によって定義される単一のノルム $\|f\|$ を持つものである．この場合も作用素 P の有界性はある定数 $C > 0$ が存在して任意の $f \in L^2(\mathbb{R}^m)$ に対し

$$\|Pf\| \leq C\|f\| \tag{9.26}$$

を満たすこととして定義される．ふつうは「線型作用素が有界」という言葉はこのような単一のノルムを持ついわゆるノルム空間に対して用いるが本書では拡張してセミノルムで位相の定義された空間に対しても用いることにする．ただしこの場合セミノルム $|\cdot|_\ell$ の定義には少々注意がいり，$\ell \geq k$ のときある定数 $C_{k\ell} > 0$ に対し

$$|f|_k \leq C_{k\ell}|f|_\ell$$

等が成り立つようにしておく必要があるが我々の空間 $\mathcal{B}$ および $\mathcal{S}$ のセミノルムの定義はこの条件を満たしているので心配は不要である．

本節では式 (9.1) を満たすシンボル $p = p(x,\xi,x')$ により定義される擬微分作用素 $P = p(X,D_x,X')$ が $\mathcal{B}, \mathcal{S}$ のみならず $L^2(\mathbb{R}^m)$ の連続な線型変換を定義することを示す．すなわち

定理 9.3 関数 $p = p(x, \xi, x')$ が (9.1) を満たすシンボルであるときそれにより定義される $\mathcal{S}$ から $\mathcal{S}$ への擬微分作用素 $P = p(X, D_x, X')$ は $L^2(\mathbb{R}^m)$ からそれ自身への有界な線型写像に自然に拡張される. 言い換えればある定数 $C > 0$ が存在して任意の $f \in \mathcal{S}$ に対し

$$\|Pf\| \leq C\|f\| \tag{9.27}$$

が成り立つ.

証明は以下のようにする. いま $\mathbb{R}^{3m}$ の有界集合 B を

$$B = \{(x, \xi, x') \mid \max(|x|, |\xi|, |x'|) \leq 1\} \tag{9.28}$$

と定義する. 関数 $\chi(x, \xi, x')$ を無限回微分可能な関数で

$$\chi(0, 0, 0) = 1, \quad 0 \leq \chi(x, \xi, x') \leq 1 \tag{9.29}$$

$$\operatorname{supp} \chi \subset B \tag{9.30}$$

を満たすものとする. ただし $\operatorname{supp} \chi$ は第 1 章の 1.5 で定義した関数 χ の台ないしサポートであり今の場合

$$\operatorname{supp} \chi = \overline{\{(x, \xi, x') \in \mathbb{R}^{3m} \mid \chi(x, \xi, x') \neq 0\}}$$

なる閉集合である. このとき $\epsilon > 0$ に対し

$$p_\epsilon(x, \xi, x') = \chi(\epsilon x, \epsilon \xi, \epsilon x') p(x, \xi, x') \tag{9.31}$$

とおくと

$$\operatorname{supp} p_\epsilon \subset \{(x, \xi, x') \in \mathbb{R}^{3m} \mid \max(|x|, |\xi|, |x'|) \leq \epsilon^{-1}\}$$

であるから積分

$$K_\epsilon(x, x') = \int_{\mathbb{R}^m} e^{i(x-x')\xi} p_\epsilon(x, \xi, x') d\widehat{\xi} \tag{9.32}$$

は収束し $(x, x') \in \mathbb{R}^{2m}$ の連続関数を定義する. この定義から $p_\epsilon(x, \xi, x')$ をシンボルに持つ擬微分作用素 P_ϵ は

$$\begin{aligned} P_\epsilon f(x) &= p_\epsilon(X, D_x, X') f(x) \\ &= \int_{\mathbb{R}^m} K_\epsilon(x, x') f(x') dx' \end{aligned} \tag{9.33}$$

9.3. 擬微分作用素の L^2-有界性   119

と書ける．したがって $f \in \mathcal{S}$ に対し

$$\|p_\epsilon(X, D_x, X')f\| \le \left(\int_{\mathbb{R}^m}\int_{\mathbb{R}^m} |K_\epsilon(x,x')|^2 dxdx'\right)^{1/2} \|f\| \quad (9.34)$$

である．ここで

$$\int_{\mathbb{R}^m}\int_{\mathbb{R}^m} |K_\epsilon(x,x')|^2 dxdx' = \int_{\mathbb{R}^m}\int_{\mathbb{R}^m} \left|\int_{\mathbb{R}^m} e^{i(x-x')\xi} p_\epsilon(x,\xi,x') d\widehat{\xi}\right|^2 dxdx'$$

$$\le \iint \left(\int |p_\epsilon(x,\xi,x')| d\widehat{\xi}\right)^2 dxdx'$$

$$\le (|p|_0)^2 \iint \left(\int \chi(\epsilon x, \epsilon\xi, \epsilon x') d\widehat{\xi}\right)^2 dxdx'$$

$$\le (|p|_0)^2 \int_{|x'|\le \epsilon^{-1}}\int_{|x|\le \epsilon^{-1}} \left(\int_{|\xi|\le \epsilon^{-1}} 1\, d\widehat{\xi}\right)^2 dxdx'$$

$$= (2\pi)^{-2m}(|p|_0)^2 \left(\int_{|\xi|\le \epsilon^{-1}} 1\, d\xi\right)^4 \quad (9.35)$$

であるから

$$V_\epsilon = \int_{|\xi|\le \epsilon^{-1}} 1\, d\xi \quad (9.36)$$

とおけば

$$\int_{\mathbb{R}^m}\int_{\mathbb{R}^m} |K_\epsilon(x,x')|^2 dxdx' \le (2\pi)^{-2m} V_\epsilon^4 (|p|_0)^2 \quad (9.37)$$

が得られる．ゆえに (9.34) は

$$\|p_\epsilon(X, D_x, X')f\| \le (2\pi)^{-m} V_\epsilon^2 |p|_0 \|f\| \quad (9.38)$$

となる．

いま $\nu = 2^\ell$ $(\ell = 0, 1, 2, \cdots)$ に対し

$$Q_{\epsilon\nu} = \overbrace{(P_\epsilon^* P_\epsilon)\cdots(P_\epsilon^* P_\epsilon)}^{\nu \text{ factors}} \quad (9.39)$$

とおくとき $\overline{y^0}=0$ に注意して第 9.1 節で述べた多重積のシンボルの表式

$$
\begin{aligned}
&q_{\nu+1}(x,\xi,x')\\
&= \text{Os-}\overbrace{\int\cdots\int}^{2\nu} e^{-i\sum_{j=1}^{\nu}y^j\eta^j}\\
&\quad\times \prod_{j=1}^{\nu} p_j(x+\overline{y^{j-1}},\xi+\eta^j,x+\overline{y^j})\\
&\quad\times p_{\nu+1}(x+\overline{y^\nu},\xi,x')d\boldsymbol{y}^\nu d\widehat{\boldsymbol{\eta}}^\nu
\end{aligned}
\tag{9.40}
$$

を当てはめれば $Q_{\epsilon\nu}$ のシンボル $q_{\epsilon\nu}(x,\xi,x')$ のサポートは

$$\operatorname{supp} q_{\epsilon\nu} \subset B_\epsilon = \{(x,\xi,x') \mid \epsilon(x,\xi,x') \in B\} \tag{9.41}$$

を満たすことがわかる.

ゆえに上の計算式 (9.38) は $Q_{\epsilon\nu}$ のシンボル $q_{\epsilon\nu}(x,\xi,x')$ に対しても適用できて

$$\|Q_{\epsilon\nu}f\| \leq (2\pi)^{-m}V_\epsilon^2 |q_{\epsilon\nu}|_0 \|f\| \tag{9.42}$$

が言える. ここで

$$
\begin{aligned}
\|Q_{\epsilon\nu}f\|^2 &= (Q_{\epsilon\nu}f, Q_{\epsilon\nu}f)\\
&= (Q_{\epsilon\nu}^* Q_{\epsilon\nu}f, f)\\
&\leq \|Q_{\epsilon\nu}^* Q_{\epsilon\nu}f\|\|f\|\\
&\leq \|Q_{\epsilon\nu}^* Q_{\epsilon\nu}\|\|f\|^2
\end{aligned}
\tag{9.43}
$$

である. ただし作用素 Q に対しその作用素ノルム $\|Q\|$ は

$$\|Q\| = \sup_{f\neq 0} \frac{\|Qf\|}{\|f\|} \tag{9.44}$$

で定義される. ゆえに

$$\|Q_{\epsilon\nu}\|^2 \leq \|Q_{\epsilon\nu}^* Q_{\epsilon\nu}\| = \|Q_{\epsilon(2\nu)}\| \tag{9.45}$$

となる．よって $\ell = 0, 1, 2, \cdots$ に対し

$$\begin{aligned}\|P_\epsilon\|^2 &\leq \|P_\epsilon^* P_\epsilon\| = \|Q_{\epsilon 1}\| \\ &\leq \|Q_{\epsilon 2}\|^{1/2} \leq \|Q_{\epsilon 4}\|^{1/4} \leq \cdots \leq \|Q_{\epsilon(2^\ell)}\|^{1/(2^\ell)}\end{aligned} \tag{9.46}$$

となる．この式に上の式 (9.42) を代入すれば

$$\begin{aligned}\|P_\epsilon\| &\leq \left((2\pi)^{-m} V_\epsilon^2 |q_{\epsilon(2^\ell)}|_0\right)^{1/(2^{\ell+1})} \\ &\leq \left((2\pi)^{-m} V_\epsilon^2\right)^{1/(2^{\ell+1})} \left(|q_{\epsilon(2^\ell)}|_0\right)^{1/(2^{\ell+1})}\end{aligned} \tag{9.47}$$

が得られる．ここで定理 9.1 の多重積のシンボルの評価式 (9.10) より

$$|q_{\epsilon(2^\ell)}|_0 \leq (C_0 |p_\epsilon|_{3m+3})^{2^{\ell+1}} \tag{9.48}$$

であるからこれを (9.47) に代入すれば

$$\|P_\epsilon\| \leq \left((2\pi)^{-m} V_\epsilon^2\right)^{1/(2^{\ell+1})} C_0 |p_\epsilon|_{3m+3} \tag{9.49}$$

となる．ここで $\epsilon > 0$ を固定するとき $\ell \to \infty$ とすると第 1 因子は 1 に収束するからこれより任意の $\epsilon > 0$ に対し評価式

$$\|P_\epsilon\| \leq C_0 |p_\epsilon|_{3m+3} \tag{9.50}$$

が得られる．これは (9.44) より任意の $f \in \mathcal{S}$ に対し

$$\|P_\epsilon f\| \leq C_0 |p_\epsilon|_{3m+3} \|f\| \tag{9.51}$$

を意味している．振動積分の定義の時と同様の微分作用素

$$\begin{aligned}L &= (1 + |\xi|^2)^{-1}(1 + i\xi \cdot \partial_{x'}) \\ P &= (1 + |x|^2)^{-1}(1 - ix \cdot \partial_\xi)\end{aligned}$$

を用いて部分積分すれば $f \in \mathcal{S}$ であるから χ の性質 (9.29) より $\epsilon \to 0$ のとき

$$\|P_\epsilon f - P f\| \to 0 \tag{9.52}$$

が言える.また同じ χ の性質 (9.29) より $\epsilon \to 0$ のとき

$$|p_\epsilon|_{3m+3} \to |p|_{3m+3} \tag{9.53}$$

が言える.式 (9.51), (9.52), (9.53) を併せれば $\epsilon \to 0$ のとき $f \in \mathcal{S}$ に対し

$$\|Pf\| \le C_0 |p|_{3m+3} \|f\| \tag{9.54}$$

が成り立つことが示された.$L^2(\mathbb{R}^m)$ の元 f は $\mathcal{S}$ の関数の列 $\{f_k\}_{k=1}^\infty$ の極限として表されるから特に f_k は $L^2(\mathbb{R}^m)$ のコーシー列であり式 (9.54) から Pf_k も $L^2(\mathbb{R}^m)$ のコーシー列をなすことがわかる.したがって Pf_k は $k \to \infty$ のとき $L^2(\mathbb{R}^m)$ のある元 g に収束する.この g を擬微分作用素 P の $f \in L^2(\mathbb{R}^m)$ における値と定義し $Pf = g$ とおけば式 (9.54) が任意の $f \in L^2(\mathbb{R}^m)$ に対し成り立ったまま擬微分作用素 $P = p(X, D_x, X')$ が $L^2(\mathbb{R}^m)$ にまで拡張されたことになる.

以上で定理 9.3 が $C = C_0 |p|_{3m+3}$ として成り立つことが証明された.

9.4 演習問題

以上の応用として以下の定理が成り立つことが言える.

定理 9.4 関数 $p(x, \xi, y)$ を評価 (9.1) を満たすシンボルとする.また $s \in \mathbb{R}$ とする.このときある定数 $C_s > 0$ が存在して次が成り立つ.

$$\|(1+|x|)^s p(X, D_x, X')(1+|x|)^{-s}\| \le C_s |p|_{3m+3+|s|}. \tag{9.55}$$

証明は読者の演習問題とする.

9.5 まとめ

本章では擬微分作用素の多重積のシンボルを求めそのセミノルムの評価をおのおのの因子のセミノルムを用いて与えた.その評価を用いて恒等作

用素 I からセミノルムの意味で十分小さい擬微分作用素 P を引いた作用素が可逆になりその逆作用素が擬微分作用素 P の等比級数の形に表されることを示した．最後に多重積を用いて擬微分作用素が $L^2(\mathbb{R}^m)$ からそれ自身への有界な線型写像に自然に拡張されることを見た．

第10章 フーリエ積分作用素

第7章において振動積分を定義し，その後第8, 9章において擬微分作用素の理論を概観した．本章ではこれらおよびフーリエ解析そのものの拡張であるフーリエ積分作用素 (Fourier integral operator) という概念を導入する．フーリエの反転公式は $f \in \mathcal{S} = \mathcal{S}(\mathbb{R}^m)$ に対し

$$\begin{aligned} f(x) &= \iint e^{i(x-y)\xi} f(y) dy d\widehat{\xi} \\ &= \iint e^{i(x\xi - y\xi)} f(y) dy d\widehat{\xi} \end{aligned} \tag{10.1}$$

と書かれた．ここにおいて指数の $x\xi = \sum_{j=1}^{m} x_j \xi_j$ をそれに近い何らかの実数値関数 $\varphi(x, \xi)$ に置き換えかつシンボル関数 (symbol function) $p(x, \xi)$ を持つ作用素:

$$\begin{aligned} P_\varphi f(x) &= \iint e^{i(\varphi(x,\xi) - y\xi)} p(x,\xi) f(y) dy d\widehat{\xi} \\ &= (2\pi)^{-m/2} \int e^{i\varphi(x,\xi)} p(x,\xi) \widehat{f}(\xi) d\xi \end{aligned} \tag{10.2}$$

を一般にフーリエ積分作用素という．関数 $\varphi(x,\xi)$ は相関数 (phase function) と呼ばれる．フーリエ積分作用素 (10.2) は

$$\begin{aligned} P_\varphi f(x) &= \iint e^{i(x-y)\xi} e^{i(\varphi(x,\xi) - x\xi)} p(x,\xi) f(y) dy d\widehat{\xi} \\ &= (2\pi)^{-m/2} \int e^{ix\xi} e^{i(\varphi(x,\xi) - x\xi)} p(x,\xi) \widehat{f}(\xi) d\xi \end{aligned} \tag{10.3}$$

と書き直されるから相関数 $\varphi(x,\xi)$ が何らかの条件を満たせばシンボル関数

$$q(x,\xi) = e^{i(\varphi(x,\xi) - x\xi)} p(x,\xi) \tag{10.4}$$

を持つ擬微分作用素

$$P_\varphi f(x) = \iint e^{i(x-y)\xi} q(x,\xi) f(y) dy d\widehat{\xi}$$
$$= (2\pi)^{-m/2} \int e^{ix\xi} q(x,\xi) \widehat{f}(\xi) d\xi \qquad (10.5)$$

とも見なせる．相関数 $\varphi(x,\xi)$ が $x\xi$ に近いという条件はこのような擬微分作用素への書き換えが可能になる条件がふつう選ばれる．$f \in \mathcal{S}$ としたから $\varphi(x,\xi)$ が実数値で連続な関数なら (10.2) ないし (10.3) の右辺の積分はこれまで考えてきた通常のシンボル $p(x,\xi)$ に対しては収束することに注意しておく．

10.1 相関数の空間 $P_\sigma(\tau;\ell)$ とシンボルの空間 B_ℓ^k

相関数 $\varphi(x,\xi)$ が $x\xi$ に近いという条件は (10.4) によりフーリエ積分作用素を擬微分作用素 (10.5) と見直すような場合，シンボルの空間を規定する性質と連動して与えなければならないのがふつうである．この連動の仕方は考えている問題ごとに様々な方法があり一般的にこうであると述べることはできない．ここではたとえば次のような相関数とシンボルの空間を考えてみるが，読者は遭遇するそれぞれの場面に応じてこれらの条件を適宜変更して問題を考えて頂きたい．

定義 10.1 $0 \leq \sigma < 1$, $0 \leq \tau < 1$ を実数, $\ell \geq 0$ を整数とするとき相関数 $\varphi(x,\xi)$ がクラス $P_\sigma(\tau;\ell)$ に属するとは $\varphi(x,\xi)$ が実数値の無限回微分可能関数で次の条件 1) および 2) を満たすことである．

1) $|\alpha| + |\beta| \geq 1$ を満たす任意の多重指数 α, β に対し定数 $C_{\alpha\beta} > 0$ が存在して

$$|\partial_x^\alpha \partial_\xi^\beta (\varphi(x,\xi) - x\xi)| \leq C_{\alpha\beta}(1+|x|)^{\sigma-|\alpha|} \qquad (10.6)$$

を満たす．

10.1. 相関数の空間 $P_\sigma(\tau;\ell)$ とシンボルの空間 B_ℓ^k 127

2)
$$|\varphi|_{2,\ell} = \sum_{|\alpha|+|\beta|\leq\ell} \sup_{x,\xi\in\mathbb{R}^m} |\partial_x^\alpha \partial_\xi^\beta \nabla_x \nabla_\xi (\varphi(x,\xi) - x\xi)| \tag{10.7}$$

とおくとき

$$|\varphi|_{2,\ell} \leq \tau \tag{10.8}$$

が成り立つ．ただし関数 $g(x,\xi)$ に対し $\nabla_x \nabla_\xi g(x,\xi) = (\partial_{x_i}\partial_{\xi_j} g(x,\xi))$ は第 (i,j) 成分を $\partial_{x_i}\partial_{\xi_j} g(x,\xi)$ とする m 次正方行列を表す．また m 次複素正方行列 (a_{ij}) に対し $|(a_{ij})| = \sqrt{\sum_{1\leq i,j\leq m}|a_{ij}|^2}$ は行列ノルムを表す．特に $\nabla_x \nabla_\xi(x\xi) = I$ は m 次単位行列であることに注意する．

シンボルの空間は第 8 章の (8.48) 式で与えた条件で規定する．

定義 10.2 $k,\ell \in \mathbb{R}$ とする．$(x,\xi) \in \mathbb{R}^{2m}$ ないし $(\xi,x') \in \mathbb{R}^{2m}$ の関数 $p(x,\xi)$, $q(\xi,x')$ がクラス B_ℓ^k に属するとは任意の整数 $d \geq 0$ に対しおのおの次の条件が成り立つこととする．

$$\begin{aligned}|p|_d^{(k;\ell)} &= \max_{|\alpha|+|\beta|\leq d} \sup_{x,\xi\in\mathbb{R}^m} |(1+|x|)^{-\ell+|\alpha|}(1+|\xi|)^{-k} \partial_x^\alpha \partial_\xi^\beta p(x,\xi)| \\ &< \infty \end{aligned} \tag{10.9}$$

あるいは

$$\begin{aligned}|q|_d^{(k;\ell)} &= \max_{|\beta|+|\alpha'|\leq d} \sup_{\xi,x'\in\mathbb{R}^m} |(1+|\xi|)^{-k}(1+|x'|)^{-\ell+|\alpha'|} \partial_\xi^\beta \partial_{x'}^{\alpha'} q(\xi,x')| \\ &< \infty \end{aligned} \tag{10.10}$$

定義 10.1 の条件 1) は定義 10.2 のシンボルを持つフーリエ積分作用素の演算が相関数の導入により無理なく行えるようにする一つの十分条件である．第 8 章でも触れたようにこれらの条件において x と ξ の役割を入れ替えても同様のことが言える．さらに定義 10.2 の (10.9) における指数に現れる $-\ell+|\alpha|$ を $0 \leq \delta \leq \rho \leq 1$, $0 \leq \delta < 1$ を満たす定数 δ,ρ に対し $-\ell+\rho|\alpha|-\delta|\beta|$ に置き換えることも可能である．この条件は通常の微

分方程式の解の研究等において x と ξ の役割を交換して仮定されるものである．定義 10.1 の条件 2) は相関数 $\varphi(x,\xi)$ が本来のフーリエ変換の指数 $x\xi = \sum_{j=1}^{m} x_j \xi_j$ に近いという条件であり，こちらの方がフーリエ積分作用素の定義において本質的なものである．

定義 10.3 $k, \ell \in \mathbb{R}$, $0 \leq \sigma < 1$, $0 \leq \tau < 1$ とし $p(x,\xi), q(\xi, x') \in B_\ell^k$, $\varphi(x,\xi) \in P_\sigma(\tau; 0)$ とする．このとき以下のようにフーリエ積分作用素 $P_\varphi = p_\varphi(X, D_x)$ および $Q_{\varphi^*} = q_{\varphi^*}(D_x, X')$ を定義する．

1) $f \in \mathcal{S}$ に対し

$$P_\varphi f(x) = \text{Os-} \iint e^{i(x-y)\xi} \left[e^{i(\varphi(x,\xi)-x\xi)} p(x,\xi) f(y) \right] dy d\widehat{\xi}. \tag{10.11}$$

2) $f \in \mathcal{S}$ に対し

$$Q_{\varphi^*} f(x) = \text{Os-} \iint e^{i(x-y)\xi} \left[e^{i(y\xi - \varphi(y,\xi))} q(\xi, y) f(y) \right] dy d\widehat{\xi}. \tag{10.12}$$

$f \in \mathcal{S}$ と仮定しているのでこれらの振動積分が以前行った部分積分により正当に定義されることは明らかである．これらをそれぞれ既述のように

$$P_\varphi f(x) = \iint e^{i(\varphi(x,\xi)-y\xi)} p(x,\xi) f(y) dy d\widehat{\xi} \tag{10.13}$$

および

$$Q_{\varphi^*} f(x) = \iint e^{i(x\xi - \varphi(y,\xi))} q(\xi, y) f(y) dy d\widehat{\xi} \tag{10.14}$$

と書き表す．後者の (10.14) の形のフーリエ積分作用素を共役型のフーリエ積分作用素 (conjugate Fourier integral operator) と呼ぶことがある．

10.2 擬微分作用素とフーリエ積分作用素の積

本節では擬微分作用素とフーリエ積分作用素との積がやはりフーリエ積分作用素となることを示す.

定理 10.4 $k_1, k_2, \ell_1, \ell_2 \in \mathbb{R}$, $0 \leq \sigma < 1$, $0 \leq \tau < 1$ とし $p(x,\xi) \in B_{\ell_1}^{k_1}$, $q(x,\xi) \in B_{\ell_2}^{k_2}$, $\varphi(x,\xi) \in P_\sigma(\tau;0)$ とする. このときあるシンボル $r(x,\xi)$, $s(x,\xi) \in B_{\ell_1+\ell_2}^{k_1+k_2}$ が存在して次が成り立つ.

a)　$p(X,D_x)q_\varphi(X,D_x) = r_\varphi(X,D_x)$.

b)　$q_\varphi(X,D_x)p(X,D_x) = s_\varphi(X,D_x)$.

ただし

$$r(x,\xi) = \iint e^{i(x-y)\eta} p(x, \eta + \nabla_x \varphi(x,\xi,y)) q(y,\xi) dy d\hat{\eta} \quad (10.15)$$

$$s(x,\xi) = \iint e^{-i(\eta-\xi)y} q(x,\eta) p(y + \nabla_\xi \varphi(\eta,x,\xi), \xi) dy d\hat{\eta} \quad (10.16)$$

で

$$\nabla_x \varphi(x,\xi,y) = \int_0^1 \nabla_x \varphi(y + \theta(x-y), \xi) d\theta \quad (10.17)$$

$$\nabla_\xi \varphi(\eta,x,\xi) = \int_0^1 \nabla_\xi \varphi(x, \xi + \theta(\eta-\xi)) d\theta \quad (10.18)$$

である.

これらの共役を取ることによりシンボル $p(\xi,x') \in B_{\ell_1}^{k_1}$, $q(\xi,x') \in B_{\ell_2}^{k_2}$ に対しあるシンボル $r(\xi,x')$, $s(\xi,x') \in B_{\ell_1+\ell_2}^{k_1+k_2}$ が存在して次が成り立つことも言える.

c)　$q_{\varphi^*}(D_x,X')p(D_x,X') = r_{\varphi^*}(D_x,X')$.

d)　$p(D_x,X')q_{\varphi^*}(D_x,X') = s_{\varphi^*}(D_x,X')$.

130   第 10 章　フーリエ積分作用素

証明はまず直接の計算により

$$p(X, D_x)q_\varphi(X, D_x)f(x)$$
$$= \iint e^{i(\varphi(x,\eta)-z\eta)} \iint e^{i(\varphi(y,\eta)-\varphi(x,\eta)+(x-y)\xi)} p(x,\xi)q(y,\eta) dy d\widehat{\xi} f(z) dz d\widehat{\eta} \tag{10.19}$$

が言える．ここで (10.17) を用いれば

$$\begin{aligned}\psi &= \varphi(y,\eta) - \varphi(x,\eta) + (x-y)\xi \\ &= (x-y)(\xi - \nabla_x \varphi(x,\eta,y))\end{aligned} \tag{10.20}$$

である．そこで

$$\widetilde{\eta} = \xi - \nabla_x \varphi(x,\eta,y) \tag{10.21}$$

と変数変換すると (10.19) は

$$p(X, D_x)q_\varphi(X, D_x)f(x)$$
$$= \iint e^{i(\varphi(x,\xi)-z\xi)} \iint e^{i(x-y)\eta} p(x, \eta + \nabla_x \varphi(x,\xi,y))q(y,\xi) dy d\widehat{\eta} f(z) dz d\widehat{\xi} \tag{10.22}$$

と書き換えられ a) の証明が終わる．ほかも同様に示される．

10.3　フーリエ積分作用素の積

この節ではフーリエ積分作用素と共役型のフーリエ積分作用素との積が擬微分作用素となることを示す．

定理 10.5　$k_1, k_2, \ell_1, \ell_2 \in \mathbb{R}$, $0 \leq \sigma < 1$, $0 \leq \tau < 1$ とし $p(x,\xi) \in B_{\ell_1}^{k_1}$, $q(\xi, x') \in B_{\ell_2}^{k_2}$, $\varphi(x,\xi) \in P_\sigma(\tau;0)$ とする．このときあるシンボル $r(x,\xi)$, $s(\xi, x') \in B_{\ell_1+\ell_2}^{k_1+k_2}$ が存在して次が成り立つ．

　　e)　$p_\varphi(X, D_x)q_{\varphi^*}(D_x, X') = r(X, D_x)$.

f)　$q_{\varphi^*}(D_x, X')p_\varphi(X, D_x) = s(D_x, X')$.

ただしシンボル $r = r(x,\xi)$ は

$$r(x,\xi) = \iint e^{-iy\eta}\widetilde{r}(x,\xi+\eta,x+y)dyd\widehat{\eta}, \tag{10.23}$$

$$\widetilde{r}(x,\xi,y) = p(x,\nabla_x\varphi^{-1}(x,\xi,y))q(\nabla_x\varphi^{-1}(x,\xi,y),y)J_\xi(x,\xi,y) \tag{10.24}$$

と定義される．ここで $\nabla_x\varphi^{-1}(x,\xi,y)$ は証明中で与えられる写像 $\eta \mapsto \xi = \nabla_x\varphi(x,\eta,y)$ の逆写像であり $J_\xi(x,\xi,y)$ は $\nabla_x\varphi^{-1}(x,\xi,y)$ のヤコビアン

$$\left|\det \nabla_\xi\nabla_x\varphi^{-1}(x,\xi,y)\right| \tag{10.25}$$

である．また $s = s(\xi,x')$ も同様に

$$s(\xi,x') = \iint e^{-iy\eta}\widetilde{s}(\xi-\eta,x'+y,\xi)dyd\widehat{\eta}, \tag{10.26}$$

$$\widetilde{s}(\xi,y,\eta) = q(\xi,\nabla_\xi\varphi^{-1}(\xi,y,\eta))p(\nabla_\xi\varphi^{-1}(\xi,y,\eta),\eta)J_y(\xi,y,\eta) \tag{10.27}$$

と定義される．ここで $\nabla_\xi\varphi^{-1}(\xi,y,\eta)$ は上と同様な写像 $x \mapsto y = \nabla_\xi\varphi(\xi,x,\eta)$ の逆写像であり $J_y(\xi,y,\eta)$ は $\nabla_\xi\varphi^{-1}(\xi,y,\eta)$ のヤコビアン

$$\left|\det \nabla_y\nabla_\xi\varphi^{-1}(\xi,y,\eta)\right| \tag{10.28}$$

である．

証明はやはり直接の計算により

$$\begin{aligned}&p_\varphi(X,D_x)q_{\varphi^*}(D_x,X')f(x)\\&= \iint e^{i(\varphi(x,\xi)-\varphi(y,\xi))}p(x,\xi)q(\xi,y)f(y)dyd\widehat{\xi}\\&= \iint e^{i(x-y)\nabla_x\varphi(x,\xi,y)}p(x,\xi)q(\xi,y)f(y)dyd\widehat{\xi}.\end{aligned} \tag{10.29}$$

ここで $\eta \in \mathbb{R}^m$ を任意に固定し $\mathbb{R}^m$ から $\mathbb{R}^m$ への写像 T_η を

$$T_\eta(\xi) = \eta + \xi - \nabla_x\varphi(x,\xi,y) \tag{10.30}$$

と定義すると仮定 $\varphi \in P_\sigma(\tau; 0)$ より

$$\begin{aligned}
&|T_\eta(\xi) - T_\eta(\xi')| \\
&= |(\xi - \xi') - (\nabla_x \varphi(x, \xi, y) - \nabla_x \varphi(x, \xi', y))| \\
&= \left|(\xi - \xi') \int_0^1 \int_0^1 (I - (\nabla_\xi \nabla_x \varphi)(y + \theta(x - y), \xi' + \rho(\xi - \xi'))) \, d\theta d\rho\right| \\
&\leq \tau |\xi - \xi'|
\end{aligned} \tag{10.31}$$

を得る．ここで $0 \leq \tau < 1$ であるから $T_\eta : \mathbb{R}^m \longrightarrow \mathbb{R}^m$ は縮小写像を定義する．したがって縮小写像に対する不動点定理[1]より，任意の $\eta \in \mathbb{R}^m$ に対しただ一つの点 $\xi \in \mathbb{R}^m$ が存在して

$$T_\eta(\xi) = \xi$$

を満たす．これは

$$\eta = \nabla_x \varphi(x, \xi, y)$$

が一意的に

$$\xi = \nabla_x \varphi^{-1}(x, \eta, y) \tag{10.32}$$

と解けることを意味している．この関数 (10.32) は逆関数定理[2]より $\eta \in \mathbb{R}^m$ について無限回微分可能なことが言える．そこで (10.29) において

$$\xi = \nabla_x \varphi^{-1}(x, \eta, y)$$

と変数変換すれば (10.24) で定義されるシンボル $\widetilde{r}(x, \xi, y)$ を用いて

$$p_\varphi(X, D_x) q_{\varphi^*}(D_x, X') f(x) = \iint e^{i(x-y)\xi} \widetilde{r}(x, \xi, y) f(y) dy d\widehat{\xi} \tag{10.33}$$

と書ける．これを左単化表象で表せば式 e) が得られる．他も同様である．

式 f) において $q(\xi, x') = \overline{p(x', \xi)}$ と取れば

$$q_{\varphi^*}(D_x, X') = (p_\varphi(X, D_x))^* \tag{10.34}$$

---
[1] 『理学を志す人のための数学入門』，第 12 章の定理 12.15 参照．
[2] 前出の書の定理 14.9 参照．

となることが直接の計算よりわかる．したがって f) よりあるシンボル $s = s(\xi, x')$ に対し

$$(p_\varphi(X, D_x))^* p_\varphi(X, D_x) = s(D_x, X')$$

となる．第 9 章で述べた式 (9.45) と同様にしてこれより

$$\begin{aligned}\|p_\varphi(X, D_x)\|^2 &\leq \|(p_\varphi(X, D_x))^* p_\varphi(X, D_x)\| \\ &= \|s(D_x, X')\|\end{aligned} \tag{10.35}$$

が導かれる．いま $p \in B_0^0$ とすれば定理 10.5 より $s \in B_0^0$ であるから第 9 章に述べた定理 9.3 が使えて $s(D_x, X')$ は $L^2(\mathbb{R}^m)$ から $L^2(\mathbb{R}^m)$ への有界線型作用素を定義する．したがってこの事実と (10.35) より次の定理が言えた．

定理 10.6 $\varphi \in P_\sigma(\tau; 0)$ $(0 \leq \sigma < 1, 0 \leq \tau < 1)$, $p(x, \xi) \in B_0^0$ のときフーリエ積分作用素 $p_\varphi(X, D_x)$ は $L^2(\mathbb{R}^m)$ の有界線型変換を定義する．

10.4 フーリエ積分作用素の可逆性

フーリエの反転公式は

$$\begin{aligned}f(x) &= \iint e^{i(x-y)\xi} f(y) dy d\widehat{\xi} \\ &= \iint e^{i(x\xi - y\xi)} f(y) dy d\widehat{\xi}\end{aligned} \tag{10.36}$$

であった．あるいはフーリエ変換 $\mathcal{F}$ を用いて書けば

$$\mathcal{F}^* \mathcal{F} = I \tag{10.37}$$

である．ただし $\mathcal{F}^*$ はフーリエ変換 $\mathcal{F}$ の共役変換である．いまシンボルが 1 で相関数が $\varphi \in P_\sigma(\tau; \ell)$ のフーリエ積分作用素を

$$I_\varphi f(x) = \iint e^{i(\varphi(x,\xi) - y\xi)} f(y) dy d\widehat{\xi} \tag{10.38}$$

と書こう．このときこの共役作用素は同じシンボル 1 を持つ次の作用素となる:

$$I_{\varphi^*}f(x) = \iint e^{i(x\xi-\varphi(y,\xi))}f(y)dyd\widehat{\xi} \tag{10.39}$$

これらは互いに共役であり $(I_{\varphi^*})^* = I_\varphi$ が成り立つ．そこで (10.37) と同様に $I_\varphi I_{\varphi^*} = (I_{\varphi^*})^*I_{\varphi^*}$ を計算すると

$$I_\varphi I_{\varphi^*}f(x) = \iint e^{i(\varphi(x,\xi)-\varphi(y,\xi))}f(y)dyd\widehat{\xi} \tag{10.40}$$

となる．これは式 (10.36) と似た形をしているが相関数が一般のものなので f に等しいとは限らない．しかし

$$\varphi(x,\xi) - \varphi(y,\xi) = (x-y)\nabla_x\varphi(x,\xi,y) \tag{10.41}$$

と書いて先述の (10.32) の変数変換をしてみる．すると (10.25) のヤコビアン $J_\xi(x,\xi,y)$ を用いて

$$I_\varphi I_{\varphi^*}f(x) = \iint e^{i(x-y)\xi}J_\xi(x,\xi,y)f(y)dyd\widehat{\xi} \tag{10.42}$$

を得る．ここで

$$p(x,\xi,y) = 1 - J_\xi(x,\xi,y) \tag{10.43}$$

とおけば

$$I_\varphi I_{\varphi^*} = I - p(X,D_x,X') \tag{10.44}$$

が得られる．式 (10.43) より相関数に関する仮定 $\varphi \in P_\sigma(\tau;\ell)$ における ℓ を $\ell = 3m+3$ と取り，先述の逆関数定理を用いれば $\tau \geq 0$ が前章の定理 9.2 の仮定の定数 $c_0 > 0$ に比べて十分小さいとき，擬微分作用素 $P = p(X,D_x,X')$ は定理 9.2 の仮定を満たすことがわかる．よって定理 9.2 から $I_\varphi I_{\varphi^*}$ の逆写像 $(I-P)^{-1}$ が擬微分作用素 $Q = q(X,D_x,X')$ で与えられることがわかり

$$I = (I_\varphi I_{\varphi^*})(I-P)^{-1} = (I_\varphi I_{\varphi^*})Q = I_\varphi(I_{\varphi^*}Q) \tag{10.45}$$

が成り立つ．今の場合相関数 φ は定義 10.1 の 1) を満たすから p はシンボルの定義 10.2 を一般化した評価

$$\max_{|\alpha|+|\beta|+|\gamma|\leq d}\sup_{x,\xi,x'\in\mathbb{R}^m}|(1+|x|)^{|\alpha|}(1+|x'|)^{|\gamma|}\partial_x^\alpha\partial_\xi^\beta\partial_{x'}^\gamma p(x,\xi,x')|<\infty \tag{10.46}$$

を満たす．このことからシンボル $q(x,\xi,x')$ の右単化表象 $q_R(\xi,x')$ は B_0^0 に属することがわかる．したがって擬微分作用素 $Q = q(X,D_x,X')$ を右単化表象 $q_R(\xi,x')$ を用いて

$$Q = q(X,D_x,X') = q_R(D_x,X')$$

と書けば定理 10.4 の c) よりあるシンボル $r(\xi,x')\in B_0^0$ に対し

$$I_{\varphi^*}Q = I_{\varphi^*}q_R(D_x,X') = r_{\varphi^*}(D_x,X') \tag{10.47}$$

となることがわかる．これと式 (10.45) より以下の定理が得られた．

定理 10.7 相関数 φ が $\varphi\in P_\sigma(\tau;3m+3)$ を満たし $0\leq\tau<1$ が前章の定理 9.2 における定数 $c_0>0$ に比べて十分小さいとする．このとき 1 をシンボルとするフーリエ積分作用素

$$I_\varphi f(x) = \iint e^{i(\varphi(x,\xi)-y\xi)}f(y)dyd\hat{\xi} \tag{10.48}$$

の逆作用素が存在してあるシンボル $r(\xi,x')\in B_0^0$ に対し共役型のフーリエ積分作用素

$$r_{\varphi^*}(D_x,X') \tag{10.49}$$

の形で与えられる．同様にシンボル 1 を持つ共役型のフーリエ積分作用素

$$I_{\varphi^*}f(x) = \iint e^{i(x\xi-\varphi(y,\xi))}f(y)dyd\hat{\xi} \tag{10.50}$$

の逆作用素もあるシンボル $s(x,\xi)\in B_0^0$ により

$$s_\varphi(X,D_x) \tag{10.51}$$

の形で与えられる．

この定理はさらに次のように拡張される．

定理 10.8 相関数 φ が $\varphi \in P_\sigma(\tau; 3m+3)$ を満たし $0 \le \tau < 1$ が前章の定理 9.2 における定数 $c_0 > 0$ に比べて十分小さいとする．いま相関数 $\varphi(x,\xi)$ および整数 $k \ge 1$ に対しセミノルム

$$|\varphi|_{1,k} = \max_{1 \le |\gamma|+|\delta| \le k} \sup_{x,\xi \in \mathbb{R}^m} |\partial_x^\gamma \partial_\xi^\delta \nabla_x \varphi(x,\xi)| \tag{10.52}$$

を定義する．このとき $c_0 > 0$ に比べて十分小さな数 $d_0 > 0$ に対し $a \in B_0^0$ が

$$|a-1|_{3n+3}^{(0;0)} (|\varphi|_{1,3m+3})^{3m+3} \le d_0 \tag{10.53}$$

を満たせばあるシンボル $q(\xi, x') \in B_0^0$ が存在して

$$A_\varphi Q_{\varphi^*} = Q_{\varphi^*} A_\varphi = I \tag{10.54}$$

が成り立つ．ここで

$$A_\varphi = a_\varphi(X, D_x), \quad Q_{\varphi^*} = q_{\varphi^*}(D_x, X')$$

である．

この証明は演習問題とする．

10.5 まとめ

本章ではフーリエ解析の本質的な拡張であるフーリエ積分作用素を導入し，それらと擬微分作用素との積およびフーリエ積分作用素同士の積を考察した．これらの考察と前章までの擬微分作用素の考察とくにその $L^2(\mathbb{R}^m)$-有界性の考察からフーリエ積分作用素の $L^2(\mathbb{R}^m)$-有界性も示された．また擬微分作用素の結果を用いてフーリエ積分作用素が可逆になるある条件を調べた．さらに可逆性についてのより一般の結果を述べそれは読者の演習問題としておいた．以降の章ではこれらの数学的な結果や方法の実際の問題への応用を考察する．

第11章 シュレーディンガー方程式と擬微分作用素

第 1 章で述べたようにフーリエは彼の本『熱の解析的理論』(1807 年) に「区間 $[-\pi,\pi]$ 上で定義されたすべての関数 $f(x)$ はある係数の列 $\{a_n\}_{n=0}^{\infty}$ および $\{b_n\}_{n=1}^{\infty}$ に対し

$$f(x) = \frac{a_0}{2} + \sum_{n=1}^{\infty}(a_n \cos nx + b_n \sin nx) \qquad (11.1)$$

の形に表される」と書いた．本書ではこれまで彼のこの言葉の意味するところを調べ，任意の急減少関数 $f \in \mathcal{S}$, 任意の $\mathcal{B}$-関数 $f \in \mathcal{B}$ および任意の L^2-関数 $f \in L^2(\mathbb{R}^m)$ はフーリエの反転公式の意味で「フーリエ級数展開される」ことを見てきた．フーリエの反転公式ないし積分公式は第 5 章の第 5.4 節で述べた式を一般の m 次元に拡張すれば

$$e_\xi(x) = e(x,\xi) = (2\pi)^{-m/2} e^{i\xi x} \quad (x, \xi \in \mathbb{R}^m) \qquad (11.2)$$

とおくとき

$$\begin{aligned}
f(x) &= \mathcal{F}^{-1}\mathcal{F}f(x) \\
&= (2\pi)^{-m}\int_{\mathbb{R}^m} e^{ix\xi}\int_{\mathbb{R}^m} f(y)e^{-iy\xi}dyd\xi \\
&= \int_{\mathbb{R}^m}\left(\int_{\mathbb{R}^m} f(y)\overline{e_\xi(y)}dy\right)e_\xi(x)d\xi \\
&= \int_{\mathbb{R}^m}(f, e_\xi)e_\xi(x)d\xi
\end{aligned} \qquad (11.3)$$

と表される．第 10 章でフーリエ変換の拡張としてフーリエ積分作用素を導入したがその相関数 $\varphi(x,\xi)$ は $e^{i\varphi(x,\xi)}$ が式 (11.2) の $e^{i\xi x}$ に近くなるように

第11章 シュレーディンガー方程式と擬微分作用素

選んだ．したがって第10章の定理10.8はフーリエの反転公式の一つの拡張であったことを注意しておく．

式 (11.2) の関数 $e_\xi(x)$ は

$$\Delta = \sum_{j=1}^m \frac{\partial^2}{\partial x_j^2} = -\sum_{j=1}^m D_{x_j}^2 = -D_x^2, \tag{11.4}$$

をラプラシアンとし $\mathcal{H} = L^2(\mathbb{R}^m)$ における自己共役作用素 H_0 を

$$H_0 = -\frac{1}{2}\Delta = \frac{1}{2}D_x^2 \tag{11.5}$$

と定義するとき

$$H_0 e_\xi(x) = \frac{1}{2}\xi^2 e_\xi(x) \tag{11.6}$$

を満たす．ただし $\xi^2 = \xi\xi = |\xi|^2 = \sum_{j=1}^m \xi_j^2$ である．したがって $e_\xi(x)$ は H_0 の非負の実固有値 $\frac{1}{2}\xi^2 \geq 0$ に対応する (一般化された) 固有関数である．フーリエの反転公式 (11.3) はこの意味で自己共役作用素 H_0 の固有関数による一般の関数の展開を与える．この自己共役作用素 H_0 はヒルベルト空間

$$\mathcal{H} = L^2(\mathbb{R}^m) \tag{11.7}$$

のすべての関数に対しては定義されない．すなわち作用素 H_0 の定義域

$$\mathcal{D}(H_0) = \{f \mid f \in \mathcal{H},\ H_0 f \in \mathcal{H}\} \tag{11.8}$$

は第6章の第6.3節で定義した2階のソボレフ空間

$$H^2(\mathbb{R}^m) = \left\{ f \ \middle| \ \int_{\mathbb{R}^m} \sum_{|\alpha| \leq 2} |\partial_x^\alpha f(x)|^2 dx < \infty \right\} \tag{11.9}$$

に等しい．このソボレフ空間は内積およびノルム

$$(f,g)_2 = \sum_{|\alpha| \leq 2} (\partial_x^\alpha f, \partial_x^\alpha g) = \sum_{|\alpha| \leq 2} \int_{\mathbb{R}^m} \partial_x^\alpha f(x) \overline{\partial_x^\alpha g(x)} dx, \tag{11.10}$$

$$\|f\|_2 = \sqrt{(f,f)_2} \tag{11.11}$$

に関しヒルベルト空間を構成する．定義式 (11.9) より

$$H^2(\mathbb{R}^m) \subset \mathcal{H} = L^2(\mathbb{R}^m) \tag{11.12}$$

であり,「埋め込み写像」

$$H^2(\mathbb{R}^m) \ni f \mapsto f \in \mathcal{H} = L^2(\mathbb{R}^m) \tag{11.13}$$

は (11.11) より

$$\|f\| \leq \|f\|_2 \tag{11.14}$$

を満たし連続である．ただし $\|\cdot\|$ は $\mathcal{H} = L^2(\mathbb{R}^m)$ のノルムである．そして H_0 が自己共役とは $f, g \in \mathcal{D}(H_0) = H^2(\mathbb{R}^m)$ に対し

$$(H_0 f, g) = (f, H_0 g) \tag{11.15}$$

を成り立つことであった．ただしここでの内積 $(\cdot, \cdot)$ は $\mathcal{H} = L^2(\mathbb{R}^m)$ の内積である．

以上よりフーリエ展開 (11.3) はこの自己共役作用素 H_0 の固有関数系 $e_\xi(x)$ による空間 $\mathcal{H} = L^2(\mathbb{R}^m)$ の元の展開であると特徴付けることができるであろう[1]．

ここで自然に起こる疑問は作用素 H_0 を H_0 に摂動 (perturbation) V を加えより一般のハミルトニアン作用素 (Hamiltonian)

$$H = H_0 + V \tag{11.16}$$

とした場合，H の固有関数すなわち

$$H\phi(x, \xi) = \frac{1}{2}\xi^2 \phi(x, \xi) \tag{11.17}$$

を満たす関数 $\phi(x, \xi)$ によるこのような展開は可能であろうか?という問題である．

第 10 章の定理 10.8 はフーリエの反転公式の一つの拡張であり，摂動 V が何らかの意味で小さければ $H = H_0 + V$ の固有関数 $\phi(x, \xi)$ は H_0 の固有

---

[1] 第 2 章，第 2.6 節で触れたようにフーリエ展開はより広大な関数空間の元を展開するが，ここではヒルベルト空間の (一般化された) 基底の意味での展開が可能な場合を考えている．

140　第 11 章　シュレーディンガー方程式と擬微分作用素

関数 $e^{ix\xi}$ に近い形たとえばフーリエ積分作用素の相関数 $\varphi(x,\xi)$ のように $x\xi$ に近いものにより $e^{i\varphi(x,\xi)}$ のような形に書けるであろう．

本章および次章でこのような問題の考察の足がかりとして H_0 に時間 $t \in \mathbb{R}$ に依存する摂動 $V(t)$ を加えたハミルトニアン

$$H(t) = H_0 + V(t) \tag{11.18}$$

によって定義されるシュレーディンガー方程式 (Schrödinger equation)

$$\frac{1}{i}\frac{du}{dt}(t) + H(t)u(t) = 0, \quad u(0) = f \quad (f \in \mathcal{H}) \tag{11.19}$$

の解 $u(t)$ を構成する問題を考えてみる．初期条件の値 f に時刻 $t \in \mathbb{R}$ における解 $u(t)$ を対応させる作用素を $U(t)$ と書き方程式 (11.19) の基本解という．本章および次章ではともに基本解をフーリエ積分作用素の形に構成するが本章ではその相関数は摂動 $V(t)$ によらない形のものを用いるためハミルトニアン (11.18) における摂動 $V(t)$ は自己共役とは仮定せず一般の摂動を考察する．このため本章での基本解を表すフーリエ積分作用素の相関数 φ は後述のように $\varphi = x\xi - t\xi^2/2$ と書け，得られるフーリエ積分作用素は基本的に擬微分作用素と見なしてよい．一般化された固有関数展開への応用を見込んだ基本解の構成を考察する次章では相関数は摂動によるため (11.16) および (11.18) における摂動 V および $V(t)$ は自己共役な有界作用素と仮定ししたがって H および $H(t)$ はともに自己共役作用素となる場合を考察する．この場合相関数は摂動 $V(t)$ を考慮した形になり極限 $t \to \pm\infty$ での漸近形は時間によらない摂動を持ったハミルトニアン $H = H_0 + V$ の固有関数の近似形を含んだ形になる．

11.1　$V(t) \equiv 0$ の場合

式 (11.18) において摂動がない場合すなわち $V(t)$ が恒等的に 0 の場合を考えよう．この場合シュレーディンガー方程式 (11.19) は

$$D_t = \frac{1}{i}\frac{d}{dt}$$

11.1. $V(t) \equiv 0$ の場合

と書くとき

$$D_t u(t) + H_0 u(t) = \frac{1}{i}\frac{du}{dt}(t) - \frac{1}{2}\Delta u(t) = 0, \tag{11.20}$$
$$u(0) = f \quad (f \in \mathcal{H}) \tag{11.21}$$

となる.この方程式は第 6 章の第 6.3 節で扱った無限区間における熱方程式を $\mathbb{R}^m$ に拡張し時間に関する微分 d/dt を $(1/i)d/dt$ に置き換えたものである.ラプラシアンに係数 $1/2$ を掛けているのは単位系を適当に取るとき $-\Delta/2$ は質量 1 の量子の表現に対応し様々な計算の場面で表現が簡明になるためである.議論を見やすくするため以降 $f \in \mathcal{S} = \mathcal{S}(\mathbb{R}^m)$ と仮定する.方程式 (11.20) をフーリエ変換すれば

$$\frac{1}{i}\frac{d\widehat{u}}{dt}(t,\xi) + \frac{1}{2}|\xi|^2 \widehat{u}(t,\xi) = 0, \quad \widehat{u}(0,\xi) = \widehat{f}(\xi) \tag{11.22}$$

となる.ただし $\widehat{u}(t) = \widehat{u}(t,\xi)$, $\widehat{f}(\xi)$ は関数 $u(t) = u(t,x)$, $f(x)$ の変数 $x \in \mathbb{R}^m$ に関するフーリエ変換である. (11.22) は熱方程式の時と同様に常微分方程式と見て解くことができて

$$\widehat{u}(t,\xi) = \exp(-it|\xi|^2/2)\widehat{f}(\xi) \tag{11.23}$$

が得られる.熱方程式の場合これに対応する解は

$$\widehat{u}(t,\xi) = \exp(-t|\xi|^2/2)\widehat{f}(\xi) \tag{11.24}$$

で与えられこれは $t \to \infty$ では急激に小さくなるが $t \to -\infty$ では急激に大きくなる.これに対しシュレーディンガー方程式の場合の解 (11.23) は $t \to \pm\infty$ でともに有界である.この事実が自己共役な摂動 V を持ったハミルトニアン $H = H_0 + V$ の固有関数による展開を考察する際にシュレーディンガー方程式が有用な理由を与える.式 (11.23) を逆フーリエ変換すれば熱方程式の場合と同様にしてシュレーディンガー方程式 (11.20) の解は

$$\begin{aligned}u(t,x) &= (2\pi)^{-m/2}\int_{\mathbb{R}^m} e^{i(x\xi - t|\xi|^2/2)}\widehat{f}(\xi)d\xi \\ &= \iint e^{i(x\xi - t\xi^2/2 - y\xi)} f(y) dy d\widehat{\xi}\end{aligned} \tag{11.25}$$

と与えられる．ただし二重積分は今まで通り振動積分を表す．これは擬微分作用素

$$u(t,x) = (2\pi)^{-m} \int_{\mathbb{R}^m} \int_{\mathbb{R}^m} e^{i(x-y)\xi} e^{-it|\xi|^2/2} d\xi f(y) dy \tag{11.26}$$

の形に書け内側の ξ に関する積分を形式的に実行すれば熱方程式の時と同様の解の表式

$$u(t,x) = \frac{1}{(2\pi it)^{m/2}} \int_{\mathbb{R}^m} \exp\left(-\frac{|x-y|^2}{2it}\right) f(y) dy \tag{11.27}$$

が得られる．この座標空間の変数のみによる解の表示を用いて様々な強力な評価や以下に述べる結果のある部分を証明することができる．ここではフーリエ解析としての表式 (11.25) を用いる方法で得られる事柄を考察する．

いま $e^{-it\xi^2}$ により ξ の関数 $g(\xi)$ に $e^{-it\xi^2}$ を掛けて得られる関数 $e^{-it\xi^2}g(\xi)$ を対応させる作用素を表すことにしてフーリエ変換 $\mathcal{F}$ を用いて

$$U_0(t) = \mathcal{F}^{-1} e^{-it\xi^2} \mathcal{F} \tag{11.28}$$

と作用素 $U_0(t)$ $(t \in \mathbb{R})$ を定義すれば (11.25) の $u(t) = u(t,x)$ は

$$u(t) = U_0(t) f \tag{11.29}$$

と書ける．すなわちこの $U_0(t)$ は摂動を持たないシュレーディンガー方程式 (11.20) の基本解を与える．そしてこの基本解 $U_0(t)$ は以下の群の性質を満たすことが定義より容易にわかる．

$$U_0(t) U_0(s) = U_0(t+s) \ (t, s \in \mathbb{R}), \quad U_0(0) = I. \tag{11.30}$$

また $\mathcal{F}$ が $L^2(\mathbb{R}^m)$ のユニタリ作用素であり掛け算作用素 $e^{-it\xi^2}$ もユニタリ作用素であるから (11.28) の作用素 $U_0(t)$ は任意の $f \in \mathcal{S}$ に対し

$$\|u(t)\| = \|U_0(t)f\| = \|f\| \tag{11.31}$$

を満たす．したがって $U_0(t)$ は $L^2(\mathbb{R}^m)$ から $L^2(\mathbb{R}^m)$ へのユニタリ作用素に拡張され，$u(t) = U_0(t)f$ は任意の $f \in \mathcal{H} = L^2(\mathbb{R}^m)$ に対し定義される．しかしこの $u(t)$ がシュレーディンガー方程式 (11.20) の解であるためには方程式中の $H_0 u(t) = H_0 U_0(t)f$ が $\mathcal{H} = L^2(\mathbb{R}^m)$ に属さなければならない．$U_0(t)$ の定義式 (11.28) より容易にわかるように

$$H_0 U_0(t) f = U_0(t) H_0 f \tag{11.32}$$

であるから $H_0 U_0(t) f \in \mathcal{H}$ であるための必要十分条件は

$$f \in \mathcal{D}(H_0) = H^2(\mathbb{R}^m) \tag{11.33}$$

である．したがってシュレーディンガー方程式 (11.20) は初期条件 (11.21) における初期値 f が $\mathcal{D}(H_0) = H^2(\mathbb{R}^m)$ に属する場合に解

$$u(t) = U_0(t) f$$

を持つ．

11.2 一般の $V(t)$ の場合

それでは一般の摂動 $V(t)$ を H_0 に加えた

$$H(t) = H_0 + V(t) \tag{11.34}$$

の場合シュレーディンガー方程式

$$D_t u(t) + H(t) u(t) = 0, \quad u(0) = f \quad (f \in \mathcal{H}) \tag{11.35}$$

の解は存在するか？

この方程式は形式的には以下のような「解」を持つ．

$$u(t) = f + \sum_{\nu=1}^{\infty} (-i)^\nu \int_0^t \int_0^{t_1} \cdots \int_0^{t_{\nu-1}} H(t_1) H(t_2) \cdots H(t_\nu) f \, dt_\nu \cdots dt_1. \tag{11.36}$$

実際明らかにこの式は $u(0) = f$ を満たし，かつ t について微分すれば右辺の級数の積分がひとつづつずれ

$$D_t u(t) = \frac{1}{i}\frac{du}{dt}(t) = -H(t)u(t) \tag{11.37}$$

となり (11.35) を満たすことがわかる．しかし先に述べたように作用素 $H(t) = H_0 + V(t)$ は少なくとも $f \in H^2(\mathbb{R}^m)$ でなければ $H(t)f \in \mathcal{H} = L^2(\mathbb{R}^m)$ とならない．(11.36) においては $H(t)$ は級数の各項において ν 個の $H(t)$ の積 $H(t_1)H(t_2)\cdots H(t_\nu)$ として現れるからこれを f に施して

$$H(t_1)H(t_2)\cdots H(t_\nu)f \in \mathcal{H} = L^2(\mathbb{R}^m) \tag{11.38}$$

となるためには少なくとも f は無限回微分可能でなければならない．$f \in \mathcal{S}$ としているからこの条件は満たされている．しかし (11.36) の右辺ではそのような項の積分の無限和を考えているのでこれが収束しなければならない．この無限和が収束する条件を理解可能な形に与えることができなければシュレーディンガー方程式の解が求まったことにはならない．(11.36) のような形式解は昔物理学者が場の量子論において好んで用いたものであり，そのため解に発散項が現れいわゆる「発散の困難」のもとになったものである．この発散を回避するためにテクニカルないわゆる「繰り込み」の操作が提唱され，ある場合には有限和において実験と合致する結果が得られひとまず解決されたと思われた時期があった．しかしこの「繰り込み」の操作を数学的に正当化するのは容易な問題ではなく現在ですら何ら統一的な解決は得られていない．

このような問題は一般に最初の解法に戻って考え直した方が理解にいたる道は近い．我々の問題の場合 $V(t) = 0$ のときの解は有界な作用素 $U_0(t)$ によって求まっている．摂動 $V(t)$ が有界な場合はこの $U_0(t)$ を用いてより容易に正当性が理解される形に解を書き表すことができる．実際初期値 f に (11.35) の解 $u(t)$ を対応させる作用素すなわち方程式 (11.35) の基本解を $U(t)$ と書くことにする．いま $U_0(t)$ の群としての性質 (11.30) より $U_0(t)^{-1} = U_0(-t)$ であることに注意して

$$D_t(U_0(t)^{-1}U(t))f = D_t(U_0(-t)U(t))f \tag{11.39}$$

11.2. 一般の $V(t)$ の場合

を計算すると (11.32), (11.35) より

$$D_t(U_0(t)^{-1}U(t))f = U_0(-t)(H_0 - H(t))U(t)$$
$$= -U_0(-t)V(t)U(t) \qquad (11.40)$$

が得られる．これは

$$A(t) = U_0(-t)V(t)U_0(t) \qquad (11.41)$$

とおいて $w(t) = (U_0(t)^{-1}U(t))f$ と書けば $U(0) = U_0(0) = I$ より

$$D_t w(t) + A(t)w(t) = 0, \quad w(0) = f \qquad (11.42)$$

となり，$V(t)$ が有界という仮定と先に求めた $U_0(t)$ が有界作用素であるという事実から作用素 $A(t)$ は $\mathcal{H}$ 上の有界作用素となる．するとこの新しい方程式 (11.42) に対しては上の形式解 (11.36) は収束し正しい解 $w(t)$ を与える．すなわち

$$w(t) = f + \sum_{\nu=1}^{\infty}(-i)^\nu \int_0^t \int_0^{t_1} \cdots \int_0^{t_{\nu-1}} A(t_1)A(t_2)\cdots A(t_\nu)f dt_\nu \cdots dt_1.$$
$$(11.43)$$

ちなみに上述の物理学における発散の問題は摂動 $V(t)$ を用いてこの形に書き直した上でも $A(t)$ が有界作用素とならないことから起こった問題であった．したがってここに書いた方法は上の物理学の問題の解を与えない．

(11.43) により (11.42) の解 $w(t) = U_0(t)^{-1}U(t)f$ が求まったからもとのシュレーディンガー方程式 (11.35) の解 $u(t) = U(t)f$ は

$$u(t) = U(t)f = U_0(t)w(t) \qquad (11.44)$$

と求まった．$A(t)$ の定義 (11.41) と $w(t)$ の形 (11.43) から解 $u(t) = U(t)f$

を与える基本解 $U(t)$ は

$$\begin{aligned}U(t) &= U_0(t) + \sum_{\nu=1}^{\infty}(-i)^\nu \int_0^t \int_0^{t_1} \cdots \int_0^{t_{\nu-1}} U_0(t) A(t_1) A(t_2) \cdots \\ &\qquad \times A(t_\nu)\, dt_\nu \cdots dt_1 \\ &= U_0(t) + \sum_{\nu=1}^{\infty}(-i)^\nu \int_0^t \int_0^{t_1} \cdots \int_0^{t_{\nu-1}} U_0(t-t_1) V(t_1) U_0(t_1-t_2) \cdots \\ &\qquad \times U_0(t_{\nu-1}-t_\nu) V(t_\nu) U_0(t_\nu)\, dt_\nu \cdots dt_1\end{aligned}$$
(11.45)

となる．この基本解 $U(t)$ は各 $t \in \mathbb{R}$ に対し有界作用素を与えるが $t \in \mathbb{R}$ について一様に有界であるとは限らない．一般に $t \to \pm\infty$ でその作用素ノルムは発散する可能性がある．

11.3　$V(t)$ が $\mathcal{B}$-関数の場合

　この節では摂動 $V(t)$ が t について一様に有界な $\mathcal{B}$-関数 $V(t,x)$ による掛け算作用素として与えられる場合を考える．すなわち $V(t) = V(t,x)$ が任意の多重指数 α に対し

$$\sup_{t\in\mathbb{R}, x\in\mathbb{R}^m} |\partial_x^\alpha V(t,x)| < \infty \tag{11.46}$$

を満たす場合を考える．次章では $V(t,x)$ は実数値と限定するが本章では $V(t,x)$ は複素数値関数であってもよいとする．この場合に前節の解 $u(t) = U(t)f$ をより具体的な形に書き表すことを考える．この問題は基本解 $U(t)$ の前節の表式 (11.45) を用いても解けるが，すでに第 11.1 節で $V(t) = 0$ の場合は解 $u(t)$ は (11.25) の形に書き表されていた．この表式 (11.25) にシンボル関数 $a(t,\xi,y)$ を加え拡張した形：

$$U(t)f(x) = \iint e^{i(x\xi - t\xi^2/2 - y\xi)} a(t,\xi,y) f(y) dy d\widehat{\xi} \tag{11.47}$$

11.3. $V(t)$ が $\mathcal{B}$-関数の場合

に基本解を書き表せるかどうかを調べよう．いま右辺の振幅関数ないしシンボル関数 $a(t,\xi,y)$ が変数 $(\xi,y) \in \mathbb{R}^{2m}$ に関し $\mathcal{B}$ に属するとしてみるとこの式は擬微分作用素を用いて

$$U(t)f(x) = U_0(t)a(t, D_x, X')f(x) \tag{11.48}$$

と書ける．このときシュレーディンガー方程式 (11.35) は

$$(D_t + H(t))U(t)f = U_0(t)(D_t + U_0(-t)V(t)U_0(t))a(t, D_x, X')f = 0 \tag{11.49}$$

と書け，振幅についての方程式

$$(D_t + U_0(-t)V(t)U_0(t))a(t, D_x, X') = 0 \tag{11.50}$$

となる．初期条件は $U(0) = I$ であるから (11.47) において

$$a(0,\xi,y) = 1 \tag{11.51}$$

である．(11.50) の第二項はフーリエの反転公式により $f \in \mathcal{S}$ に対し

$$U_0(-t)V(t)U_0(t)a(t, D_x, X')f(x)$$
$$= U_0(-t) \iint e^{i(x-x')\xi} V(t,x')(U_0(t)a(t, D_x, X')f)(x')dx'd\widehat{\xi} \tag{11.52}$$

と書ける．第2因子は

$$\iint e^{i(x-x')\xi} V(t,x') \iint e^{i(x'\eta - t\eta^2/2 - x''\eta)} a(t,\eta,x'') f(x'') dx'' d\widehat{\eta} dx' d\widehat{\xi}$$
$$= \iint e^{i(x\xi - t\xi^2/2 - x''\xi)} f(x'') \iint e^{i(\xi - \eta)[t(\xi + \eta)/2 - (x' - x'')]}$$
$$\times V(t,x')a(t,\eta,x'') dx' d\widehat{\eta} dx'' d\widehat{\xi} \tag{11.53}$$

と書き直せる．ここで変数変換

$$\Xi = -x' + x'' + t(\xi + \eta)/2$$

第11章 シュレーディンガー方程式と擬微分作用素

を行うと
$$x' = x'' - \Xi + t(\xi + \eta)/2$$
だから (11.53) は
$$\iint e^{i(x\xi - t\xi^2/2 - x''\xi)} \iint e^{i(\xi - \eta)\Xi}$$
$$\times V(t, x'' - \Xi + t(\xi + \eta)/2) a(t, \eta, x'') d\Xi d\widehat{\eta} \ f(x'') dx'' d\widehat{\xi}$$
(11.54)

となる．ゆえに $U_0(-t)$ の定義より (11.52) は
$$U_0(-t) V(t) U_0(t) a(t, D_x, X') f(x)$$
$$= \iint e^{i(x - x'')\xi} \iint e^{i(\xi - \eta)\Xi}$$
$$\times V(t, x'' - \Xi + t(\xi + \eta)/2) a(t, \eta, x'') d\Xi d\widehat{\eta} \ f(x'') dx'' d\widehat{\xi}$$
(11.55)

となる．よって (11.50) は
$$0 = (D_t + U_0(-t) V(t) U_0(t)) a(t, D_x, X') f(x)$$
$$= \iint e^{i(x - x'')\xi} \Big[D_t a(t, \eta, x'') + \iint e^{i(\xi - \eta)\Xi}$$
$$\times V(t, x'' - \Xi + t(\xi + \eta)/2) a(t, \eta, x'') d\Xi d\widehat{\eta} \Big]$$
$$\times f(x'') dx'' d\widehat{\xi}$$
(11.56)

となり，振幅関数 $a(t, \xi, x'')$ に関するいわゆる輸送方程式
$$\begin{cases} (D_t + \Lambda(t, x'')) a(t, \cdot, x'') = 0, \\ a(0, \xi, x'') = 1 \end{cases} \quad (11.57)$$
と同値となる．ただし $\Lambda(t, x'')$ は
$$\Lambda(t, x'') f(\xi)$$
$$= \iint e^{i(\xi - \eta)\Xi} V(t, x'' - \Xi + t(\xi + \eta)/2) f(\eta) d\Xi d\widehat{\eta} \quad (11.58)$$

11.3. $V(t)$ が $\mathcal{B}$-関数の場合

によって定義される擬微分作用素であり，そのシンボルは

$$\lambda(t, x''; \xi, \Xi, \xi') = V(t, x'' - \Xi + t(\xi + \xi')/2) \tag{11.59}$$

で与えられる．方程式 (11.57) は式 (11.42) と同様にして解けて解は $a(t, \xi, y) = (E(t, y)1)(\xi)$ の形で与えられる．ただし 1 は恒等的に 1 に等しい $\mathcal{B}$ に属する関数であり作用素 $E(t, y)$ は (11.43) と同様の形の

$$\begin{aligned}&E(t,y)\\&= I + \sum_{\nu=1}^{\infty}(-i)^{\nu}\int_0^t\int_0^{t_1}\cdots\int_0^{t_{\nu-1}}\Lambda(t_1,y)\Lambda(t_2,y)\cdots\Lambda(t_{\nu},y)dt_{\nu}\cdots dt_1\end{aligned}$$
(11.60)

によって与えられるものである．$\Lambda(t, y)$ は擬微分作用素なのでその多重積

$$\Lambda_\nu(\boldsymbol{t}_\nu, y) = \Lambda(t_1, y)\Lambda(t_2, y)\cdots\Lambda(t_\nu, y),$$
$$\text{ただし}\quad \boldsymbol{t}_\nu = (t_1, \cdots, t_\nu)$$

のシンボル $\lambda_\nu(\boldsymbol{t}_\nu, y; \xi, \Xi, \xi')$ は第 9 章，定理 9.1 で示したようにある定数 $C_0 > 0$ が存在して任意の多重指数 α に対し

$$|\partial_y^\alpha \lambda_\nu(\boldsymbol{t}_\nu, y)|_\ell \le C_0^\nu \sum_{\ell_1+\cdots+\ell_\nu \le \ell}\prod_{j=1}^\nu \max_{\beta \le \alpha}|\partial_y^\beta \lambda(t_j, y)|_{3m+3+\ell_j} \tag{11.61}$$

を満たす．ただし $\beta \le \alpha$ は各成分について $\beta_j \le \alpha_j$ を意味する．ここで (11.59) よりある定数 $C_{\ell,k} > 0$ に対し

$$|\partial_y^\beta \lambda(t_j, y)|_\ell \le C_{\ell, |\beta|}(1 + |t_j|)^\ell$$

であるから

$$|\partial_y^\alpha \lambda_\nu(\boldsymbol{t}_\nu, y)|_\ell \le C_0^\nu (C_{3m+3+\ell, |\alpha|})^\nu \prod_{j=1}^\nu (1 + |t_j|)^{3m+3+\ell} A_{\nu,\ell} \tag{11.62}$$

となる．ただし定数 $A_{\nu,\ell}$ は第 9 章の式 (9.18) の $C_{\nu,\ell}$ と同様のもので，ある定数 $\widetilde{C}_\ell > 0$ に対し

$$A_{\nu,\ell} = \sum_{\ell_1+\cdots+\ell_\nu \le \ell} 1 \le \widetilde{C}_\ell \nu^\ell$$

を満たす．ゆえに $E(t,y)$ のシンボルを $e(t,y;\xi,\Xi,\xi')$ と書けば

$$e(t,y;\xi,\Xi,\xi')$$
$$= 1 + \sum_{\nu=1}^{\infty}(-i)^{\nu}\int_{0}^{t}\int_{0}^{t_1}\cdots\int_{0}^{t_{\nu-1}}\lambda_{\nu}(\boldsymbol{t_{\nu}},y;\xi,\Xi,\xi')dt_{\nu}\cdots dt_1$$
(11.63)

となり評価

$$|\partial_y^{\alpha} e(t,y)|_{\ell} \leq 1 + \sum_{\nu=1}^{\infty}(C_0 C_{3m+3+\ell,|\alpha|})^{\nu}\widetilde{C}_{\ell}\nu^{\ell}\frac{(1+|t|)^{\nu(3m+4+\ell)}}{\nu!(3m+4+\ell)^{\nu}}$$
(11.64)

が成り立つ．右辺は任意の $t \in \mathbb{R}$ において収束するからシンボル $e(t,y;\xi,\Xi,\xi')$ は変数 $\xi,\Xi,\xi' \in \mathbb{R}^m$ について $\mathcal{B}$ に属する．

以上より輸送方程式 (11.57) の解は

$$a(t,\xi,y) = (E(t,y)1)(\xi)$$
$$= \iint e^{i(\xi-\xi')\Xi}e(t,y;\xi,\Xi,\xi')d\Xi d\widehat{\xi'}$$

で与えられ，任意の整数 $\ell \geq 0$ に対し定数 $C_{\ell} > 0$ が存在して評価

$$|a(t)|_{\ell}$$
$$\leq C_{\ell}\sup_{y\in\mathbb{R}^m,|\alpha|\leq\ell}|\partial_y^{\alpha}e(t,y)|_{2m+2+\ell}$$
$$\leq C_{\ell}\left(1 + \sum_{\nu=1}^{\infty}(C_0 C_{5m+5+\ell,\ell})^{\nu}\widetilde{C}_{\ell}\nu^{\ell}\frac{(1+|t|)^{\nu(5m+6+\ell)}}{\nu!(5m+6+\ell)^{\nu}}\right)$$
(11.65)

を満たすことが言える．

したがって摂動 $V(t) = V(t,x)$ が (11.46) を満たすポテンシャルで与えられる場合はシュレーディンガー方程式 (11.35) の解 $u(t) = U(t)f$ は上の評価 (11.65) を満たすシンボル $a(t) = a(t,\xi,y)$ によって

$$U(t)f(x) = \iint e^{i(x\xi-t\xi^2/2-y\xi)}a(t,\xi,y)f(y)dy d\widehat{\xi}$$
(11.66)

の形に書き表されることが証明された．これは (11.26) と同様

$$U(t)f(x) = \iint e^{i(x-y)\xi} e^{-it\xi^2/2} a(t,\xi,y) f(y) dy d\widehat{\xi}$$
(11.67)

という擬微分作用素の形に書ける．これらの評価からは基本解 $U(t)$ のノルムは $t \to \pm\infty$ のとき無限大に発散する可能性がある．これはポテンシャルを一般の複素数値関数としているから当然のことである．実際本書では省略するがポテンシャル $V(t,x)$ が条件 (11.46) を満たす実数値関数の場合は基本解 $U(t)$ は $\mathcal{H} = L^2(\mathbb{R}^m)$ のユニタリ作用素となることが言える．

11.4 まとめ

本章ではシュレーディンガー方程式 (11.35) の解を摂動 $V(t)$ が 0 の場合にまず調べ，それが第 6 章で述べた熱方程式において時間 t を虚時間 it に置き換えたものに相当する表示を持つことを示した．これは相関数 $\varphi = x\xi - t\xi^2/2$，シンボル 1 を持つフーリエ積分作用素であり，したがって基本的に擬微分作用素としての表示である．その結果を用いて摂動 $V(t)$ が $\mathcal{B}$-関数で与えられるポテンシャル関数に等しい場合について方程式 (11.35) の基本解が摂動がない場合と同じ相関数 $\varphi = x\xi - t\xi^2/2$ を持つフーリエ積分作用素の形に書けることを示した．その基本解は $V(t) = 0$ の場合の解のシンボル 1 を一般の振幅関数 $a(t,\xi,y)$ で置き換えた形で与えられた．さらにそのシンボルないし振幅関数の評価を与え，一般にはシンボル $a(t,\xi,y)$ は時間が $t \to \pm\infty$ のとき有界とは限らないことも注意した．ポテンシャルが実数値関数で与えられる場合は基本解 $U(t)$ は任意の時刻 $t \in \mathbb{R}$ においてユニタリ作用素となることにも触れた．次章ではポテンシャル $V(t,x)$ が実数値の関数で時間に関し減少する場合を考察し基本解を摂動 $V(t) = V(t,x)$ に依存する相関数を持つフーリエ積分作用素として書き表す．そしてシンボルは $t \to \pm\infty$ において有界となるように取れることを示す．この事実はフーリエ展開の拡張を行う際に基本的な役割を果たす．

第12章 シュレーディンガー方程式とフーリエ積分作用素

前章でフーリエ級数展開の拡張としてハミルトニアン

$$H = H_0 + V, \quad H_0 = -\frac{1}{2}\Delta \tag{12.1}$$

の固有関数によって関数の展開ができるかどうかという問題を提示し，その足がかりとして時間に依存するハミルトニアン

$$H(t) = H_0 + V(t), \quad H_0 = -\frac{1}{2}\Delta \tag{12.2}$$

に対し $f \in \mathcal{S}$, $V(t) = V(t,x) \in \mathcal{B}$ としたうえでシュレーディンガー方程式

$$\frac{1}{i}\frac{du}{dt}(t) + H(t)u(t) = 0, \quad u(0) = f \tag{12.3}$$

の解を調べその基本解 $U(t)$ を相関数として $\varphi = x\xi - t\xi^2/2$ を持つフーリエ積分作用素の形に構成した．

(12.1) のハミルトニアン H の固有関数による一般の関数の展開を考える際は前章で述べたように V は自己共役で H_0 との和 $H = H_0 + V$ も自己共役作用素になると仮定する．この問題が現代的フーリエ解析の問題であり，ここから初めて本当の意味の『フーリエ解析の現代的話』が始まることを注意しておきたい．本書はその入り口への案内に過ぎない．さてこのような場合に H の固有関数 $\phi(x,\xi)$ を固有方程式

$$H\phi(x,\xi) = \frac{1}{2}\xi^2 \phi(x,\xi) \tag{12.4}$$

から直接構成しそれらの固有関数 $\phi(x,\xi)$ による一般の関数の展開を研究する方法は古くからあり，もともとこれが正統的な方法であった．しかし時

第 12 章　シュレーディンガー方程式とフーリエ積分作用素

間に関する微分を含んだシュレーディンガー方程式を考えると H の固有関数を直接構成する場合の多くの困難な事柄を迂回できる場合があり，摂動 V に対する仮定も弱められる場合がある．このため近年この方法を採用する研究も多く現れるようになっている．

このいわゆる「時間に依存する方法」(time-dependent method) は $U_0(t)$ および $U(t)$ をそれぞれシュレーディンガー方程式

$$D_t u_0(t) + H_0 u_0(t) = 0, \quad u_0(0) = f \tag{12.5}$$

および

$$D_t u(t) + H u(t) = 0, \quad u(0) = f \tag{12.6}$$

の基本解，すなわち初期値 f に時刻 t における解

$$u_0(t) = U_0(t) f, \quad u(t) = U(t) f \tag{12.7}$$

を対応させる作用素とするとき，時間に依存する作用素

$$W(t) = U(t)^{-1} U_0(t) \tag{12.8}$$

の $t \to \pm\infty$ の時の極限いわゆる波動作用素

$$W_\pm = \lim_{t \to \pm\infty} W(t) \tag{12.9}$$

の存在を証明し，これにより「一般化されたフーリエ変換」$\mathcal{F}_\pm$ をフーリエ変換 $\mathcal{F}$ を用いて

$$\mathcal{F}_\pm = \mathcal{F} W_\pm^* \tag{12.10}$$

によって定義するという方法である．このように定義すると $W(t)$ の定義から波動作用素 $W_\pm$ は

$$H W_\pm = W_\pm H_0 \tag{12.11}$$

を満たし，このことから関数 $f \in \mathcal{S}$ に対し

$$\begin{aligned}
\mathcal{F}_\pm H f(\xi) &= \mathcal{F} W_\pm^* H f(\xi) = \mathcal{F}(H W_\pm)^* f(\xi) \\
&= \mathcal{F}(W_\pm H_0)^* f(\xi) = \mathcal{F} H_0 W_\pm^* f(\xi) \\
&= \frac{1}{2} \xi^2 \mathcal{F}_\pm f(\xi)
\end{aligned} \tag{12.12}$$

となることがわかる．これを書き換えれば

$$Hf = \mathcal{F}_\pm^{-1} \frac{1}{2}\xi^2 \mathcal{F}_\pm f \tag{12.13}$$

となり，このことは一般化されたフーリエ変換 $\mathcal{F}_\pm$ によりハミルトニアン H が掛け算作用素 $\xi^2/2$ に写されることを示している．これは通常のフーリエ変換 $\mathcal{F}$ が H_0 を

$$H_0 = \mathcal{F}^{-1}\frac{1}{2}\xi^2 \mathcal{F} \tag{12.14}$$

と掛け算作用素 $\xi^2/2$ に写すことに対応する．この意味において一般化された二つのフーリエ変換 $\mathcal{F}_\pm$ は H を掛け算作用素 $\xi^2/2$ に変換し「対角化」することがわかる．これは有限次元線型空間における自己共役作用素が対角化されることに対応した事柄である．

この $\mathcal{F}_\pm$ がフーリエ変換と同様にある関数族

$$\phi_\pm(x,\xi) \quad (x,\xi \in \mathbb{R}^m) \tag{12.15}$$

によって積分作用素

$$\mathcal{F}_\pm f(\xi) = (2\pi)^{-m/2} \int_{\mathbb{R}^m} \overline{\phi_\pm(x,\xi)} f(x) dx \tag{12.16}$$

の形に書ければ $H = H_0 + V$ の自己共役性により (12.13) から任意の $f \in \mathcal{S}$ に対し

$$\begin{aligned}
&(2\pi)^{-m/2} \int_{\mathbb{R}^m} \overline{((H-\xi^2/2)\phi_\pm)(x,\xi)} f(x) dx \\
&= (2\pi)^{-m/2} \int_{\mathbb{R}^m} \overline{\phi_\pm(x,\xi)} ((H-\xi^2/2)f)(x) dx \\
&= \mathcal{F}_\pm Hf(\xi) - \frac{1}{2}\xi^2 \mathcal{F}_\pm f(\xi) \\
&= 0
\end{aligned} \tag{12.17}$$

となるからこれより

$$(H - \xi^2/2)\phi_\pm(x,\xi) = 0 \tag{12.18}$$

第 12 章 シュレーディンガー方程式とフーリエ積分作用素

が成り立ちこの積分核 $\phi_\pm(x,\xi)$ は H の固有値 $\xi^2/2$ に対応する一般化された固有関数を与えることがわかる．

同時に $\mathcal{F}_\pm = \mathcal{F}W_\pm^*$ の定義域 $\mathcal{D}(\mathcal{F}_\pm)$ すなわち $W_\pm$ の値域 $\mathcal{R}(W_\pm) = \{W_\pm g \mid g \in \mathcal{H}\}$ に属する関数 $f \in \mathcal{R}(W_\pm)$ は (12.9) および (12.10) により

$$f = W_\pm W_\pm^* f = W_\pm \mathcal{F}^* \mathcal{F} W_\pm^* f = \mathcal{F}_\pm^* \mathcal{F}_\pm f \tag{12.19}$$

と書ける．(12.16), (12.18) によりこれは「$\mathcal{D}(\mathcal{F}_\pm) = \mathcal{R}(W_\pm)$ の元である関数 f はハミルトニアン H の一般化された固有関数 $\phi_\pm(x,\xi)$ によって固有関数展開される」ことを示している．実際式 (12.16) は

$$e_\xi^\pm(x) = (2\pi)^{-m/2} \phi_\pm(x,\xi) \tag{12.20}$$

とおけば

$$\mathcal{F}_\pm f(\xi) = \int_{\mathbb{R}^m} f(x) \overline{e_\xi^\pm(x)} dx = (f, e_\xi^\pm) \tag{12.21}$$

となる．したがって式 (12.19) は第 11 章の式 (11.3) に対応した

$$f(x) = \mathcal{F}_\pm^* \mathcal{F}_\pm f(x) = \int_{\mathbb{R}^m} (f, e_\xi^\pm) e_\xi^\pm(x) d\xi \tag{12.22}$$

の形に書け $f \in \mathcal{R}(W_\pm) = \mathcal{D}(\mathcal{F}_\pm)$ に対し通常のフーリエの反転公式の拡張になっている．

$\mathcal{R}(W_\pm)$ に直交する $\mathcal{H} = L^2(\mathbb{R}^m)$ の関数は一般に H の真の固有関数の線形結合であることが示される．この事実を「波動作用素の漸近完全性」という．したがって $\mathcal{R}(W_\pm)$ の直交補空間

$$\mathcal{R}(W_\pm)^\perp = \mathcal{H} \ominus \mathcal{R}(W_\pm) \tag{12.23}$$

の元はそれらの H の本当の固有関数によって展開される．以上より $\mathcal{H} = L^2(\mathbb{R}^m)$ の任意の元 f は H の一般化された固有関数 $\phi_\pm(x,\xi)$ および真の固有関数を用いて「フーリエ展開」されることが言える．

以上がシュレーディンガー方程式の解ないし基本解を用いて $\mathcal{H}$ に属する一般の関数の H の固有関数によるフーリエ展開を構成する現代的方法の概

要である[1].

　以上述べたような事柄は第II部で述べることとし，本章ではシュレーディンガー方程式 (12.3) の基本解 $U(t)$ を前章より強い仮定の下で摂動 $V(t)$ に依存する相関数を持ったフーリエ積分作用素として構成しそのシンボルが $t \to \pm\infty$ まで有界に構成されることを示す．この結果は時間に依存する摂動 $V(t)$ に対するものであるが，以下の例 12.2 で触れるように時間によらないハミルトニアン $H = H_0 + V$ に対する波動作用素の存在および漸近完全性を示す際に重要な役割を果たすものである．

12.1　摂動に対する仮定と古典軌道

　(12.2) のハミルトニアン $H(t) = H_0 + V(t)$ の摂動 $V(t)$ は次を満たすポテンシャル関数 $V(t) = V(t,x)$ によって与えられるとする．

仮定 12.1　$V(t,x)$ は $(t,x) \in \mathbb{R}^{m+1}$ の C^∞ な実数値関数で，ある正の数 $\epsilon \in (0,1)$ が存在し任意の多重指数 α に対しある定数 $C_\alpha > 0$ を取れば任意の $(t,x) \in \mathbb{R}^{m+1}$ に対し

$$|\partial_x^\alpha V(t,x)| \leq C_\alpha (1+|t|)^{-|\alpha|-\epsilon} \tag{12.24}$$

が成り立つ．

　以下簡単のためにベクトル $x = (x_1, \cdots, x_d) \in \mathbb{R}^d$ $(d \geq 1)$ に対し記号

$$\langle x \rangle = (1+|x|^2)^{1/2}, \quad |x| = \left(\sum_{j=1}^d x_j^2\right)^{1/2}$$

を用いる．

---

[1] ここに書いた方法は専門家の間では 1970 年代後半頃から各自が意識していたようである．実際に文献として現れたのは黒田成俊 [104] が最初のようである．筆者自身 [54], [40] において多体を含めた場合についてこのような議論を展開したが後者の論文の共著者であった A. Jensen 氏から [104] の英語下訳に同様の考えが 2 体の場合について述べられていることを教わり，初めて [104] にそのような考えがすでに記述されていたことを知った．

例 12.2 (12.1) の時間に依存しないポテンシャル $V = V(x)$ が定数 $\delta \in (0,1)$ と任意の多重指数 α に対しある定数 $C_\alpha > 0$ を取るとき

$$|\partial_x^\alpha V(x)| \leq C_\alpha \langle x \rangle^{-|\alpha|-\delta} \tag{12.25}$$

を満たすように与えられたとき，

$$V(t,x) = V(x)\chi(\langle \log\langle t \rangle \rangle x/\langle t \rangle) \tag{12.26}$$

によって時間に依存するポテンシャル $V(t,x)$ を定義すればこれは $0 < \epsilon < \delta(< 1)$ なる ϵ に対し上の条件 (12.24) を満たす．ただし $\chi(x)$ は $x \in \mathbb{R}^m$ の C^∞-関数で

$$0 \leq \chi(x) \leq 1,$$
$$\chi(x) = \begin{cases} 1 & (|x| \geq 2) \\ 0 & (|x| \leq 1) \end{cases}$$

を満たす関数である．V からこのようにして定義された時間に依存するポテンシャル $V(t,x)$ を持ったハミルトニアン $H(t) = H_0 + V(t,x)$ に対する基本解の解析により $H = H_0 + V$ に対する上記の波動作用素の存在と漸近完全性を示すことができる．評価 (12.25) を満たすポテンシャル $V(x)$ は二体の長距離力を表すポテンシャルであるが，一般の N 個の粒子を持った多体系のポテンシャルの場合も (12.26) と同様に $V(t,x)$ を定義することによりある意味の実質的な漸近完全性を示すことができる[2]．

いまハミルトニアン (12.2) に対応する古典的ハミルトニアン

$$H(t,x,\xi) = \frac{1}{2}\xi^2 + V(t,x) \tag{12.27}$$

を考える．これに対する古典軌道は次のハミルトン方程式の解 $(q,p)(t,s,x,\xi)$ によって与えられる．

$$\begin{cases} \frac{dq}{dt}(t,s) = \nabla_\xi H(t,q(t,s),p(t,s)) = p(t,s), \\ \frac{dp}{dt}(t,s) = -\nabla_x H(t,q(t,s),p(t,s)) \\ \qquad\quad = -\nabla_x V(t,q(t,s)). \end{cases} \tag{12.28}$$

---
[2] 第 19 章第 19.6 節とくに注 19.20 を参照されたい．

ただし初期条件は

$$q(s,s) = x, \quad p(s,s) = \xi. \tag{12.29}$$

で与えられるとする．

これは常微分方程式系なので通常の方法で解ける．さらに逐次近似法により以下の評価が成り立つことが示される．

命題 12.3 ある定数 $T_0 > 0$ と $C_0 > 0$ が存在して以下が成り立つ．

1) 任意の $t \geq s \geq T_0$ と $x, \xi \in \mathbb{R}^m$ に対し以下が成り立つ．

$$\begin{cases} |q(s,t,x,\xi) - x| + |q(t,s,x,\xi) - x| \leq C_0(t-s)\{\langle s \rangle^{-\epsilon} + |\xi|\}, \\ |p(s,t,x,\xi) - \xi| + |p(t,s,x,\xi) - \xi| \leq C_0\langle s \rangle^{-\epsilon}, \end{cases}$$

$$\begin{cases} |\nabla_x q(s,t,x,\xi) - I| \leq C_0\langle s \rangle^{-\epsilon}, \\ |\nabla_x q(t,s,x,\xi) - I| \leq C_0(t-s)\langle s \rangle^{-1-\epsilon}, \\ |\nabla_x p(s,t,x,\xi)| + |\nabla_x p(t,s,x,\xi)| \leq C_0\langle s \rangle^{-1-\epsilon}, \end{cases}$$

$$\begin{cases} |\nabla_\xi q(s,t,x,\xi) - (s-t)I| \leq C_0(t-s)\langle s \rangle^{-\epsilon}, \\ |\nabla_\xi p(s,t,x,\xi) - I| \leq C_0(t-s)\langle s \rangle^{-1-\epsilon}, \\ |\nabla_\xi q(t,s,x,\xi) - (t-s)I| \leq C_0(t-s)\langle s \rangle^{-\epsilon}, \\ |\nabla_\xi p(t,s,x,\xi) - I| \leq C_0\langle s \rangle^{-\epsilon}. \end{cases}$$

2) 任意の多重指数 α, β で $|\alpha| + |\beta| \geq 2$ を満たすものに対しある定数 $C_{\alpha\beta} > 0$ が存在して任意の $t \geq s \geq T_0$ と $x, \xi \in \mathbb{R}^m$ に対し以下が成り立つ．

$$\begin{cases} |\partial_\xi^\alpha \partial_x^\beta q(t,s,x,\xi)| \leq C_{\alpha\beta}(t-s)\langle s \rangle^{-\epsilon}, \\ |\partial_\xi^\alpha \partial_x^\beta p(t,s,x,\xi)| \leq C_{\alpha\beta}\langle s \rangle^{-\epsilon}. \end{cases}$$

3) 任意の $\alpha, |\alpha| \leq 1$ に対しある定数 $C_\alpha > 0$ が存在して任意の $t \geq s \geq T_0$ と $x, \xi \in \mathbb{R}^m$ に対し以下が成り立つ．

$$|\partial_\xi^\alpha (q(t,s,x,\xi) - x - (t-s)p(t,s,x,\xi))|$$
$$\leq C_\alpha \min\{\langle t \rangle^{1-\epsilon}, (t-s)\langle s \rangle^{-\epsilon}\}.$$

160　第 12 章　シュレーディンガー方程式とフーリエ積分作用素

いま命題 12.3 の $T_0, C_0 > 0$ に対し $T_1 \geq T_0$ を $C_0\langle T_1\rangle^{-\epsilon} < 1/2$ を満たすように取る．すると命題より $t \geq s \geq T \geq T_1$ のとき写像 $T_x(y) = x + y - q(s,t,y,\xi): \mathbb{R}^m \to \mathbb{R}^m$ は縮小写像になる．したがって先述の縮小写像に対する不動点定理より任意の点 $x \in \mathbb{R}^m$ に対しただ一つの点 $y \in \mathbb{R}^m$ が存在して $T_x(y) = y$ を満たす．これより方程式 $x = q(s,t,y,\xi)$ は任意の $x \in \mathbb{R}^m$ に対し唯一解 $y \in \mathbb{R}^m$ を持ち，したがって $\mathbb{R}^m$ から $\mathbb{R}^m$ への写像 $x \mapsto y = y(s,t,x,\xi)$ が定義される．さらに縮小写像の原理よりこの写像は $\mathbb{R}^m$ から $\mathbb{R}^m$ の上への写像を定義する．また先述の逆写像定理からこれは C^∞-同相写像を定義する．同様にして $\eta \mapsto \xi = p(t,s,x,\eta)$ は C^∞-同相でありその逆写像 $\xi \mapsto \eta(t,s,x,\xi)$ が存在しやはり C^∞-同相である．これらをまとめ前命題の評価を用いて次が言える．

命題 12.4　ある定数 $T_1 \geq T_0$ が存在して $t \geq s \geq T \geq T_1$ に対し写像 $y \mapsto x = q(s,t,y,\xi)$ と $\eta \mapsto \xi = p(t,s,x,\eta)$ はそれぞれ逆 C^∞-同相写像 $x \mapsto y(s,t,x,\xi)$ と $\xi \mapsto \eta(t,s,x,\xi)$ を持ちそれらは以下を満たす．

1) $q(s,t,y(s,t,x,\xi),\xi) = x,$
   $p(t,s,x,\eta(t,s,x,\xi)) = \xi.$

2) $q(t,s,x,\eta(t,s,x,\xi)) = y(s,t,x,\xi),$
   $p(s,t,y(s,t,x,\xi),\xi) = \eta(t,s,x,\xi).$

3) ある定数 $C_1 > 0$ が存在して $t \geq s \geq T$, $x, \xi \in \mathbb{R}^m$ に対し以下が成り立つ．

$$\begin{cases} |\eta(t,s,x,\xi) - \xi| \leq C_1\langle s\rangle^{-\epsilon}, \\ |y(s,t,x,\xi) - x - (t-s)\xi| \leq C_1 \min\{\langle t\rangle^{1-\epsilon}, (t-s)\langle s\rangle^{-\epsilon}\}, \end{cases}$$

$$\begin{cases} |\nabla_x y(s,t,x,\xi) - I| \leq C_1\langle s\rangle^{-\epsilon}, \\ |\nabla_\xi y(s,t,x,\xi) - (t-s)I| \leq C_1 \min\{\langle t\rangle^{1-\epsilon}, (t-s)\langle s\rangle^{-\epsilon}\}, \end{cases}$$

$$\begin{cases} |\nabla_x \eta(t,s,x,\xi)| \leq C_1\langle s\rangle^{-1-\epsilon}, \\ |\nabla_\xi \eta(t,s,x,\xi) - I| \leq C_1\langle s\rangle^{-\epsilon}. \end{cases}$$

4) 任意の $\alpha, \beta, |\alpha| + |\beta| \geq 2$ に対しある定数 $C_{\alpha\beta} > 0$ が存在して任意の $t \geq s \geq T$ と $x, \xi \in \mathbb{R}^m$ に対し以下が成り立つ．

$$\begin{cases} |\partial_\xi^\alpha \partial_x^\beta \eta(t,s,x,\xi)| \leq C_{\alpha\beta} \langle s \rangle^{-\epsilon}, \\ |\partial_\xi^\alpha \partial_x^\beta y(s,t,x,\xi)| \leq C_{\alpha\beta}(t-s+1)\langle s \rangle^{-\epsilon}. \end{cases}$$

12.2 相関数とハミルトン-ヤコビ方程式

以下 $T \geq T_1$ とし基本解 $U(t)$ の相関数を定義する．

定義 12.5 ラグランジアンを

$$L(t,x,\xi) = \xi \cdot \nabla_\xi H(t,x,\xi) - H(t,x,\xi) = \frac{1}{2}|\xi|^2 - V(t,x)$$

と定義しこれより

$$w(s,t,y,\eta) = y \cdot \eta + \int_t^s L(\tau, q(\tau,t,y,\eta), p(\tau,t,y,\eta))d\tau$$

と定義する．そして $t \geq s \geq T$ に対し相関数を以下のように定義する．

$$\phi(s,t,x,\xi) = w(s,t,y(s,t,x,\xi),\xi).$$

この相関数は時間に依存することを注意しておく．

直接の計算によりこの相関数は以下のようにハミルトン-ヤコビ方程式の解であることが示される．

命題 12.6 $t \geq s \geq T$ に対し上の ϕ は以下を満たす．

$$\nabla_x \phi(s,t,x,\xi) = \eta(t,s,x,\xi),$$
$$\nabla_\xi \phi(s,t,x,\xi) = y(s,t,x,\xi).$$

そして ϕ はハミルトン-ヤコビ方程式

$$\partial_s \phi(s,t,x,\xi) + H(s,x,\nabla_x \phi(s,t,x,\xi)) = 0,$$
$$\partial_t \phi(s,t,x,\xi) - H(t,\nabla_\xi \phi(s,t,x,\xi),\xi) = 0,$$
$$\phi(s,s,x,\xi) = x\xi,$$

の解であり，ϕ はこの方程式により一意に定まる．

第 12 章　シュレーディンガー方程式とフーリエ積分作用素

いま $t \geq s \geq T$ と $f \in \mathcal{S}$ に対し

$$E(t,s)f(x) = \iint e^{i(x\xi - \phi(s,t,y,\xi))} f(y) dy d\widehat{\xi} \tag{12.30}$$

と定義する．この振動積分は微分作用素

$$P = \langle \nabla_y \psi \rangle^{-2} (1 - i \nabla_y \psi \cdot \nabla_y),$$
$$\psi(x,\xi,y) = x\xi - \phi(s,t,y,\xi)$$

を用いて正当化される．すなわち関係式

$$P e^{i(x\xi - \phi(s,t,y,\xi))} = e^{i(x\xi - \phi(s,t,y,\xi))}$$

を用いて部分積分し命題 12.6 の式 $\nabla_y \phi(s,t,y,\xi) = \eta(t,s,y,\xi)$ と命題 12.4 よりある定数 $C, C' > 0$ に対し

$$C \langle \xi \rangle \leq \langle \nabla_y \psi \rangle \leq C' \langle \xi \rangle$$

が言えることから振動積分は収束することが言える．

明らかに $E(s,s) = I$ である．

さらに $t \geq s \geq T$, $f \in \mathcal{S}$ に対し

$$G(t,s)f(x) = -i(D_t + H(t))E(t,s)f(x) \tag{12.31}$$

と定義する．すると以下の定理が言える．

定理 12.7 $t \geq s \geq T, f \in \mathcal{S}$ に対し $G(t,s)$ は

$$G(t,s)f(x) = \iint e^{i(x\xi - \phi(s,t,y,\xi))} g(t,s,\xi,y) f(y) dy d\widehat{\xi}$$

と書ける．この式の振幅関数 g は以下で与えられる．

$$g(t,s,\xi,y)$$
$$= \iint e^{-iy\eta} \sum_{\ell,k=1}^{m} \int_0^1 (\partial_{x_k} \partial_{x_\ell} V)(t, \theta y + \widetilde{\nabla}_\xi \phi(s,t,\xi,y,\xi - \eta)) d\theta$$
$$\times \int_0^1 r(\partial_{\xi_k} \partial_{\xi_\ell} \phi)(s,t,y,\xi - r\eta) dr \, dy d\widehat{\eta}.$$

ただし
$$\widetilde{\nabla}_\xi \phi(s,t,\xi,y,\eta) = \int_0^1 \nabla_\xi \phi(s,t,y,\eta+\theta(\xi-\eta))d\theta.$$

したがって仮定 12.1, 命題 12.4, 12.6 より次の評価が成り立つ. すなわち任意の α,β に対し定数 $C_{\alpha\beta} > 0$ が存在して $t \geq s \geq T$, $\xi, y \in \mathbb{R}^m$ に対し

$$|\partial_\xi^\alpha \partial_y^\beta g(t,s,\xi,y)| \leq C_{\alpha\beta} \langle t \rangle^{-1-\epsilon}.$$

とくに $t \geq s \geq T$ と任意の $\ell = 0,1,2,\cdots$ に対し定数 $C_\ell > 0$ が存在して以下が成り立つ.

$$|g(t,s)|_\ell \leq C_\ell \langle t \rangle^{-1-\epsilon}.$$

また $t \geq s \geq T$ によらない定数 $C > 0$ に対し次が成り立つ.

$$\begin{cases} \|E(t,s)\| \leq C, \\ \|G(t,s)\| \leq C\langle t \rangle^{-1-\epsilon}. \end{cases}$$

12.3　基本解 $U(t,s)$

さて本章の結果は方程式 (12.3) の初期条件の時刻 0 を一般の $s \in \mathbb{R}$ に変更した方程式に対するものである. すなわち考える方程式は

$$\frac{1}{i}\frac{du}{dt}(t) + H(t)u(t) = 0, \quad u(s) = f \tag{12.32}$$

である. この解 $u(t)$ を基本解 $U(t,s)$ を用いて $u(t) = U(t,s)f$ と書くとき以下の表現が成り立つ.

定理 12.8 仮定 12.1 のもとに定数 $T_1 > 0$ が存在して $t \geq s \geq T(\geq T_1)$ に対しあるシンボル関数 $u(t,s,\xi,y) \in \mathcal{B}$ が選べ方程式 (12.32) の基本解 $U(t,s)$ は任意の $f \in \mathcal{S}$ に対し

$$U(t,s)f(x) = \iint e^{i(x\xi - \phi(s,t,y,\xi))} u(t,s,\xi,y) f(y) dy \widehat{d\xi} \tag{12.33}$$

と表される．シンボル関数 $u(t,s) = u(t,s,\xi,y)$ は任意の整数 $\ell = 0, 1, 2, \cdots$ に対し $T(\geq T_1 > 0)$ によらない定数 $C_\ell > 0$ を取って

$$\sup_{t\geq s\geq T} |u(t,s) - 1|_\ell \leq C_\ell \langle T \rangle^{-\epsilon} \tag{12.34}$$

を満たすようにできる．したがって $U(t,s)$ $(t \geq s \geq T(\geq T_1 > 0))$ は $L^2(\mathbb{R}^m)$ 上の一様有界作用素の族を定義し，そのシンボル $u(t,s) = u(t,s,\xi,y)$ は $t \geq s \to \infty$ において恒等的に 1 に等しい関数に収束する．同様の評価が $t \leq s \leq -T(\leq -T_1 < 0)$ に対しても成り立つ．

注 12.9 式 (12.33) の共役型のフーリエ積分作用素における相関数 $\phi(s,t,y,\xi)$ は命題 12.4, 12.6 から第 10 章の相関数の定義 10.1 の条件 1) を $0 \leq \sigma < 1$ なる σ に対しては満たすとは限らず，たかだか $\sigma = 1$ に対しその条件を満たすに過ぎないが，定義 10.1 の条件 2) は満たす．定理 12.8 が成立するのは以下の議論に見られるようにこれらの条件の下にフーリエ積分作用素と共役型のフーリエ積分作用素のこの順の積および共役型のフーリエ積分作用素と擬微分作用素の積に対しては相関数 $\phi(s,t,y,\xi)$ の変数 y に関する微分を考えればよく，このため第 10 章と同様の結果が成り立つことによる．

証明 $(D_t + H(t))U(t,s) = 0$ と (12.31) を用いて

$$\begin{aligned} E(t,s)^* U(t,s) &= I + \int_s^t \frac{d}{d\tau}(E(\tau,s)^* U(\tau,s))d\tau \\ &= I + \int_s^t G(\tau,s)^* U(\tau,s)d\tau \end{aligned} \tag{12.35}$$

を得る．ここで $f \in \mathcal{S}$ に対し

$$E(t,s)^* E(t,s) f(x) = \iint e^{i(\phi(s,t,x,\xi) - \phi(s,t,y,\xi))} f(y) dy d\widehat{\xi} \tag{12.36}$$

であり

$$\phi(s,t,x,\xi) - \phi(s,t,y,\xi) = (x-y)\widetilde{\nabla}_y \phi(s,t,x,\xi,y)$$

と書ける．ただし

$$\widetilde{\nabla}_y \phi(s,t,x,\xi,y) = \int_0^1 \nabla_y \phi(s,t,y+\theta(x-y),\xi) d\theta$$

12.3. 基本解 $U(t,s)$ 165

でありこれは命題 12.4 と 12.6 より ξ に近い．そこで (12.36) において ξ から η への変数変換

$$\eta = \widetilde{\nabla}_y \phi(s,t,x,\xi,y) \tag{12.37}$$

を行うと

$$E(t,s)^* E(t,s) f(x) = \iint e^{i(x-y)\eta} J(s,t,x,\eta,y) f(y) dy d\widehat{\eta}$$

が得られる．ここで

$$J(s,t,x,\eta,y) = \left|\det \nabla_\eta \widetilde{\nabla}_y \phi^{-1}(s,t,x,\eta,y)\right|$$

は (12.37) の逆写像 $\xi = \widetilde{\nabla}_y \phi^{-1}(s,t,x,\eta,y)$ のヤコビアンである．命題 12.4 と 12.6 より $J(s,t,x,\eta,y)$ は 1 に近いから $E(t,s)^* E(t,s)$ は恒等写像 I に近い．そこで

$$p(t,s,\xi,y) = \iint e^{-iz\eta}\{1 - J(s,t,y+z,\xi-\eta,y)\} dz d\widehat{\eta}$$

とおいて擬微分作用素 $P(t,s)$ を

$$P(t,s) f(x) = \iint e^{i(x-y)\xi} p(t,s,\xi,y) f(y) dy d\widehat{\xi}$$

によって定義すると明らかに

$$E(t,s)^* E(t,s) f(x) = f(x) - P(t,s) f(x)$$

が成り立つ．命題 12.4 と 12.6 の結果を用いて部分積分によりシンボル $p(t,s) = p(t,s,\xi,y)$ は $t \geq s \geq T(\geq T_1)$ によらないある定数 $c_\ell > 0$ に対し

$$|p(t,s)|_\ell \leq c_\ell \langle T \rangle^{-\epsilon} \quad (\ell = 0,1,2,\cdots)$$

を満たすことが言える．$p_\nu(t,s)$ $(\nu = 1,2,3,\cdots)$ を $P(t,s)$ の多重積

$$P(t,s)^\nu = \overbrace{P(t,s)\cdots P(t,s)}^{\nu \text{ factors}}$$

のシンボルとし多重積に対する第 9 章,定理 9.1 で示した評価を用いると以前と同様の議論によりある定数 $\widetilde{C}_0, C_\ell > 0$ に対し

$$|p_\nu(t,s)|_\ell \leq \widetilde{C}_0^\nu C_\ell \nu^\ell (|p(t,s)|_{\ell+2m+2})^\nu$$
$$\leq C_\ell \nu^\ell (\widetilde{C}_0 c_{\ell+2m+2} \langle T \rangle^{-\epsilon})^\nu$$

が得られる.以下簡単のため $m_0 = m+1$ とおくと $T > 0$ が十分大きければシンボルの級数

$$q(t,s) = 1 + p_1(t,s) + p_2(t,s) + \cdots$$

はシンボル空間 $\mathcal{B}$ で収束し

$$\sup_{t \geq s \geq T} |q(t,s) - 1|_\ell \leq \sum_{\nu=1}^\infty \sup_{t \geq s \geq T} |p_\nu(t,s)|_\ell$$
$$\leq Q_\ell(T, \epsilon, m_0) = 2 C_\ell \widetilde{C}_0 c_{\ell+2m_0} \langle T \rangle^{-\epsilon} < \infty$$

を満たす.そしてこれは逆作用素

$$(I - P(t,s))^{-1}$$

のシンボルを与え

$$E(t,s)(I - P(t,s))^{-1}$$

は $E(t,s)^*$ の逆作用素を与える.フーリエ積分作用素と擬微分作用素の積の公式 (第 10 章,定理 10.4 の c)) を用いて $(E(t,s)^*)^{-1}$ の表式

$$(E(t,s)^*)^{-1} f(x) = \iint e^{i(x\xi - \phi(s,t,y,\xi))} \tilde{e}(t,s,\xi,y) f(y) dy d\widehat{\xi}$$

を得る.ただし

$$\tilde{e}(t,s,\xi,y) = \iint e^{-i(y-z)\eta} q(t, s, \eta + \widetilde{\nabla}_y \phi(s,t,y,\xi,z), y) dz d\widehat{\eta}$$

は命題 12.4, 12.6 と部分積分により任意の $\ell = 0, 1, 2, \cdots$ に対し

$$\sup_{t \geq s \geq T} |\tilde{e}(t,s) - 1|_\ell \leq \sup_{t \geq s \geq T} |q(t,s) - 1|_{\ell+2m_0}$$
$$\leq Q_{\ell+2m_0}(T, \epsilon, m_0) \qquad (12.38)$$

を満たす．

$(E(t,s)^*)^{-1}$ を式 (12.35) の左から掛けて

$$U(t,s) = (E(t,s)^*)^{-1}\left(I + \int_s^t G(\tau,s)^*U(\tau,s)d\tau\right)$$

を得る．この左辺の表現を右辺の $U(\tau,s)$ に適用してこれを繰り返し実行すれば $t=\tau_0$ と書いて

$$\begin{aligned}U(t,s) = (E(t,s)^*)^{-1}\bigg(I &+ \sum_{\nu=1}^\infty \int_s^{\tau_0}\int_s^{\tau_1}\cdots\int_s^{\tau_{\nu-1}} \\ &\times G(\tau_1,s)^*(E(\tau_1,s)^*)^{-1}\cdots G(\tau_\nu,s)^*(E(\tau_\nu,s)^*)^{-1}d\tau_\nu\cdots d\tau_1\bigg)\end{aligned}$$
(12.39)

が得られる．定理 10.5 の結果より $R(\tau,s) = G(\tau,s)^*(E(\tau,s)^*)^{-1}$ $(\tau \geq s \geq T)$ は擬微分作用素の形に書けて

$$R(\tau,s)f(x) = \iint e^{i(x-y)\eta}\tilde{r}(\tau,s,x,\eta,y)f(y)dyd\widehat{\eta}$$

となる．ただし

$$\begin{aligned}\tilde{r}(\tau,s,x,\eta,y) &= g(\tau,s,x,\widetilde{\nabla}_y\phi^{-1}(s,\tau,x,\eta,y)) \\ &\quad \times \tilde{e}(\tau,s,\widetilde{\nabla}_y\phi^{-1}(s,\tau,x,\eta,y),y)J(s,\tau,x,\eta,y).\end{aligned}$$

右単化表象

$$r(\tau,s,\xi,y) = \iint e^{-iz\eta}\tilde{r}(\tau,s,y+z,\xi-\eta,y)dzd\widehat{\eta}.$$

を用いてこれはさらに

$$R(\tau,s)f(x) = \iint e^{i(x-y)\xi}r(\tau,s,\xi,y)f(y)dyd\widehat{\xi}$$

と書き直される．上の右単化表象の定義式で z と η について部分積分すれば $r(\tau,s,\xi,y)$ はある定数 $C_\ell, C_\ell' > 0$ に対し

$$\begin{aligned}|r(\tau,s)|_\ell &\leq C_\ell|\tilde{r}(\tau,s)|_{\ell+2m_0} \\ &\leq C_\ell'|g(\tau,s)|_{\ell+2m_0}|\tilde{e}(\tau,s)|_{\ell+2m_0}\end{aligned}$$

を満たすことが言える．定理 12.7 と式 (12.38) よりある定数 $b_\ell > 0$ に対し
$$|r(\tau,s)|_\ell \leq b_\ell \langle \tau \rangle^{-1-\epsilon}$$
が成り立つことが言える．そこで擬微分作用素の多重積の評価をもう一度使えば擬微分作用素

$$\begin{aligned}
K(t,s) &= K(t,s,D_x,X') \\
&= I + \sum_{\nu=1}^{\infty} \int_s^{\tau_0} \int_s^{\tau_1} \cdots \int_s^{\tau_{\nu-1}} R(\tau_1,s) \cdots R(\tau_\nu,s)\, d\tau_\nu \cdots d\tau_1
\end{aligned}$$

のシンボル $k(t,s) = k(t,s,\xi,y)$ はある定数 $\widetilde{C}_0, C_\ell > 0$ に対し評価

$$\begin{aligned}
|k(t,s) - 1|_\ell &\leq \sum_{\nu=1}^{\infty} \widetilde{C}_0^\nu C_\ell \nu^\ell \int_s^{\tau_0} \int_s^{\tau_1} \cdots \int_s^{\tau_{\nu-1}} \\
&\quad \times b_{\ell+2m_0} \langle \tau_1 \rangle^{-1-\epsilon} \cdots b_{\ell+2m_0} \langle \tau_\nu \rangle^{-1-\epsilon} d\tau_\nu \cdots d\tau_1 \quad (12.40) \\
&\leq C_\ell \sum_{\nu=1}^{\infty} \nu^\ell \left(\widetilde{C}_0 b_{\ell+2m_0} \epsilon^{-1} \langle s \rangle^{-\epsilon} \right)^\nu
\end{aligned}$$

を満たすことが言える．この式 (12.40) の右辺は収束し $T > 0$ が十分大きいとき $t \geq s (\geq T)$ によらないある有限な定数

$$K_\ell(T,\epsilon,m_0) = 2C_\ell \widetilde{C}_0 b_{\ell+2m_0} \epsilon^{-1} \langle T \rangle^{-\epsilon} > 0$$

によって押さえられる．

フーリエ積分作用素と擬微分作用素との積の公式を再び用いればこれらと (12.39) から基本解 $U(t,s) = (E(t,s)^*)^{-1} K(t,s)$ は式 (12.33) のフーリエ積分作用素の形を持ちそのシンボルは

$$\begin{aligned}
&u(t,s,\xi,y) \\
&= \iint e^{-i(y-z)\eta} \tilde{e}(t,s,\xi,z) k(t,s,\eta + \widetilde{\nabla}_y \phi(s,t,y,\xi,z),y) dz d\widehat{\eta}
\end{aligned}$$

で与えられることがわかる．命題 12.4, 12.6 と部分積分および評価 (12.38) より $t \geq s \geq T (\geq T_1 > 0)$ によらない定数 $C'_\ell > 0$ に対し評価

$$\begin{aligned}
&|u(t,s) - 1|_\ell \\
&\leq C'_\ell \{ (1 + |\tilde{e}(t,s) - 1|_{\ell+2m_0}) (1 + |k(t,s) - 1|_{\ell+2m_0}) - 1 \} \\
&\leq C'_\ell \{ (1 + Q_{\ell+4m_0}(T,\epsilon,m_0)) (1 + K_{\ell+2m_0}(T,\epsilon,m_0)) - 1 \}
\end{aligned}$$

が言えて定理 12.8 の証明が終わる． □

12.4 まとめ

　本章では時間に依存するポテンシャルを持ったシュレーディンガー方程式の基本解をフーリエ積分作用素を用いて表現することを考えた．通常の時間に依存しないポテンシャルを持ったハミルトニアンの波動作用素の存在と漸近完全性を証明する際この時間に依存するポテンシャルに対する仮定は有用なものであることを注意した．基本解の構成はこれまで述べてきた擬微分作用素の多重積のシンボルの評価，擬微分作用素とフーリエ積分作用素との積の表現およびそのシンボルの評価式，フーリエ積分作用素と共役型のフーリエ積分作用素の積が擬微分作用素になることなどほとんどすべての結果を用いて行われた．前書きで述べたように本章で与えた基本解の表現とそのシンボルの評価はフーリエ級数展開の一般化としてのフーリエの反転公式の現代的拡張を与える基礎となる結果である．実際例 12.2 の評価 (12.25) を満たすポテンシャル $V(x)$ を持ったハミルトニアン $H = H_0 + V(x)$ に対し $V(t,x)$ を式 (12.26) で定義されるものとするとき，本章でハミルトン-ヤコビ方程式の解として求めた相関数 $\phi(s,t,x,\xi)$ は $\pm s \geq \pm T (\geq \pm T_1)$ に応じある関数 $\varphi_\pm(x,\xi)$ に対し $t \to \pm\infty$ のとき $\phi(s,t,x,\xi) - \phi(s,t,0,\xi) \to \varphi_\pm(x,\xi)$ なる漸近性質を満たす[3]．そしてこの関数 $\varphi_\pm(x,\xi)$ はいわゆるアイコナル (eikonal) 方程式

$$\frac{1}{2}|\nabla_x \varphi_\pm(x,\xi)|^2 + V(x) = \frac{1}{2}|\xi|^2 \tag{12.41}$$

を満たすことが示される．さらにこの関数 $\varphi_\pm(x,\xi)$ はフーリエ積分作用素の相関数の定義 10.1 を $0 < \sigma = 1 - \epsilon < 1$ としてみたししたがって (12.41) と合わせて $|x| \to \infty$ において

$$\begin{aligned}(H - |\xi|^2/2)e^{i\varphi_\pm(x,\xi)} &= (H_0 + V(x) - |\xi|^2/2)e^{i\varphi_\pm(x,\xi)} \\ &= -\frac{1}{2}i\Delta\varphi_\pm(x,\xi)e^{i\varphi_\pm(x,\xi)} \to 0\end{aligned} \tag{12.42}$$

---

[3] これはのちに第 18 章 命題 18.5 において証明される．

第12章　シュレーディンガー方程式とフーリエ積分作用素

が得られる．この意味で前章の前書きに書いたように本章の相関数 ϕ は $t \to \pm\infty$ においてその漸近形は時間によらないハミルトニアン $H = H_0 + V$ の固有関数の近似形 $e^{i\varphi_\pm(x,\xi)}$ を含んでいる．したがって本章で求めた $U(t,s)$ の形は直接的に H の固有関数を近似するものであるといえる．これらを用いた議論はさらに多くの事柄と関連しており，本書の題目の「現代的意味」である．これ以降の発展は現在まさに多くの研究者の研究課題であり未だ解かれていない問題も数多く残されている．第 II 部ではこのような問題の研究の端緒となる考察を行おう．

第II部

数学的量子力学

第11章

散射的量子力学

第13章　時間の矛盾

第I部では $\mathbb{R}^m$ $(m=1,2,\dots)$ 上定義された自由なハミルトニアン

$$H_0 = -\frac{1}{2}\Delta = -\frac{1}{2}\sum_{j=1}^m \frac{\partial^2}{\partial x_j^2} \tag{13.1}$$

の固有関数

$$e_\xi(x) = e(x,\xi) = (2\pi)^{-m/2} e^{ix\xi} \quad (x,\xi \in \mathbb{R}^m, \ x\xi = \sum_{j=1}^m x_j \xi_j) \tag{13.2}$$

によってヒルベルト空間 $\mathcal{H} = L^2(\mathbb{R}^m)$ の関数 f が

$$\begin{aligned} f(x) &= \int_{\mathbb{R}^m} e_\xi(x) \int_{\mathbb{R}^m} \overline{e_\xi(y)} f(y) dy d\xi \\ &= (2\pi)^{-n} \text{Os-}\iint_{\mathbb{R}^{2m}} e^{i(x-y)\xi} f(y) dy d\xi \end{aligned} \tag{13.3}$$

と展開されることをまず示した．これはいわゆるフーリエの反転公式であった．その後自由ハミルトニアン H_0 に摂動を加えた一般のハミルトニアン

$$H = H_0 + V \tag{13.4}$$

の固有関数によりヒルベルト空間 $\mathcal{H} = L^2(\mathbb{R}^m)$ の元である関数 f を展開することを考えた．自由なハミルトニアンの時はその固有関数 $e(x,\xi) = (2\pi)^{-m/2} e^{\xi x}$ は視察によりそれと容易に認識される形をしており，特別な考察は行わなくともフーリエの反転公式や擬微分作用素の議論に進むことができた．しかし一般のハミルトニアン H の固有関数は摂動 V に依るものであり，それを求めること自体が問題になる．そのため第12章では時間に依存するハミルトニアン $H(t) = H_0 + V(t)$ を導入しその基本解 $U(t,s)$

を求めることを考えた．第II部ではこの方向により時間に依存しないハミルトニアン H の固有関数およびそれによる $\mathcal{H} = L^2(\mathbb{R}^m)$ の元の展開を求めることを考察する．

　読者は時間に依存しないハミルトニアン H の固有関数を求めるためにわざわざ時間に依存するハミルトニアンを考察する必要があるか，という疑問を当然持たれるであろう．第12章のまとめで触れたように時間に依存する方法は時間を補助変数として用いる方法であり，時間はユークリッド幾何学における補助線と同様の役割を果たすものにすぎない．ユークリッド幾何学の証明においては補助線は最後には消されてしまうがその威力は絶大である．同様に近代解析学の発祥の元となったニュートン力学においては時間は必須のものであったがその後の発展である現代の量子物理学においては時間は最後には消えてしまうものなのであろうか？

　第II部ではこのような問題も含めながら時間に依存する方法により時間に依存しないハミルトニアン H の固有関数展開を考察してゆこう．本章ではこのような問題意識を触発する一つの議論を紹介する．

　古典的ニュートン力学では遠方で影響が消える力の場の中を運動する一つの粒子の平均速度 v は時刻 $t=0$ で粒子が原点 $x=0$ にあり時刻 t で位置 x にあるとき $v=x/t$ で与えられる．この粒子が散乱粒子であり力の場にとらえられず無限遠方まで逃げてゆくと仮定すればこの粒子は $t \to \infty$ において直線的に無限遠方に去っていくからこの平均速度 $v = x/t$ は時間 $t \to \infty$ のとき精密に時刻 t における速度を近似しその誤差は $t \to \infty$ で 0 に収束する．

　この問題を1900年にプランクが創案した量子論の枠組みで考えてみよう．周知のように量子論においては粒子の位置と運動量はともに正確には定まらない．実際プランクの創案から27年経ったころハイゼンベルグは量子力学に従う粒子は不確定性関係を満たすことを示した (1927)．量子力学においては位置と運動量は第3章で述べたようにそれぞれ空間 $\mathcal{H} = L^2(\mathbb{R}^m)$ 上定義された作用素

$$\begin{aligned}
(Xf)(x) &= x \times f(x) = (x_1 f(x), \cdots, x_m f(x)), & (13.5)\\
(Pf)(x) &= \frac{\hbar}{i}\left(\frac{\partial f}{\partial x_1}(x), \cdots, \frac{\partial f}{\partial x_m}(x)\right) & (13.6)
\end{aligned}$$

で表され，その値はこれら作用素のスペクトルと解釈される．ここで $\hbar = \dfrac{h}{2\pi}$ であり $h(>0)$ はプランク定数である．簡単のため第3章と同様 $m=1$ の一次元空間 $\mathbb{R}$ における質量1の粒子を考えてみよう．質量1であるから運動量は速度に等しい．この場合第3.2節で述べたように交換関係

$$[P,X] = PX - XP = \frac{\hbar}{i} \tag{13.7}$$

が成り立つ．位置と運動量の観測値はこれら作用素のスペクトルと解釈されるから $\|f\|=1$ と正規化された状態 $f \in \mathcal{H}$ にある粒子のそれらの量の観測値の平均値は

$$\bar{x} = (Xf, f), \quad \bar{p} = (Pf, f)$$

で与えられる．そしてその誤差は分散

$$\Delta x = \|(X - \bar{x})f\|, \quad \Delta p = \|(P - \bar{p})f\|.$$

で与えられる．したがってそれらの積は不等式

$$\begin{aligned}
\Delta x \cdot \Delta p &= \|(X-\bar{x})f\|\|(P-\bar{p})f\| \geq |((X-\bar{x})f, (P-\bar{p})f)| \\
&= |(Xf, Pf) - \bar{x}\bar{p}| \geq |\mathrm{Im}((Xf, Pf) - \bar{x}\bar{p})| \\
&= |\mathrm{Im}(Xf, Pf)| = \left|\frac{1}{2}((PX - XP)f, f)\right| \\
&= \left|\frac{1}{2}\frac{\hbar}{i}\right| = \frac{\hbar}{2}.
\end{aligned}$$

を満たす[1]．すなわち

$$\Delta x \cdot \Delta p \geq \frac{\hbar}{2} \tag{13.8}$$

が成り立つ．位置の誤差はどの場所においても同程度であろうから任意の時刻 t において粒子の位置の誤差 Δx は $\delta > 0$ の程度であるとしてよいであろう．すなわち

$$\Delta x \leq \delta.$$

---

[1] ここで $\mathrm{Im}(z)$ は複素数 $z = x + iy$ $(x, y \in \mathbb{R})$ の虚部 y を表す．実部 x は $\mathrm{Re}(z)$ と表される．

第 13 章 時間の矛盾

すると時刻 0 に原点のそばにあり時刻 t で座標 x のそばにあり $t \to \infty$ において無限遠方に直線的に去っていく散乱粒子の平均速度 $v = x/t$ の誤差 Δv は $t \to \infty$ のとき

$$\Delta v = 2\Delta x/t \leq 2\delta/t \to 0$$

となり古典力学の場合と同様 0 に収束する．ところが質量 1 ゆえ $v = p$ であることから不確定性関係 (13.8) を用いれば Δv は時間に依らず

$$\Delta v = \Delta p \geq \frac{\hbar}{2\Delta x} \geq \frac{\hbar}{2\delta} > 0 \tag{13.9}$$

と一定の正の定数 $\dfrac{\hbar}{2\delta} > 0$ により下から押さえられており，矛盾である．

この事実は量子力学の場合先験的に時間と空間座標が与えられていて，運動量ないし速度が後験的に定義されるものであると仮定すると矛盾することを示していると解釈されうる．すなわち通常量子力学は空間座標の作用素 X と運動量の作用素 P が先験的に与えられているものとして定式化されるが，その上に時間概念も先験的に与えられているものと仮定すると矛盾が生ずるのである．時間はむしろ上の関係

$$v = \frac{x}{t}$$

を逆にとり位置 x と速度ないし運動量 $v = p$ (質量 1 の場合) から

$$t \sim \frac{x}{v}$$

のように定義されるものと考えれば矛盾がなくなるであろう．時間も位置および運動量と同様にアプリオリに与えられた概念とすると量子力学は過剰決定系をなしてしまうということであろう．

本書で考えている固有関数展開は与えられた量子力学系のエネルギーを表すハミルトニアン作用素

$$H = H_0 + V$$

の固有関数による空間 $\mathcal{H} = L^2(\mathbb{R}^m)$ に属する関数の展開であり，したがって第 I 部の入門部分の発展を扱う第 II 部を「数学的量子力学」と題した所以である．この展開を考察するために時間概念を用いるが以上のような事情から時間に関しては特別な注意を払って取り扱っていく．

第14章　位置と運動量

前章で述べたように量子力学においては位置作用素と運動量作用素が基本量として扱われ，ほかの作用素はこれらから構成される．本章ではこれら位置作用素および運動量作用素を定義しそれから派生する基本的ないくつかの概念を導入する．

　ユークリッド空間 $\mathbb{R}^\nu (\nu = 1, 2, 3, \cdots)$ を運動する N 個 $(N \geq 1)$ の量子力学的粒子を $1, 2, \cdots, N$ と番号づけることにする．このとき $X_j = (X_{j1}, X_{j2}, \cdots, X_{j\nu})$ と $P_j = (P_{j1}, P_{j2}, \cdots, P_{j\nu})$ $(j = 1, 2, \cdots, N)$ を第 j 番目の粒子の位置と運動量とする．すなわち X_{jk} $(k = 1, 2, \cdots, \nu)$ は以下のように定義される $L^2(\mathbb{R}^{\nu N})$ における掛け算作用素である．

$$(X_{jk}f)(x) = x_{jk}f(x),$$
$$(x = (x_{11}, \cdots, x_{1\nu}, x_{21}, \cdots, x_{2\nu}, \cdots, x_{N1}, \cdots, x_{N\nu}) \in \mathbb{R}^{\nu N})$$

また P_j は以下のように定義される偏微分作用素である．

$$\begin{aligned}(P_j f)(x) &= \hbar D_{x_j} f(x) = \frac{\hbar}{i} \frac{\partial f}{\partial x_j}(x) \\ &:= \frac{\hbar}{i}\left(\frac{\partial f}{\partial x_{j1}}(x), \cdots, \frac{\partial f}{\partial x_{j\nu}}(x)\right).\end{aligned}$$

ただし $\hbar = \frac{h}{2\pi}$ であり，h はプランク定数 (Planck constant) である．これらの作用素の定義域はそれぞれ

$$D(X_{jk}) = \{f | f \in L^2(\mathbb{R}^{\nu N}), x_{jk}f(x) \in L^2(\mathbb{R}^{\nu N})\},$$
$$D(P_{jk}) = \{f | f \in L^2(\mathbb{R}^{\nu N}), \frac{\partial f}{\partial x_{jk}}(x) \in L^2(\mathbb{R}^{\nu N})\}$$

である[1].

X_{jk} と $P_{j'k'}(j, j' = 1, 2, \cdots, N, k, k' = 1, 2, \cdots, \nu)$ は以下の正準交換関係 (canonical commutation relation) と呼ばれる関係を満たす．すなわち以前と同様に $L^2(\mathbb{R}^{\nu N})$ における二つの作用素 A, B の交換子 (commutator) を $[A, B] = AB - BA$ により定義すれば

$$\begin{aligned} &[X_{jk}, X_{j'k'}] = 0, \\ &[P_{jk}, P_{j'k'}] = 0, \\ &[X_{jk}, P_{j'k'}] = i\hbar \delta_{jj'}\delta_{kk'} \end{aligned} \quad (14.1)$$

が成り立つ．ただし $\delta_{j\ell}$ はいわゆるクロネッカーのデルタ (Kronecker's delta) であり

$$\delta_{j\ell} = \begin{cases} 1 & (j = \ell), \\ 0 & (j \neq \ell) \end{cases}$$

で定義される．

第 j 番目の粒子の質量を $m_j > 0$ とすればいま考えている N 個の量子力学的粒子の系のハミルトニアン (Hamiltonian) は以下のように定義される．

$$H = \sum_{j=1}^{N} \frac{1}{2m_j} P_j^2 + \sum_{1 \leq i < j \leq N} V_{ij}(X_i - X_j). \quad (14.2)$$

ただし $P_j^2 = \sum_{k=1}^{\nu} P_{jk}^2$ であり $V_{ij}(x)$ $(x \in \mathbb{R}^\nu)$ は実数値をとる関数で第 i 番目の粒子と第 j 番目の粒子の間の相互作用を表す相互作用ポテンシャル (pair potential) 関数である．この相互作用は二つの粒子の相対位置 $x_i - x_j \in \mathbb{R}^\nu$ のみによるからハミルトニアン H から以下のようにして N 個の粒子の重心を除去できる．すなわち上のように N 個の粒子の $\mathbb{R}^\nu$ における位置を表す座標を X_i と表し，重心を除去した座標を x_i により表すとする．このとき N 個の粒子の重心座標は

$$X_C = \frac{m_1 X_1 + \cdots + m_N X_N}{m_1 + \cdots + m_N} \quad (14.3)$$

---

[1] 厳密にはこれらの微分は超関数 (distribution) の意味に解釈されるが，素朴には第 6 章に述べたソボレフ空間の定義と同様と思っておけばよい．

となり，新しい座標系 x_i を

$$x_i = X_{i+1} - \frac{m_1 X_1 + \cdots + m_i X_i}{m_1 + \cdots + m_i}, \quad i = 1, 2, \cdots, N-1 \tag{14.4}$$

により定義しヤコビ座標系 (Jacobi coordinates) と呼ぶ．これに対応して重心の運動量作用素 $P_C = (P_{C1}, \cdots, P_{C\nu})$ とヤコビ座標に対応する運動量 $p_i = (p_{i1}, \cdots, p_{i\nu})$ が

$$P_C = \frac{\hbar}{i} \frac{\partial}{\partial X_C}, \quad p_i = \frac{\hbar}{i} \frac{\partial}{\partial x_i}$$

と定義される．これらの新しい位置座標作用素と運動量作用素がやはり正準交換関係を満たすことは明らかであろう．

これらの X_C, P_C, x_i, p_i を用いるとハミルトニアン H は

$$H = \tilde{H} + H_C \tag{14.5}$$

と書き直される．ただし x_{ij} をもとの座標系での相対座標 $X_i - X_j$ をヤコビ座標系で表したものとし $\mu_i > 0$ を

$$\frac{1}{\mu_i} = \frac{1}{m_{i+1}} + \frac{1}{m_1 + \cdots + m_i}.$$

で定義される換算質量 (reduced mass) とするとき

$$\tilde{H} = \sum_{i=1}^{N-1} \frac{1}{2\mu_i} p_i^2 + \sum_{i<j} V_{ij}(x_{ij}),$$
$$H_C = \frac{1}{2 \sum_{j=1}^{N} m_j} P_C^2$$

である．

新しい座標系の下でヒルベルト空間 $L^2(\mathbb{R}^{\nu N})$ は $L^2(\mathbb{R}^{\nu N}) = L^2(\mathbb{R}^\nu) \otimes$

$L^2(\mathbb{R}^{\nu(N-1)})$ とテンソル積²に分解され,この分解に応じ H は

$$H = H_C \otimes I + I \otimes \tilde{H}$$

と表される.H_C は本質的に相互作用を含まない自由なハミルトニアンであり,第 I 部で見たようにその性質はよくわかっている.また第 17 章においてより詳細な性質を調べる.我々にとり興味のあるのは N 個の粒子の相対運動でありしたがって相互作用を含んだ作用素 $\tilde{H}$ のみを考えれば十分である.そこでこの作用素 $\tilde{H}$ を単に H と書く.これはヒルベルト空間 $\mathcal{H} = L^2(\mathbb{R}^{\nu(N-1)})$ で定義された作用素であり,微分作用素を用いて書けば

$$H = H_0 + V = \sum_{i=1}^{N-1} \frac{1}{2\mu_i} p_i^2 + \sum_{i<j} V_{ij}(x_{ij}) = -\sum_{i=1}^{N-1} \frac{\hbar^2}{2\mu_i} \Delta_{x_i} + \sum_{i<j} V_{ij}(x_{ij}) \tag{14.6}$$

となる.ただし

$$\Delta_{x_i} = \sum_{k=1}^{\nu} \frac{\partial^2}{\partial x_{ik}^2}$$

は変数 x_i に関するラプラシアン (Laplacian) である.これは (14.5) のハミルトニアン H を条件

$$(m_1 + \cdots + m_N)X_C = m_1 X_1 + \cdots + m_N X_N = 0 \tag{14.7}$$

を満たす $\mathbb{R}^{\nu N}$ の部分空間に制限して考えることと同じである.いまこの部分空間に内積

$$\langle x, y \rangle = \sum_{i=1}^{N-1} \mu_i x_i \cdot y_i \tag{14.8}$$

---

²二つのヒルベルト空間 $\mathcal{H}_1, \mathcal{H}_2$ のテンソル積 $\mathcal{H}_1 \otimes \mathcal{H}_2$ とは $f_j, g_j \in \mathcal{H}_j$ ($j = 1, 2$) のとき直積 $\mathcal{H}_1 \times \mathcal{H}_2$ の元 $\langle g_1, g_2 \rangle$ に対し $(f_1 \otimes f_2)(g_1, g_2) = (f_1, g_1)(f_2, g_2) \in \mathbb{C}$ と作用する $\mathcal{H}_1 \times \mathcal{H}_2$ 上の二重線型汎関数 $f_1 \otimes f_2$ の線型包を内積 $(f_1 \otimes f_2, h_1 \otimes h_2) = (f_1, h_1)(f_2, h_2)$ ($h_j \in \mathcal{H}_j$) に関して完備化したものである.$\mathcal{H}_j = L^2(\mathbb{R}^{m_j})$ ($j = 1, 2$) の場合 $\mathcal{H}_1 \otimes \mathcal{H}_2 = L^2(\mathbb{R}^{m_1}) \otimes L^2(\mathbb{R}^{m_2})$ は $f_1(x) f_2(y)$ ($f_j \in L^2(\mathbb{R}^{m_j})$) の線型和の $L^2(\mathbb{R}^{m_1} \times \mathbb{R}^{m_2})$ の内積に関する完備化と同型になり $L^2(\mathbb{R}^{m_1+m_2})$ と同一視される.$\mathcal{H}_j$ における作用素 T_j ($j = 1, 2$) が与えられたときそのテンソル積 $T_1 \otimes T_2$ は $f_j \in \mathcal{D}(T_j)$ に対し $(T_1 \otimes T_2)(f_1 \otimes f_2) = T_1 f_1 \otimes T_2 f_2$ とし一般の $\mathcal{D}(T_1) \otimes \mathcal{D}(T_2)$ の元に対しては線型に拡張したものとする.また $T_1 + T_2$ と書いたら通常 $T_1 \otimes I + I \otimes T_2$ のことと了解される.

を入れれば³この内積に関し (14.4) のヤコビ座標系の変数変換は (14.7) で定義される部分空間 $\mathbb{R}^{\nu(N-1)}$ の直交変換として実現される．ただし換算質量 μ_i は (14.4) におけるヤコビ座標系の構成順序に依存する．式 (14.8) の内積を用いれば H_0 は

$$H_0 = \frac{1}{2}\langle v, v \rangle \tag{14.9}$$

と表される．ただし $v = (v_1, \cdots, v_{N-1}) = (\mu_1^{-1}p_1, \cdots, \mu_{N-1}^{-1}p_{N-1})$ は速度の作用素である．

ハミルトニアン作用素 H は相互ポテンシャル $V_{ij}(x)$ が $|x| \to \infty$ のとき適当な減少条件を満たせば $\mathcal{H}$ における自己共役作用素 (selfadjoint operator) となることが知られている．以下そのような条件が満たされているとし H は自己共役作用素となっていると仮定する．

本章で与えた仮定を以下の公理 14.1 と公理 14.2 の形にまとめておく．

公理 14.1 自然数 $n \geq 1$ に対し F_{n+1} をその元の個数 $\sharp(F_{n+1})$ が $\sharp(F_{n+1}) = n+1$ を満たす $\mathbb{N} - \{0\} = \{1, 2, \cdots\}$ の有限部分集合とする．また $\mathcal{H}$ を可分なヒルベルト空間とする．このとき任意の $j \in F_{n+1}$ に対し $\mathcal{H}$ の $(n+1)$ 個のテンソル積 $\mathcal{H}^{n+1} = \mathcal{H} \otimes \cdots \otimes \mathcal{H}$ における自己共役作用素 $X_j = (X_{j1}, X_{j2}, \cdots, X_{j\nu})$ と $P_j = (P_{j1}, P_{j2}, \cdots, P_{j\nu})$ および定数 $m_j > 0$ が存在し

$$[X_{j\ell}, X_{km}] = 0, \quad [P_{j\ell}, P_{km}] = 0, \quad [X_{j\ell}, P_{km}] = i\hbar \delta_{jk}\delta_{\ell m},$$

$$\sum_{j \in F_{n+1}} m_j X_j = 0, \quad \sum_{j \in F_{n+1}} P_j = 0.$$

を満たす．

ストーン-フォンノイマンの定理 (Stone-von Neumann theorem ([1], p.452)) と公理 14.1 により空間の次元が ν と定まる．すなわちヒルベルト空間 $\mathcal{H}^n$ は $L^2(\mathbb{R}^{\nu n})$ と表現される⁴．

---
³ただし・はユークリッド空間の通常の内積である．
⁴$n = 0$ のとき $\mathcal{H}^n = \mathcal{H}^0$ は複素数の全体 $\mathbb{C}$ のことである．

公理 14.2 自然数 $n \geq 0$ に対し F_N ($N = n+1$) を $\sharp(F_N) = N$ を満たす $\mathbb{N} - \{0\} = \{1, 2, \cdots\}$ の部分集合とする. $\{F_N^\ell\}_{\ell=0}^\infty$ をそのような部分集合 F_N の全体とする[5]. このとき $F_N^\ell = F_{n+1}^\ell$ に含まれる番号を持つ N 個の粒子のなす量子力学的局所系のハミルトニアン $H_{n\ell}$ ($\ell \geq 0$) は $C_0^\infty(R^{\nu n})$ 上[6]定義される作用素

$$H_{n\ell} = H_{n\ell 0} + V_{n\ell}, \quad V_{n\ell} = \sum_{\substack{\alpha = (i,j) \\ 1 \leq i < j < \infty, \ i,j \in F_N^\ell}} V_\alpha(x_\alpha)$$

の形をしている. ただし x_i を第 i 番目の粒子の位置とするとき $x_\alpha = x_i - x_j$ ($\alpha = (i, j)$) であり, $V_\alpha(x_\alpha)$ は $H_{n\ell 0}$-上界が 1 未満の $H_{n\ell 0}$-有界な[7]掛け算作用素を定義する $x_\alpha \in \mathbb{R}^\nu$ の実数値可測関数である. また $H_{n\ell 0} = H_{(N-1)\ell 0}$ は N 個の粒子の自由ハミルトニアンであり,

$$-\sum_{j=1}^n \sum_{k=1}^\nu \frac{\hbar^2}{2\mu_j} \frac{\partial^2}{\partial x_{jk}^2} \quad (\mu_j > 0 \text{ は換算質量})$$

の形をしている. $H_{n\ell}$ における添字 ℓ は同じ個数 $N = n+1$ の粒子を持つ異なる量子力学的局所系を区別していることを注意しておく.

この公理により $H_{n\ell} = H_{(N-1)\ell}$ は $\mathcal{H}^n = \mathcal{H}^{N-1} = L^2(\mathbb{R}^{\nu(N-1)})$ における下に有界な自己共役作用素に一意的に拡張される[8]. 空間 $\mathcal{H}^n$ がハミルトニアン $H_{n\ell}$ の定義される空間に対応していることを表すため $\mathcal{H}^n = \mathcal{H}_{n\ell}$ と書くときもある. そしてこの関係を明示的に表すために $(H_{n\ell}, \mathcal{H}_{n\ell})$ という記号を用いる. この組 $(H_{n\ell}, \mathcal{H}_{n\ell})$ を局所系 (local system) と呼ぶ. (後述の定義 16.1 参照)

公理 14.2 においてハミルトニアン $H_{n\ell}$ にいわゆる磁場を表すベクトルポテンシャルを仮定していないのは磁場は電荷の運動により起こるものであるとの立場をとるからである.

---

[5]この全体は可算であることに注意されたい.

[6]$\mathbb{R}^m$ の開または閉領域 G および整数 $k \geq 0$ または $k = \infty$ に対し $C_0^k(G)$ はその台すなわちサポート $\mathrm{supp}(f)$ が G のコンパクト集合で G の境界 ∂G において $f(x) = 0$ なる C^k-級関数 (すなわち k 回連続的微分可能な関数) の全体を表す.

[7]自己共役作用素 H に関する相対有界性についてはたとえば [42], Chapter IV などを参照されたい.

[8]Kato-Rellich の定理による. すなわち [42] の Chapter V, Theorem 4.3 あるいは Theorem 4.4 による. もしくは [86], Theorem X.12 を参照されたい.

第15章　局所時間

15.1　局所時間の定義

　前章で N 体量子力学系の位置作用素と運動量作用素を導入し，それを用いてその系のエネルギーを表すハミルトニアン作用素を定義した．おのおのの与えられた量子力学系の解析はこれらを用いて行われる．

　量子力学を知っておられる読者はここまでの段階で系の状態変化を表す基本方程式であるシュレーディンガー方程式 (Schrödinger equation) が導入されていないことを奇異に思われるかもしれない．通常の量子力学の定式化においてシュレーディンガー方程式は系の変化を記述する基本方程式として仮定される．

　シュレーディンガー方程式を記述するために通常の量子力学では系の時間はアプリオリに与えられたものとして仮定される．しかし第13章で触れたように系の時間をアプリオリに仮定するとある種の矛盾が生じた．そこで我々の量子力学の定式化においては系の時間をその系の位置作用素と運動量作用素を用いて**定義**する．シュレーディンガー方程式はその時間の定義から自然に従う．したがって我々の量子力学の基本概念は正準交換関係を満たす位置作用素と運動量作用素のみである．基本量の自由度は位置の3次元と運動量の3次元であり，通常の時間-空間を基本と仮定する場合の4次元の自由度の代わりに6次元の自由度がある．この自由度の増加は自然の物理的記述を従来の立場より精密なものにすると期待される．そのような考察は後世に譲るとしてここでは我々の立場から通常のシュレーディンガー方程式が如何に導かれるかを見よう．

　そのためにまず式 (14.6) で与えられるハミルトニアン H を持った N 体量子力学系の「時計」と「時間」を定義する．式 (14.6) の H はポテンシャル $V_{ij}(x)$ の減少度についての適当な仮定の下に自己共役であるから H より

任意の実数 $t \in \mathbb{R}$ に対しユニタリ作用素

$$\exp(-itH/\hbar) \qquad (15.1)$$

が定義される．ハミルトニアン H は式 (14.6) により定義され従ってユニタリ作用素 $\exp(-itH/\hbar)$ は位置作用素と運動量作用素のみに基づいて定義されることに注意する．

定義 15.1 式 (15.1) のユニタリ群[1]$\exp(-itH/\hbar)$ をいま考えている量子力学系の (局所ないし固有) 時計 ((local or proper) clock) と呼び，その指数に現れる t をハミルトニアン H が式 (14.6) で与えられる系の局所時間 (local time) と呼ぶ．

15.2 局所時間の正当性

前節で与えた時間の定義が通常の我々の常識における時間概念と一致することを見るため多体問題におけるいくつかの概念を導入する．

N 個の粒子の番号を表す自然数の部分集合 $\{1, 2, \cdots, N\}$ を k 個の互いに共通部分を持たない部分集合 $C_1, \cdots, C_k$ に分けたものを $b = \{C_1, \cdots, C_k\}$ と書き，集合 $\{1, 2, \cdots, N\}$ のクラスター分解 (cluster decomposition) と呼ぶ．以前のように集合 S の元の個数を $\sharp(S)$ あるいは $|S|$ と書けば $k = \sharp(b) = |b|$ となる．

---

[1] バナッハ空間 X の有界作用素の族 $\{T(t)\}_{t \geq 0}$ が $T(0) = I$, $T(s)T(t) = T(s+t)$ $(s, t \geq 0)$ および任意の $x \in X$ に対し $T(t)x \in X$ が $t(\geq 0)$ について強連続であるという条件を満たすとき，$\{T(t)\}$ を強連続半群 (strongly continuous semigroup) と呼ぶ．このとき $A_t = t^{-1}(I - T(t))$ $(t > 0)$, $\mathcal{D}(H) = \{x | \exists \lim_{t \downarrow 0} A_t x\}$ とし $x \in \mathcal{D}(H)$ に対し $Ax = \lim_{t \downarrow 0} A_t x$ と定義すると任意の $x \in \mathcal{D}(H)$ に対し微分 $(d/dt)T(t)x$ が存在して $-AT(t)x = -T(t)Ax$ に等しいことがいえる．A を $T(t)$ の生成作用素 (generator) といい，$T(t) = \exp(-tA) = e^{-tA}$ と書く．とくに X がヒルベルト空間で $T(t)$ が各 $t \geq 0$ に対しユニタリ作用素となるときユニタリ半群と呼ぶが，これは $T(-t) = T(t)^* = T(t)^{-1}$ により $t \in \mathbb{R}$ に対して定義され $T(s)T(t) = T(s+t)$ $(\forall s, t \in \mathbb{R})$ が成り立ち，ユニタリ群と呼ばれる．$T(t)$ がユニタリであることから生成作用素 A はある自己共役作用素 H により $A = iH$ となることが知られている (Stone の定理)．したがって $T(t) = \exp(-itH) = e^{-itH}$ と書ける．逆に自己共役作用素 H が与えられていれば後に述べるスペクトル分解 $E_H(\lambda)$ から $\exp(-itH) = \int_{\mathbb{R}} \exp(-it\lambda) dE_H(\lambda)$ によりユニタリ作用素 $\exp(-itH)$ が作られユニタリ群をなすことがいえる．本文のユニタリ群はこのように式 (14.6) のハミルトニアン H から生成されるものを表す．

15.2. 局所時間の正当性

クラスター分解 $b = \{C_1, \cdots, C_k\}$ に付随するクラスターヤコビ座標系 $x = (x_b, x^b)$ とは,まず各クラスター C_ℓ 内の $\sharp(C_\ell)$ 個の粒子に対しヤコビ座標系

$$x^{(C_\ell)} = (x_1^{(C_\ell)}, \cdots, x_{\sharp(C_\ell)-1}^{(C_\ell)}) \in \mathbb{R}^{\nu(\sharp(C_\ell)-1)}, \quad (\ell = 1, \cdots, k)$$

を取り,次に k 個のクラスター C_ℓ ($\ell = 1, 2, \cdots, k$) の重心についてクラスター間ヤコビ座標系

$$x_b = (x_1, \cdots, x_{k-1}) \in \mathbb{R}^{\nu(k-1)}$$

をとったものである.したがって $x^b = (x^{(C_1)}, \cdots, x^{(C_k)}) \in \mathbb{R}^{\nu(N-k)}$ および $x = (x_b, x^b) \in \mathbb{R}^{\nu(N-1)} = \mathbb{R}^{\nu n}$ ($N = n+1$) であり,対応する正準共役運動量作用素は

$$p = (p_b, p^b), \quad p_b = (p_1, \cdots, p_{k-1}), \quad p^b = (p^{(C_1)}, \cdots, p^{(C_k)})$$
$$p_i = \frac{\hbar}{i}\frac{\partial}{\partial x_i}, \quad p^{(C_\ell)} = (p_1^{(C_\ell)}, \cdots, p_{\sharp(C_\ell)-1}^{(C_\ell)}), \quad p_i^{(C_\ell)} = \frac{\hbar}{i}\frac{\partial}{\partial x_i^{(C_\ell)}}$$

となる.この分解に従い空間 $\mathcal{H} = L^2(\mathbb{R}^{\nu n}) = L^2(\mathbb{R}^{\nu(N-1)})$ は以下のように分解される.

$$\mathcal{H} = \mathcal{H}_b \otimes \mathcal{H}^b, \quad \mathcal{H}_b = L^2(\mathbb{R}^{\nu(k-1)}_{x_b}), \quad \mathcal{H}^b = L^2(\mathbb{R}^{\nu(N-k)}_{x^b}).$$

この座標系において式 (14.6) の H_0 は以下のように分解される.

$$H_0 = T_b + H_0^b,$$
$$T_b = -\sum_{\ell=1}^{k-1} \frac{\hbar^2}{2M_\ell} \Delta_{x_\ell}, \quad (15.2)$$
$$H_0^b = -\sum_{\ell=1}^{k} \sum_{i=1}^{\sharp(C_\ell)-1} \frac{\hbar^2}{2\mu_i^{(C_\ell)}} \Delta_{x_i^{(C_\ell)}}.$$

ただし Δ_{x_ℓ} と $\Delta_{x_i^{(C_\ell)}}$ は ν 次元ラプラシアンであり M_ℓ と $\mu_i^{(C_\ell)}$ は換算質量である.空間 $\mathbb{R}^{\nu n}$ の内積を式 (14.8) のように

$$\langle x, y \rangle = \langle (x_b, x^b), (y_b, y^b) \rangle = \langle x_b, y_b \rangle + \langle x^b, y^b \rangle$$
$$= \sum_{\ell=1}^{k-1} M_\ell x_\ell \cdot y_\ell + \sum_{\ell=1}^{k} \sum_{i=1}^{\sharp(C_\ell)-1} \mu_i^{(C_\ell)} x_i^{(C_\ell)} \cdot y_i^{(C_\ell)}$$

と導入し速度作用素を

$$v = (v_b, v^b) = M^{-1}p = (m_b^{-1}p_b, (\mu^b)^{-1}p^b)$$

と定義する．ただし $M = \begin{pmatrix} m_b & 0 \\ 0 & \mu^b \end{pmatrix}$ は νn 次元の対角行列でその対角成分が $M_1, \cdots, M_{k-1}, \mu_1^{(C_1)}, \cdots, \mu_{\sharp(C_k)-1}^{(C_k)}$ となるものである．このとき H_0 は以下のように表現される．

$$H_0 = \frac{1}{2}\langle v, v \rangle = T_b + H_0^b = \frac{1}{2}\langle v_b, v_b \rangle + \frac{1}{2}\langle v^b, v^b \rangle.$$

次に式 (14.6) の相互ポテンシャルの和を以下のように分解する．

$$\sum_{i<j} V_{ij}(x_{ij}) = V_b + I_b.$$

ただし

$$V_b = \sum_{C_\ell \in b} V_{C_\ell},$$
$$V_{C_\ell} = \sum_{\{i,j\} \subset C_\ell} V_{ij}(x_{ij}),$$
$$I_b = \sum_{\forall C_\ell \in b[\{i,j\} \notin C_\ell]} V_{ij}(x_{ij}).$$

定義により V_{C_ℓ} はクラスター C_ℓ 内の変数 $x^{(C_\ell)}$ のみに依存する．同様に V_b は変数 $x^b = (x^{(C_1)}, \cdots, x^{(C_k)}) \in \mathbb{R}^{\nu(N-\sharp(b))}$ のみに依存する．しかしクラスター間相互作用 I_b は変数 x のすべての成分に依存する．

以上の分解に応じ式 (14.6) の H は以下のように分解される．

$$\begin{aligned} H &= H_b + I_b = T_b \otimes I + I \otimes H^b + I_b, \\ H_b &= H - I_b = T_b \otimes I + I \otimes H^b, \\ H^b &= H_0^b + V_b. \end{aligned} \tag{15.3}$$

いま P_b を空間 $\mathcal{H}^b$ で定義された自己共役作用素 H^b の固有空間ないし純粋点スペクトル空間 $\mathcal{H}_p^b = \mathcal{H}_p(H^b)$ への直交射影[2]とする．同じ記号 P_b に

---

[2]ヒルベルト空間 $\mathcal{H}$ の閉部分空間 $\mathcal{K}$ への直交射影ないし (直交) 射影作用素 P とはその像が $\mathcal{R}(P) = \mathcal{K}$ を満たし $P^2 = P$ なる自己共役作用素 P のことである．

より全空間 $\mathcal{H}$ への自明な拡張 $I \otimes P_b$ を表すことにする．$\sharp(b) = N$ の場合 $P_b = I$ とし，$\sharp(b) = 1$ の場合は $P_b = P_H = P$ と書く．いま $M = 1, 2, \cdots$ に対し P_b^M を P_b の M 次元部分射影で s-$\lim_{M \to \infty} P_b^M = P_b$ を満たすものとする．$\ell = 1, \cdots, n(= N-1)$ と ℓ 次元多重指数 $M = (M_1, \cdots, M_\ell)$ ($M_j \geq 1$) に対し

$$\widehat{P}_\ell^M = \left(I - \sum_{\sharp(b_\ell) = \ell} P_{b_\ell}^{M_\ell} \right) \cdots \left(I - \sum_{\sharp(b_2) = 2} P_{b_2}^{M_2} \right) (I - P^{M_1}) \quad (15.4)$$

と定義する．($\sharp(b) = 1$ に対しては $b = \{C\}$, ただし $C = \{1, 2, \cdots, N\}$ となるから P^{M_1} は $\mathcal{H}$ の固有空間の中への M_1 次元部分射影となることに注意されたい．) さらに $\sharp(b)$ 次元多重指数 $M_b = (M_1, \cdots, M_{\sharp(b)-1}, M_{\sharp(b)}) = (\widehat{M_b}, M_{\sharp(b)})$ に対し

$$\widetilde{P}_b^{M_b} = P_b^{M_{\sharp(b)}} \widehat{P}_{\sharp(b)-1}^{\widehat{M_b}}, \quad 2 \leq \sharp(b) \leq N \quad (15.5)$$

と定義する．すると M_b の成分 M_j が j のみに依り b に依存しないとき

$$\sum_{2 \leq \sharp(b) \leq N} \widetilde{P}_b^{M_b} = \widehat{P}_1^{M_1} = I - P^{M_1} \quad (15.6)$$

が成り立つ．以下そのような M_b のみ考える．

これらに関連した概念としてハミルトニアン H の固有空間[3] $\mathcal{H}_p = \mathcal{H}_p(H)$ の直交補空間 $\mathcal{H}_p(H)^\perp$ を $\mathcal{H}_c = \mathcal{H}_c(H)$ と書き，H の連続スペクトル空間[4]という．クラスター分解 a は $|a| = 1$ のとき一意的に定まるがこのとき $\mathcal{H}_c(H) = (I - P_a)\mathcal{H} = (I - P_H)\mathcal{H}$ となり，$f \in \mathcal{H}$ に対し $M_1 \to \infty$ のとき $(I - P^{M_1})f \to (I - P_a)f \in \mathcal{H}_c(H)$ と収束する．

以下で $E_H(B)$ は H のスペクトル測度を表す．すなわち一般にヒルベルト空間 $\mathcal{H}$ で定義された自己共役作用素 H に以下の性質で規定される単位

---

[3] 一般に自己共役作用素 H の固有空間 $\mathcal{H}_p(H)$ とは集合 $\{f \mid \exists \lambda \in \mathbb{R} \text{ s.t. } Hf = \lambda f\}$ の閉線型包のことである．特に固有値 $\lambda \in \mathbb{R}$ に対応する固有空間への直交射影 $P(\lambda)$ はスペクトル分解 $E_H(\lambda)$ を用いれば $P(\lambda) = E_H(\lambda) - E_H(\lambda - 0)$ と書ける．

[4] $\mathcal{H}_c(H)$ は下記に等しいことがいえる．

$\mathcal{H}_c(H) = \{f \mid E_H(\lambda)f$ は $\lambda(\in \mathbb{R})$ について強連続である $\}$．

の分解[5]と呼ばれる自己共役作用素の族 $E_H(\lambda)$ $(\lambda \in \mathbb{R})$ が対応する.

$$E_H(\lambda)E_H(\mu) = E_H(\min(\lambda, \mu)),$$
$$\text{s-}\lim_{\lambda \to -\infty} E_H(\lambda) = 0, \quad \text{s-}\lim_{\lambda \to \infty} E_H(\lambda) = I,$$
$$E_H(\lambda + 0) = E_H(\lambda).$$

ただし $E_H(\lambda+0) = \text{s-}\lim_{\mu \downarrow \lambda} E_H(\mu)$. このような族 $\{E_H(\lambda)\}_{\lambda \in \mathbb{R}}$ は以下の関係により H から一意的に定まる.

$$H = \int_{-\infty}^{\infty} \lambda dE_H(\lambda).$$

このとき作用素に値を取る測度 $E_H(B)$ が単位の分解 $\{E_H(\lambda)\}_{\lambda \in \mathbb{R}}$ から $E_H((a,b]) = E_H(b) - E_H(a)$ により定義され, 上述の $E_H(\lambda)$ の性質により $\mathbb{R}$ 上のボレル集合族上の可算加法的測度に拡張される.

定義 15.1 における時間の意味を見るために以下の定理を準備する. 先述のように v_b は b のクラスター間の速度作用素を表すとする. これはある $\nu(\sharp(b)-1)$ 次元対角型の質量行列 m_b により $v_b = m_b^{-1} p_b$ と表される.

定理 15.2 ([16]) $N = n+1 \geq 2$ とし H を式 (14.6) または (15.3) で定義される N 体量子力学系のハミルトニアンとする. 作用素 $|X^b|P_b^M$ が任意の整数 $M \geq 1$ に対し有界作用素となると仮定する. 相互ポテンシャル $V_{ij}(x_{ij})$ に対し何らかの適当な滑らかさと減少度の仮定がおかれているとする. たとえば $V_{ij}(x_{ij})$ が

$$|V_{ij}(x)| + |x \cdot (\nabla_x V_{ij})(x)| \to 0 \ (\text{as } |x| \to \infty)$$

を満たすとする. いま $f \in \mathcal{H}$ を任意に取り固定する. このとき以下の散乱条件を満たすような数列 $t_m \to \pm\infty$ (as $m \to \pm\infty$) と多重指数の列 M_b^m でその成分が $m \to \pm\infty$ のとき ∞ に発散するものが存在する.

(散乱条件) $2 \leq \sharp(b) \leq N$ を満たす任意のクラスター分解 b, 任意の関数 $\varphi \in C_0^\infty(\mathbb{R}_{x_b}^{\nu(\sharp(b)-1)})$, 任意の正の数 $R > 0$ およびいかなる $C_\ell(\in b)$ にも含

---
[5][101], Chapter XI あるいは [105], 第 12 章などを参照されたい.

まれない組 $\alpha = \{i,j\}$ に対し $m \to \pm\infty$ のとき

$$\|\chi_{\{x||x_\alpha|<R\}}\widetilde{P}_b^{M_b^m}e^{-it_mH/\hbar}f\| \to 0 \tag{15.7}$$

$$\|(\varphi(X_b/t_m) - \varphi(v_b))\widetilde{P}_b^{M_b^m}e^{-it_mH/\hbar}f\| \to 0 \tag{15.8}$$

が成り立つ．ただしここで χ_S は集合 S の特性関数を表す．

証明 ハミルトニアン H の定義における質量因子およびプランク定数の値は本質的なものではないので $\hbar = 1$ および

$$H = H_0 + V, \quad H_0 = \frac{1}{2}D^2 = -\frac{1}{2}\Delta, \quad V = \sum_{i<j}V_{ij}(x_{ij})$$

と仮定してよい．ただし

$$D = \frac{1}{i}\frac{\partial}{\partial x}, \quad x \in \mathbb{R}^{\nu n}$$

である．

$\mathcal{H} = L^2(\mathbb{R}^{\nu n})$ の元 $f \in \mathcal{H}$ で $(1+|X|)^2 f \in \mathcal{H}$ および $\mathbb{R}$ のある有界開集合 B に対し $f = E_H(B)f$ を満たすものの全体は $\mathcal{H}$ において稠密であるから以下 $f \in \mathcal{H}$ はこれらの条件を満たすとして一般性は失われない．

式 (15.6) に注意して $\widetilde{P}_b^{M_b} = \widetilde{P}_b$ および $\widetilde{f} = (I - P^{M_1})f$ と書いて計算すれば

$$\sum_{2 \leq \sharp(b) \leq N} e^{itH}\left(\frac{X}{t} - D\right)^2 \widetilde{P}_b e^{-itH}f \tag{15.9}$$

$$= e^{itH}\left(\frac{X}{t} - D\right)^2 e^{-itH}\widetilde{f}$$

$$= e^{itH}\left(\frac{X^2}{t^2} - \frac{2A}{t} + D^2\right)e^{-itH}\widetilde{f}$$

$$= \frac{1}{t^2}\left(e^{itH}X^2 e^{-itH}\widetilde{f} - X^2\widetilde{f}\right) - \frac{2}{t}e^{itH}Ae^{-itH}\widetilde{f}$$

$$+ 2e^{itH}H_0 e^{-itH}\widetilde{f} + \frac{X^2}{t^2}\widetilde{f}$$

となる．ここで $A = \frac{1}{2}(X \cdot D + D \cdot X)$ は定義域を重み付きソボレフ空間

$$H_1^1(\mathbb{R}^{\nu n}) = \{f \mid \|f\| = \left(\int_{\mathbb{R}^{\nu n}}|(1+|x|^2)^{1/2}(1+D_x^2)^{1/2}f(x)|^2 dx\right)^{1/2} < \infty\}$$

第15章 局所時間

とする自己共役作用素である．式 (15.9) の右辺第一項は

$$\frac{1}{t^2}\int_0^t e^{isH}i[H_0,X^2]e^{-isH}\widetilde{f}ds$$

に等しい．関係 $i[H_0,X^2]=2A$ より式 (15.9) は次に等しい．

$$\frac{2}{t^2}\left(\int_0^t e^{isH}Ae^{-isH}\widetilde{f}ds - te^{itH}Ae^{-itH}\widetilde{f}\right) + 2e^{itH}H_0e^{-itH}\widetilde{f} + \frac{X^2}{t^2}\widetilde{f}.$$

第一項の括弧内の式は次に等しい．

$$\int_0^t e^{isH}Ae^{-isH}\widetilde{f}ds - te^{itH}Ae^{-itH}\widetilde{f}$$
$$= \int_0^t \frac{d}{d\tau}\left(\int_0^\tau e^{isH}Ae^{-isH}\widetilde{f}ds - \tau e^{i\tau H}Ae^{-i\tau H}\widetilde{f}\right)d\tau$$
$$= -\int_0^t s e^{isH}i[H,A]e^{-isH}\widetilde{f}ds.$$

ここで $2\leq|b|=\sharp(b)\leq N$ なる任意の b に対し

$$A^b = \frac{1}{2}(X^b\cdot D^b + D^b\cdot X^b).$$

とするとき

$$i[H,A] = i[T_b,A] + i[I_b,A] + i[H^b,A] = 2T_b + i[I_b,A] + i[H^b,A^b]$$

であることに注意して次を得る．

$$\sum_{2\leq\sharp(b)\leq N} e^{itH}\left(\frac{X}{t}-D\right)^2 \widetilde{P}_b e^{-itH}f \tag{15.10}$$
$$= -\frac{4}{t^2}\sum_{2\leq|b|\leq N}\int_0^t s e^{isH}T_b\widetilde{P}_b e^{-isH}\widetilde{f}ds + 2e^{itH}H_0e^{-itH}\widetilde{f}$$
$$-\frac{2}{t^2}\sum_{2\leq|b|\leq N}\int_0^t s e^{isH}i[I_b,A]\widetilde{P}_b e^{-isH}\widetilde{f}ds$$
$$-\frac{2}{t^2}\sum_{2\leq|b|\leq N}\int_0^t s e^{isH}i[H^b,A^b]\widetilde{P}_b e^{-isH}\widetilde{f}ds + \frac{X^2}{t^2}\widetilde{f}.$$

ここで補題を準備する．

補題 15.3 $B(s)$ を $\mathcal{H}$ における有界作用素の族で作用素ノルムに関し $s \in \mathbb{R}$ について連続なものとする．$B \subset \mathbb{R}$ を $\mathbb{R}$ の有界開集合で $E_H(B)\mathcal{H} \subset \mathcal{H}_c(H)$ を満たすものとし，$2 \leq |b| \leq N$ とする．このとき正定数 $\epsilon_M > 0$ で多重指数 M_b のすべての成分 M_j が ∞ に発散するとき $\epsilon_M \to 0$ なるものが存在して $T \to \infty$ のとき任意の組 $\alpha = \{i, j\}$ で $\alpha \not\subset C_\ell$ ($\forall C_\ell \in b$) なるものに対し以下が成り立つ．

$$\left\| \frac{1}{T} \int_0^T B(s) F(|x_\alpha| < R) \widetilde{P}_b^{M_b} e^{-isH} E_H(B) ds \right\| \sim_{\epsilon_M} 0. \quad (15.11)$$

ただし $\sim_{\epsilon_M}$ は両辺の差のノルムないし絶対値が T が十分大きいならば ϵ_M 未満になることを意味する．記号 $F(|x_\alpha| < R)$ は $S = \{x | |x_\alpha| < R\} \subset \mathbb{R}^{\nu n}$ 上 1 で S のある近傍の外では 0 となる集合 S の滑らかな特性関数を表す．

補題の証明は後で与えることとし定理の証明を続ける．

この補題より式 (15.10) の右辺の第 3 項は $t \to \infty$ のとき多重指数 $M_b = (M_1, \cdots, M_\ell)$ の成分 M_j の値より定まる小なる誤差 $\epsilon_M > 0$ を除いて 0 に収束する．式 (15.10) の右辺の最後の項は $X^2 f \in \mathcal{H}$ よりやはり $t \to \infty$ のとき消える．したがって $t \to \infty$ のとき漸近的に次が成り立つ．

$$\sum_{2 \leq \sharp(b) \leq N} e^{itH} \left(\frac{X}{t} - D \right)^2 \widetilde{P}_b e^{-itH} f \quad (15.12)$$

$$\sim_{\epsilon_M} -\frac{4}{t^2} \sum_{2 \leq |b| \leq N} \int_0^t s e^{isH} T_b \widetilde{P}_b e^{-isH} \widetilde{f} ds + 2 e^{itH} H_0 e^{-itH} \widetilde{f}$$

$$-\frac{2}{t^2} \sum_{2 \leq |b| \leq N} \int_0^t s e^{isH} i[H^b, A^b] \widetilde{P}_b e^{-isH} \widetilde{f} ds.$$

補題 15.3 を用いると $t \to \infty$ のとき

$$\sum_{2 \leq |b| \leq N} \sum_{2 \leq |d| \leq N, d \neq b} \frac{2}{t^2} \int_0^t s(\widetilde{f}, e^{isH} (\widetilde{P}_d)^* i[H^b, A^b] \widetilde{P}_b e^{-isH} \widetilde{f}) ds \sim_{\epsilon_M} 0$$

が示される．したがって式 (15.12) の右辺の最後の項と $\widetilde{f} = (I - P^{M_1})f$ との内積を取り式 (15.6) を使うと，$t \to \infty$ のとき以下の最右辺が $t \to \infty$ の

とき漸近的に誤差 $\delta > 0$ である極限に収束すれば

$$\frac{2}{t^2} \sum_{2 \leq |b| \leq N} \int_0^t s(\widetilde{f}, e^{isH} i[H^b, A^b] \widetilde{P}_b e^{-isH} \widetilde{f}) ds \tag{15.13}$$

$$\sim_{\epsilon_M} \frac{2}{t^2} \sum_{2 \leq |b| \leq N} \int_0^t s(\widetilde{f}, e^{isH} (\widetilde{P}_b)^* i[H^b, A^b] \widetilde{P}_b e^{-isH} \widetilde{f}) ds$$

$$\sim_{2\delta} \frac{1}{t} \sum_{2 \leq |b| \leq N} \int_0^t (\widetilde{f}, e^{isH} (\widetilde{P}_b)^* i[H^b, A^b] \widetilde{P}_b e^{-isH} \widetilde{f}) ds$$

が成り立つ．

以下式 (15.13) の右辺が $t \to \infty$ のとき誤差 $\delta = 2\epsilon_M > 0$ で漸近的に 0 に等しいことを示す．$S > 0$ を任意に固定し $mS \leq s < (m+1)S$ なる s に対し $t(s) = s - mS$ とおくと補題 15.3 と交換子に関する議論を用いて $t \to \infty$ のとき以下が示される．

$$\sum_{2 \leq |b| \leq N} \frac{1}{t} \int_0^t (\widetilde{f}, e^{isH} (\widetilde{P}_b)^* i[H^b, A^b] \widetilde{P}_b e^{-isH} \widetilde{f}) ds$$

$$\sim_{\epsilon_M} \sum_{2 \leq |b| \leq N} \frac{1}{t} \int_0^t (\widetilde{f}, e^{i(s-t(s))H} (\widetilde{P}_b)^* e^{it(s)H_b} i[H^b, A^b] \widetilde{P}_b e^{-isH} \widetilde{f}) ds.$$

これは同様の議論により $t \to \infty$ のとき誤差 $\epsilon_M > 0$ で漸近的に次に等しい．

$$\sum_{2 \leq |b| \leq N} \frac{1}{t} \int_0^t (\widetilde{f}, e^{i(s-t(s))H} (\widetilde{P}_b)^* e^{it(s)H_b} i[H^b, A^b] e^{-it(s)H_b} \widetilde{P}_b e^{-i(s-t(s))H} \widetilde{f}) ds.$$

$mS \leq s < (m+1)S$ のとき $s - t(s) = mS$ であることに注意すればこれは $t = nS$ に対し次のように書ける．

$$\frac{1}{nS} \sum_{m=0}^{n-1} \int_0^S (\widetilde{f}, e^{imSH} (\widetilde{P}_b)^* e^{isH_b} i[H^b, A^b] e^{-isH_b} \widetilde{P}_b e^{-imSH} \widetilde{f}) ds$$

$$= \frac{1}{n} \sum_{m=0}^{n-1} \frac{1}{S} \int_0^S \frac{d}{ds} (\widetilde{f}, e^{imSH} (\widetilde{P}_b)^* e^{isH_b} A^b e^{-isH_b} \widetilde{P}_b e^{-imSH} \widetilde{f}) ds$$

$$= \frac{1}{n} \sum_{m=0}^{n-1} \frac{1}{S} \big[(\widetilde{f}, e^{imSH} (\widetilde{P}_b)^* e^{iSH_b} A^b e^{-iSH_b} \widetilde{P}_b e^{-imSH} \widetilde{f})$$

$$- (\widetilde{f}, e^{imSH} (\widetilde{P}_b)^* A^b \widetilde{P}_b e^{-imSH} \widetilde{f}) \big]. \tag{15.14}$$

15.2. 局所時間の正当性

P_{b,E_j} を固有値 E_j に対応する H^b の 1 次元の固有射影作用素として $\widetilde{P}_b = \sum_{j=1}^{L} P_{b,E_j} \widehat{P}_{|b|-1}$ と書けば (15.14) の右辺の絶対値は以下で押さえられる.

$$\sum_{j=1}^{L} \frac{1}{n} \sum_{m=0}^{n-1} \frac{1}{S} |(\widetilde{f}, e^{imSH}(\widetilde{P}_b)^* e^{iS(H^b - E_j)} A^b P_{b,E_j} \widehat{P}_{|b|-1} e^{-imSH} \widetilde{f})$$
$$- (\widetilde{f}, e^{imSH}(\widetilde{P}_b)^* A^b P_{b,E_j} \widehat{P}_{|b|-1} e^{-imSH} \widetilde{f})|.$$

これは仮定 $\||X^b|P_{b,E_j}\| < \infty$ より $S > 0$ が十分大ならいくらでも小さくなり, 式 (15.13) の右辺が $t \to \infty$ のとき誤差 $2\epsilon_M > 0$ で漸近的に 0 に等しいことが示された.

まとめると (15.6) と $H_0 = T_b + H_0^b$ を用いて $t \to \infty$ のとき以下が示された.

$$\left(\widetilde{f}, \sum_{2 \leq \sharp(b) \leq N} e^{itH} \left(\frac{X}{t} - D\right)^2 \widetilde{P}_b e^{-itH} f\right) \tag{15.15}$$
$$\sim_{7\epsilon_M} -2 \left(\widetilde{f}, \sum_{2 \leq |b| \leq N} \left[\frac{2}{t^2} \int_0^t s e^{isH} T_b \widetilde{P}_b e^{-isH} \widetilde{f} ds - e^{itH} T_b \widetilde{P}_b e^{-itH} \widetilde{f}\right]\right)$$
$$+ 2 \left(\widetilde{f}, \sum_{2 \leq |b| \leq N} e^{itH} H_0^b \widetilde{P}_b e^{-itH} \widetilde{f}\right).$$

作用素
$$(1 + |X|^2)^{-1}(H - i)^{-1} e^{itH} \left(\frac{X}{t} - D\right)^2,$$

は t について一様に有界であり, 射影 $P_b^{M_{|b|}}$ は有限次元なので $R > 1$ が十分大きければ任意に小さい誤差 $\delta_R > 0$ を除いて

$$\left(\widetilde{f}, \sum_{2 \leq \sharp(b) \leq N} e^{itH} \left(\frac{X}{t} - D\right)^2 \widetilde{P}_b e^{-itH} f\right) \tag{15.16}$$
$$\approx \left(\widetilde{f}, \sum_{2 \leq \sharp(b) \leq N} e^{itH} \left(\frac{X}{t} - D\right)^2 F(|x^b| < R) \widetilde{P}_b e^{-itH} \widetilde{f}\right)$$

第 15 章 局所時間

が成り立つ. ここで

$$\left(\frac{X}{t} - D\right)^2 = \left(\frac{X_b}{t} - D_b\right)^2 + \left(\frac{(X^b)^2}{t^2} - \frac{2A^b}{t} + 2H_0^b\right)$$

を用いて (15.16) の右辺は $t \to \infty$ のとき漸近的に

$$\left(\widetilde{f}, \sum_{2 \leq \sharp(b) \leq N} e^{itH} \left(\frac{X_b}{t} - D_b\right)^2 F(|x^b| < R)\widetilde{P}_b e^{-itH}\widetilde{f}\right) \quad (15.17)$$

$$+2\left(\widetilde{f}, \sum_{2 \leq \sharp(b) \leq N} e^{itH} H_0^b F(|x^b| < R)\widetilde{P}_b e^{-itH}\widetilde{f}\right)$$

に等しい. これを式 (15.15) と比較し, 小なる誤差 $\delta_R > 0$ で $F(|x^b| < R)$ を取り除くと $t \to \infty$ のとき次の漸近的等式が得られる.

$$\left(\widetilde{f}, \sum_{2 \leq \sharp(b) \leq N} e^{itH} \left(\frac{X_b}{t} - D_b\right)^2 \widetilde{P}_b e^{-itH} f\right) \quad (15.18)$$

$$\sim_{7\epsilon_M + 3\delta_R} -2 \left(\widetilde{f}, \sum_{2 \leq |b| \leq N} \left[\frac{2}{t^2} \int_0^t s e^{isH} T_b \widetilde{P}_b e^{-isH}\widetilde{f} ds - e^{itH} T_b \widetilde{P}_b e^{-itH}\widetilde{f}\right]\right).$$

この両辺は球 $|x^b| < R$ へのカットオフ $F(|x^b| < R)$ に依存しないから誤差 $7\epsilon_M + 3\delta_R$ を $7\epsilon_M$ で置き換えられる.

いま

$$F(t) = \sum_{2 \leq |b| \leq N} \left[\frac{2}{t^2} \int_0^t s e^{isH} T_b \widetilde{P}_b e^{-isH} ds - e^{itH} T_b \widetilde{P}_b e^{-itH}\right],$$

$$G(t) = \sum_{2 \leq |b| \leq N} \left[\frac{2}{t^2} \int_0^t s e^{isH} (\widetilde{P}_b)^* T_b \widetilde{P}_b e^{-isH} ds - e^{itH} (\widetilde{P}_b)^* T_b \widetilde{P}_b e^{-itH}\right]$$

と置くと, 補題 15.3 より十分大きな $A > 1$ を固定するとき $T \to \infty$ において次の漸近等式が成り立つ.

$$\sum_{2 \leq |b| \leq N} \sum_{2 \leq |d| \leq N, d \neq b} \frac{2}{A} \int_T^{T+A}$$

$$\times \left[\frac{2}{t^2} \int_0^t s e^{isH} (\widetilde{P}_d)^* T_b \widetilde{P}_b e^{-isH}\widetilde{f} ds - e^{itH} (\widetilde{P}_d)^* T_b \widetilde{P}_b e^{-itH}\widetilde{f}\right] dt \sim_{\epsilon_M} 0.$$

したがって式 (15.6) より (15.18) の右辺の時間平均は $T \to \infty$ のとき漸近的に次に等しい.

$$-\frac{2}{A}\int_T^{T+A}\left(\widetilde{f}, F(t)\widetilde{f}\right)dt \sim_{\epsilon_M} -\frac{2}{A}\int_T^{T+A}(\widetilde{f}, G(t)\widetilde{f})dt. \qquad (15.19)$$

ここで関数

$$H(t) = \frac{2}{t^2}\int_0^t s(\widetilde{f}, e^{isH}(\widetilde{P}_b)^* T_b \widetilde{P}_b e^{-isH}\widetilde{f})ds$$

は実数値で, 連続的微分可能, $t \in \mathbb{R}$ につき一様に有界かつその t についての微分 $H'(t)$ は $t \to \infty$ のとき 0 に収束する. このとき各 $A > 1$ を固定するときある列 $T_k \to \infty$ (as $k \to \infty$) が取れて式 (15.19) の右辺は $T = T_k \to \infty$ のとき 0 に収束する ([15], Lemma 8.15). すなわち $T = T_k \to \infty$ のとき次が成り立つ.

$$\begin{aligned}
&-\lim_{k\to\infty}\frac{2}{A}\int_{T_k}^{T_k+A}(\widetilde{f}, G(t)\widetilde{f})dt \\
&= -\lim_{k\to\infty}\frac{2}{A}\int_{T_k}^{T_k+A} \\
&\quad \times \left[\frac{2}{t^2}\int_0^t s(\widetilde{f}, e^{isH}(\widetilde{P}_b)^* T_b \widetilde{P}_b e^{-isH}\widetilde{f})ds - (\widetilde{f}, e^{itH}(\widetilde{P}_b)^* T_b \widetilde{P}_b e^{-itH}\widetilde{f})\right]dt \\
&= \lim_{k\to\infty}\frac{1}{A}\int_{T_k}^{T_k+A} t\frac{dH}{dt}(t)dt = 0.
\end{aligned}$$

これらと (15.18) より $T_k \to \infty$ のとき

$$\frac{1}{A}\int_{T_k}^{T_k+A}\sum_{2\leq \sharp(b)\leq N}\left(\widetilde{f}, e^{itH}\left(\frac{X_b}{t}-D_b\right)^2 \widetilde{P}_b e^{-itH}f\right)dt \sim_{8\epsilon_M} 0$$

となる. 式 (15.6) と補題 15.3 よりこの左辺は $T_k \to \infty$ のとき漸近的に次に等しい.

$$\frac{1}{A}\int_{T_k}^{T_k+A}\sum_{2\leq \sharp(d)\leq N}\sum_{2\leq \sharp(b)\leq N}\left(f, e^{itH}(\widetilde{P}_d)^*\left(\frac{X_b}{t}-D_b\right)^2 \widetilde{P}_b e^{-itH}f\right)dt$$

$$\sim_{\epsilon_M} \frac{1}{A}\int_{T_k}^{T_k+A}\sum_{2\leq \sharp(b)\leq N}\left\|\left(\frac{X_b}{t}-D_b\right)\widetilde{P}_b e^{-itH}f\right\|^2 dt. \qquad (15.20)$$

以上により与えられた成分 M_j を持った多重指数 M_b と任意の固定された $A > 1$ に対し $T_k \to \infty$ のとき次がいえた.

$$\frac{1}{A} \int_{T_k}^{T_k+A} \sum_{2 \leq \sharp(b) \leq N} \left\| \left(\frac{X_b}{t} - D_b \right) \widetilde{P}_b e^{-itH} f \right\|^2 dt \sim_{9\epsilon_M} 0. \qquad (15.21)$$

さらに補題 15.3 を用いて $T_k \to \infty$ のとき

$$\frac{1}{A} \int_{T_k}^{T_k+A} \sum_{2 \leq \sharp(b) \leq N} \left[\left\| \left(\frac{X_b}{t} - D_b \right) \widetilde{P}_b e^{-itH} f \right\|^2 \right.$$

$$\left. + \sum_{\forall C_\ell \in b [\alpha \notin C_\ell]} \left\| F(|x_\alpha| < R) \widetilde{P}_b e^{-itH} f \right\| \right] dt \sim_{10\epsilon_M} 0$$

がいえる.ただしここで最初に固定する $A > 1$ を第 2 項が ϵ_M より小さくなるように取ってから $T_k \to \infty$ とした.したがって ∞ に発散する列 $\{t_m\}$ と M_j^m が取れて $m \to \infty$ のとき

$$\sum_{2 \leq \sharp(b) \leq N} \left\| \left(\frac{X_b}{t_m} - D_b \right) \widetilde{P}_b^{M_b^m} e^{-it_m H} f \right\|^2 \to 0 \qquad (15.22)$$

および任意の $R > 0$ とどの $C_\ell \in b$ にも含まれない $\alpha = \{i, j\}$ に対し

$$\left\| F(|x_\alpha| < R) \widetilde{P}_b^{M_b^m} e^{-it_m H} f \right\| \to 0 \qquad (15.23)$$

が成り立つことがいえた.$f \in \mathcal{H}$ は $(1 + |X|)^2 f \in \mathcal{H}$ および $\mathbb{R}$ のある有界開集合 B に対し $f = E_H(B)f$ を満たすものとしたが,そのようなものの全体は $\mathcal{H}$ において稠密であるから式 (15.7) と (15.8) はこれらより従う. $t_m \to -\infty$ の場合も同様である.

あとは補題 15.3 を示すことが残っている.

補題 15.3 の証明 ここでは補題 15.3 より一般的な以下の命題を示す.

命題 15.4 補題 15.3 の仮定の下に $T \to \infty$ のとき如何なる $C_\ell \in b$ に対しても $\alpha \notin C_\ell$ である任意の組 $\alpha = \{i, j\}$ に対し以下が成り立つ.

$$\left\| \frac{1}{T} \int_0^T B(s) F(|x_\alpha| < R) F(|x^b| < R) \widehat{P}_{|b|-1}^{\widehat{M_b}} e^{-isH} E_H(B) ds \right\| \sim_{\epsilon_M} 0. \quad (15.24)$$

15.2. 局所時間の正当性

命題の証明 (15.24) を $k = |b|$ についての数学的帰納法により示す．まず $k = |b| = 2$ の場合を以下の補題により示しておく．

補題 15.5 $|b| = 2$ に対し (15.24) が成り立つ．

補題 15.5 の証明 $|b| = 2$, $R < \infty$, $\alpha \notin C_\ell$ ($\forall C_\ell \in b$ ($\ell = 1, 2$)) に対し $\|F(|x| > S)F(|x_\alpha| < R)F(|x^b| < R)\| \to 0$ (as $S \to \infty$) であるから以下を示せば十分である．

$$\lim_{T \to \infty} \left\| \frac{1}{T} \int_0^T B(s) F(|x| < R) E_H(B) e^{-isH} ds \right\| = 0. \quad (15.25)$$

作用素 $F(|x| < R) E_H(B)$ はコンパクト作用素[6]であり $E_H(B)\mathcal{H} \subset \mathcal{H}_c(H)$ であるから $F(|x| < R) E_H(B)$ を任意の 1 次元作用素 $Kf = (f, \phi)\psi$ ($\phi \in \mathcal{H}_c(H), \psi \in \mathcal{H}$) に置き換えて (15.25) を示せばよい．置き換えたものは以下のように計算される．

$$\begin{aligned}
\left\| \frac{1}{T} \int_0^T B(s) K e^{-isH} ds \right\|^2 &= \left\| \frac{1}{T} \int_0^T e^{isH} K^* B(s)^* ds \right\|^2 \quad (15.26) \\
&= \sup_{\|f\|=1} \left\| \frac{1}{T} \int_0^T e^{isH} K^* B(s)^* f ds \right\|^2 \\
&= \sup_{\|f\|=1} \frac{1}{T^2} \int_0^T \int_0^T (B(s)^* f, \psi)(\psi, B(t)^* f) \\
&\quad \times (e^{-i(t-s)H} \phi, \phi) dt ds \\
&\leq C \frac{1}{T^2} \int_0^T \int_0^T |(e^{-i(t-s)H} \phi, \phi)| dt ds \\
&\leq C \frac{1}{T} \int_{-T}^T |(e^{-itH} \phi, \phi)| dt.
\end{aligned}$$

---

[6]ヒルベルト空間ないしバナッハ空間 X から Y への作用素 K がコンパクト作用素であるとは X の任意の有界集合 B に対しその像 $K(B)$ の閉包 $\overline{K(B)}$ が Y のコンパクト集合となっていることである．これは X の任意の有界点列 $\{x_n\}$ に対しその像 $\{Kx_n\}$ が Y において収束する部分列を持つことと同値である．このとき K は有限次元作用素の作用素ノルムに関する極限として表される．[85], section VI.5 を参照されたい．

ただし $C = (\sup_{s \in \mathbb{R}} \|B(s)\psi\|)^2 > 0$ である．シュワルツの不等式より右辺は以下で押さえられる．

$$\sqrt{2}C \left(\frac{1}{T} \int_{-T}^{T} |(e^{-itH}\phi, \phi)|^2 dt \right)^{\frac{1}{2}}. \tag{15.27}$$

条件 $\phi \in \mathcal{H}_c(H)$ より関数 $\mu(\lambda) = (E_H(\lambda)\phi, \phi)$ $(\lambda \in \mathbb{R})$ が実数値単調増大，有界かつ連続であることから上式の括弧内は

$$\frac{1}{T} \int_{-T}^{T} \int_{\mathbb{R}} \int_{\mathbb{R}} e^{-i(\lambda - \lambda')t} d\mu(\lambda) d\mu(\lambda') dt \tag{15.28}$$
$$= 2 \int_{\mathbb{R}} \int_{\mathbb{R}} \frac{\sin\{(\lambda - \lambda')T\}}{(\lambda - \lambda')T} d\mu(\lambda) d\mu(\lambda')$$

と書ける．$\epsilon > 0$ として積分範囲 $\mathbb{R}^2$ を $|\lambda - \lambda'| \leq \epsilon$ とその外とに分ければ式 (15.28) の絶対値は

$$2 \int_{|\lambda - \lambda'| \leq \epsilon} d\mu(\lambda) d\mu(\lambda') + \frac{2}{\epsilon T}$$

で押さえられる．$\mu(\lambda)$ は単調増大な有界連続関数だから第 1 項は $\epsilon > 0$ が十分小になればいくらでも小さくなる．第 1 項を十分小さくした上で $T \to \infty$ とすれば補題 15.5 の証明が終わる．

これを用いて命題 15.4 の証明を続けよう．式 (15.24) が $|b| < k$ $(3 \leq k \leq N)$ に対し成り立つと仮定する．$b = \{C_1, \cdots, C_{|b|}\}$ を $|b| = k$ なるクラスター分解とし $\alpha = \{i, j\}$ が b の異なるクラスター C_1 と C_2 を結ぶとする．すなわちたとえば $i \in C_1$, $j \in C_2$ とする．b を $\alpha = \{i, j\}$ で結んで得られるクラスター分解を $d = \{C_1 \cup C_2, C_3, \cdots, C_k\}$ と表す．すると $|d| = k - 1$ であり，$K_1 = F(|x_\alpha| < R)F(|x^b| < R)$ は変数 x^d を有界に押さえる．すなわち任意の定数 $\epsilon > 0$ に対し定数 $R_\epsilon >$ と空間 $\mathcal{H}^d = L^2(\mathbb{R}_{x^d}^{\nu(N-|d|)})$ のある有界作用素 L_ϵ^d で $\|L_\epsilon^d\| < \epsilon$ を満たすものが存在して K_1 が $K_1 = F(|x^d| < R_\epsilon)K_1 + L_\epsilon^d K_1$ と分解される．式 (15.24) の $\widehat{P}_{k-1}^{\widehat{M_b}}$ ((15.4) 参照) を

$$\widehat{P}_{k-1}^{\widehat{M_b}} = (I - P_d^{M_{k-1}})\widehat{P}_{k-2}^{\widehat{M_d}} - \sum_{b_{k-1} \neq d} P_{b_{k-1}}^{M_{k-1}} \widehat{P}_{k-2}^{\widehat{M_d}} \tag{15.29}$$

と分解する．ただし $\widehat{M_d} = (M_1, \cdots, M_{k-2})$ である．第 2 項の各 $P^{M_{k-1}}_{b_{k-1}}$ は $|b_{k-1}| = k-1$ に対し変数 $x^{b_{k-1}}$ を上と同様の意味で押さえる．いま $b_{k-1} \neq d$ でありかつ $K_1 = F(|x_\alpha| < R)F(|x^b| < R)$ は変数 x^d を押さえるから $K_1 P^{M_{k-1}}_{b_{k-1}}$ は d の相異なる二つのクラスターの少なくとも一組 $\{C_i, C_j\}$ ($i \neq j, C_i, C_j \in d$) に対し $k \in C_i, m \in C_j$ なる変数 x_{km} を押さえる．したがって式 (15.29) の右辺の第 2 項は帰納法の仮定により処理される．以上から $T \to \infty$ のとき

$$\left\| \frac{1}{T} \int_0^T B(s) F(|x_\alpha| < R) F(|x^b| < R)(I - P^{M_{k-1}}_d) \widehat{P}^{\widehat{M_d}}_{k-2} e^{-isH} E_H(B) ds \right\|$$
$$\sim_{\epsilon_M} 0 \tag{15.30}$$

であることを示せば十分である．

いま $S > 0$ を任意に固定し以前と同様の量 $t(s) = s - mS$ ($mS \leq s < (m+1)S$) を導入すると式 (15.30) のノルムは以下により押さえられる．

$$\left\| \frac{1}{T} \int_0^T B(s) K_1 (I - P^{M_{k-1}}_d) e^{-it(s)H_d} e^{it(s)H} \widehat{P}^{\widehat{M_d}}_{k-2} e^{-isH} E_H(B) ds \right\|$$
$$+ \left\| \frac{1}{T} \int_0^T B(s) K_2 (I - e^{-it(s)H_d} e^{it(s)H}) \widehat{P}^{\widehat{M_d}}_{k-2} e^{-isH} E_H(B) ds \right\|. \tag{15.31}$$

ただし $K_1 = F(|x_\alpha| < R) F(|x^b| < R)$, $K_2 = K_1(I - P^{M_{k-1}}_d)$ とした．

ここで $H - H_d = I_d$ であるから (15.31) の第 2 項の

$$I - e^{-it(s)H_d} e^{it(s)H} = \int_0^{t(s)} e^{-i\tau H_d} i(H_d - H) e^{i\tau H} d\tau \quad (0 \leq t(s) < S) \tag{15.32}$$

は d の相異なる二つのクラスターを結ぶ変数 x_β ($\beta = \{k, m\}$) のうちの少なくとも一つを押さえる項の和になっている．$K_1 = F(|x_\alpha| < R)F(|x^b| < R)$ は変数 x^d を押さえるから (15.31) の第 2 項は帰納法の仮定により処理される．

式 (15.31) の第 1 項はある余りの項を除いて

$$\left\| \frac{1}{T} \int_0^T B(s) K_1 (I - P^{M_{k-1}}_d) e^{-it(s)H_d} \widehat{P}^{\widehat{M_d}}_{k-2} e^{-i(s-t(s))H} E_H(B) ds \right\| \tag{15.33}$$

と書ける.それらの余りの項は $e^{it(s)H}$ と $\widehat{P^{M_d}_{k-2}}$ の交換子から生じやはり帰納法の仮定により処理される.$s-t(s)=mS$ であるから (15.33) は $T=nS$ のとき

$$\left\|\frac{1}{nS}\sum_{m=0}^{n-1}\int_0^S B(s+mS)K_1(I-P_d^{M_{k-1}})e^{-isH_d}\widehat{P^{M_d}_{k-2}}E_H(B)ds e^{-imSH}\right\| \tag{15.34}$$

と書き直される.K_1 は変数 x^d を押さえるから差

$$K_1\{(I-P_d^{M_{k-1}})-(I-P_d)\}=K_1(P_d-P_d^{M_{k-1}}) \tag{15.35}$$

は任意に小さい誤差を除いて $M_{k-1}\to\infty$ のとき作用素ノルムで 0 に収束する.したがって (15.34) の $K_1(I-P_d^{M_{k-1}})$ を誤差 ϵ_M を除いて $K_1(I-P_d)$ に置き換えてよい.このとき $S>0$ を十分大きく取って固定したうえで,交換子を用いた議論によりある誤差を除いて $E_H(B)$ から (15.34) の e^{-isH_d} の位置に H^d に関するエネルギーカットオフ $E_{H^d}(B')$ を挿入する.交換子により生ずる誤差は帰納法の仮定により処理される.カットオフ挿入後に関係 $e^{-isH_d}=e^{-isT_d}\otimes e^{-isH^d}$ を代入するとこの式は

$$\frac{1}{n}\sum_{m=0}^{n-1}\left\|\frac{1}{S}\int_0^S B(s+mS)K_1(I-P_d)e^{-isH^d}E_{H^d}(B')ds\right\|$$

の定数倍で押さえられる.$K_1=F(|x_\alpha|<R)F(|x^b|<R)$ が変数 x^d を押さえることを用いればこれは $|b|=2$ の場合の (15.24) で H を H^d と置き換えた式になり,帰納法の仮定により S が大きくなるとき 0 に収束する.

以上により式 (15.24) と定理 15.2 の証明が終わる.□

証明が終わったので定理 15.2 を述べた元々の問題に戻り我々の定義 15.1 で与えた時間が通常の時間の概念と一致することを見てみよう.定理 15.2 の式 (15.8) をより直観的な式 (15.22) の形で述べれば $2\leq|b|\leq N$ なる任意のクラスター分解 b に対して

$$\left\|\left(\frac{x_b}{t_m}-v_b\right)\widetilde{P}_b^{M_b^m}e^{-it_mH/\hbar}f\right\|\to 0\quad(m\to\infty) \tag{15.36}$$

が成り立つということであり，位置ベクトル x_b と速度ベクトル v_b の比が定義 15.1 で与えた時間に等しいということである．あるいはより図式的に言えば漸近関係式

$$\frac{|x_b|}{|v_b|} \sim t \tag{15.37}$$

が $t = t_m \to \pm\infty$ なる列に沿って成り立つと言うことである．したがって与えられた N 体量子力学系の時間 t は系の中の N 個の粒子群の分割 b の取り方によらず定まる，あるいは b に依らず位置と速度の比は一定であり，したがって「系の運動の共通のパラメタ」としての「系の時間」というものが定義できると言うことである．これはニュートンが彼の『プリンキピア』で述べた「相対的な見かけの共通時間」("relative, apparent, and common time, is some sensible and external (whether accurate or unequable) measure of duration by the means of motion, $\cdots$" (I. Newton [82] p.6))と通ずるものである．

このように定義 15.1 の時間は我々の直観的な時間の理解と合致する．その合致は系のある状態 f に時計 $\exp(-itH/\hbar)$ を施した状態 $\exp(-itH/\hbar)f$ においては指数の t が運動の共通パラメタとして働くと言うことであった．したがって系の状態 f から時間 t 経ったときの系の状態が $\exp(-itH/\hbar)f$ によって表されると解釈してよいであろう．この状態 $\exp(-itH/\hbar)f$ は明らかに恒等式

$$\left(\frac{\hbar}{i}\frac{d}{dt} + H\right)\exp(-itH/\hbar)f = 0 \tag{15.38}$$

を満たし，これはよく知られたシュレーディンガー方程式である．この意味で定義 15.1 によって時間が定義されていれば通常の量子力学の仮定と同じく系内の粒子の運動はシュレーディンガー方程式に従うことになる．

15.3 時間の不確定性

以上に述べた時間概念は近似的な「運動の共通パラメタ」であることを述べておかねばならない．式 (14.6) のハミルトニアン H を持った系の時間

t は漸近関係 (15.8) あるいは (15.36) を満たすがこれはあくまでも漸近式であり古典力学の場合に精密に成り立つと仮定される関係式 $x_b = tv_b$ ではない．すでに第 13 章で見たように量子力学においては不確定性関係が成り立っており位置と運動量は同時に精密に定まるものではなかった．よく知られた古典力学と量子力学の矛盾である．

我々の量子力学の定式化では正準交換関係を満たす位置と運動量が基本量であり，この交換関係より不確定性関係

$$\Delta x \cdot \Delta p \geq \frac{\hbar}{2}.$$

が導かれた．したがって我々の文脈では位置と運動量は互いに独立な基本量であり，古典力学の場合のようにこれらを互いに精密に関連づけることはもともとできないものである．通常の定式化では時間はアプリオリな基本量として与えられるため第 13 章で見たように時間の基本量としての性質から一つの粒子の位置 x と平均速度 v は $t = 0$ で位置 $x = 0$ にある場合 $x = tv$ という関係を満たさなければならなかった．この通常の定式化においては不確定性関係は「なぜ位置と運動量は精密に関係づけられないのか？」という疑問を提起する．我々の定式化においては時間は位置と運動量の概念から派生するものであり，式 (15.8) あるいは (15.37) 以上のものを期待する必要はない．

不確定性関係は式 (15.8) が正確に成り立つことを禁ずるがしかし関係 (15.8) が成り立つもっとも可能な度合いを与えているのである[7]．すなわち系の局所時間ははじめから関係 (15.8) が許す不確定性を持つように定義されているのである．

---

[7] より精密な評価については [9] を参照されたい．

…

第16章 局所系

以上で N 体量子力学系を考察しその系の位置作用素と運動量作用素の存在を仮定した．これらの概念を元にして N 体量子系の時間を定義した．したがって空間-運動量および時間は各 N 体量子力学系に固有の概念である．そのような系を**局所系**と呼ぶ．

定義 16.1 ヒルベルト空間 $\mathcal{H}_{n\ell} = \mathcal{H}^n = L^2(\mathbb{R}^{\nu(N-1)})$ $(N = n+1)$ と N 体ハミルトニアン $H_{n\ell}$ の組 $(H_{n\ell}, \mathcal{H}_{n\ell})$ を局所系 (local system) と呼ぶ．

このとき局所系 $(H_{n\ell}, \mathcal{H}_{n\ell})$ の固有時間ないし局所時間 t が定義15.1のように定義される．この固有時間をその属する局所系を強調して $t_{(H_{n\ell}, \mathcal{H}_{n\ell})}$ と表すことがある．ここでラベル ℓ は同じ個数 $N = n+1$ の粒子を持った異なる局所系を区別するためのものであったことを思い出しておこう（第14章の公理14.2）．

局所系に関連して二つの研究領域がある．一つは各局所系内部の粒子の運動の性質の研究である．他の一つは複数の局所系の間の関係の研究である．

前者は通常の量子力学の研究と同一の領域である．一点通常の観点と異なる点は運動は初期状態 f が散乱状態であるときのみ可能であるという点である．すなわち f が系のハミルトニアン H の連続スペクトル空間 $\mathcal{H}_c(H)$ に属するときのみ運動が起こると言うことである．理由はもし f が H の固有状態でありある固有値 E に対し

$$Hf = Ef \qquad (16.1)$$

を満たしているとしてみるとその発展は

$$\exp(-itH/\hbar)f(x) = \exp(-itE/\hbar)f(x) \qquad (16.2)$$

で与えられる．したがってそのような状態の座標空間における存在確率密度は

$$|\exp(-itH/\hbar)f(x)|^2 = |\exp(-itE/\hbar)f(x)|^2 = |f(x)|^2 \qquad (16.3)$$

で与えられ運動の定数である．したがってそのような状態は f が外界からの何らかの擾乱によって他の状態 g で H の連続スペクトル空間への成分を含んだものに変わらない限り観測されない[1]．この場合時間に関し変化しうるものは g の散乱成分のみであり，量子力学的変化ないし運動の研究とは散乱状態すなわち連続スペクトル空間に属する状態ベクトルの変化ないし運動の研究である．通常の量子力学の教科書で考察されている観測可能な固有状態ないし束縛状態とは一種の共鳴状態であり，固有状態に近いが実は散乱状態にある状態ベクトルである．それらは決して純粋の束縛状態ではあり得ない．

したがって以降しばらく固定されたヒルベルト空間 $\mathcal{H} = L^2(\mathbb{R}^{\nu n})$ ($n = N-1 \geq 1$) における N 体ハミルトニアン H の散乱状態 f に対しその発展 $\exp(-itH/\hbar)f$ を調べる．

局所系の内部の運動を調べた後第 20 章以降で複数の局所系の間の関係を調べる[2]．ここでの主題は観測である．観測の説明において我々は各局所系の重心が局所系内部の相対座標と完全に分離され独立である事実を踏まえ，重心は古典力学に従うと考える．これは論理的に可能な考えであり，数学としてこの可能性を考察することは排除され得ない．この考えに従い複数の局所系の重心の間の関係は一般相対性理論の原理である「一般相対性原理」および「等価原理」に従うと仮定する．すなわちある観測者が他の局所系を観測するとき被観測系の内部を観測者の目的に従って部分局所系に分割し，分割より生ずるこれら部分局所系はそれらの重心と同一視されそれらの間の運動は一般相対論に従うと措定する．観測というものはその性質上必然的に被観測系を有限個の部分局所系へ分割しそれらの間の相対運動を観測すると言うことだからである．

---

[1]関連した事柄として以下を Paul Busch and Pekka J. Lahti [7], p. 667 より引用しておく: "In fact, defining (preparing) a physical system in a pure state implies that it is isolated from its environment. Therefore, strictly speaking, it cannot be observed, since an observation entails an interaction which amounts to suspending the system's isolation."

[2]あとがきを参照されたい．

ここで当然起こる疑問はこれまで考察してきたユークリッド的時空を持つと仮定された局所系内部に成立する量子力学と上記のように局所系相互の間に成り立つと仮定される非ユークリッド的時空を仮定する一般相対性理論が整合するか？ということであろう．

　この肝要な点は第20章の定理20.3において答えられる．主要な点は相異なる局所系内部の空間-運動量ないし時間-空間構造は互いに独立でありしたがって相異なる局所系の重心相互の間の運動に関しては如何なる法則を仮定しても局所系の内部の記述と矛盾しないと言うことである．局所系相互の間の運動を支配する法則として我々は観測および実験とよく合致することの知られている一般相対性理論を採用する．

　ここで特殊相対性理論がこの種の仮定をすでにおいていることに注意する．すなわち特殊相対性理論においては静止系の内部の時間-空間座標系はユークリッド的であると解釈することができる．ゼロでない相対速度で互いに運動している二つの静止系の間の関係はローレンツ変換で与えられるが，一つの静止局所系のそれ自身に対する相対速度はゼロであるからその局所系自身に対するローレンツ変換はガリレイ変換である．したがって我々は特殊相対論の次のような解釈に到達する．すなわち静止局所系内部では時間-空間座標はユークリッド的であるが観測者の局所系に対しゼロでない相対速度で運動している局所系の観測においてはミンコフスキー的時間-空間座標系が現れる．特殊相対性理論の主要な目的は運動している局所系の観測の際に現れる現象の説明であるから静止局所系内部に対しユークリッド幾何学が適用される事実が見過ごされてきたのは自然のことであろう．相対速度がゼロの場合も込めた場合はガリレイ変換を相対速度がゼロの場合のローレンツ変換と見なすことは自然であり，局所系内部のユークリッド的時空と局所系の外部の曲がった時空の整合性はすでに特殊相対性理論において暗黙のうちに仮定されていたことと言えよう．

　局所系内部のユークリッド的時空構造と外部の一般相対論的時空の整合性を示したあと実際の観測および実験の値の説明を第21章において現時点で可能な範囲で与える．これらの説明における主要な道具は第17-19章で得た通常の量子力学の結果である．観測の説明は特殊相対論と同様に実際の観測値は局所系内部の量子力学による結果を一般相対論的座標変換によっ

て被観測系から観測者の局所系へ変換して修正したものとして与えられる．

第17章　自由ハミルトニアン

17.1　自由ハミルトニアンに対するスペクトル表現

本章では $\hbar = 1$ と仮定し一般次元 m $(m = 1, 2, \cdots)$ の空間 $\mathbb{R}^m$ 上の関数に対して定義された自由ハミルトニアン

$$H_0 = -\frac{1}{2}\Delta = -\frac{1}{2}\sum_{j=1}^{m}\frac{\partial^2}{\partial x_j^2} = \frac{1}{2}D_x^2 = \frac{1}{2}\sum_{j=1}^{m}D_{x_j}^2 \tag{17.1}$$

を考える．ただしここで

$$D_x = (D_{x_1}, \cdots, D_{x_m}), \quad D_{x_j} = \frac{1}{i}\frac{\partial}{\partial x_j}$$

である．これらの式において質量因子および通常のプランク定数を回復することは第14章ないし第15章と同様に容易に行うことができる．

自由ハミルトニアン H_0 は最初急減少関数 $f \in \mathcal{S} = \mathcal{S}(\mathbb{R}^m)$ に対し以下のように定義される．

$$H_0 f(x) = -\frac{1}{2}\sum_{j=1}^{m}\frac{\partial^2 f}{\partial x_j^2}(x). \tag{17.2}$$

その上で H_0 は $\mathcal{H} = L^2(\mathbb{R}^m)$ 上へ定義域 $\mathcal{D}(H_0)$ として二階のソボレフ空間 $H^2(\mathbb{R}^m) = \{f \in L^2(\mathbb{R}^m)|\ \int_{\mathbb{R}^m}|(1+D_x^2)f(x)|^2 dx < \infty\}$ を持つ自己共役作用素に拡張される．その自己共役拡張もやはり H_0 と表す．

以下 (f, g) によってヒルベルト空間 $\mathcal{H} = L^2(\mathbb{R}^m)$ の内積を表し，$\|f\| = \sqrt{(f, f)}$ によって $\mathcal{H}$ のノルムを表す．

いま $\mathcal{F}$ を $f \in \mathcal{S}$ に対し以下のように定義されるフーリエ変換とする．

$$\mathcal{F}f(\xi) = (2\pi)^{-\frac{m}{2}}\int_{\mathbb{R}^m} e^{-i\xi x}f(x)dx. \tag{17.3}$$

ただし $\xi x = \sum_{j=1}^{m} \xi_j x_j$ は $\mathbb{R}^m$ の通常のユークリッド内積である．その上で $\mathcal{F}$ を $\mathcal{H}$ から $\mathcal{H}$ へのユニタリ作用素として拡張する．

$$\|\mathcal{F}f\| = \|f\|. \tag{17.4}$$

$|\xi|^2/2$ によって関数 $|\xi|^2/2$ による $L^2(\mathbb{R}_\xi^m)$ 上の掛け算作用素を表すとすると次が成り立つ．

$$H_0 = \mathcal{F}^{-1}(|\xi|^2/2)\mathcal{F}. \tag{17.5}$$

これより容易に H_0 は固有値を持たないことがいえる．すなわち任意の $f \in \mathcal{D}(H_0)$ に対し

$$\exists \lambda \in \mathbb{R}[H_0 f = \lambda f] \Rightarrow f = 0$$

が成り立つ．したがって H_0 の純粋点スペクトル空間ないし固有空間 $\mathcal{H}_p(H_0)$ は $\{0\}$ に等しく，特に H_0 の連続スペクトル空間 $\mathcal{H}_c(H_0) = \mathcal{H}_p(H_0)^\perp$ は全空間 $\mathcal{H} = L^2(\mathbb{R}^m)$ に一致する．

χ_S で集合 S の特性関数を表すと関数 $(\chi_{(-\infty,\lambda]}(|\xi|^2/2)g, h)$ $(g, h \in \mathcal{H})$ は変数 $\lambda \in \mathbb{R}$ について有界変動で $\lambda \leq 0$ に対してはゼロになる．したがって任意の $g, h \in \mathcal{S}$ に対し

$$((|\xi|^2/2)g, h) = \int_0^\infty \lambda d_\lambda(\chi_{(-\infty,\lambda]}(|\xi|^2/2)g, h) \tag{17.6}$$

と書ける．この関係は $h \in \mathcal{H}$ および

$$\int_0^\infty \lambda^2 d\|\chi_{(-\infty,\lambda]}(|\xi|^2/2)g\|^2 < \infty \tag{17.7}$$

を満たす g に拡張される．この不等式は

$$g \in \mathcal{F}H^2(\mathbb{R}^m) \tag{17.8}$$

に同値である．関数 $f \in \mathcal{H}$ に対し

$$E_0(\lambda)f = \mathcal{F}^{-1}\chi_{(-\infty,\lambda]}(|\xi|^2/2)\mathcal{F}f \tag{17.9}$$

17.1. 自由ハミルトニアンに対するスペクトル表現

と定義する．このときプランシュレルの定理より式 (17.5), (17.6) および (17.8) から $f \in \mathcal{D}(H_0) = H^2(\mathbb{R}^m)$ および $g \in \mathcal{H}$ に対し

$$(H_0 f, g) = \int_0^\infty \lambda d(E_0(\lambda) f, g)$$

が成り立つ．

定義から容易に $E_0(\lambda)$ は

$$E_0(\lambda) E_0(\mu) = E_0(\min(\lambda, \mu)), \tag{17.10}$$

$$\text{s-}\lim_{\lambda \to -\infty} E_0(\lambda) = 0, \quad \text{s-}\lim_{\lambda \to \infty} E_0(\lambda) = I, \tag{17.11}$$

$$E_0(\lambda + 0) = E_0(\lambda) \tag{17.12}$$

を満たすことがいえる．ただし $E_0(\lambda + 0) = \text{s-}\lim_{\mu \downarrow \lambda} E_0(\mu)$ である．

これらの条件 (17.10)-(17.12) を満たす作用素の族は第 15.2 節 188 頁で触れたように単位の分解 (a resolution of the identity) と呼ばれる．単位の分解 $\{E(\lambda)\}$ と以下によってヒルベルト空間 $\mathcal{H}$ において定義された自己共役作用素 H は一対一に対応していることが知られている (たとえば [101] の Chapter XI を参照されたい)．

$$(Hf, g) = \int_{-\infty}^\infty \lambda d(E(\lambda) f, g), \quad f \in \mathcal{D}(H), \quad g \in \mathcal{H}. \tag{17.13}$$

したがって式 (17.9) によって定義された $\{E_0(\lambda)\}$ は自己共役作用素 H_0 に対応した単位の分解である．ここで式 (17.13) より任意の連続関数 $F(\lambda)$ に対し関係

$$(F(H)f, g) = \int_{-\infty}^\infty F(\lambda) d(E(\lambda) f, g), \quad f \in \mathcal{D}(F(H)), \quad g \in \mathcal{H} \tag{17.14}$$

が成り立つことを注意しておく．

$\lambda > 0$ に対し

$$\begin{aligned}
(\chi_{(-\infty,\lambda]}(|\xi|^2/2) g, h) &= \int_{|\xi|^2/2 \leq \lambda} g(\xi) \overline{h(\xi)} d\xi \\
&= \int_0^\lambda \int_{S^{m-1}} g(\sqrt{2\mu}\omega) \overline{h(\sqrt{2\mu}\omega)} d\omega (2\mu)^{(m-2)/2} d\mu
\end{aligned}$$

であるので $g, h \in \mathcal{S}$ および $\lambda > 0$ に対し

$$\frac{d}{d\lambda}(\chi_{(-\infty,\lambda]}(|\xi|^2/2)g, h) = (2\lambda)^{(m-2)/2}\int_{S^{m-1}} g(\sqrt{2\lambda}\omega)\overline{h(\sqrt{2\lambda}\omega)}d\omega$$

となる. ただし $d\omega$ は $(m-1)$-次元単位球面 S^{m-1} の面積要素を表す. したがって $f, g \in \mathcal{S}$ および $\lambda > 0$ に対し

$$\begin{aligned}\frac{d}{d\lambda}(E_0(\lambda)f, g) &= \frac{d}{d\lambda}(\chi_{(-\infty,\lambda]}(|\xi|^2/2)\mathcal{F}f, \mathcal{F}g) \\ &= (2\lambda)^{(m-2)/2}\int_{S^{m-1}}(\mathcal{F}f)(\sqrt{2\lambda}\omega)\overline{(\mathcal{F}g)(\sqrt{2\lambda}\omega)}d\omega\end{aligned} \quad (17.15)$$

となる. $\lambda > 0$ に対し

$$\mathcal{F}(\lambda)f(\omega) = (2\lambda)^{(m-2)/4}(\mathcal{F}f)(\sqrt{2\lambda}\omega) \quad (17.16)$$

とおく. 式

$$\mathcal{F}(\lambda)H_0 f(\omega) = \lambda\mathcal{F}(\lambda)f(\omega) \quad (17.17)$$

であるので後述の式 (17.28) で定義される $\mathcal{F}(\lambda)$ の随伴作用素 $\mathcal{F}(\lambda)^*$ は以下の関係を満たすという意味で H_0 の固有作用素である.

$$H_0\mathcal{F}(\lambda)^* = \lambda\mathcal{F}(\lambda)^*. \quad (17.18)$$

したがって式 (17.15) は

$$\frac{d}{d\lambda}(E_0(\lambda)f, g) = (\mathcal{F}(\lambda)f, \mathcal{F}(\lambda)g)_{L^2(S^{m-1})} \quad (17.19)$$

と書ける. ただし $(\varphi, \psi)_{L^2(S^{m-1})}$ はヒルベルト空間 $L^2(S^{m-1})$ の内積である. ここで $g(\rho) = (\mathcal{F}f)(\rho \cdot) \in L^2(S^{m-1})$ ($\rho > 0$) とおくと $\lambda > 0$ に対し

$$\begin{aligned}\mathcal{F}(\lambda)f &= (\sqrt{2\lambda})^{(m-2)/2}(\mathcal{F}f)(\sqrt{2\lambda}\,\cdot) \\ &= (2\lambda)^{-1/4}(\sqrt{2\lambda})^{(m-1)/2}g(\sqrt{2\lambda}) \\ &= (2\lambda)^{-1/4}(2\pi)^{-1/2}\int_{-\infty}^{\infty} e^{i\sqrt{2\lambda}r}\mathcal{F}_\rho(\phi(\rho)\rho^{(m-1)/2}g)(r)dr\end{aligned} \quad (17.20)$$

17.1. 自由ハミルトニアンに対するスペクトル表現　211

となる．ただし関数 $\phi \in C_0^\infty((0,\infty))$ は $\operatorname{supp} \phi \subset (0,\infty)$ および $\phi(\sqrt{2\lambda}) = 1$ を満たすとし，$\mathcal{F}_\rho g(r)$ は $\rho \in \mathbb{R}$ についての $g(\rho)$ のフーリエ変換を表す．このとき $\|\mathcal{F}(\lambda)f\|_{L^2(S^{m-1})}$ は $s > 1/2$ に対し以下で押さえられる．

$$(2\pi)^{-1/2}(2\lambda)^{-1/4}\left(\int_{-\infty}^\infty \langle r \rangle^{-2s} dr\right)^{1/2}$$
$$\times \left(\int_{-\infty}^\infty \langle r \rangle^{2s} \|\mathcal{F}_\rho(\phi(\rho)\rho^{(m-1)/2}g)(r)\|_{L^2(S^{m-1})}^2 dr\right)^{1/2}$$
$$\leq C_s \lambda^{-1/4} \|\phi(\rho)\rho^{(m-1)/2}g\|_{H^s((0,\infty),L^2(S^{m-1}))}. \qquad (17.21)$$

ただし $\langle r \rangle = (1+|r|^2)^{1/2}$ であり，$\langle D_\rho \rangle^s = \mathcal{F}_\rho^{-1}\langle r \rangle^s \mathcal{F}_\rho$ とするとき

$$H^s((0,\infty),L^2(S^{m-1})) = \text{ノルム } \|h\| = \left(\int_0^\infty \|\langle D_\rho \rangle^s h(\rho)\|_{L^2(S^{m-1})}^2 d\rho\right)^{1/2}$$
$$\text{に関する } C_0^\infty((0,\infty),L^2(S^{m-1})) \text{ の完備化} \qquad (17.22)$$

である．フーリエ変換を用いて計算することにより式 (17.21) の右辺は

$$C_{s\phi}\lambda^{-1/4}\left(\int_0^\infty \|\langle D_\rho \rangle^s g(\rho)\|_{L^2(S^{m-1})}^2 \rho^{m-1} d\rho\right)^{1/2}$$
$$\leq C_{s\phi}\lambda^{-1/4}\|f\|_{L_s^2}$$

により押さえられる．ただし $L_s^2 = L_s^2(\mathbb{R}^m)$ は内積

$$(f,g)_{L_s^2} = \int_{\mathbb{R}^m} \langle x \rangle^{2s} f(x)\overline{g(x)} dx \qquad (17.23)$$

を持ったヒルベルト空間である．したがって以下の評価がいえた．すなわち任意の $\delta > 0$ および $s > 1/2$ に対しある定数 $C_{s\delta} > 0$ が存在して $\lambda > \delta$ に対し

$$\|\mathcal{F}(\lambda)f\|_{L^2(S^{m-1})} \leq C_{s\delta}\lambda^{-1/4}\|f\|_{L_s^2} \qquad (17.24)$$

が成り立つ．さらに表現 (17.20) を用いて差 $\mathcal{F}(\lambda)f - \mathcal{F}(\mu)f$ を上と同様に評価することにより $\mathcal{F}(\lambda)$ は $\lambda > \delta$ に関して連続になり以下の評価が成り

立つ.

$$\|\mathcal{F}(\lambda)f - \mathcal{F}(\mu)f\|_{L^2(S^{m-1})} \leq C_{s\delta}\epsilon(\lambda,\mu)\|f\|_{L^2_s}. \tag{17.25}$$

ただし $\epsilon(\lambda,\mu)$ は $0 < \theta < s - 1/2$ に対し $\lambda, \mu > \delta$ を保ったまま $\mu \to \lambda$ となるとき

$$\epsilon(\lambda,\mu) = \left(\int_{-\infty}^{\infty} |e^{i\sqrt{2\lambda}r} - e^{i\sqrt{2\mu}r}|^2 \langle r \rangle^{-2s} dr\right)^{1/2} \leq C_{\theta\delta}|\lambda - \mu|^\theta \to 0 \tag{17.26}$$

を満たす数である.

他方 $\varphi \in L^2(S^{m-1})$ および $g \in L^2_s$ に対し

$$\begin{aligned}(\mathcal{F}(\lambda)^*\varphi, g)_{L^2(\mathbb{R}^m)} &= (\varphi, \mathcal{F}(\lambda)g)_{L^2(S^{m-1})} \\ &= \int_{\mathbb{R}^m} (2\lambda)^{(m-2)/4}(2\pi)^{-m/2} \\ &\quad \times \int_{S^{m-1}} e^{i\sqrt{2\lambda}\omega y}\varphi(\omega)d\omega \overline{g(y)}dy\end{aligned} \tag{17.27}$$

であり,これと (17.24) より

$$\mathcal{F}(\lambda)^*\varphi(x) = (2\pi)^{-m/2}(2\lambda)^{(m-2)/4} \int_{S^{m-1}} e^{i\sqrt{2\lambda}x\omega}\varphi(\omega)d\omega \tag{17.28}$$

および任意の $s > 1/2$ と $\lambda > \delta(> 0)$ に対し

$$\|\mathcal{F}(\lambda)^*\varphi\|_{L^2_{-s}(\mathbb{R}^m)} \leq C_{s\delta}\lambda^{-1/4}\|\varphi\|_{L^2(S^{m-1})}$$

が得られる. 式 (17.25) と (17.27) よりさらに $\lambda, \mu > \delta$ に対し

$$\|\mathcal{F}(\lambda)^*\varphi - \mathcal{F}(\mu)^*\varphi\|_{L^2_{-s}} \leq C_{s\delta}\epsilon(\lambda,\mu)\|\varphi\|_{L^2(S^{m-1})}$$

が得られる. これらの評価を式 (17.19) および (17.25) とあわせて $\lambda, \mu > \delta$ および $s > 1/2$ に対し

$$\left\|\frac{dE_0}{d\lambda}(\lambda)\right\|_{L^2_s \to L^2_{-s}} \leq C_{s\delta}\lambda^{-1/2}$$

および

$$\left\|\frac{dE_0}{d\lambda}(\lambda) - \frac{dE_0}{d\lambda}(\mu)\right\|_{L^2_s \to L^2_{-s}} \leq C_{s\delta}\epsilon(\lambda,\mu)$$

17.1. 自由ハミルトニアンに対するスペクトル表現

が得られる．ただし $\epsilon(\lambda, \mu) \to 0$ (as $\mu \to \lambda$).

ここでよく知られたポアッソン積分 (Poisson integral) に関する関係式すなわち連続関数 $h(\lambda)$ に対し $\epsilon \downarrow 0$ のとき

$$\frac{1}{\pi} \int_a^b \frac{\epsilon}{(\lambda - \mu)^2 + \epsilon^2} h(\lambda) d\lambda \to \begin{cases} 0 & (\mu < a \text{ or } \mu > b) \\ h(\mu) & (a < \mu < b) \end{cases}$$

が成り立つことを思い起こそう．この関係を

$$h(\lambda) = \left(\frac{dE_0}{d\lambda}(\lambda)f, g\right), \quad (f, g \in L_s^2, \quad s > 1/2)$$

として適用すると $0 < a < \mu < b < \infty$ に対し

$$\begin{aligned}
h(\mu) &= \left(\frac{dE_0}{d\lambda}(\mu)f, g\right) \quad &(17.29) \\
&= \lim_{\epsilon \downarrow 0} \frac{1}{\pi} \int_a^b \frac{\epsilon}{(\lambda - \mu)^2 + \epsilon^2} \left(\frac{dE_0}{d\lambda}(\lambda)f, g\right) d\lambda \\
&= \lim_{\epsilon \downarrow 0} \frac{1}{2\pi i} \int_a^b \left(\frac{1}{\lambda - \mu - i\epsilon} - \frac{1}{\lambda - \mu + i\epsilon}\right) \left(\frac{dE_0}{d\lambda}(\lambda)f, g\right) d\lambda
\end{aligned}$$

が得られる．式 (17.14) より右辺は

$$\lim_{\epsilon \downarrow 0} \frac{1}{2\pi i} \int_{\mathbb{R}} \left(\frac{1}{\lambda - \mu - i\epsilon} - \frac{1}{\lambda - \mu + i\epsilon}\right) d(E_0(\lambda)E_0(B)f, g)$$
$$= \lim_{\epsilon \downarrow 0} \frac{1}{2\pi i} ((R_0(z) - R_0(\bar{z}))E_0(B)f, g) \quad (17.30)$$

に等しい．ただし $B = (a, b)$, $z = \mu + i\epsilon$ であり

$$R_0(z) = (H_0 - z)^{-1} \quad (17.31)$$

は H_0 のリゾルベントである．よって $\mu \in B = (a, b)$ $(0 < a < b < \infty)$ および $f, g \in L_s^2$ $(s > 1/2)$ に対し $\dfrac{dE_0}{d\lambda}(\mu)$ の表現

$$\left(\frac{dE_0}{d\lambda}(\mu)f, g\right) = \lim_{\epsilon \downarrow 0} \frac{1}{2\pi i} ((R_0(z) - R_0(\bar{z}))E_0(B)f, g)$$

が得られる．

以上は差の境界値であるが，次に項別に $R_0(z) = R_0(\mu \pm i\epsilon)$ の $\epsilon \downarrow 0$ のときの境界値を考える．そのため $f, g \in \mathcal{S}$ に対しフーリエ変換を用いて

$$(R_0(\mu + i\epsilon)f, g) = \int_{\mathbb{R}^m} \frac{1}{\xi^2/2 - (\mu + i\epsilon)} \hat{f}(\xi)\overline{\hat{g}(\xi)} d\xi \tag{17.32}$$

$$= \int_0^\infty (2\lambda)^{(m-2)/2}$$

$$\times \frac{1}{(\lambda - \mu) - i\epsilon} \int_{S^{m-1}} \hat{f}(\sqrt{2\lambda}\omega)\overline{\hat{g}(\sqrt{2\lambda}\omega)} d\omega d\lambda$$

と書く．ただし $\hat{f}$ は f のフーリエ変換を表す．いま

$$h(\lambda) = (2\lambda)^{(m-2)/2} \int_{S^{m-1}} \hat{f}(\sqrt{2\lambda}\omega)\overline{\hat{g}(\sqrt{2\lambda}\omega)} d\omega$$
$$= (\mathcal{F}(\lambda)f, \mathcal{F}(\lambda)g)_{L^2(S^{m-1})} \tag{17.33}$$

とおくと (17.32) の右辺は

$$\int_{-\mu}^\infty \frac{\lambda}{\lambda^2 + \epsilon^2} h(\lambda + \mu) d\lambda + \pi i \frac{1}{\pi} \int_0^\infty \frac{\epsilon}{(\lambda - \mu)^2 + \epsilon^2} h(\lambda) d\lambda \tag{17.34}$$

と書ける．この右辺の第二項はポアッソン積分でありしたがって $\epsilon \downarrow 0$ の時の極限が存在し (17.24) より $s > 1/2$ に対し以下の評価を満たす．

$$\left|\lim_{\epsilon \downarrow 0} \frac{1}{\pi} \int_0^\infty \frac{\epsilon}{(\lambda - \mu)^2 + \epsilon^2} h(\lambda) d\lambda\right| \leq C_{s\mu} \|f\|_{L^2_s} \|g\|_{L^2_s}. \tag{17.35}$$

ただし $C_{s\mu} > 0$ は $\mu > 0$ がコンパクト集合を動くとき有界な定数である．式 (17.34) の右辺の第一項は $\delta > 0$ に対し

$$\int_{-\mu}^\infty \frac{\lambda}{\lambda^2 + \epsilon^2} h(\lambda + \mu) d\lambda \tag{17.36}$$

$$= \left(\int_{-\mu}^{-\delta} + \int_\delta^\infty\right) \frac{\lambda}{\lambda^2 + \epsilon^2} h(\lambda + \mu) d\lambda + \int_{-\delta}^\delta \frac{\lambda}{\lambda^2 + \epsilon^2} h(\lambda + \mu) d\lambda$$

と書ける．この右辺の第一項の $\epsilon \downarrow 0$ のときの極限は

$$\left(\int_{-\mu}^{-\delta} + \int_\delta^\infty\right) \frac{1}{\lambda} h(\lambda + \mu) d\lambda = \int_{G_\delta} \frac{1}{|\xi|^2/2 - \mu} \hat{f}(\xi)\overline{\hat{g}(\xi)} d\xi$$

17.1. 自由ハミルトニアンに対するスペクトル表現　215

に等しい．ただし G_δ は二つの領域 $|\xi|^2/2 \leq \mu - \delta$ および $|\xi|^2/2 \geq \mu + \delta$ の和集合である．これは

$$\frac{1}{\delta}\|f\|_{L^2}\|g\|_{L^2} \tag{17.37}$$

によって押さえられる．式 (17.36) の右辺の第二項は

$$\int_0^\delta \frac{\lambda}{\lambda^2+\epsilon^2}(h(\mu+\lambda)-h(\mu-\lambda))d\lambda = \int_0^\delta \frac{\lambda^{1+\theta}}{\lambda^2+\epsilon^2}\frac{h(\mu+\lambda)-h(\mu-\lambda)}{\lambda^\theta}d\lambda$$

に等しい．ただし $0 < \theta < s - 1/2$ である．したがって式 (17.25) を $h(\lambda)$ の定義 (17.33) に適用すれば式 (17.36) の右辺の第二項の $\epsilon \downarrow 0$ の時の極限が存在し $s > 1/2$ および $s - 1/2 > \theta > 0$ に対し極限は

$$\sup_{0<\lambda<\delta}\frac{|h(\mu+\lambda)-h(\mu-\lambda)|}{\lambda^\theta}\int_0^\delta \lambda^{\theta-1}d\lambda \leq C_{s\theta\mu}\|f\|_{L_s^2}\|g\|_{L_s^2}$$

によって押さえられることがわかる．ただし $C_{s\theta\mu} > 0$ は μ が $(0, \infty)$ のコンパクト部分集合を動くとき有界な定数である．

したがって (17.36) の右辺第二項は $s > 1/2$ に対し

$$C_{s\mu}\|f\|_{L_s^2}\|g\|_{L_s^2}$$

によって押さえられる．これを式 (17.37) および (17.35) とあわせて境界値 $R_0(\mu+i0)f = \lim_{\epsilon \downarrow 0} R_0(\mu+i\epsilon)f$ の $L_{-s}^2(\mathbb{R}^m)$ における存在および $s > 1/2$ に対するその評価

$$\|R_0(\mu+i0)\|_{L_s^2 \to L_{-s}^2} \leq C$$

がいえる．ただしここで $C > 0$ は $(0, \infty)$ のコンパクト部分集合を動くとき有界な定数を表す．同様に同じ評価が $R_0(\mu-i0)$ に対しても成り立つ．以上の議論を見直せば $R_0(\mu \pm i0)$ は $s > 1/2$ のとき $\mu > 0$ について $L_s^2(\mathbb{R}^m)$ から $L_{-s}^2(\mathbb{R}^m)$ への作用素ノルムに関し連続なこともわかる．

以上をまとめて次の定理がいえた．

定理 17.1[1] H_0 の単位の分解 $\{E_0(\lambda)\}$ は $f, g \in L_s^2(\mathbb{R}^m)$ $(s > 1/2)$ および $\lambda > 0$ に対し

$$\frac{d}{d\lambda}(E_0(\lambda)f, g) = \frac{1}{2\pi i}((R_0(\lambda+i0) - R_0(\lambda-i0))f, g) \quad (17.38)$$
$$= (\mathcal{F}(\lambda)f, \mathcal{F}(\lambda)g)_{L^2(S^{m-1})}$$

と表される.ここで $\{R_0(\lambda\pm i0)\}_{\lambda>0}$ および $\{\mathcal{F}(\lambda)\}_{\lambda>0}$ はそれぞれ $L_s^2(\mathbb{R}^m)$ $(s > 1/2)$ から $L_{-s}^2(\mathbb{R}^m)$ あるいは $L^2(S^{m-1})$ への作用素ノルムに関して連続な族であり $f \in L_s^2(\mathbb{R}^m)$ に対し

$$R_0(\lambda \pm i0)f = \lim_{\epsilon \downarrow 0} R_0(\lambda \pm i\epsilon)f, \quad (17.39)$$

$$\mathcal{F}(\lambda)f(\omega) = (2\lambda)^{(m-2)/4}(\mathcal{F}f)(\sqrt{2\lambda}\omega) \quad (17.40)$$

と定義される.とくに $R_0(\lambda \pm i0)$ および $\mathcal{F}(\lambda)$ はそれぞれ $B(L_s^2(\mathbb{R}^m), L_{-s}^2(\mathbb{R}^m))$ および $B(L_s^2(\mathbb{R}^m), L^2(S^{m-1}))$ において $\lambda > 0$ についてオーダー θ ($0 < \theta < s - 1/2$) で局所ヘルダー連続である.

17.2 自由リゾルベントの空間的漸近挙動

H_0 は $\mathcal{H} = L^2(\mathbb{R}^m)$ における自己共役作用素なので H_0 はユニタリ群

$$U_0(t) = \exp(-itH_0) = e^{-itH_0} \quad (t \in \mathbb{R}) \quad (17.41)$$

を生成しこれは

$$U_0(t)U_0(s) = U_0(t+s) \quad (t, s \in \mathbb{R}) \quad (17.42)$$

を満たす.フーリエ変換により運動量空間 $\widehat{\mathcal{H}} = L^2(\mathbb{R}_\xi^m)$ へ移れば式 (17.5) より $g \in \widehat{\mathcal{S}} = \mathcal{F}\mathcal{S}$ に対し

$$\widehat{U}_0(t)g(\xi) := (\mathcal{F}U_0(t)\mathcal{F}^{-1}g)(\xi) = e^{-it|\xi|^2/2}g(\xi) \quad (17.43)$$

---

[1] これはいわゆる極限吸収原理 (limiting absorption principle) である.ここでは自由ハミルトニアンに対し示したが二体のポテンシャル $V(x)$ を持つハミルトニアン $H = H_0 + V$ の場合については $V(x) = O(|x|^{-1-\delta})$ ($\delta > 0$) なる短距離力の場合 Saitō [89] により示され,$\partial_x V(x) = O(|x|^{-1-\delta})$ ($\delta > 0$) なる長距離力の場合は Saitō [91] により示された.多体の場合は Perry-Sigal-Simon [84] により示された.

17.2. 自由リゾルベントの空間的漸近挙動 217

となる．ルベーグの収束定理[2]より $g \in \mathcal{H}$ に対し $\widehat{U}_0(t)g$ は $t \in \mathbb{R}$ の $L^2(\mathbb{R}^m_\xi)$-値関数として $t \in \mathbb{R}$ について連続となる．

$f \in \mathcal{S}$ に対しては

$$\begin{align} e^{-itH_0}f(x) &= U_0(t)f(x) = (\mathcal{F}^{-1}\widehat{U}_0(t)\mathcal{F}f)(x) \tag{17.44} \\ &= (2\pi)^{-m/2} \int_{\mathbb{R}^m} e^{ix\xi} e^{-it|\xi|^2/2} (\mathcal{F}f)(\xi) d\xi \\ &= (2\pi)^{-m} \int_{\mathbb{R}^m} e^{ix\xi} e^{-it|\xi|^2/2} \int_{\mathbb{R}^m} e^{-i\xi y} f(y) dy d\xi \end{align}$$

である．いま $\chi(\xi) \in \widehat{\mathcal{S}}$ を $0 \leq \chi(\xi) \leq 1$ かつ $\chi(0) = 1$ を満たす急減少関数とし $\epsilon > 0$ に対し

$$\chi_\epsilon(\xi) = \chi(\epsilon\xi)$$

とおくと $\epsilon > 0$ に対し $\chi_\epsilon \in \widehat{\mathcal{S}}$ であり各 $\xi \in \mathbb{R}^m_\xi$ に対し $\chi_\epsilon(\xi) \to 1$ (as $\epsilon \downarrow 0$) である．したがってフビニの定理[3]より式 (17.44) は

$$e^{-itH_0}f(x) = (2\pi)^{-m} \lim_{\epsilon \downarrow 0} \int_{\mathbb{R}^m} \int_{\mathbb{R}^m} e^{i(x\xi - t|\xi|^2/2 - \xi y)} \chi_\epsilon(\xi) f(y) dy d\xi \tag{17.45}$$

と書ける．明らかにこの極限は $\chi \in \widehat{\mathcal{S}}$ の取り方に依らない．これは第 7 章で定義された振動積分に他ならず

$$e^{-itH_0}f(x) = (2\pi)^{-m} \text{Os-}\iint_{\mathbb{R}^{2m}} e^{i(x\xi - t|\xi|^2/2 - \xi y)} f(y) dy d\xi \tag{17.46}$$

と書かれたことを思い起こそう．簡単のため第 7.1 節で導入した変数

$$\widehat{\xi} = ((2\pi)^{-1}\xi_1, \cdots, (2\pi)^{-1}\xi_m) \tag{17.47}$$

を用いれば (17.46) は

$$e^{-itH_0}f(x) = \text{Os-}\iint_{\mathbb{R}^{2m}} e^{i(x\xi - t|\xi|^2/2 - \xi y)} f(y) dy d\widehat{\xi} \tag{17.48}$$

と書ける．以下積分領域 $\mathbb{R}^{2m}$ が文脈から明らかなときはこれを書かないことにし

---
[2][107] の定理 18.5 を参照されたい．
[3][107] の定理 18.6 を参照されたい．

$$e^{-itH_0}f(x) = \text{Os-}\iint e^{i(x\xi-t|\xi|^2/2-\xi y)}f(y)dyd\widehat{\xi} \qquad (17.49)$$

等と書く.

　ここで以前導入した記号およびほかのいくつかの記号を述べる. α_j が非負整数のとき $\alpha = (\alpha_1, \cdots, \alpha_m)$ を多重指数と呼んだ. このとき以下のように定義する.

$$\begin{aligned}
&D_x^\alpha = D_{x_1}^{\alpha_1}\cdots D_{x_m}^{\alpha_m}, \quad x^\alpha = x_1^{\alpha_1}\cdots x_m^{\alpha_m}, \\
&|\alpha| = \alpha_1 + \cdots + \alpha_m, \\
&\langle D_x \rangle = (1+D_x^2)^{1/2} = (1-\Delta_x)^{1/2}.
\end{aligned} \qquad (17.50)$$

関係

$$D_y^\alpha(e^{-i\xi y}) = (-1)^{|\alpha|}\xi^\alpha(e^{-i\xi y}) \qquad (17.51)$$

に注意し式 (17.45) において変数 y に関し部分積分を行えば $f \in \mathcal{S}$ に対し

$$\begin{aligned}
e^{-itH_0}f(x) &= (2\pi)^{-m}\lim_{\epsilon\downarrow 0}\int_{\mathbb{R}^m}\int_{\mathbb{R}^m}e^{i(x\xi-t|\xi|^2/2-\xi y)}\chi_\epsilon(\xi)f(y)dyd\xi \\
&= \lim_{\epsilon\downarrow 0}\iint e^{i(x\xi-t|\xi|^2/2-\xi y)}\chi_\epsilon(\xi)\langle\xi\rangle^{-2m}(\langle D_y\rangle^{2m}f)(y)dyd\widehat{\xi} \\
&= \iint e^{i(x\xi-t|\xi|^2/2-\xi y)}\langle\xi\rangle^{-2m}(\langle D_y\rangle^{2m}f)(y)dyd\widehat{\xi}
\end{aligned}$$

が得られる. 第 7 章で述べたように f が $\mathcal{S}$ に属すとは限らず任意の α に対し条件

$$\sup_{y\in\mathbb{R}^m}|D_y^\alpha f(y)| < \infty$$

を満たす場合も $e^{-itH_0}f$ は

$$e^{-itH_0}f(x) = (2\pi)^{-m}\lim_{\epsilon\downarrow 0}\int_{\mathbb{R}^m}\int_{\mathbb{R}^m}e^{i(x\xi-t|\xi|^2/2-\xi y)}\chi_\epsilon(\xi)\chi_\epsilon(y)f(y)dyd\xi,$$

と定義される. 関係式 (17.51) および

$$D_\xi^\alpha(e^{-i\xi y}) = (-1)^{|\alpha|}y^\alpha(e^{-i\xi y}) \qquad (17.52)$$

17.2. 自由リゾルベントの空間的漸近挙動

を用いて y および ξ について部分積分すれば

$$e^{-itH_0}f(x) = \lim_{\epsilon \downarrow 0} \iint e^{-i\xi y}\langle D_\xi\rangle^{2m}(e^{i(x\xi-t|\xi|^2/2)}\langle\xi\rangle^{-4m}\chi_\epsilon(\xi))$$
$$\times \langle y\rangle^{-2m}\langle D_y\rangle^{4m}(\chi_\epsilon(y)f(y))dyd\widehat{\xi}$$

となる.関数 $\chi_\epsilon(\xi)$ が任意の多重指数 α に対し

$$|D_\xi^\alpha(\chi_\epsilon(\xi))| = |\epsilon^{|\alpha|}(D_\xi^\alpha\chi)(\epsilon\xi)| \leq C_\alpha \epsilon^{|\alpha|}$$

を満たすことに注意して等式

$$e^{-itH_0}f(x) = \iint e^{-i\xi y}\langle D_\xi\rangle^{2m}(e^{i(x\xi-t|\xi|^2/2)}\langle\xi\rangle^{-4m})$$
$$\times \langle y\rangle^{-2m}(\langle D_y\rangle^{4m}f)(y)dyd\widehat{\xi} \quad (17.53)$$

が得られる.第 7 章に述べたと同様,被積分関数がある程度滑らかならばこのような振動積分による表示は常に可能であり,これには減少因子 $\chi_\epsilon(\xi)$ あるいは $\chi_\epsilon(y)$ は現れない.

式 (17.14) より $\mu \in \mathbb{R}$ と $\epsilon \neq 0$ に対し $f, g \in \mathcal{S}$ なら

$$(R_0(\mu \pm i\epsilon)f, g) = \int_0^\infty (\lambda - \mu \mp i\epsilon)^{-1}d(E_0(\lambda)f, g) \quad (17.54)$$

が成り立つ. $\epsilon > 0$ に対して成り立つ関係

$$(\lambda - \mu \mp i\epsilon)^{-1} = i\int_0^{\pm\infty} e^{it(\mu\pm i\epsilon-\lambda)}dt \quad (17.55)$$

とフビニの定理を用いて

$$\begin{aligned}(R_0(\mu \pm i\epsilon)f, g) &= i\int_0^{\pm\infty}\int_0^\infty e^{it(\mu\pm i\epsilon-\lambda)}d(E_0(\lambda)f, g)dt \\ &= i\int_0^{\pm\infty}(e^{it(\mu\pm i\epsilon-H_0)}f, g)dt\end{aligned}$$

と書ける.ここで $\|e^{it(\mu\pm i\epsilon-H_0)}f\| \leq e^{-\epsilon|t|}\|f\|$ ($\pm t \geq 0$) であるからこれより $f \in \mathcal{H}$ に対し

$$R_0(\mu \pm i\epsilon)f = i\int_0^{\pm\infty} e^{it(\mu\pm i\epsilon-H_0)}fdt, \quad (\epsilon > 0, \mu \in \mathbb{R}) \quad (17.56)$$

が得られる．$e^{itH_0}f$ ($f \in \mathcal{H}$) は $\mathcal{H}$ において $t \in \mathbb{R}$ について連続である ((17.43) の後の注意による) から上の積分はリーマン積分としてきちんと定義されている．

式 (17.44) の第二行より式 (17.56) は $f \in \mathcal{S}$ に対し

$$R_0(\mu \pm i\epsilon)f(x) = (2\pi)^{-m/2} i \int_0^{\pm\infty} \int e^{i(x\xi - t(\xi^2 - 2\mu)/2)} e^{-\epsilon|t|} \hat{f}(\xi) d\xi dt$$

と書ける．ただし $\hat{f} = \mathcal{F}f$ である．以下 $\mu > 0$ としこの積分に停留位相の方法を適用し $r = |x| \to \infty$ の時の漸近展開を導く．

そのため $\hat{f} \in C_0^\infty(\mathbb{R}_\xi^m - \{0\})$ なる関数 f を考えある $0 < a < b < \infty$ に対し supp $\hat{f} \subset \{\xi| (0 <)a \leq |\xi| \leq b(< \infty)\}$ と仮定し，上記積分の被積分関数において変数変換

$$x = r\omega, \quad r = |x|, \quad t = rs, \quad (\omega \in S^{m-1})$$

を行う．簡単のため以下 + の場合のみ考えるが − の場合も同様に示すことができる．このとき

$$-i(2\pi)^{m/2}(R_0(\mu + i\epsilon)f)(r\omega) = I(r\omega) = I_{\mu\epsilon}(r\omega) \tag{17.57}$$
$$:= r \int_0^\infty \int_{\mathbb{R}^m} e^{ir(\omega\xi - s(\xi^2 - 2\mu)/2)} e^{-\epsilon rs} \hat{f}(\xi) d\xi ds$$

となる．いま

$$\phi = \phi(\mu, \omega; s, \xi) = \omega\xi - s(\xi^2 - 2\mu)/2$$

とおくと

$$\partial_\xi \phi = \omega - s\xi, \quad \partial_s \phi = -\xi^2/2 + \mu$$

となる．ただし $\partial_\xi = (\partial/\partial\xi_1, \cdots, \partial/\partial\xi_m)$ 等である．臨界方程式 $\partial_\xi \phi = 0$ および $\partial_s \phi = 0$ の解は

$$\xi = \xi_c := \sqrt{2\mu}\omega, \quad s = s_c := \frac{1}{\sqrt{2\mu}}$$

で与えられる．そこで積分 $I(r\omega)$ を $s = 0$ のそばの積分および $s = 0$ から離れた領域における積分との和に分解する．関数 $\varphi(s) \in C_0^\infty(\mathbb{R}_s)$ を supp

17.2. 自由リゾルベントの空間的漸近挙動　221

$\varphi \subset \{s |\ |s| < \frac{1}{2}\min(s_c, \frac{1}{2b})\}$ かつ $\varphi(s) = 1$ ($|s| \leq \frac{1}{4}\min(s_c, \frac{1}{2b})$) を満たすように取り，

$$I_0(r\omega) = r\int_0^\infty \int e^{ir\phi}e^{-\epsilon rs}\hat{f}(\xi)\varphi(s)d\xi ds$$

を考える．supp φ および supp $\hat{f}$ 上で

$$|\partial_\xi \phi| = |\omega - s\xi| \geq 1 - \frac{b}{2b} = \frac{1}{2} > 0$$

であることに注意し関係

$$r^{-\ell}(|\partial_\xi \phi|^{-2}i^{-1}\partial_\xi \phi \cdot \partial_\xi)^\ell e^{ir\phi} = e^{ir\phi}$$

を用いて $I_0(r\omega)$ において ξ について部分積分する．すると $\ell = 1, 2, \cdots$ に依存するが $\epsilon > 0$ に依らない定数 $C_\ell > 0$ に対して

$$|I_0(r\omega)| \leq C_\ell r^{1-\ell}$$

が得られる．したがって $r \to \infty$ の極限において以下の積分のみ考えればよい．

$$I_\infty(r\omega) = r\int_0^\infty \int e^{ir\phi}e^{-\epsilon rs}\hat{f}(\xi)(1-\varphi)(s)d\xi ds.$$

いま $\delta > 0, r > 0, 1 > \theta > 0$ に対し関数 $\chi_\delta \in C_0^\infty(\mathbb{R}^{m+1})$ および $\chi_{\delta r} \in C_0^\infty(\mathbb{R}^{m+1})$ を

$$\chi_\delta(s, \xi) = \begin{cases} 1 & (|(s,\xi)| \leq \delta) \\ 0 & (|(s,\xi)| \geq 2\delta) \end{cases}$$

$$\chi_{\delta r}(s, \xi) = \chi_\delta(r^\theta((s,\xi) - (s_c, \xi_c)))$$

と取り積分 $I_\infty(r\omega)$ を

$$I_\infty(r\omega) = I_1(r\omega) + I_2(r\omega)$$

と分解する．ただし

$$I_1(r\omega) = r \int_0^\infty \int e^{ir\phi} e^{-\epsilon rs} \hat{f}(\xi) \chi_{\delta r}(s,\xi)(1-\varphi)(s) d\xi ds, \tag{17.58}$$

$$I_2(r\omega) = r \int_0^\infty \int e^{ir\phi} e^{-\epsilon rs} \hat{f}(\xi)(1-\chi_{\delta r})(s,\xi)(1-\varphi)(s) d\xi ds \tag{17.59}$$

である．supp $(1-\chi_{\delta r})(s,\xi)$ の上で (s_c,ξ_c) の定義を用いて議論することによりある定数 $\rho = \rho_\delta > 0$ に対し

$$|\partial_\xi \phi| + |\partial_s \phi| \geq \rho r^{-2\theta}$$

が得られる．したがって微分作用素 P をその転置作用素が

$$^tP = i^{-1}(|\partial_\xi \phi|^2 + |\partial_s \phi|^2)^{-1}(\partial_{(s,\xi)}\phi \cdot \partial_{(s,\xi)})$$

となるものと定義すると

$$r^{-\ell}({}^tP)^\ell e^{ir\phi} = e^{ir\phi}$$

が成り立つ．この関係を用い $I_2(r\omega)$ において部分積分することにより任意の $\ell = 1,2,\cdots$ および $0 < \theta < 1/2$ に対し $\epsilon > 0$ について一様な評価

$$|I_2(r\omega)| \leq C_\ell r^{1-\ell(1-2\theta)}$$

が得られる．ただしここで $I_2(r\omega)$ において s についての積分可能性を保証するために以下の評価を用いた．すなわち十分大きな $s > 1$ に対し supp $\hat{f}(1-\varphi) \subset \{(s,\xi)|\ (0<)a \leq |\xi| \leq b(<\infty),\ s \geq \frac{1}{4}\min(s_c, \frac{1}{2b})\}$ の上で

$$(|\partial_\xi \phi| + |\partial_s \phi|)^{-1} \leq |\partial_\xi \phi|^{-1} = |\omega - s\xi|^{-1} \leq C|s|^{-1}$$

が成り立つことを用いた．$s > 0$ が小さいときは上で求めたように上界 $r^{2\theta}$ を用いることができる．したがって $r \to \infty$ の極限において $I_2(r\omega)$ は無視してよい．

残った $I_1(r\omega)$ を考える．積分 $I_1(r\omega)$ の積分領域は $\mathbb{R}^{m+1}$ のコンパクト集合 supp $\chi_{\delta r}(s,\xi)$ に含まれることに注意すると $\epsilon \downarrow 0$ のときの極限が存在し $I_1(r\omega)$ において因子 $e^{-\epsilon rs}$ を落とせて

$$I_1(r\omega) = r \int_0^\infty \int e^{ir\phi} \hat{f}(\xi) \chi_{\delta r}(s,\xi)(1-\varphi)(s) d\xi ds \tag{17.60}$$

17.2. 自由リゾルベントの空間的漸近挙動

となる．これを評価するために $\phi = \phi(s,\xi) = \phi(\mu,\omega;s,\xi)$ を (s_c,ξ_c) の周りでテイラー展開すると

$$\phi(s,\xi) = \phi(s_c,\xi_c) + \partial_{(s,\xi)}\phi(s_c,\xi_c)\begin{pmatrix}\tilde{s}\\\tilde{\xi}\end{pmatrix} + \frac{1}{2}\left\langle J(s,\xi)\begin{pmatrix}\tilde{s}\\\tilde{\xi}\end{pmatrix},\begin{pmatrix}\tilde{s}\\\tilde{\xi}\end{pmatrix}\right\rangle \quad (17.61)$$

となる．ただし $\tilde{s} = s - s_c, \tilde{\xi} = \xi - \xi_c$ および $\langle X,Y\rangle = \sum_{j=1}^{m+1} X_j Y_j$ は $X, Y \in \mathbb{R}^{m+1}$ のスカラー内積である．(s_c,ξ_c) の定義より (17.61) の第二項は消える．ヘッセ行列は

$$J(s,\xi) = \begin{pmatrix}\partial_s^2\phi(s,\xi) & \partial_s\partial_\xi\phi(s,\xi)\\\partial_\xi\partial_s\phi(s,\xi) & \partial_\xi^2\phi(s,\xi)\end{pmatrix} = \begin{pmatrix}0 & -\xi\\-{}^t\xi & -sI_m\end{pmatrix} \quad (17.62)$$

で与えられる．ただし I_m は m-次の単位行列である．$s_c = \frac{1}{\sqrt{2\mu}} > 0$ および $\xi_c = \sqrt{2\mu}\omega \neq 0$ であるから行列 $J(s,\xi)$ は $r > 1$ が十分大きいとき $\operatorname{supp}\chi_{\delta r}$ 上正則である．さらに $J(s,\xi)$ は実対称行列であるから直交行列 $P = P(s,\xi)$ が取れて ${}^t P J(s,\xi) P$ は以下の正則な対角行列となる．

$$\begin{aligned}A = A(s,\xi)\\ := {}^t P J(s,\xi) P\end{aligned} = \begin{pmatrix}\frac{-s+\sqrt{s^2+4\xi^2}}{2} & 0 & 0 & \cdots & 0\\0 & \frac{-s-\sqrt{s^2+4\xi^2}}{2} & 0 & \cdots & 0\\0 & 0 & -s & \cdots & 0\\\cdots & \cdots & \cdots & \cdots & \cdots\\0 & 0 & 0 & \cdots & -s\end{pmatrix}. \quad (17.63)$$

A は対角行列であるからある対角行列 $Q = Q(s,\xi)$ に対し

$${}^t Q A Q = \begin{pmatrix}1 & 0 & 0 & \cdots & 0\\0 & -1 & 0 & \cdots & 0\\0 & 0 & -1 & \cdots & 0\\\cdots & \cdots & \cdots & \cdots & \cdots\\0 & 0 & 0 & \cdots & -1\end{pmatrix} =: \mathcal{E} \quad (17.64)$$

となる．したがって
$$ {}^tQ {}^tP J(s,\xi) PQ = \mathcal{E} $$
となるから
$$ |\det(PQ)| = |\det J(s,\xi)|^{-1/2} $$
を得る．とくに
$$ P_c = P(s_c,\xi_c), \quad Q_c = Q(s_c,\xi_c) $$
とおくと
$$ {}^tQ_c {}^tP_c J(s_c,\xi_c) P_c Q_c = \mathcal{E}, \quad |\det(P_c Q_c)| = |\det J(s_c,\xi_c)|^{-1/2} $$
を得る．いま
$$ (s,\xi)(r,\omega) = (s_c,\xi_c)(r,\omega) + \frac{1}{\sqrt{r}} P_c Q_c y, \quad y \in \mathbb{R}^{m+1} \qquad (17.65) $$
とおき
$$ \widetilde{\mathcal{E}} = {}^tQ_c {}^tP_c J(s,\xi) P_c Q_c $$
とすると supp $\chi_{\delta r}$ 上
$$ |\widetilde{\mathcal{E}} - \mathcal{E}| \leq C|J(s,\xi) - J(s_c,\xi_c)| \leq C(|s-s_c| + |\xi - \xi_c|) \leq Cr^{-\theta} \quad (17.66) $$
が得られ
$$ \phi(s,\xi) = \phi(s_c,\xi_c) + r^{-1}\frac{1}{2}\langle \widetilde{\mathcal{E}} y, y\rangle $$
となる．変数変換 (17.65) を行いこの関係を $I_1(r\omega)$ の定義 (17.60) に代入すると
$$ I_1(r\omega) = r^{(1-m)/2} e^{ir\phi(s_c,\xi_c)} |\det J(s_c,\xi_c)|^{-1/2} \int_{\mathbb{R}^{m+1}} e^{i\frac{1}{2}\langle \widetilde{\mathcal{E}} y, y\rangle} u(r,y) dy $$
となる．ただし
$$ u(r,y) = \hat{f}(\xi(r,y)) \chi_{\delta r}((s,\xi)(r,y))(1-\varphi)(s(r,y)) $$

17.2. 自由リゾルベントの空間的漸近挙動

とした．式 (17.65) に注意して任意の多重指数 α に対し

$$|\partial_y^\alpha u(r,y)| \leq C_\alpha \frac{1}{r^{|\alpha|(1/2-\theta)}} \tag{17.67}$$

が得られる．ただし $C_\alpha > 0$ は r, y に依らない定数である．いま

$$J(r\omega) = \int_{\mathbb{R}^{m+1}} e^{\frac{i}{2}\langle \widetilde{\mathcal{E}}y, y\rangle} u(r,y) dy,$$

$$K(r\omega) = \int_{\mathbb{R}^{m+1}} e^{\frac{i}{2}\langle \mathcal{E}y, y\rangle} u(r,y) dy$$

とおく．これらの差は任意の $1 \geq \kappa > 0$ に対し

$$\begin{aligned}|J(r\omega) - K(r\omega)| &\leq \int_{\mathbb{R}^{m+1}} |e^{\frac{i}{2}\langle \widetilde{\mathcal{E}}y, y\rangle} - e^{\frac{i}{2}\langle \mathcal{E}y, y\rangle}||u(r,y)|dy \\ &\leq C_\kappa \int_{|y| \leq Cr^{1/2-\theta}} |\langle (\widetilde{\mathcal{E}} - \mathcal{E})y, y\rangle|^\kappa dy \quad (17.68)\end{aligned}$$

を満たす．ただし $\operatorname{supp} \chi_{\delta r}$ 上で $|(s,\xi) - (s_c, \xi_c)| = |P_c Q_c y/\sqrt{r}| \leq Cr^{-\theta}$ であることを用いた．式 (17.66) を用いて (17.68) は以下で押さえられることがいえる．

$$\begin{aligned}&\leq C_\kappa r^{(1/2-\theta)(m+1)} r^{-\kappa\theta} r^{2(1/2-\theta)\kappa} \\ &= r^{(1/2-\theta)(m+1) - \kappa(3\theta - 1)}.\end{aligned} \tag{17.69}$$

したがって $1/3 < \theta < 1/2$ が $1/2$ に近ければ κ を以下のように取れる．

$$1 \geq \kappa > \frac{1/2 - \theta}{3\theta - 1}(m+1)(> 0).$$

このとき式 (17.69) の右辺の指数は負になり

$$|J(r\omega) - K(r\omega)| \to 0 \quad \text{as } r \to \infty.$$

が得られる．したがって $I_1(r\omega)$ の漸近挙動を考えるときは $J(r\omega)$ の代わりに $K(r\omega)$ を考えれば十分である．

$K(r\omega)$ の被積分関数の二つの因子のフーリエ変換を取ればプランシュレルの定理により

$$K(r\omega) = |\det \mathcal{E}|^{-1/2} e^{\pi i \operatorname{sgn}(\mathcal{E})/4} \int_{\mathbb{R}^{m+1}} e^{-\frac{i}{2}\langle \mathcal{E}^{-1}\eta, \eta\rangle} \hat{u}(r,\eta) d\eta \tag{17.70}$$

$$= e^{-(m-1)\pi i/4} \int_{\mathbb{R}^{m+1}} e^{-\frac{i}{2}\langle \mathcal{E}\eta, \eta\rangle} \hat{u}(r,\eta) d\eta$$

が得られる．ただしここで $\mathrm{sgn}(\mathcal{E}) = 1 - m$ は $\mathcal{E}$ の指数であり $\hat{u}(r,\eta)$ は $u(r,y)$ の変数 y に関するフーリエ変換である．ここで評価

$$\left| e^{-\frac{i}{2}\langle \mathcal{E}\eta, \eta\rangle} - \sum_{j=0}^{\ell-1} \frac{1}{j!}(-i\langle \mathcal{E}\eta,\eta\rangle/2)^j \right| \leq \frac{1}{\ell!}|\langle \mathcal{E}\eta,\eta\rangle/2|^\ell. \tag{17.71}$$

を式 (17.70) に代入して以下が得られる．

$$\begin{aligned}
\left| K(r\omega) - (2\pi)^{(m+1)/2} e^{-(m-1)\pi i/4} \sum_{|\alpha|<2\ell} c_\alpha D_y^\alpha u(r,0) \right| \\
\leq C_\ell \sum_{|\beta|=2\ell} \left| \int \eta^\beta \hat{u}(r,\eta) d\eta \right| \\
\leq C_\ell' \sum_{2\ell \leq |\beta| \leq 2\ell+m+2} \int |D_y^\beta u(r,y)| dy.
\end{aligned} \tag{17.72}$$

ただし

$$c_\alpha = \frac{1}{\alpha!} \left. \partial_\eta^\alpha (e^{-\frac{i}{2}\langle \mathcal{E}\eta,\eta\rangle}) \right|_{\eta=0} \tag{17.73}$$

は $|\alpha|$ が奇数の時は消える．$u(r,y)$ の y に関するサポートは $\mathbb{R}^{m+1}$ の中心 0 を持つ半径 $cr^{1/2-\theta}$ の球に含まれる．したがって (17.67) より (17.72) の右辺は

$$Cr^{((m+1)-2\ell)(1/2-\theta)} \tag{17.74}$$

で押さえられる．ここで $\ell > (m+1)/2$ と取って $I_1(r\omega)$ に対する展開式を得る．とくに第一近似として $r > 1$ が十分大きいとき

$$\left| I_1(r\omega) - (2\pi)^{(m+1)/2} r^{(1-m)/2} e^{-(m-1)\pi i/4} e^{ir\phi(s_c,\xi_c)} |\det J(s_c,\xi_c)|^{-1/2} \hat{f}(\xi_c) \right|$$
$$= o(r^{-(m-1)/2})$$

が得られる．そこで

$$\phi(s_c,\xi_c) = \sqrt{2\mu}, \quad |\det J(s_c,\xi_c)| = (2\mu)^{-(m-3)/2}$$

に注意し,式 (17.57) に戻れば $\hat{f} \in C_0^\infty(\mathbb{R}^m - \{0\})$ に対し $r \to \infty$ のとき

$R_0(\mu + i0)f(r\omega)$
$= \sqrt{2\pi}e^{-(m-3)\pi i/4}(2\mu)^{(m-3)/4}e^{i\sqrt{2\mu}r}r^{-(m-1)/2}(\mathcal{F}f)(\sqrt{2\mu}\omega) + o(r^{-(m-1)/2})$

を得る.同様にして $r \to \infty$ のとき

$R_0(\mu - i0)f(r\omega)$
$= \sqrt{2\pi}e^{(m-3)\pi i/4}(2\mu)^{(m-3)/4}e^{-i\sqrt{2\mu}r}r^{-(m-1)/2}(\mathcal{F}f)(-\sqrt{2\mu}\omega) + o(r^{-(m-1)/2})$

がいえる.

表現の順序を逆に書き換えれば式 (17.16) で定義されるフーリエ変換 $\mathcal{F}(\mu)$ と自由リゾルベントの実軸への境界値 $R_0(\mu \pm i0)$ の空間的漸近挙動の間の関係として以下が得られた.

定理 17.2[4] $\mathcal{F}f \in C_0^\infty(\mathbb{R}^m - \{0\})$ を満たす関数 f および $\mu > 0, \omega \in S^{m-1}$ に対し以下が成り立つ.

$$\mathcal{F}(\mu)f(\pm\omega) = (2\pi)^{-1/2}e^{\pm(m-3)\pi i/4}(2\mu)^{1/4}\lim_{r \to \infty}r^{(m-1)/2}e^{\mp i\sqrt{2\mu}r}(R_0(\mu \pm i0)f)(r\omega). \tag{17.75}$$

17.3 自由発展作用素の伝播評価

本節では自由ハミルトニアンの場合の定理 15.2 の一般化である e^{-itH_0} に対する伝播評価 (propagation estimates) と呼ばれるものを証明する.このため第 I 部で導入した擬微分作用素の議論を用いる.復習すれば P が表象ないしシンボル $p(x, \xi)$ を持つ擬微分作用素であるとは $f \in \mathcal{S}$ に対し Pf が

$$Pf(x) = \text{Os-}\int_{\mathbb{R}^m}\int_{\mathbb{R}^m}e^{i(x-y)\xi}p(x,\xi)f(y)dyd\widehat{\xi} \tag{17.76}$$

---
[4]この定理は自由ハミルトニアンの場合であるがこのような漸近挙動は最初 Jäger [41] により摂動 $V(x)$ で $V(x) = O(|x|^{-3/2-\delta})$ $(\delta > 0)$ なるものを持つシュレーディンガー作用素 $H = H_0 + V$ に対し示され,のちに Saitō [89], [90], [91], [92], [93] により $V(x) = O(|x|^{-1-\delta})$ $(\delta > 0)$ なる短距離力および $\partial_x V(x) = O(|x|^{-1-\delta})$ $(\delta > 0)$ なる長距離力に対し拡張された.ここに紹介した証明は [50] に述べたものを簡略化したものである.

と振動積分として書けることであった. ただし $\widehat{\xi}$ は (17.47) により定義される変数である. この作用素 P を表象 $p(x,\xi) = \sigma(P)(x,\xi)$ を持った擬微分作用素といい $P = p(X, D_x)$ と書いた. 式 (17.76) がきちんと定義されるためにシンボル $p(x,\xi)$ に対しある種の滑らかさを仮定する必要があった. たとえば $p(x,\xi)$ は (x,ξ) について C^∞ で任意の多重指数 α および β に対し以下の評価を満たすとする.

$$\sup_{(x,\xi)\in\mathbb{R}^{2m}} |\partial_x^\alpha \partial_\xi^\beta p(x,\xi)| < \infty. \tag{17.77}$$

以前と同様に $\chi \in \mathcal{S}(\mathbb{R}^m)$ を $\chi(0) = 1$ を満たす関数とし $\epsilon > 0$ に対し $\chi_\epsilon(\xi) = \chi(\epsilon\xi)$ とおく. このとき (17.76) は

$$Pf(x) = \lim_{\epsilon\downarrow 0} \iint e^{i(x-y)\xi} p(x,\xi)\chi_\epsilon(\xi) f(y) dy d\widehat{\xi} \tag{17.78}$$

と定義された. 関係

$$(1+D_y^2)e^{-iy\xi} = (1+|\xi|^2)e^{-iy\xi}$$

を用い部分積分[5]することにより (17.78) は

$$\begin{aligned}Pf(x) &= \lim_{\epsilon\downarrow 0} \iint e^{i(x-y)\xi} p(x,\xi)\chi_\epsilon(\xi)(1+|\xi|^2)^{-m}(1+D_y^2)^m f(y) dy d\widehat{\xi} \\ &= \iint e^{i(x-y)\xi} p(x,\xi)(1+|\xi|^2)^{-m}(1+D_y^2)^m f(y) dy d\widehat{\xi}\end{aligned}$$

となる. したがって Pf は $f \in \mathcal{S}$ に対し振動積分として減少因子 χ_ϵ の選び方によらず同一の作用素として定義される.

他の定義として

$$Qf(x) = q(D_x, X')f(x) = \text{Os-}\iint e^{i(x-y)\xi} q(\xi,y) f(y) dy d\widehat{\xi}$$

あるいは

$$Pf(x) = p(X, D_x, X')f(x) = \text{Os-}\iint e^{i(x-y)\xi} p(x,\xi,y) f(y) dy d\widehat{\xi}$$

---
[5]あるいは第 7, 8 章のように関係 $(1+|\xi|^2)^{-1}(1+i\xi\cdot\partial_y)e^{-iy\xi} = e^{-iy\xi}$ を用いてもよい.

という形もあった. ただしシンボル $q(\xi,y), p(x,\xi,y)$ は任意の多重指数 α,β,γ に対し

$$\sup_{(\xi,y)\in\mathbb{R}^{2m}} |\partial_\xi^\alpha \partial_y^\beta q(\xi,y)| < \infty,$$

$$\sup_{(x,\xi,y)\in\mathbb{R}^{3m}} |\partial_x^\alpha \partial_\xi^\beta \partial_y^\gamma p(x,\xi,y)| < \infty$$

を満たすとする. これらの表現の間の関係は単化表象を用いて以下のように与えられたことを思い起こそう.

命題 17.3 $p(x,\xi,y)$ が上のように与えられているとき $Pf = p(X,D_x,X')f$ は以下のように書ける.

$$Pf(x) = p_L(X,D_x)f(x) = \text{Os-}\iint e^{i(x-y)\xi} p_L(x,\xi)f(y)dyd\widehat{\xi} \quad (17.79)$$

$$= p_R(D_x,X')f(x) = \text{Os-}\iint e^{i(x-y)\xi} p_R(\xi,y)f(y)dyd\widehat{\xi}. \quad (17.80)$$

ただし $p_L(x,\xi)$ と $p_R(\xi,y)$ は以下により定義される.

$$p_L(x,\xi) = \text{Os-}\iint e^{-iy\eta} p(x,\xi+\eta,x+y)dyd\widehat{\eta}, \quad (17.81)$$

$$p_R(\xi,y) = \text{Os-}\iint e^{iz\eta} p(y+z,\xi+\eta,y)dzd\widehat{\eta}. \quad (17.82)$$

証明は第8.1節で与えたとおりである.

$P = p(X,D_x,X')$ の共役作用素 P^* は以下で与えられた.

$$P^*f(x) = \text{Os-}\iint e^{i(x-y)\xi}\overline{p(y,\xi,x)}f(y)dyd\widehat{\xi}.$$

したがって積 P^*P は

$$P^*Pf(x) = \text{Os-}\iint e^{i(x-y)\xi} r(x,\xi,y)f(y)dyd\widehat{\xi}$$

と与えられる. ただし

$$r(x,\xi,y) = \text{Os-}\iint e^{-iz\eta}\overline{p(x+z,\xi+\eta,x)}p(x+z,\xi,y)dzd\widehat{\eta}. \quad (17.83)$$

第17章 自由ハミルトニアン

シンボル $p(x,\xi,y)$ のセミノルムは

$$|p|_\ell = \sup_{|\alpha|+|\beta|+|\gamma|\leq \ell} \sup_{x,\xi,y\in\mathbb{R}^m} |\partial_x^\alpha \partial_\xi^\beta \partial_y^\gamma p(x,\xi,y)| \quad (\ell=0,1,2,\cdots)$$

で与えられる．したがって関係

$$(1+D_z^2)e^{-iz\eta} = (1+|\eta|^2)e^{-iz\eta}, \ (1+D_\eta^2)e^{-iz\eta} = (1+|z|^2)e^{-iz\eta} \tag{17.84}$$

と

$$\int_{\mathbb{R}^m}\int_{\mathbb{R}^m} (1+|\eta|^2)^{-[m/2+1]}(1+|z|^2)^{-[m/2+1]} dz d\eta < \infty \tag{17.85}$$

より上の積のシンボル r はある定数 $C_\ell > 0$ に対し

$$|r|_\ell \leq C_\ell^2 |p|_{\ell'}^2 \tag{17.86}$$

を満たす．ただし

$$\ell' = \ell + 2m_0, \quad m_0 = 2[m/2+1]$$

である．ここで実数 s に対し $[s]$ は s を超えない最大の整数を表す．

また第 9 章では多重積を考え $\nu \geq 1$ に対し $\nu+1$ 個の擬微分作用素

$$P_j f(x) = \text{Os-}\iint e^{i(x-y)\xi} p_j(x,\xi,y) f(y) dy d\hat{\xi}, \quad (j=1,2,\cdots,\nu+1)$$

の積 $Q_{\nu+1} = P_1 \cdots P_{\nu+1}$ を

$$Q_{\nu+1} f(x) = \text{Os-}\iint e^{i(x-x')\xi} q_{\nu+1}(x,\xi,x') f(x') dx' d\xi$$

と書いた．ただし

$$q_{\nu+1}(x,\xi,x') \tag{17.87}$$

$$= \text{Os-}\overbrace{\int\cdots\int}^{2\nu} e^{-i\sum_{j=1}^\nu y^j \eta^j} \prod_{j=1}^\nu p_j(x+\overline{y^{j-1}}, \xi+\eta^j, x+\overline{y^j})$$

$$\times p_{\nu+1}(x+\overline{y^\nu}, \xi, x') d\boldsymbol{y}^\nu d\widehat{\boldsymbol{\eta}}^\nu$$

17.3. 自由発展作用素の伝播評価

および

$$\overline{y^0} = 0, \quad \overline{y^j} = y^1 + \cdots + y^j \ (j=1,2,\cdots,\nu),$$
$$d\boldsymbol{y}^\nu = dy^1 \cdots dy^\nu, \quad d\widehat{\boldsymbol{\eta}}^\nu = d\widehat{\eta}^1 \cdots d\widehat{\eta}^\nu$$

であった. このときある定数 $C_0 > 0$ が存在して任意の整数 $\nu \geq 1$ と $\ell \geq 0$ に対し

$$|q_{\nu+1}|_\ell \leq C_0^{\nu+1} \sum_{\ell_1+\cdots+\ell_{\nu+1}\leq \ell} \prod_{j=1}^{\nu+1} |p_j|_{3m+3+\ell_j}. \tag{17.88}$$

が成り立った. ただし和における $\ell_j \geq 0$ は整数であった.

これらより以下の擬微分作用素の L^2-有界性定理が得られた.

定理 17.4 シンボル $p(x,\xi,y)$ が任意の $\ell \leq 3m+3$ に対し $|p|_\ell < \infty$ を満たすとするとき擬微分作用素 $P = p(X, D_x, X')$ は $\mathcal{H} = L^2(\mathbb{R}^m)$ の有界線型変換を定義し (17.88) の定数 $C_0 > 0$ に対し評価

$$\|P\| \leq C_0 |p|_{3m+3} \tag{17.89}$$

を満たす.

これらの復習の下に e^{-itH_0} に対する伝播評価を調べよう. 伝播評価とは擬微分作用素 P_j が

$$P_s = \langle x \rangle^{-s}, \quad P_s q(D_x) \quad (s \geq 0) \tag{17.90}$$

$$P_+ f(x) = \text{Os-}\iint e^{i(x-y)\xi} p_+(\xi, y) f(y) dy d\widehat{\xi}, \tag{17.91}$$

$$P_- f(x) = \text{Os-}\iint e^{i(x-y)\xi} p_-(x, \xi) f(y) dy d\widehat{\xi} \tag{17.92}$$

のいずれかの形をしている場合に

$$P_1 e^{-itH_0} P_2,$$

の作用素ノルムを時間 t について評価したものである. ただし上式でシンボル q と $p_\pm$ は任意の $\ell = 0, 1, 2, \cdots$ に対し

$$|q|_\ell + |p_\pm|_\ell < \infty$$

および $\theta + \rho < 1$ と $\theta - \rho > -1$ を満たすある定数 $\theta \in (-1, 1)$ と $\rho > 0$ に対し

$$|\partial_x^\alpha \partial_\xi^\beta p_+(\xi, x)| \leq C_{\ell\alpha\beta} \langle x \rangle^{-\ell} \quad (\cos(x, \xi) := \frac{x\xi}{|x||\xi|} < \theta + \rho) \quad (17.93)$$

$$|\partial_x^\alpha \partial_\xi^\beta p_-(x, \xi)| \leq C_{\ell\alpha\beta} \langle x \rangle^{-\ell} \quad (\cos(x, \xi) > \theta - \rho) \quad (17.94)$$

を満たすものとする．$x = 0$ と $\xi = 0$ における特異性を避けるためにさらにある定数 $\sigma > 0$ に対し

$$q(\xi) = 0 \quad (|\xi| < \sigma) \tag{17.95}$$

$$p_+(\xi, x) = 0, \quad p_-(x, \xi) = 0 \quad (|x| < \sigma \text{ or } |\xi| < \sigma) \tag{17.96}$$

を仮定する．

以上の仮定の下に以下を示す．

定理 17.5 P_s が上のように与えられたとき任意の $s \geq 0$ に対し時間 $t \in \mathbb{R}$ によらないある定数 $C_s > 0$ が存在して

$$\|P_s q(D_x) e^{-itH_0} P_s\| \leq C_s \langle t \rangle^{-s} \quad (t \in \mathbb{R}) \tag{17.97}$$

が成り立つ．

定理 17.6 P_s と $P_\pm$ を上のようにするとき任意の $s \geq 0$ と $s \geq \delta \geq 0$ なる δ に対し時間 t によらない定数 $C_{s\delta} > 0$ が存在して

$$\|P_s e^{-itH_0} P_+ \langle x \rangle^\delta\| \leq C_{s\delta} \langle t \rangle^{-s+\delta} \quad (t \geq 0), \tag{17.98}$$

$$\|\langle x \rangle^\delta P_- e^{-itH_0} P_s\| \leq C_{s\delta} \langle t \rangle^{-s+\delta} \quad (t \geq 0) \tag{17.99}$$

が成り立つ．

定理 17.7 $P_\pm$ を上のようにするとき任意の $s \geq 0$ と $\delta \geq 0$ に対し時間 t によらない定数 $C_{s\delta} > 0$ が存在して

$$\|\langle x \rangle^\delta P_- e^{-itH_0} P_+ \langle x \rangle^\delta\| \leq C_{s\delta} \langle t \rangle^{-s} \quad (t \geq 0), \tag{17.100}$$

$$\|\langle x \rangle^\delta P_+^* e^{-itH_0} P_-^* \langle x \rangle^\delta\| \leq C_{s\delta} \langle t \rangle^{-s} \quad (t \leq 0) \tag{17.101}$$

が成り立つ．

17.3. 自由発展作用素の伝播評価

$s > 1$ に対する式 (17.97) のラプラス変換を取れば $\epsilon > 0$ に対し

$$\left\| i \int_0^\infty P_s q(D_x) e^{it(\lambda+i\epsilon)} e^{-itH_0} P_s dt \right\| \leq C_s$$

が成り立つ．ただし $C_s > 0$ は $\epsilon > 0$ によらない定数である．この積分は $P_s q(D_x) R_0(\lambda + i\epsilon) P_s = \langle x \rangle^{-s} q(D_x)(H_0 - (\lambda + i\epsilon))^{-1} \langle x \rangle^{-s}$ に等しいから上式は定理 17.1 の $s > 1$ の場合を与える．

同様に $\delta \geq 0$ に対し (17.100) と (17.101) のラプラス変換を取れば $\epsilon > 0$ によらない定数 $C_\delta > 0$ に対し

$$\| P_\mp R_0(\lambda \pm i\epsilon) P_\pm \|_{L^2_{-\delta} \to L^2_\delta} \leq C_\delta \qquad (17.102)$$

が成り立つ．

これらの定理を伝播評価と呼ぶ理由は以下の通りである．定理 17.5 の場合 $P_s e^{-itH_0} P_s f$ の右側の P_s は関数 $f \in \mathcal{H} = L^2(\mathbb{R}^m)$ に作用した場合初期条件 f を $\langle x \rangle^{-s}$ の程度に原点 0 の近傍に制限する．同様に左側の P_s は発展した状態 $e^{-itH_0} P_s f$ を原点のそばに同じ程度に局所化する．定理 15.2 により示唆されるように発展作用素 e^{-itH_0} は $\mathbb{R}_x^m$ の領域 G に制限された波動関数 f を $|v| \geq \sigma (> 0)$ なるある速度 v に平行な方向へ伝播させる．すなわち f が $\mathbb{R}^m$ の領域 G に局所化されていれば e^{-itH_0} が作用した後 G は領域 $G + tv = \{x + tv \mid x \in G\}$ に移動する．したがって左側の局所化作用素 P_s により状態 $\| P_s e^{-itH_0} P_s f \|$ は $t \to \infty$ において減少する．定理 17.5 はその減少の程度が t^{-s} であることを述べている．

定理 17.6 の式 (17.98) の場合 $P_s e^{-itH_0} P_+$ の右側の P_+ は初期状態関数を $\cos(x, v) \geq \theta + \rho$ なる相空間 (phase space) の領域に制限する (式 (17.93) 参照)．このとき状態 $e^{-itH_0} P_+ f$ は x とほぼ平行な方向の速度 $v \neq 0$ で伝播する．したがって状態の位置は $t \to \infty$ のとき原点 0 から離れていく．定理 17.6 はこの分離の程度を表している．

定理 17.7 の場合定理 17.6 の式 (17.98) と同様に状態 $e^{-itH_0} P_+ f$ は x と v がほぼ平行な相空間の領域内に伝播してゆく．左側の P_- は状態を x と v が反平行な領域に制限するから結果として状態 $P_- e^{-itH_0} P_+ f$ は減少する．定理 17.7 はこの減少の度合いを与える．

以下これらの定理[6]を証明する．

定理 17.5 の証明 整数 $s \geq 0$ に対し示せればあとはそれらの評価を補間することにより一般の場合が得られる．$s = 0$ の場合は明らかであるので以下 $s > 0$ を偶数整数とする．

式 (17.49) を思い起こすと

$$e^{-itH_0}f(x) = \text{Os-}\iint e^{i(x\xi - t|\xi|^2/2 - \xi y)}f(y)dyd\widehat{\xi} \qquad (17.103)$$

であったがこの式は (17.53) と書き換えられ，その積分の中では何回でも部分積分することができた．そこで関係

$$(1 - t\xi D_\xi)e^{-it\xi^2/2} = (1 + |t\xi|^2)e^{-it\xi^2/2} =: h(t,\xi)e^{-it\xi^2/2}$$

を用い (17.103) において部分積分することによりある関数 $h_j(t,\xi)$ ($1 \leq j \leq J$) に対し

$$\begin{aligned}
q(D_x)e^{-itH_0}f(x) &= \text{Os-}\iint e^{-it|\xi|^2/2} \\
&\qquad \times (1 + t\xi D_\xi)^{s/2}[h(t,\xi)^{-s/2}q(\xi)e^{-i\xi y}e^{ix\xi}]f(y)dyd\widehat{\xi} \\
&= \text{Os-}\iint e^{i(x\xi - t|\xi|^2/2)} \\
&\qquad \times \sum_{j=1}^J Q_j(x)h_j(t,\xi)P_j(y)e^{-i\xi y}f(y)dyd\widehat{\xi}
\end{aligned}$$

を得る．ここで J は整数であり，$Q_j(x)$ と $P_j(y)$ は x, y の次数高々 s の多項式である．また式 (17.95) により supp q では

$$(1 + |t\xi|^2)^{-s/2} \leq C\langle t \rangle^{-s}$$

が成り立つから $h_j(t,\xi)$ は

$$|h_j(t,\xi)|_\ell \leq C_\ell \langle t \rangle^{-s} \quad (\ell = 0, 1, 2, \cdots)$$

---

[6] この種類の評価は [14] において初めて意識的に証明されたがその本質は超局所解析 (microlocal analysis) であり [12], [50] 等にすでに萌芽が見られる．後に [36], [37], [38], [39], [53], [70], [71] 等においてより意識的に用いられた．

を満たす．これらから次が得られる．

$$P_s q(D_x) e^{-itH_0} P_s f(x)$$
$$= \sum_{j=1}^{J} \text{Os-}\iint e^{i(x\xi - t|\xi|^2/2 - \xi y)} u_j(x) h_j(t,\xi) s_j(y) f(y) dy d\xi. \quad (17.104)$$

ただし $u_j(x)$ と $s_j(y)$ は任意の $\ell = 0, 1, 2, \cdots$ に対し

$$|u_j|_\ell + |s_j|_\ell < \infty$$

を満たす．式 (17.104) は

$$P_s q(D_x) e^{-itH_0} P_s f = \sum_{j=1}^{J} u_j(X) h_j(t, D_x) e^{-itH_0} s_j(X') f$$

と書き換えられるから定理 17.4 により証明が終わる． □

定理 17.6 の証明 式 (17.98) のみ示す．他も同様である．上と同様に偶数整数 $s \geq 0$ に対してのみ示せばよい．まず

$$e^{-itH_0} P_+ \langle x \rangle^\delta f(x) = \text{Os-}\iint e^{ix\xi} e^{-i(t\xi^2/2 + \xi y)} p_+(\xi, y) \langle y \rangle^\delta f(y) dy d\widehat{\xi}$$

と書き換え関係

$$(1 + |t\xi + y|^2)^{-s/2} (1 - (t\xi + y) D_\xi)^{s/2} e^{-i(t\xi^2/2 + \xi y)} = e^{-i(t\xi^2/2 + \xi y)}$$

を用い ξ について部分積分する．不等式

$$(1 + |t\xi + y|)^{-1} (1 + |y|)^{-1} \leq C(1 + |t\xi|)^{-1},$$
$$|t\xi + y|^{-1} \leq C(|t\xi| + |y|)^{-1} \quad (\cos(y, \xi) \geq \theta + \rho)$$

に注意して部分積分して得られる式に (17.93), (17.96) を用いれば

$$e^{-itH_0} P_+ \langle x \rangle^\delta f(x) = \sum_{k=1}^{K} P_k(x) e^{-itH_0} s_k(t; D_x, X') \langle y \rangle^\delta f(y) \quad (17.105)$$

となる．ただし K はある整数であり $P_k(x)$ は高々次数 s の x の多項式である．またシンボル $s_k(t;\xi,y)$ は任意の $\ell = 0, 1, 2, \cdots$ に対し

$$|s_k(t;\xi,y)|_\ell \leq C_\ell \langle t \rangle^{-s+\delta}$$

を満たす．(17.98) の左側の P_s は $P_k(x)$ の増大を押さえるから定理 17.4 により求める評価が得られる． □

定理 17.7 の証明 他の場合も同様であるので $t \geq 0$ の場合を考える．P_- と P_+ を以下のように分解する．

$$P_- = P_{--} + P_{-+}, \quad P_+ = P_{+-} + P_{++}.$$

ただし右辺の各項は擬微分作用素でそれぞれのシンボルは

$$\mathrm{supp}\, p_{--}(x,\xi) \subset \{(x,\xi)|\ \cos(x,\xi) < \theta - \rho/3, |x| \geq \sigma, |\xi| \geq \sigma\}$$
$$\mathrm{supp}\, p_{-+}(x,\xi) \subset \{(x,\xi)|\ \cos(x,\xi) > \theta - 2\rho/3, |x| \geq \sigma, |\xi| \geq \sigma\}$$
$$\mathrm{supp}\, p_{+-}(\xi,y) \subset \{(\xi,y)|\ \cos(y,\xi) < \theta + 2\rho/3, |y| \geq \sigma, |\xi| \geq \sigma\}$$
$$\mathrm{supp}\, p_{++}(\xi,y) \subset \{(\xi,y)|\ \cos(y,\xi) > \theta + \rho/3, |y| \geq \sigma |\xi| \geq \sigma\}$$

および任意の $k, \ell = 0, 1, 2, \cdots$ に対し

$$|\langle x \rangle^k p_{-+}|_\ell < \infty, \quad |\langle y \rangle^k p_{+-}|_\ell < \infty \tag{17.106}$$

を満たす．したがって以下の四つの項を評価すればよい．

$$\langle x \rangle^\delta P_{--} e^{-itH_0} P_{+-} \langle x \rangle^\delta, \quad \langle x \rangle^\delta P_{--} e^{-itH_0} P_{++} \langle x \rangle^\delta,$$
$$\langle x \rangle^\delta P_{-+} e^{-itH_0} P_{+-} \langle x \rangle^\delta, \quad \langle x \rangle^\delta P_{-+} e^{-itH_0} P_{++} \langle x \rangle^\delta.$$

定理 17.6 と式 (17.106) により

$$\|\langle x \rangle^\delta P_{-+} e^{-itH_0} P_{+-} \langle x \rangle^\delta\| \leq C_{s\delta} \langle t \rangle^{-s},$$
$$\|\langle x \rangle^\delta P_{-+} e^{-itH_0} P_{++} \langle x \rangle^\delta\| \leq C_{s\delta} \langle t \rangle^{-s},$$
$$\|\langle x \rangle^\delta P_{--} e^{-itH_0} P_{+-} \langle x \rangle^\delta\| \leq C_{s\delta} \langle t \rangle^{-s}$$

が得られる．したがって

$$\langle x\rangle^\delta P_{--}e^{-itH_0}P_{++}\langle x\rangle^\delta f(x) \tag{17.107}$$
$$= \text{Os-}\iint e^{i(x\xi-t\xi^2/2-y\xi)}\langle x\rangle^\delta p_{--}(x,\xi)p_{++}(\xi,y)\langle y\rangle^\delta f(y)dyd\widehat{\xi}$$

のみ評価すればよい．$\cos(x,\xi) \leq \theta - \rho/3$ と $\cos(\xi,y) \geq \theta + \rho/3$ を満たす (x,ξ,y) に対し不等式

$$|x-t\xi-y|^{-1} \leq C(|x|+|t\xi|+|y|)^{-1} \tag{17.108}$$

が成り立つことに注意し

$$Q = (1+|x-t\xi-y|^2)^{-1}(1+(x-t\xi-y)D_\xi) \tag{17.109}$$

とおくとき関係

$$Qe^{i(x\xi-t\xi^2/2-y\xi)} = e^{i(x\xi-t\xi^2/2-y\xi)} \tag{17.110}$$

が成り立つことを用いて (17.107) において部分積分すると

$$\langle x\rangle^\delta P_{--}e^{-itH_0}P_{++}\langle x\rangle^\delta f(x) = \text{Os-}\iint e^{i(x-y)\xi}r_t^{(k)}(x,\xi,y)f(y)dyd\widehat{\xi}$$

が得られる．ただし

$$r_t^{(k)}(x,\xi,y) = e^{-it\xi^2/2}({}^tQ)^k(\langle x\rangle^\delta p_{--}(x,\xi)p_{++}(\xi,y)\langle y\rangle^\delta)$$

は式 (17.108) により $|\alpha+\beta+\gamma| \leq 3m+3$ なる任意の多重指数 α,β,γ と任意の整数 $k \geq 0$ に対し

$$|\partial_x^\alpha \partial_\xi^\beta \partial_y^\gamma r_t^{(k)}(x,\xi,y)| \leq C_{\alpha\beta\gamma k}\langle t\xi\rangle^{3m_0}\langle x\rangle^{-k/3+\delta}\langle t\xi\rangle^{-k/3}\langle y\rangle^{-k/3+\delta}$$

を満たす．したがって定理 17.4 と式 (17.96) より定理が得られる． □

定理 17.6 および定理 17.7 は $x,\xi \in \mathbb{R}^m$ の関数 $\varphi(x,\xi)$ がある定数 $0 \leq \sigma < 1$ に対して定義 10.1 の条件 1) すなわち $|\alpha|+|\beta| \geq 1$ を満たす任意の多重指数 α,β に対し定数 $C_{\alpha\beta} > 0$ が存在して

$$|\partial_x^\alpha \partial_\xi^\beta(\varphi(x,\xi)-x\xi)| \leq C_{\alpha\beta}(1+|x|)^{\sigma-|\alpha|} \tag{17.111}$$

を満たすとき, $\varphi(x,\xi)$ を相関数として持つフーリエ積分作用素

$$P_{+\varphi^*}f(x) = \text{Os-}\iint e^{i(x\xi-\varphi(y,\xi))}p_+(\xi,y)f(y)dyd\widehat{\xi}, \quad (17.112)$$

$$P_{-\varphi}f(x) = \text{Os-}\iint e^{i(\varphi(x,\xi)-y\xi)}p_-(x,\xi)f(y)dyd\widehat{\xi} \quad (17.113)$$

に対し以下のように拡張される.

定理 17.8 P_s と $P_\pm$ を上のようにするとき任意の $s \geq 0$ と $s \geq \delta \geq 0$ なる δ に対し時間 t によらない定数 $C_{s\delta} > 0$ が存在して

$$\|P_s e^{-itH_0}P_{+\varphi^*}\langle x\rangle^\delta\| \leq C_{s\delta}\langle t\rangle^{-s+\delta} \quad (t \geq 0), \quad (17.114)$$

$$\|\langle x\rangle^\delta P_{-\varphi}e^{-itH_0}P_s\| \leq C_{s\delta}\langle t\rangle^{-s+\delta} \quad (t \geq 0) \quad (17.115)$$

が成り立つ.

定理 17.9 $P_\pm$ を上のようにするとき任意の $s \geq 0$ と $\delta \geq 0$ に対し時間 t によらない定数 $C_{s\delta} > 0$ が存在して

$$\|\langle x\rangle^\delta P_{-\varphi}e^{-itH_0}P_{+\varphi^*}\langle x\rangle^\delta\| \leq C_{s\delta}\langle t\rangle^{-s} \quad (t \geq 0), \quad (17.116)$$

$$\|\langle x\rangle^\delta P_{+\varphi^*}^* e^{-itH_0}\dot{P}_{-\varphi}^*\langle x\rangle^\delta\| \leq C_{s\delta}\langle t\rangle^{-s} \quad (t \leq 0) \quad (17.117)$$

が成り立つ.

証明は定理 17.8 については定理 17.6 の証明で

$$e^{-itH_0}P_{+\varphi^*}\langle x\rangle^\delta f(x) = \text{Os-}\iint e^{ix\xi}e^{-i(t\xi^2/2+\varphi(y,\xi))}p_+(\xi,y)\langle y\rangle^\delta f(y)dyd\widehat{\xi}$$

と書き換え関係

$$(1+|t\xi+\partial_\xi\varphi(y,\xi)|^2)^{-s/2}(1-(t\xi+\partial_\xi\varphi(y,\xi))D_\xi)^{s/2}e^{-i(t\xi^2/2+\varphi(y,\xi))}$$
$$= e^{-i(t\xi^2/2+\varphi(y,\xi))}$$

を用いればよい.

定理 17.9 については場合分けは定理 17.7 と同じで

$$\langle x \rangle^\delta P_{--\varphi} e^{-itH_0} P_{++\varphi^*} \langle x \rangle^\delta \tag{17.118}$$

以外は定理 17.7 と同様に定理 17.8 に帰着する．この項 (17.118) は定理 17.7 の証明の式 (17.109) を

$$\begin{aligned} Q = &(1 + |\partial_\xi \varphi(x,\xi) - t\xi - \partial_\xi \varphi(y,\xi)|^2)^{-1} \\ &\times (1 + (\partial_\xi \varphi(x,\xi) - t\xi - \partial_\xi \varphi(y,\xi))D_\xi) \end{aligned} \tag{17.119}$$

と換えて関係

$$Qe^{i(\varphi(x,\xi)-t\xi^2/2-\varphi(y,\xi))} = e^{i(\varphi(x,\xi)-t\xi^2/2-\varphi(y,\xi))} \tag{17.120}$$

が成り立つことを用いて (17.118) において部分積分することにより同様に示すことができる[7].

---

[7][37], Lemma 3.3-ii) と同じである．

第18章　2体ハミルトニアン

18.1　2体ハミルトニアンの固有値

本章では $\mathcal{H} = L^2(\mathbb{R}^m)$ $(m = 1, 2, \cdots)$ で定義された摂動を持った二体ハミルトニアン

$$H = H_0 + V \tag{18.1}$$

を考える．ただし H_0 は式 (17.1) で定義される自由ハミルトニアンであり V は実数値可測関数 $V(x)$ による掛け算作用素である．さらに $V(x)$ は二つの実数値可測関数の和の形: $V(x) = V_S(x) + V_L(x)$ に書けるものとする．おのおのの部分関数 $V_S(x), V_L(x)$ は以下の減衰条件を満たすものとする．

$$|V_S(x)| \leq C\langle x \rangle^{-1-\delta}, \tag{18.2}$$

$$|\partial_x^\alpha V_L(x)| \leq C_\alpha \langle x \rangle^{-|\alpha|-\delta}. \tag{18.3}$$

ただし δ は $0 < \delta < 1$ なる定数であり，定数 $C > 0$ および任意の多重指数 α に対して定義された定数 $C_\alpha > 0$ は $x \in \mathbb{R}^m$ によらないものとする．このような V_S および V_L はそれぞれ短距離ポテンシャル，長距離ポテンシャルと呼ばれる．短距離ポテンシャルに対する仮定 (18.2) は局所的な特異性を持ったものを含むように弱めることができる．たとえば

$$h(R) = \|V_E(H_0 + 1)^{-1} \chi_{\{x | |x| > R\}}\| \in L^1((0, \infty)) \tag{18.4}$$

を満たす V_E を V_S としても以下述べる結果の多くはそのまま成り立つ．この条件 (18.4) は Enss [12] により導入されたもので，たとえば原点 $x = 0$ で $1/|x|$ のようなクーロン型特異性を持ったポテンシャルを含む．したがって長距離部分との和の形において現実のクーロンポテンシャルを含むように

できる．以下述べる結果が上の H に対し示されればそれらの結果をこの条件 (18.4) を満たすポテンシャル V_E を付け加えた $H + V_E$ に拡張することは難しくないので以下では上述の仮定 (18.2) および (18.3) を満たすポテンシャルを考える．

よく知られているように (たとえば [94], Chapter 4 などを参照されたい) 摂動の加わったハミルトニアン (18.1) は一般に固有値を持つ．したがって H を考える際には最初に固有値および固有空間 $\mathcal{H}_p(H)$ を特定する必要がある．そののちにヒルベルト空間 $\mathcal{H}$ を連続スペクトル空間 $\mathcal{H}_c(H) = \mathcal{H}_p(H)^\perp$ に制限し散乱状態 $f \in \mathcal{H}_c(H)$ を考察する．．

H の固有値を調べる前に H が $\mathcal{H}$ における自己共役作用素を定義することを見る．摂動のないハミルトニアン H_0 の場合自己共役性は表現 (17.5) から自明である．しかし摂動 V が付いた場合そのような表現を見つけることは以下述べる結果が示された後の仕事である．ここでは自己共役性の定義に戻って調べよう．H の定義域 $\mathcal{D}(H)$ が $\mathcal{H}$ において稠密であるとき随伴作用素 H^* の定義域 $\mathcal{D}(H^*)$ は以下の条件を満たす $g \in \mathcal{H}$ の全体として定義される．すなわちある $f \in \mathcal{H}$ が存在して

$$(g, Hu) = (f, u) \qquad (\forall u \in \mathcal{D}(H)) \tag{18.5}$$

を満たすとき $g \in \mathcal{D}(H^*)$ であるという．$\mathcal{D}(H)$ が $\mathcal{H}$ において稠密であるためこのような $f \in \mathcal{H}$ は一意的に定まる．そこで $g \in \mathcal{D}(H^*)$ に対し $H^* g = f$ と随伴作用素 H^* を定義する．

式 (18.1) で定義されるハミルトニアンの場合，摂動は仮定から $\mathcal{H}$ の有界作用素であるから $\mathcal{D}(V) = \mathcal{H}$ である．したがって $H = H_0 + V$ の定義域 $\mathcal{D}(H) = \mathcal{D}(H_0) \cap \mathcal{D}(V)$ は H_0 の定義域 $\mathcal{D}(H_0) = H^2(\mathbb{R}^m)$ に等しく，これは $\mathcal{H}$ において稠密である．したがって H^* はきちんと定義されている．一般に H^* が H の拡張になっているとき (記号で $H \subset H^*$ と書く) H は対称作用素であるという．また $H^* = H$ となっているとき自己共役作用素という．対称作用素 H はその閉包 H^{**} が自己共役であるとき本質的に自己共役であるという．我々の H_0 と V の場合 H_0, V は明らかに自己共役であり，したがってその和 $H = H_0 + V$ は対称である．随伴作用素の定義域はそれぞれ $\mathcal{D}(H_0^*) = H^2(\mathbb{R}^m) = \mathcal{D}(H_0)$ および $\mathcal{D}(V^*) = \mathcal{H} = \mathcal{D}(V)$ である．したがって $\mathcal{D}(H^*) = \mathcal{D}(H_0^*) \cap \mathcal{D}(V^*) = H^2(\mathbb{R}^m) = \mathcal{D}(H)$ となり H が自己

18.1. 2体ハミルトニアンの固有値　243

共役であることは自明である．

H の固有値を調べるためフォーム $i[H,A]$ をフォーム和として $f,g \in \mathcal{S}$ に対し

$$(i[H,A]f,g) = i(Af,Hg) - i(Hf,Ag) \tag{18.6}$$

と定義する．ただし189頁と同様 $A = (x\cdot D_x + D_x\cdot x)/2 = x\cdot D_x + m/(2i) = D_x\cdot x - m/(2i)$ は定義域 $\mathcal{D}(A)$ を重み付きソボレフ空間

$$H_1^1(\mathbb{R}^m) = \{f \mid \left(\int_{\mathbb{R}^m} |\langle x\rangle\langle D_x\rangle f(x)|^2 dx\right)^{1/2} < \infty\} \tag{18.7}$$

とする自己共役作用素である．

最初に H は正の固有値を持たないことを示す．そのため $\lambda > 0$ に対し $P(\lambda) = E_H(\lambda) - E_H(\lambda - 0)$ とおく．これはゼロでなければ187頁の脚注で述べた固有値 λ に対応する固有空間への直交射影を定義する．いま十分小さい $\epsilon > 0$ および十分大きい $\mu > 1$ に対し $B = (\lambda - \epsilon/\mu, \lambda + \epsilon/\mu)$ とおきフォーム和としての等式 $i[H_0,A] = 2H_0$ および $i[V_L,A] = -x\cdot\nabla_x V_L(x)$ を用いると任意の $u \in \mathcal{H}$ に対し

$$\begin{aligned}
&(E_H(B)i[H,A]E_H(B)u,u) \\
&= i(AE_H(B)u, HE_H(B)u) - i(HE_H(B)u, AE_H(B)u) \\
&= i(AE_H(B)u, V_S E_H(B)u) - i(V_S E_H(B)u, AE_H(B)u) \\
&\quad + (i[V_L,A]E_H(B)u, E_H(B)u) + (2H_0 E_H(B)u, E_H(B)u) \\
&= i(x\cdot D_x E_H(B)u, V_S E_H(B)u) - i(V_S E_H(B)u, x\cdot D_x E_H(B)u) \\
&\quad + m(V_S E_H(B)u, E_H(B)u) - (x\cdot\nabla_x V_L E_H(B)u, E_H(B)u) \\
&\quad - (2VE_H(B)u, E_H(B)u) + (2HE_H(B)u, E_H(B)u)
\end{aligned} \tag{18.8}$$

が成り立つ．仮定 (18.2) および (18.3) より $E_H(B)V_S(x\cdot D_x)E_H(B)$, $E_H(B)V_S E_H(B)$, $E_H(B)(x\cdot\nabla_x V_L)E_H(B)$ および $E_H(B)VE_H(B)$ は $\mathcal{H}$ のコンパクト作用素を定義する．いま関数 $\varphi \in C^\infty(\mathbb{R}^m)$ を $0 \leq \varphi \leq 1$, $\varphi(x) = 1$ ($|x| \geq 2$) および $\varphi(x) = 0$ ($|x| \leq 1$) と取り式 (18.8) において u を $u_R = \varphi(x/R)u(x)$ ($R > 1$) で置き換える．すると掛け算作用素 $\varphi_R = \varphi(x/R)$ は $\mathcal{H}$

の強位相で $R \to \infty$ のとき 0 に収束する.そこで $R > 1$ を十分大きく取って式 (18.8) の右辺の最後の項を除いていくらでも小さい定数倍の $\|E_H(B)u_R\|^2$ で押さえることができる.最後の項は $2(\lambda - \epsilon/\mu)(E_H(B)u_R, E_H(B)u_R) = 2(\lambda - \epsilon/\mu)\|E_H(B)u_R\|^2$ で下から押さえられる.したがって $R > 1$ が十分大きいときある定数 $\alpha > 0$ に対し

$$(E_H(B)i[H,A]E_H(B)u_R, u_R) \geq \alpha\|E_H(B)u_R\|^2 \tag{18.9}$$

が成り立つ.この不等式は十分小なる $\epsilon > 0$ および十分大きな $\mu > 1$ について一様に成り立つ.

他方同じ $\mu > 1$ に対し $R_\mu = \mu(\mu + iA)^{-1}$ とおくと $\sup_{\mu > 1}\|R_\mu\| \leq 1$ および s-$\lim_{\mu \to \infty} R_\mu = I$ が成り立つことが容易にわかる.したがって十分小なる $\epsilon > 0$ に対しある定数 $M_\epsilon > 1$ が存在して $\mu > M_\epsilon$ に対し

$$|(E_H(B)i[H,R_\mu]E_H(B)u_R, u_R)| \tag{18.10}$$
$$= |i(R_\mu E_H(B)u_R, (H-\lambda)E_H(B)u_R)$$
$$\quad - i((H-\lambda)E_H(B)u_R, R_\mu E_H(B)u_R)|$$
$$\leq 2\epsilon/\mu \|E_H(B)u_R\|^2$$

となる.直接の計算から $-\mu[H, R_\mu] = R_\mu i[H,A]R_\mu$ であることがわかる.したがって $\epsilon > 0$ および $\mu > M_\epsilon$ に対し

$$|(E_H(B)R_\mu i[H,A]R_\mu E_H(B)u_R, u_R)| \leq 2\epsilon\|E_H(B)u_R\|^2 \tag{18.11}$$

となる.これにおいて $\mu \to \infty$ として任意に小なる $\epsilon > 0$ に対し

$$|(P(\lambda)i[H,A]P(\lambda)u_R, u_R)| \leq 2\epsilon\|P(\lambda)u_R\|^2 \tag{18.12}$$

を得る.これと式 (18.9) で $\mu \to \infty$ としたものから $P(\lambda)\varphi_R = 0$ が得られる.これの随伴作用素を取れば $\varphi_R P(\lambda) = 0$ を得る.さていま $u \in \mathcal{D}(H)$ が $Hu = \lambda u$ を満たすとする.この場合 $P(\lambda)u = u$ となりしたがっていま示した $\varphi_R P(\lambda) = 0$ より $\varphi_R(x)u(x) = 0$ (a.e. $x \in \mathbb{R}^m$) となる.よって $\varphi_R(x)$ の定義から $u(x) = 0$ ($|x| \geq 2R$) となる.これとよく知られた楕円形方程式の解に対する一意接続定理 (たとえば [22] を参照) から $u(x) = 0$ ($\forall x \in \mathbb{R}^m$) が従う.ゆえに H は正の固有値を持たないことがいえた.

次に H の負の固有値を考える. $\lambda_j \leq \lambda_0 < 0$ $(j = 1, 2, \cdots)$ に対し $Hu_j = \lambda_j u_j$ および $(u_i, u_j)_{\mathcal{H}} = \delta_{ij}$ $(i, j = 1, 2, \cdots)$ と仮定し $\lambda_j \to \lambda (\leq \lambda_0)$ (as $j \to \infty$) となるとしてみる. すると仮定 (18.2) および (18.3) から

$$(H_0 - \lambda_j)u_j = -Vu_j \in L_\delta^2$$

である[1]. $-\lambda_j \geq -\lambda_0 > 0$ であるからこの関係から

$$\sup_j \|u_j\|_{H_\delta^2} = \sup_j \|(H_0 - \lambda_j)^{-1} Vu_j\|_{H_\delta^2} < \infty \tag{18.13}$$

が得られる[2]. とくに $\{u_j\}_{j=1}^\infty$ の閉包は $\mathcal{H} = L^2(\mathbb{R}^m)$ のコンパクト集合をなす. したがって $\{u_j\}$ の部分列 $\{u_{j_k}\}$ が存在してある $u \in \mathcal{H}$ に対し $\mathcal{H}$ において $u_{j_k} \to u$ (as $k \to \infty$) となる. これと $\|u_{j_k}\|_{\mathcal{H}} = 1$ より $\|u\|_{\mathcal{H}} = 1$ および $\lim_{k \to \infty} (u_{j_k}, u)_{\mathcal{H}} = \|u\|_{\mathcal{H}}^2 = 1$ となる. 他方上の仮定 $(u_i, u_j)_{\mathcal{H}} = \delta_{ij}$ から $(u_{j_k}, u)_{\mathcal{H}} = \lim_{\ell \to \infty} (u_{j_k}, u_{j_\ell}) = 0$ $(k = 1, 2, \cdots)$ となり矛盾する. したがって仮定は誤りであり, いかなる負の固有値も 0 以外の実数には集積しない. さらに以上で $\lambda_j = \lambda \leq \lambda_0 < 0$ と取って議論することにより負の固有値は有限多重度を持つことがわかる.

まとめて次の定理を得る.

定理 18.1 条件 (18.2) および (18.3) が満たされているとする. このとき式 (18.1) の二体ハミルトニアン $H = H_0 + V$ は正の固有値を持たない. またその負の固有値は多重度有限であり 0 以外には集積しない. とくに H の固有値の集合は高々可算であり 0 の近傍を除いて離散的である.

18.2 波動作用素

固有値の基本的性質がわかったので散乱状態 $f \in \mathcal{H}_c(H) = \mathcal{H}_p(H)^\perp$ に対し $\exp(-itH)f$ が時間 t についてどう変化するかについての考察に移ろ

---
[1] L_δ^2 は式 (17.23) の L_s^2 と同様の空間である.
[2] H_δ^2 は (18.7) と同様の重み付きソボレフ空間で

$$H_\delta^2(\mathbb{R}^m) = \{f \mid \left(\int_{\mathbb{R}^m} |\langle x \rangle^\delta \langle D_x \rangle^2 f(x)|^2 dx\right)^{1/2} < \infty\}$$

と定義される.

う．定理 15.2 より予想されることであるが $\exp(-itH)f$ ($f \in \mathcal{H}_c(H)$) は $t \to \pm\infty$ のとき散乱してゆく．二体ハミルトニアン H の場合この定理は以下を含意する．すなわち任意の $f \in \mathcal{H}_c(H) \cap H^2(\mathbb{R}^m) \cap L_2^2(\mathbb{R}^m)$, $R > 0$ および $\phi \in C_0^\infty(\mathbb{R})$ に対し $m \to \pm\infty$ のとき

$$\|F(|x| < R)\exp(-it_m H)f\| \to 0, \tag{18.14}$$

$$\|(\phi(H) - \phi(H_0))\exp(-it_m H)f\| \to 0, \tag{18.15}$$

$$\left\|\left(\frac{x}{t_m} - D_x\right)\exp(-it_m H)f\right\| \to 0 \tag{18.16}$$

が成り立つ．式 (18.15) は $f \in \mathcal{H}_c(H)$ かつ $B \subset (-\infty, 0)$ のとき $E_H(B)f = 0$ を含意する．これは式 (18.15) において $\phi \in C_0^\infty((-\infty, 0))$ ととり $H_0 \geq 0$ であることを思い起こせば示される．式 (18.16) より二つの粒子の相対位置は漸近的にこれら粒子の相対運動量と平行になるように変化することがわかる．これは自由ハミルトニアンに対する伝播評価すなわち定理 17.5-17.7 と類似の性質である．これより $\exp(-itH)f$ ($f \in \mathcal{H}_c(H)$) の振る舞いは自由ハミルトニアンに対する発展作用素 $\exp(-itH_0)$ の $t \to \pm\infty$ における振る舞いと類似のものと期待される．事実長距離ポテンシャルが消える場合は次の定理が示される．

定理 18.2 (18.2) が成り立つとしかつ $V_L(x) = 0$ ($x \in \mathbb{R}^m$) であるとする．このとき以下の極限

$$W_\pm g = \lim_{t \to \pm\infty} e^{itH} e^{-itH_0} g \tag{18.17}$$

が任意の $g \in \mathcal{H} = L^2(\mathbb{R}^m)$ に対し存在する．$W_\pm$ は波動作用素と呼ばれる．

証明 バナッハ空間に値を取る関数に対する微分積分学の基本定理[3]により $g \in \mathcal{D}(H) = \mathcal{D}(H_0)$ であれば

$$\begin{aligned} e^{itH} e^{-itH_0} g - g &= \int_0^t \frac{d}{ds}(e^{isH} e^{-isH_0} g) ds \\ &= i \int_0^t e^{isH} V_S e^{-isH_0} g ds \end{aligned} \tag{18.18}$$

---

[3][107], 定理 15.15 を参照されたい．いまの場合の関数 $e^{isH} e^{-isH_0} g$ はヒルベルト空間 $\mathcal{H} = L^2(\mathbb{R}^m)$ に値を取っている．

18.2. 波動作用素

が成り立つ. q が第 17.3 節の式 (17.95) を満たすシンボルならば $h \in L^2(\mathbb{R}^m)$ に対し $g = q(D_x)\langle x \rangle^{-1-\delta}h$ の形の元は $\mathcal{H} = L^2(\mathbb{R}^m)$ において稠密になる. 作用素の族 $e^{itH}e^{-itH_0}$ は $t \in \mathbb{R}$ について一様有界であるから $g = q(D_x)\langle x \rangle^{-1-\delta}h$ の形をした g に対し式 (18.18) の積分が収束することをいえばよいが定理 17.5 および式 (18.2) より

$$\|V_S e^{-isH_0}q(D_x)\langle x \rangle^{-1-\delta}h\| \leq \langle s \rangle^{-1-\delta}\|h\| \in L^1((-\infty,\infty)) \quad (18.19)$$

が成り立つ. したがって式 (18.18) は上のような g に対し収束し証明が終わる. □

長距離ポテンシャルを含む場合も式 (18.17) における $e^{itH}e^{-itH_0}$ を少々修正すれば次節で述べるように波動作用素の存在および以下に述べる性質がいえる.

$W_\pm$ の定義 (18.17) より波動作用素 $W_\pm$ が存在すればそれは $\mathcal{H}$ から $\mathcal{H}$ への距離を保つ作用素すなわち等長作用素であり関係

$$e^{isH}W_\pm = W_\pm e^{isH_0} \quad (s \in \mathbb{R}) \quad (18.20)$$

を満たすことが容易にわかる. 式 (17.56) および H に対する同様の式より $\epsilon > 0, \lambda \in \mathbb{R}$ および $f \in \mathcal{H}$ に対し

$$R_0(\lambda \pm i\epsilon)f = i\int_0^{\pm\infty} e^{is(\lambda \pm i\epsilon - H_0)}f ds \quad (18.21)$$

$$R(\lambda \pm i\epsilon)f = i\int_0^{\pm\infty} e^{is(\lambda \pm i\epsilon - H)}f ds \quad (18.22)$$

が得られる. したがって式 (18.20) の両辺のラプラス変換を取れば

$$R(\lambda \pm i\epsilon)W_\pm = W_\pm R_0(\lambda \pm i\epsilon) \quad (18.23)$$

が得られる. これより

$$\frac{1}{2\pi i}(R(\lambda + i\epsilon) - R(\lambda - i\epsilon))W_\pm f = W_\pm \frac{1}{2\pi i}(R_0(\lambda + i\epsilon) - R_0(\lambda - i\epsilon)) \quad (18.24)$$

が従う. いま $\overline{E}_H(a) = \frac{1}{2}(E_H(a-0) + E_H(a))$ 等と定義すると式 (17.10)-(17.12) を用いて $-\infty < a < b < \infty$ に対し

$$\text{s-}\lim_{\epsilon \downarrow 0} \frac{1}{2\pi i} \int_a^b (R(\lambda + i\epsilon) - R(\lambda - i\epsilon))d\lambda = \overline{E}_H(b) - \overline{E}_H(a), \quad (18.25)$$

$$\text{s-}\lim_{\epsilon \downarrow 0} \frac{1}{2\pi i} \int_a^b (R_0(\lambda + i\epsilon) - R_0(\lambda - i\epsilon))d\lambda = \overline{E}_0(b) - \overline{E}_0(a) \quad (18.26)$$

がいえる[4]. これらおよび式 (18.24) より任意のボレル集合 $B \subset (-\infty, \infty)$ に対し

$$E_H(B)W_\pm = W_\pm E_0(B) \quad (18.27)$$

が得られる. ただし $E_H(B)$ および $E_0(B)$ はそれぞれ H および H_0 に対するスペクトル測度である. 式 (18.27) より任意の連続関数 $F(\lambda)$ に対し

$$F(H)W_\pm \supset W_\pm F(H_0) \quad (18.28)$$

がいえる.

自己共役作用素 H に対しその絶対連続部分空間 $\mathcal{H}_{ac}(H)$ を

$$|B| = 0 \Rightarrow E_H(B)f = 0 \quad (18.29)$$

を満たす $f \in \mathcal{H}$ の全体と定義する. ただし $|B|$ は $\mathbb{R}$ のボレル集合 B のルベーグ測度を表す. 固有空間 $\mathcal{H}_p(H)$ は以前定義したが $f \in \mathcal{H}$ がこれの直交補空間に属することすなわち $f \in \mathcal{H}_c(H) = \mathcal{H}_p(H)^\perp$ は以下の条件

$$(E_H(\lambda)f, f) \text{ は } \lambda(\in \mathbb{R}) \text{ について連続である} \quad (18.30)$$

と同値である. 実際固有値 $\lambda \in \mathbb{R}$ に対応する H の固有空間は $P(\lambda)\mathcal{H} = (E_H(\lambda) - E_H(\lambda - 0))\mathcal{H}$ に等しい. ただし $E_H(\lambda - 0) = \text{s-}\lim_{\mu \uparrow \lambda} E_H(\mu)$ であった. したがって $\mathcal{H}_p(H)$ は $\lambda \in \mathbb{R}$ なる $P(\lambda)\mathcal{H}$ によって張られる. したがってその直交補空間 $\mathcal{H}_p(H)^\perp$ は条件 (18.30) を満たす f の全体となる. 自由ハミルトニアン H_0 の場合, 定理 17.1 および $\mathcal{H}_p(H_0) = \{0\}$ より

$$\mathcal{H}_{ac}(H_0) = \mathcal{H}_c(H_0) = \mathcal{H} \quad (18.31)$$

---
[4] [101] p. 325 あるいは [42] p.359 などを参照されたい.

となる．これを性質 (18.27) とあわせると波動作用素の像 $\mathcal{R}(W_\pm) = W_\pm \mathcal{H}$ に属する元 $f = W_\pm g$ はルベーグ測度 $|B| = 0$ なるボレル集合 B に対し

$$E_H(B)f = E_H(B)W_\pm g = W_\pm E_0(B)g = 0 \tag{18.32}$$

を満たすことがわかる．したがって $W_\pm f$ ($f \in \mathcal{H}$) は H の絶対連続部分空間 $\mathcal{H}_{ac}(H)(\subset \mathcal{H}_c(H))$ に属する．ゆえに

$$\mathcal{R}(W_\pm) \subset \mathcal{H}_{ac}(H) \subset \mathcal{H}_c(H) \tag{18.33}$$

が成り立つ．すでに述べたように摂動を持ったハミルトニアン H に対しては一般に $\mathcal{H}_p(H) \neq \{0\}$ である．したがって式 (18.31) は必ずしも成り立たない．しかし定理 15.2 より

$$\mathcal{R}(W_\pm) = \mathcal{H}_{ac}(H) = \mathcal{H}_c(H) \tag{18.34}$$

が成り立つことが期待される．もしこの等式が成り立てば $\mathcal{H}_c(H)$ は性質 (18.27) を満たすユニタリ作用素

$$W_\pm : \mathcal{H} = \mathcal{H}_c(H_0) = \mathcal{H}_{ac}(H_0) \longrightarrow \mathcal{H}_c(H) = \mathcal{H}_{ac}(H) \tag{18.35}$$

によって $\mathcal{H}_c(H_0) = \mathcal{H} = L^2(\mathbb{R}^m)$ にユニタリ同型となる．

関係 (18.34) が成り立つとき波動作用素 $W_\pm$ は漸近的に完全である (asymptotically complete) といわれる．漸近完全性 (asymptotic completeness) が成り立つ場合 $\mathcal{F}$ を以前と同様フーリエ変換としてユニタリ作用素

$$\mathcal{F}_\pm = \mathcal{F} W_\pm^* : \mathcal{H}_c(H) \longrightarrow \mathcal{F}\mathcal{H} \tag{18.36}$$

を定義できる．すると性質 (18.28) より $f \in \mathcal{H}_c(H) \cap \mathcal{D}(H)$ に対し

$$\mathcal{F}_\pm H f(\xi) = \mathcal{F} W_\pm^* H f(\xi) = \mathcal{F} H_0 W_\pm^* f(\xi) = \frac{|\xi|^2}{2} \mathcal{F}_\pm f(\xi) \tag{18.37}$$

が成り立つ．したがって通常のフーリエ変換 $\mathcal{F}$ が H_0 を

$$\mathcal{F} H_0 f(\xi) = (|\xi|^2/2) \mathcal{F} f(\xi) \quad (f \in \mathcal{H}_c(H_0) \cap \mathcal{D}(H_0) = \mathcal{D}(H_0))$$

の意味で対角化するのと同様 $\mathcal{F}_\pm$ は H を $\mathcal{H}_c(H)$ 上で対角化する一般化されたフーリエ変換と見なされる．したがって漸近完全性は摂動を持ったハミルトニアン $H = H_0 + V$ のスペクトル表現を与える．

18.3　漸近的完全性

本節では二体の場合の漸近完全性 (18.34) を証明する．波動作用素 (18.17) あるいは長距離力の場合を含めた修正波動作用素が存在すれば性質 (18.20) ないし (18.27) は容易にいえるので式 (18.33) の包含関係

$$\mathcal{R}(W_\pm) \subset \mathcal{H}_{ac}(H) \subset \mathcal{H}_c(H) \tag{18.38}$$

は一般に成り立つ．したがって逆の包含関係

$$\mathcal{H}_c(H) \subset \mathcal{R}(W_\pm) \tag{18.39}$$

をいえば漸近完全性がいえる．

すでに触れたように式 (18.17) の波動作用素 $W_\pm$ は (18.2) ないし (18.4) を満たす短距離ポテンシャルの場合は存在するが，長距離ポテンシャルの場合は一般には存在しない．そこで (18.3) を満たす長距離ポテンシャルを含めた場合にも存在するように波動作用素の定義を修正する必要がある．ここでは [37] で導入された同一視作用素ないし時間に依存しない定常的修正因子 J を用いて

$$W_\pm f = \lim_{t \to \pm\infty} e^{itH} J e^{-itH_0} f \tag{18.40}$$

の形に波動作用素を構成する．この定常的修正因子 J は $f \in \mathcal{S}(\mathbb{R}^m)$ に対し

$$\begin{aligned} Jf(x) &= \text{Os-}\iint e^{i(\varphi(x,\xi)-y\xi)} f(y) dy d\widehat{\xi} \\ &= c_m \int e^{i\varphi(x,\xi)} \hat{f}(\xi) d\xi \end{aligned} \tag{18.41}$$

として作用するフーリエ積分作用素として導入される．ただし $\hat{f}$ は $f \in \mathcal{S}(\mathbb{R}^m)$ のフーリエ変換であり，係数は $c_m = (2\pi)^{-m/2}$ と定義される．相関数 $\varphi(x,\xi)$ は以下でアイコナル方程式

$$\frac{1}{2}|\nabla_x \varphi(x,\xi)|^2 + V_L(x) = \frac{1}{2}|\xi|^2$$

の相空間 $\mathbb{R}_x^m \times \mathbb{R}_\xi^m$ の前方および後方方向すなわち $x \in \mathbb{R}^m$ および $\xi \in \mathbb{R}^m$ が互いにほぼ平行な領域とほぼ反対向きに平行な領域における解として構成される．

18.3. 漸近的完全性

相関数 $\varphi(x,\xi)$ が構成されたとした場合漸近完全性の証明は以下のような議論により行われる．

この証明においては波動作用素の存在および漸近完全性の証明がともに同様の対称な議論によって行われる．すなわち漸近完全性を示すということは $g \in \mathcal{H}_c(H)$ に対し極限

$$\text{s-}\lim_{t \to \pm\infty} e^{itH_0} J^{-1} e^{-itH} g \tag{18.42}$$

の存在を示すということであるので存在の証明と同様な議論でこの極限の存在を示せれば存在および完全性が対称な議論によって行われることになる．

存在を示す方が漸近完全性より容易にいえるので以下では漸近完全性すなわち (18.42) の極限の存在を $t \to \infty$ の場合に示す．$t \to -\infty$ の場合も同様に示される．

極限 (18.42) の存在は定理 15.2 を用いて収束に関するコーシーの判定条件に帰着して示す．

いま $0 < d^2/2 < b < \infty$ を満たすような $b, d > 0$ に対し $g = E_H(B)g$ ($B \subset (d^2/2, b)$) なる形のベクトル $g \in \mathcal{H}_c(H)$ は $\mathcal{H}_c(H)$ において稠密であるからそのような元 g に対し定理 15.2 における列 $t_m \to \infty$ ($m \to \infty$) を取り以下の差を評価する．

$$\begin{aligned}(e^{itH_0} J^{-1} e^{-itH} &- e^{it_m H_0} J^{-1} e^{-it_m H})g \\&= e^{it_m H_0}(e^{i(t-t_m)H_0} J^{-1} e^{-i(t-t_m)H} - J^{-1}) e^{-it_m H} g.\end{aligned} \tag{18.43}$$

ただし J^{-1} は J の逆作用素で φ を適切に取ると存在するものである．P_+ を式 (17.96) を $\sigma = d/2$ として満たす式 (17.91) の形の擬微分作用素とし，R_m を $m \to +\infty$ で無限大に発散する数列で式 (18.14) が $R > 0$ を $R_m > 0$ に置き換えて成り立つものとする．このとき定理 15.2 より式 (18.43) の右辺の因子 $(e^{i(t-t_m)H_0} J^{-1} e^{-i(t-t_m)H} - J^{-1})$ と $e^{-it_m H} g$ の間に因子 $P_+ F(|x| > R_m)$

を挿入することができる．この上で以下のように評価する．

$$\|(e^{i(t-t_m)H_0}J^{-1}e^{-i(t-t_m)H} - J^{-1})P_+F(|x|>R_m)\| \qquad (18.44)$$
$$= \|e^{i(t-t_m)H_0}J^{-1}e^{-i(t-t_m)H}$$
$$\times (J - e^{i(t-t_m)H}Je^{-i(t-t_m)H_0})J^{-1}P_+F(|x|>R_m)\|$$
$$\leq C \left\| \int_0^{t-t_m} \frac{d}{ds}\left(e^{isH}Je^{-isH_0}\right)J^{-1}P_+F(|x|>R_m)ds \right\|$$
$$\leq C \int_0^{t-t_m} \|(HJ-JH_0)e^{-isH_0}J^{-1}P_+F(|x|>R_m)\|ds.$$

ここでアイコナル方程式より $T=HJ-JH_0$ は前方方向で $\langle x \rangle^{-1-\delta}$ のオーダーで減衰する．したがって定理 17.9 が適用できて

$$\|Te^{-isH_0}J^{-1}P_+F(|x|>R_m)\| \qquad (18.45)$$
$$\leq \|Te^{-isH_0}J^{-1}P_+\langle x\rangle^{\delta/2}\|\|\langle x\rangle^{-\delta/2}F(|x|>R_m)\|$$
$$\leq C\langle s\rangle^{-1-\delta/2}\langle R_m\rangle^{-\delta/2}$$

が得られる．これらより $t>t_m \to \infty$ のとき

$$\|(e^{itH_0}J^{-1}e^{-itH} - e^{it_mH_0}J^{-1}e^{-it_mH})g\| \to 0 \qquad (18.46)$$

となる．したがって $t>s>t_m \to \infty$ に対しコーシーの判定条件:

$$\|(e^{itH_0}J^{-1}e^{-itH} - e^{isH_0}J^{-1}e^{-isH})g\| \qquad (18.47)$$
$$\leq \|(e^{itH_0}J^{-1}e^{-itH} - e^{it_mH_0}J^{-1}e^{-it_mH})g\|$$
$$+ \|(e^{isH_0}J^{-1}e^{-isH} - e^{it_mH_0}J^{-1}e^{-it_mH})g\| \to 0.$$

が成り立つから極限

$$\Omega_+ g = \lim_{t\to\infty} e^{itH_0}J^{-1}e^{-itH}g \qquad (18.48)$$

が $g \in \mathcal{H}_c(H)$ に対し存在することがいえる．これと同様に示される W_+ の存在から $g \in \mathcal{H}_c(H)$ に対し

$$g = W_+\Omega_+ g \in \mathcal{R}(W_+) \qquad (18.49)$$

18.3. 漸近的完全性

がいえる．したがって式 (18.41) の J すなわちその相関数 $\varphi(x,\xi)$ が以上の議論に必要な条件を満たしていることが言えれば漸近完全性の証明が終わる．

相関数 $\varphi(x,\xi)$ を構成するために第 12 章と同様に古典的ハミルトニアンに対応する古典軌道を考察する必要がある．以下第 12 章とほぼ同様のことであるが細かい点で異なるところがあるので再述する．まずここで考えるハミルトニアンは

$$H_\rho(t,x,\xi) = \frac{1}{2}|\xi|^2 + V_\rho(t,x) \tag{18.50}$$

で定義される．ただし $0 < \rho < 1$ であり

$$V_\rho(t,x) = V_L(x)\phi(\rho x)\phi\left(\frac{\langle\log\langle t\rangle\rangle}{\langle t\rangle}x\right) \tag{18.51}$$

である．ここで $\phi(x)$ は $0 \le \phi(x) \le 1$ なる $C^\infty(\mathbb{R}^m)$ に属する関数で

$$\phi(x) = \begin{cases} 1 & |x| \ge 2 \\ 0 & |x| \le 1 \end{cases} \tag{18.52}$$

を満たすものである．このとき V_ρ は $\delta_0 + \ell + m < |\alpha| + \delta$ なる $\ell, m \ge 0$ および $0 < \delta_0 < \delta$ に対し

$$|\partial_x^\alpha V_\rho(t,x)| \le C_\alpha \rho^{\delta_0} \langle t\rangle^{-\ell} \langle x\rangle^{-m} \tag{18.53}$$

を満たす．

対応する古典軌道 $(q,p)(t,s,y,\xi) = (q(t,s,y,\xi), p(t,s,y,\xi))$ は方程式

$$\begin{cases} q(t,s) = y + \int_s^t p(\tau,s)d\tau, \\ p(t,s) = \xi - \int_s^t \nabla_x V_\rho(\tau, q(\tau,s))d\tau \end{cases} \tag{18.54}$$

によって定まる．$\delta_0, \delta_1 > 0$ を $0 < \delta_0 + \delta_1 < \delta$ と固定し第 12 章と同様に逐次近似法により方程式 (18.54) を解くことにより $(q,p)(t,s,y,\xi)$ に対し以下の評価がいえる．

命題 18.3 定数 $C_\ell > 0$ ($\ell = 0, 1, 2, \cdots$) が存在して任意の $(y, \xi) \in \mathbb{R}^{2m}$, $\pm t \geq \pm s \geq 0$ および多重指数 α に対し以下が成り立つ.

$$|p(s,t,y,\xi) - \xi| \leq C_0 \rho^{\delta_0} \langle s \rangle^{-\delta_1}. \tag{18.55}$$

$$|\partial_y^\alpha [\nabla_y q(s,t,y,\xi) - I]| \leq C_{|\alpha|} \rho^{\delta_0} \langle s \rangle^{-\delta_1}, \tag{18.56}$$

$$|\partial_y^\alpha [\nabla_y p(s,t,y,\xi)]| \leq C_{|\alpha|} \rho^{\delta_0} \langle s \rangle^{-1-\delta_1}. \tag{18.57}$$

$$|\nabla_\xi q(t,s,y,\xi) - (t-s)I| \leq C_0 \rho^{\delta_0} \langle s \rangle^{-\delta_1} |t-s|, \tag{18.58}$$

$$|\nabla_\xi p(t,s,y,\xi) - I| \leq C_0 \rho^{\delta_0} \langle s \rangle^{-\delta_1}. \tag{18.59}$$

$$|\nabla_y q(t,s,y,\xi) - I| \leq C_0 \rho^{\delta_0} \langle s \rangle^{-1-\delta_1} |t-s|, \tag{18.60}$$

$$|\nabla_y p(t,s,y,\xi)| \leq C_0 \rho^{\delta_0} \langle s \rangle^{-1-\delta_1}. \tag{18.61}$$

$$|\partial_\xi^\alpha [q(t,s,y,\xi) - y - (t-s)p(t,s,y,\xi)]| \tag{18.62}$$
$$\leq C_{|\alpha|} \rho^{\delta_0} \min(\langle t \rangle^{1-\delta_1}, |t-s|\langle s \rangle^{-\delta_1}).$$

さらに $|\alpha + \beta| \geq 2$ なる任意の α, β に対しある定数 $C_{\alpha\beta} > 0$ で以下を満たすものが存在する.

$$|\partial_y^\alpha \partial_\xi^\beta q(t,s,y,\xi)| \leq C_{\alpha\beta} \rho^{\delta_0} |t-s| \langle s \rangle^{-\delta_1}, \tag{18.63}$$

$$|\partial_y^\alpha \partial_\xi^\beta p(t,s,y,\xi)| \leq C_{\alpha\beta} \rho^{\delta_0} \langle s \rangle^{-\delta_1}. \tag{18.64}$$

この命題において $\rho > 0$ を $C_0 \rho^{\delta_0} < 1/2$ となるように十分小に取ることにより以下が得られる.

命題 18.4 $\rho > 0$ を $C_0 \rho^{\delta_0} < 1/2$ となるように取ると $\pm t \geq \pm s \geq 0$ に対し $\mathbb{R}^m$ の微分同相写像

$$x \mapsto y(s,t,x,\xi) \tag{18.65}$$

$$\xi \mapsto \eta(t,s,x,\xi) \tag{18.66}$$

が関係

$$\begin{cases} q(s,t,y(s,t,x,\xi),\xi) = x \\ p(t,s,x,\eta(t,s,x,\xi)) = \xi \end{cases} \tag{18.67}$$

18.3. 漸近的完全性

によって定まる. そして $y(s,t,x,\xi)$ および $\eta(t,s,x,\xi)$ は $(x,\xi) \in \mathbb{R}^{2m}$ について C^∞ でありその微分 $\partial_x^\alpha \partial_\xi^\beta y$ および $\partial_x^\alpha \partial_\xi^\beta \eta$ は (t,s,x,ξ) について C^1 である. これらは関係

$$\begin{cases} y(s,t,x,\xi) = q(t,s,x,\eta(t,s,x,\xi)) \\ \eta(t,s,x,\xi) = p(s,t,y(s,t,x,\xi),\xi) \end{cases} \tag{18.68}$$

および任意の α, β に対し評価

$$|\partial_x^\alpha \partial_\xi^\beta [\nabla_x y(s,t,x,\xi) - I]| \le C_{\alpha\beta} \rho^{\delta_0} \langle s \rangle^{-\delta_1}, \tag{18.69}$$

$$|\partial_x^\alpha \partial_\xi^\beta [\nabla_x \eta(t,s,x,\xi)]| \le C_{\alpha\beta} \rho^{\delta_0} \langle s \rangle^{-1-\delta_1}. \tag{18.70}$$

$$|\partial_\xi^\alpha [\eta(t,s,x,\xi) - \xi]| \le C_\alpha \rho^{\delta_0} \langle s \rangle^{-\delta_1} \tag{18.71}$$

$$|\partial_\xi^\alpha [y(s,t,x,\xi) - x - (t-s)\xi]| \tag{18.72}$$
$$\le C_\alpha \rho^{\delta_0} \min(\langle t \rangle^{1-\delta_1}, |t-s| \langle s \rangle^{-\delta_1})$$

を満たす. さらに任意の $|\alpha + \beta| \ge 2$ に対し

$$|\partial_x^\alpha \partial_\xi^\beta \eta(t,s,x,\xi)| \le C_{\alpha\beta} \rho^{\delta_0} \langle s \rangle^{-\delta_1}, \tag{18.73}$$

$$|\partial_x^\alpha \partial_\xi^\beta y(s,t,x,\xi)| \le C_{\alpha\beta} \rho^{\delta_0} \langle t-s \rangle \langle s \rangle^{-\delta_1} \tag{18.74}$$

が成り立つ. ここで定数 $C_\alpha, C_{\alpha\beta} > 0$ は t,s,x,ξ に依らない.

以下の図はこれらの関係を表す. ただし $U(t,s)$ は時刻 s における初期値 (x,η) に時刻 t における相空間の点 $(q,p)(t,s,x,\eta)$ を対応させる写像を表す.

$$\begin{pmatrix} \text{time } s \\ x \\ \eta(t,s,x,\xi) \end{pmatrix} \xrightarrow{U(t,s)} \begin{pmatrix} \text{time } t \\ y(s,t,x,\xi) \\ \xi \end{pmatrix} \tag{18.75}$$

さて関数 $\phi(t,x,\xi)$ を

$$\phi(t,x,\xi) = u(t,x,\eta(t,0,x,\xi)) \tag{18.76}$$

と定義する. ただし

$$u(t,x,\eta) = x \cdot \eta + \int_0^t (H_\rho - x \cdot \nabla_x H_\rho)(\tau, q(\tau,0,x,\eta), p(\tau,0,x,\eta)) d\tau. \tag{18.77}$$

第 18 章 2体ハミルトニアン

すると直接の計算より $\phi(t,x,\xi)$ はハミルトン-ヤコビ方程式

$$\partial_t \phi(t,x,\xi) = \frac{1}{2}|\xi|^2 + V_\rho(t, \nabla_\xi \phi(t,x,\xi)), \tag{18.78}$$
$$\phi(0,x,\xi) = x \cdot \xi$$

および関係

$$\nabla_x \phi(t,x,\xi) = \eta(t,0,x,\xi), \tag{18.79}$$
$$\nabla_\xi \phi(t,x,\xi) = y(0,t,x,\xi) \tag{18.80}$$

を満たすことがいえる.そこで $(x,\xi) \in \mathbb{R}^{2m}$ に対し

$$\phi_\pm(x,\xi) = \lim_{t \to \pm\infty} (\phi(t,x,\xi) - \phi(t,0,\xi)) \tag{18.81}$$

と定義する.この極限の存在を以下で証明する.$R, d > 0$ および $\sigma_0 \in (-1,1)$ に対し

$$\begin{aligned}\Gamma_\pm &= \Gamma_\pm(R,d,\sigma_0) \\ &= \{(x,\xi) \in \mathbb{R}^{2m} |\ |x| \geq R, |\xi| \geq d, \pm\cos(x,\xi) \geq \pm\sigma_0\}\end{aligned} \tag{18.82}$$

とおく.

命題 18.5 極限 (18.81) が任意の $(x,\xi) \in \mathbb{R}^{2m}$ に対し存在し (x,ξ) の C^∞ 関数を定義する.極限 $\phi_\pm(x,\xi)$ は以下のアイコナル方程式を満たす.すなわち任意の $d > 0$ および $\sigma_0 \in (-1,1)$ に対しある定数 $R = R_d = R_{d\sigma_0} > 1$ が存在して任意の $(x,\xi) \in \Gamma_\pm = \Gamma_\pm(R,d,\sigma_0)$ に対し関係

$$\frac{1}{2}|\nabla_x \phi_\pm(x,\xi)|^2 + V_L(x) = \frac{1}{2}|\xi|^2 \tag{18.83}$$

が成り立つ.さらに任意の α, β に対し評価

$$|\partial_x^\alpha \partial_\xi^\beta (\phi_\pm(x,\xi) - x \cdot \xi)| \leq C_{\alpha\beta} |\xi|^{-1} \langle x \rangle^{1-|\alpha|-\delta} \tag{18.84}$$

が成り立つ.ただし $C_{\alpha\beta} > 0$ は $(x,\xi) \in \Gamma_\pm$ に依らない定数である.

18.3. 漸近的完全性

証明 ϕ_- の場合も同様なので $\phi = \phi_+$ の場合のみ考える．最初に $t \to +\infty$ に対する極限 (18.81) の存在を示す．そのため

$$R(t, x, \xi) = \phi(t, x, \xi) - \phi(t, 0, \xi) \tag{18.85}$$

とおいて極限

$$\lim_{t \to \infty} \partial_x^\alpha \partial_\xi^\beta R(t, x, \xi) = \lim_{t \to \infty} \int_0^t \partial_x^\alpha \partial_\xi^\beta \partial_t R(\tau, x, \xi) d\tau + \partial_x^\alpha \partial_\xi^\beta (x \cdot \xi) \tag{18.86}$$

の存在を示す．ハミルトン-ヤコビ方程式 (18.78) より

$$\begin{aligned}
\partial_t R(t, x, \xi) &= \partial_t \phi(t, x, \xi) - \partial_t \phi(t, 0, \xi) \\
&= V_\rho(t, \nabla_\xi \phi(t, x, \xi)) - V_\rho(t, \nabla_\xi \phi(t, 0, \xi)) \\
&= (\nabla_\xi \phi(t, x, \xi) - \nabla_\xi \phi(t, 0, \xi)) \cdot a(t, x, \xi) \\
&= (y(0, t, x, \xi) - y(0, t, 0, \xi)) \cdot a((t, x, \xi) \\
&= \nabla_\xi R(t, x, \xi) \cdot a(t, x, \xi)
\end{aligned} \tag{18.87}$$

となる．ただし

$$a(t, x, \xi) = \int_0^1 (\nabla_x V_\rho)(t, \nabla_\xi \phi(t, 0, \xi) + \theta \nabla_\xi R(t, x, \xi)) d\theta, \tag{18.88}$$

$$\nabla_\xi R(t, x, \xi) = x \cdot \int_0^1 (\nabla_x y)(0, t, \theta x, \xi) d\theta. \tag{18.89}$$

式 (18.69) より任意の α, β に対し

$$|\partial_x^\alpha \partial_\xi^\beta \nabla_\xi R(t, x, \xi)| \le C_{\alpha\beta} \langle x \rangle \tag{18.90}$$

である．また式 (18.72) および (18.80) より $|\beta| \ge 1$ に対し

$$|\partial_\xi^\beta \nabla_\xi \phi(t, 0, \xi)| \le C_\beta |t| \tag{18.91}$$

である．これと式 (18.88) および (18.90) より

$$|\partial_x^\alpha \partial_\xi^\beta a(t, x, \xi)| \le C_{\alpha\beta} \langle t \rangle^{-1-\delta/2} \langle x \rangle^{|\alpha|+|\beta|} \tag{18.92}$$

を得る. したがって (18.87), (18.90) および (18.92) より任意の α, β に対し極限

$$\lim_{t\to\infty} \partial_x^\alpha \partial_\xi^\beta R(t,x,\xi) = \int_0^\infty \partial_x^\alpha \partial_\xi^\beta \left(\nabla_\xi R(t,x,\xi) \cdot a(t,x,\xi)\right) dt + \partial_x^\alpha \partial_\xi^\beta (x \cdot \xi) \tag{18.93}$$

が存在する. とくに $\phi = \phi_+(x,\xi) = \lim_{t\to\infty} R(t,x,\xi)$ および $\eta(\infty,0,x,\xi) = \lim_{t\to\infty} \nabla_x \phi(t,x,\xi)$ が存在し (x,ξ) について C^∞ 関数となる.

次に式 (18.83) を示す. 上の議論より以下の極限が存在する.

$$\begin{align}
\nabla_x \phi(x,\xi) &= \lim_{t\to\infty} \nabla_x \phi(t,x,\xi) = \lim_{t\to\infty} \eta(t,0,x,\xi) \tag{18.94}\\
&= \lim_{t\to\infty} p(0,t,y(0,t,x,\xi),\xi).
\end{align}$$

したがって十分大きな $|x|$ (すなわち $|\rho x| \geq 2$ なる x に対し)

$$\frac{1}{2}|\nabla_x \phi_+(x,\xi)|^2 + V_L(x) = \frac{1}{2}\lim_{t\to\infty} |p(0,t,y(0,t,x,\xi),\xi)|^2 + V_\rho(0,x) \tag{18.95}$$

となる. $0 \leq s \leq t < \infty$ に対し

$$f_t(s,y,\xi) = \frac{1}{2}|p(s,t,y,\xi)|^2 + V_\rho(s,q(s,t,y,\xi)) \tag{18.96}$$

とおくと式 (18.54) より

$$\begin{align}
\frac{\partial f_t}{\partial s}(s,y,\xi) &= p(s,t,y,\xi) \cdot \partial_s p(s,t,y,\xi) \tag{18.97}\\
&\quad + (\nabla_x V_\rho)(s,q(s,t,y,\xi)) \cdot \partial_s q(s,t,y,\xi)\\
&\quad + \frac{\partial V_\rho}{\partial t}(s,q(s,t,y,\xi))\\
&= \frac{\partial V_\rho}{\partial t}(s,q(s,t,y,\xi))
\end{align}$$

が得られる. 他方式 (18.67) および (18.68) より

$$\begin{align}
q(s,t,y(0,t,x,\xi),\xi) &= q(s,t,q(t,0,x,\eta(t,0,x,\xi)),\xi) \tag{18.98}\\
&= q(s,0,x,\eta(t,0,x,\xi)),\\
p(s,t,y(0,t,x,\xi),\xi) &= p(s,t,q(t,0,x,\eta(t,0,x,\xi)),\xi) \tag{18.99}\\
&= p(s,0,x,\eta(t,0,x,\xi))
\end{align}$$

である．いま命題 18.3 を用いると $\cos(x,\xi) \geq \sigma_0$ なる x,ξ に対し

$$|q(s,t,y(0,t,x,\xi),\xi)| = |q(s,0,x,\eta(t,0,x,\xi))| \quad (18.100)$$
$$\geq |x + sp(s,0,x,\eta(t,0,x,\xi))| - C_0\rho^{\delta_0}\langle s\rangle^{1-\delta_1}$$
$$= |x + sp(s,t,y(0,t,x,\xi),\xi)| - C_0\rho^{\delta_0}\langle s\rangle^{1-\delta_1}$$
$$\geq c(|x| + s|\xi|) - C_0\rho^{\delta_0}\langle s\rangle^{1-\delta_1} - C_0\rho^{\delta_0}\langle s\rangle^{1-\delta_1}$$

を得る．ただし $c > 0$ は s,t,x,ξ に依らない定数である．$(x,\xi) \in \Gamma_+(R,d,\sigma_0)$ により $|\xi| \geq d$ であり，$V_\rho(t,x)$ の定義 (18.51) より

$$\operatorname{supp} \frac{\partial V_\rho}{\partial t}(s,x) \subset \{x | 1 \leq \langle \log\langle s\rangle\rangle |x|/\langle s\rangle \leq 2\} \quad (18.101)$$

である．したがって t に依らないある定数 $S = S_{d,\sigma_0} > 1$ が存在して任意の $s \in [S,t]$ に対し

$$\frac{\partial f_t}{\partial s}(s,y(0,t,x,\xi),\xi) = 0 \quad (18.102)$$

となる．$s \in [0,S]$ なる s に対しては $R = R_S > 1$ を十分大きく取ると $|x| \geq R$ および $\cos(x,\xi) \geq \sigma_0$ なる x,ξ に対し

$$\frac{\partial f_t}{\partial s}(s,y(0,t,x,\xi),\xi) = 0 \quad (18.103)$$

となる．したがって $(x,\xi) \in \Gamma_+(R,d,\sigma_0)$ に対し

$$0 \leq s \leq t < \infty \text{ において } f_t(s,y(0,t,x,\xi),\xi) = \text{定数} \quad (18.104)$$

が示された．とくに

$$f_t(0,y(0,t,x,\xi),\xi) = f_t(t,y(0,t,x,\xi),\xi) \quad (18.105)$$

が成り立ち，これは

$$\frac{1}{2}|p(0,t,y(0,t,x,\xi),\xi)|^2 + V_\rho(0,x) = \frac{1}{2}|\xi|^2 + V_\rho(t,y(0,t,x,\xi)) \quad (18.106)$$

を意味する．式 (18.53) より $t \to \infty$ のとき $y \in \mathbb{R}^m$ について一様に $V_\rho(t,y) \to 0$ であるからこれと式 (18.95) より $R > 1$ が十分大きいとき

$$\frac{1}{2}|\nabla_x\phi_+(x,\xi)|^2 + V_L(x) = \frac{1}{2}|\xi|^2 \quad \text{for} \quad (x,\xi) \in \Gamma_+(R,d,\sigma_0) \quad (18.107)$$

が得られる．

最後に評価 (18.84) を示す．まず ξ についての微分

$$\partial_\xi^\beta(\phi_+(x,\xi) - x\cdot\xi) = \int_0^\infty \partial_\xi^\beta \partial_t R(t,x,\xi) dt \qquad (18.108)$$

を考える．ただし上と同様に $R(t,x,\xi) = \phi(t,x,\xi) - \phi(t,0,\xi)$ である．いま $(x,\xi) \in \Gamma_+(R,d,\sigma_0)$ に対し

$$\gamma(t,x,\xi) = y(0,t,x,\xi) - (x+t\xi) \qquad (18.109)$$

とおくと式 (18.72) より $\theta \in [0,1]$ に対し x,ξ,θ および $t \geq 0$ に依らない定数 $c_0, c_1 > 0$ が存在して

$$\begin{aligned}
&|\nabla_\xi \phi(t,0,\xi) + \theta \nabla_\xi R(t,x,\xi)| \qquad (18.110)\\
&= |y(0,t,0,\xi) + \theta(y(0,t,x,\xi) - y(0,t,0,\xi))|\\
&= |t\xi + \gamma(t,0,\xi) + \theta(x + \gamma(t,x,\xi) - \gamma(t,0,\xi))|\\
&= |\theta x + t\xi + (1-\theta)\gamma(t,0,\xi) + \theta\gamma(t,x,\xi)|\\
&\geq c_0(\theta|x| + t|\xi|) - c_1\rho^{\delta_0} \min(\langle t\rangle^{1-\delta_1}, |t|)
\end{aligned}$$

が成り立つ．したがって定数 $\rho \in (0,d)$ および $T = T_{d,\sigma_0} > 0$ が存在して任意の $t \geq T$ および $(x,\xi) \in \Gamma_+(R,d,\sigma_0)$ に対して

$$\langle \nabla_\xi \phi(t,0,\xi) + \theta \nabla_\xi R(t,x,\xi)\rangle^{-1} \leq C\langle \theta|x| + t|\xi|\rangle^{-1} \qquad (18.111)$$

が成り立つ．ゆえに式 (18.88) で定義された $a(t,x,\xi)$ は式 (18.90) および (18.91) により

$$|\partial_\xi^\beta a(t,x,\xi)| \leq C_\beta \int_0^1 \langle \theta|x| + t|\xi|\rangle^{-1-\delta} d\theta \qquad (18.112)$$

を満たす．式 (18.110) を用いて $\rho > 0$ が十分小なら式 (18.112) は $t \in [0,T]$ に対しても成り立つことがわかる．よって任意の $(x,\xi) \in \Gamma_+(R,d,\sigma_0)$ に対

し式 (18.87) および (18.90) より

$$|\partial_\xi^\beta (\phi_+(x,\xi) - x\cdot\xi)| \leq C_{T,\beta} \langle x \rangle \int_0^\infty \int_0^1 \langle \theta|x| + t|\xi|\rangle^{-1-\delta} d\theta dt \quad (18.113)$$
$$\leq C_{T,\beta} \langle x \rangle |\xi|^{-1} \int_0^1 \langle \theta|x|\rangle^{-\delta} d\theta$$
$$\leq C_{T,\beta} \langle x \rangle^{1-\delta} |\xi|^{-1}$$

がいえる．

次に

$$\begin{aligned}
\nabla_x \phi_+(x,\xi) - \xi &= \lim_{t\to\infty} (\nabla_x \phi(t,x,\xi) - \xi) \quad (18.114)\\
&= \lim_{t\to\infty} (p(0,t,y(0,t,x,\xi),\xi) - \xi)\\
&= \lim_{t\to\infty} \int_0^t (\nabla_x V_\rho)(\tau, q(\tau,t,y(0,t,x,\xi),\xi)) \, d\tau\\
&= \lim_{t\to\infty} \int_0^t (\nabla_x V_\rho)(\tau, q(\tau,0,x,\eta(t,0,x,\xi))) \, d\tau\\
&= \int_0^\infty (\nabla_x V_\rho)(\tau, q(\tau,0,x,\eta(\infty,0,x,\xi))) \, d\tau
\end{aligned}$$

を考える．命題 18.3 の式 (18.55) および (18.62) より

$$\begin{aligned}
|q(\tau,0,x,\eta(\infty,0,x,\xi))| &\geq |x + \tau p(\tau,0,x,\eta(\infty,0,x,\xi))| - C_0 \rho^{\delta_0} \langle\tau\rangle^{1-\delta_1}\\
&\geq |x + \tau p(\tau,\infty,y(0,\infty,x,\xi),\xi)| - C_0 \rho^{\delta_0} \langle\tau\rangle^{1-\delta_1}\\
&\geq |x + \tau \xi| - C_0 \rho^{\delta_0} \langle\tau\rangle^{1-\delta_1} - C_0 \rho^{\delta_0} \langle\tau\rangle^{1-\delta_1}
\end{aligned}$$
$$(18.115)$$

であるから，$\rho > 0$ を十分小さく取り $R = R_{d,\sigma_0,\rho} > 1$ を十分大きく取るとある定数 $c_0 > 0$ が存在して $(x,\xi) \in \Gamma_+(R,d,\sigma_0)$ に対し

$$|q(\tau,0,x,\eta(\infty,0,x,\xi))| \geq c_0(|x| + \tau|\xi|) \quad (18.116)$$

が成り立つ．したがって

$$|\nabla_x \phi_+(x,\xi) - \xi| \leq C \int_0^\infty \langle |x| + \tau|\xi|\rangle^{-1-\delta} d\tau \leq C |\xi|^{-1} \langle x \rangle^{-\delta} \quad (18.117)$$

を得る．

高階の微分についても同様である．たとえば

$$\partial_\xi \partial_x \phi_+(x,\xi) - I = \int_0^\infty \partial_\xi\{(\nabla_x V_\rho)(\tau, q(\tau,0,x,\eta(\infty,0,x,\xi)))\}d\tau \quad (18.118)$$
$$= \int_0^\infty (\nabla_x \nabla_x V_\rho)(\tau, q(\tau,0,x,\eta(\infty,0,x,\xi))) \nabla_\xi q \cdot \nabla_\xi \eta d\tau$$

を考える．ただし $q = q(\tau,0,x,\eta(\infty,0,x,\xi))$ および $\eta = \eta(\infty,0,x,\xi)$ と略記した．右辺は命題 18.3 および 18.4 の式 (18.58) および (18.71) により $(x,\xi) \in \Gamma_+(R,d,\sigma_0)$ に対し定数倍の

$$\int_0^\infty \langle |x| + \tau|\xi|\rangle^{-2-\delta}\langle\tau\rangle d\tau \le c|\xi|^{-1}\langle x\rangle^{-\delta} \quad (18.119)$$

で押さえられる．他の評価も式 (18.58), (18.63), (18.71), (18.73) を用いて同様に示される． □

いま $-1 < \sigma_- < \sigma_+ < 1$ とし二つの関数 $\psi_\pm(\sigma) \in C^\infty([-1,1])$ を

$$0 \le \psi_\pm(\sigma) \le 1, \quad (18.120)$$

$$\psi_+(\sigma) = \begin{cases} 1, & \sigma_+ \le \sigma \le 1 \\ 0, & -1 \le \sigma \le \sigma_- \end{cases} \quad (18.121)$$

$$\psi_-(\sigma) = 1 - \psi_+(\sigma) = \begin{cases} 0, & \sigma_+ \le \sigma \le 1 \\ 1, & -1 \le \sigma \le \sigma_- \end{cases} \quad (18.122)$$

ととり

$$\chi_\pm(x,\xi) = \psi_\pm(\cos(x,\xi)), \quad \left(\cos(x,\xi) = \frac{x \cdot \xi}{|x||\xi|}\right) \quad (18.123)$$

とおく．このとき相関数 $\varphi(x,\xi)$ を

$$\varphi(x,\xi) \quad (18.124)$$
$$= \{(\phi_+(x,\xi) - x \cdot \xi)\chi_+(x,\xi) + (\phi_-(x,\xi) - x \cdot \xi)\chi_-(x,\xi)\}\phi(2\xi/d)\phi(2x/R)$$
$$\quad + x \cdot \xi$$

と定義する．ただし $\phi(x)$ は式 (18.52) によって定義される関数である．$\varphi(x,\xi)$ は $(x,\xi) \in \mathbb{R}^{2m}$ について C^∞ 関数となる．

関係 $\chi_+(x,\xi) + \chi_-(x,\xi) \equiv 1$ $(x \neq 0, \xi \neq 0)$ に注意すれば以上より以下の定理がいえた．

定理 18.6 記号は以上の通りとする．このとき任意の $d > 0$ および $-1 < \sigma_- < \sigma_+ < 1$ に対し定数 $R = R_d = R_{d\sigma_\pm} > 1$ で $d > 0$ が増大するとき $R_d > 1$ も増大するものが存在して以下が成り立つ．

i) $|\xi| \geq d$, $|x| \geq R$ および $\cos(x,\xi) \geq \sigma_+$ あるいは $\cos(x,\xi) \leq \sigma_-$ なる x, ξ に対し

$$\frac{1}{2}|\nabla_x \varphi(x,\xi)|^2 + V_L(x) = \frac{1}{2}|\xi|^2. \tag{18.125}$$

ii) 任意の多重指数 α, β に対し定数 $C_{\alpha\beta} > 0$ が存在して

$$|\partial_x^\alpha \partial_\xi^\beta (\varphi(x,\xi) - x \cdot \xi)| \leq C_{\alpha\beta} \langle x \rangle^{1-\delta-|\alpha|} \langle \xi \rangle^{-1} \tag{18.126}$$

が成り立つ．とくに $|\alpha| \neq 0$ に対し $\delta_0 + \delta_1 = \delta$, $\delta_0, \delta_1 \geq 0$ なるとき

$$|\partial_x^\alpha \partial_\xi^\beta (\varphi(x,\xi) - x \cdot \xi)| \leq C_{\alpha\beta} R^{-\delta_0} \langle x \rangle^{1-\delta_1-|\alpha|} \langle \xi \rangle^{-1} \tag{18.127}$$

が成り立つ．

iii) いま

$$\begin{aligned} a(x,\xi) &= e^{-i\varphi(x,\xi)} \left(-\frac{1}{2}\Delta + V_L(x) - \frac{1}{2}|\xi|^2 \right) e^{i\varphi(x,\xi)} \tag{18.128} \\ &= \frac{1}{2}|\nabla_x \varphi(x,\xi)|^2 + V_L(x) - \frac{1}{2}|\xi|^2 - \frac{i}{2}\Delta_x \varphi(x,\xi) \end{aligned}$$

とおくと $a(x,\xi)$ は $|\xi| \geq d$, $|x| \geq R$ および任意の多重指数 α, β に対し

$$|\partial_x^\alpha \partial_\xi^\beta a(x,\xi)| \leq \begin{cases} C_{\alpha\beta} \langle x \rangle^{-1-\delta-|\alpha|} \langle \xi \rangle^{-1}, & \cos(x,\xi) \in [-1,\sigma_-] \cup [\sigma_+,1] \\ C_{\alpha\beta} \langle x \rangle^{-\delta-|\alpha|}, & \cos(x,\xi) \in [\sigma_-,\sigma_+] \end{cases} \tag{18.129}$$

を満たす．

この相関数を用いて $f \in \mathcal{S}(\mathbb{R}^m)$ に対し同一視作用素 J を

$$Jf(x) = \text{Os-}\iint e^{i(\varphi(x,\xi)-y\xi)}f(y)dyd\widehat{\xi} \qquad (18.130)$$
$$= c_m \int e^{i\varphi(x,\xi)}\hat{f}(\xi)d\xi$$

と定義する．ただし $c_m = (2\pi)^{-m/2}$ である．式 (18.124) における関数 $\varphi(x,\xi)$ の定義よりこの定義における J は定数 $d > 0$, $R = R_{d\sigma_\pm} > 1$ および $-1 < \sigma_- < \sigma_+ < 1$ なる σ_-, σ_+ の取り方に依存することを注意する．しかし同じ $\sigma_\pm$ に対し二つの定数 $d_2 > d_1 > 0$ があたえられたとき対応する二つの相関数 $\varphi_{d_1, R_{d_1}}$ および $\varphi_{d_2, R_{d_2}}$ は，極限 (18.81) がすべての $(x,\xi) \in \mathbb{R}^{2m}$ に対し存在するから共通の領域 $\Gamma_\pm(R_{d_2}, d_2, \sigma_\pm)$ において一致する．以下 $-1 < \sigma_- < \sigma_+ < 1$ なる組 (σ_-, σ_+) は固定するが $d > 0$ と $R = R_d > 1$ は文脈ごとに変わりうる．このときアイコナル方程式 (18.125) を $|\xi| \geq d$ に対して満たしている相関数を用いていることを明示する必要がある場合 $J = J_d$ と書く．そして波動作用素の定義 (18.40) において，フーリエ変換のサポートが集合 $\Sigma(d) := \{\xi |\, |\xi| \geq d\}$ に含まれている関数 $f \in \mathcal{F}^{-1}C_0^\infty(\mathbb{R}^m)$ に対しては $W_\pm f$ は $J = J_d$ と取った式 (18.40) によって定義されると約束しておく．J_d の相関数 $\varphi(x,\xi)$ は集合 $\Sigma(d) \cap \{x |\, |x| \geq R\}$ においては

$$\varphi(x,\xi) = \phi_+(x,\xi)\chi_+(x,\xi) + \phi_-(x,\xi)\chi_-(x,\xi) \qquad (18.131)$$

に等しいのでこれらの $W_\pm$ は有界性を保って全空間 $\mathcal{H}$ まで $d > 0$ および $R = R_d > 1$ に依らないように拡張される．

さて式 (18.40) によって定義される波動作用素の漸近完全性の証明に戻る．$W_\pm$ の存在の証明は漸近完全性の証明と同様なので後者のみ示す．証明の概要はすでに述べてあるが，注意することはボレル集合 B が $0 < d^2/2 < b < \infty$ なるある $d > 0$ に対し $(d^2/2, b)$ の部分集合となっているような場合に $g = E_H(B)g$ に対して極限 (18.48) の存在を示すということである．このとき式 (18.15) によってエネルギー制限作用素 $E_H(B)$ は状態 $e^{-it_m H}g = E_H(B)e^{-it_m H}g$ の左側で $m \to \infty$ のとき H_0 に対するエネルギー制限 $E_0(B)$ に翻訳される．したがって式 (18.43) において $J = J_d$ としてよく，このとき P_+ のシンボル $p_+(\xi, y)$ は (17.93) および $\sigma = d/2$ とした (17.96) を満た

すように取れる．ゆえに残っているのは式 (18.45) の次の因子の評価のみである．

$$\|Te^{-isH_0}J^{-1}P_+\langle x\rangle^{\delta/2}\|. \tag{18.132}$$

第 10 章に述べたフーリエ積分作用素および擬微分作用素の計算により $J^{-1}P_+$ は定理 17.9 の $P_{+\varphi^*}$ の形に書ける．また定理 18.6 の iii) における関数 $a(x,\xi)$ は任意の $f \in \mathcal{S}$ に対し

$$\begin{aligned}
Tf(x) &= (HJ - JH_0)f(x) \\
&= \iint e^{i(\varphi(x,\xi)-y\xi)}\{a(x,\xi) + V_S(x)\}f(y)dyd\widehat{\xi} \\
&= c_m \int e^{i\varphi(x,\xi)}\{a(x,\xi) + V_S(x)\}\hat{f}(\xi)d\xi
\end{aligned} \tag{18.133}$$

を満たす．したがって定理 18.6 より T はこの証明の冒頭の 252 頁で述べた漸近完全性の議論に必要な性質すなわち「$T = HJ - JH_0$ は前方方向で $\langle x\rangle^{-1-\delta}$ のオーダーで減衰する」を満たしていることがわかる．

以上から定理 17.9 が使えて

$$\|Te^{-isH_0}J^{-1}P_+\langle x\rangle^{\delta/2}\| \leq C(1+|s|)^{-1-\delta/2} \tag{18.134}$$

が言え，漸近完全性の証明が終わる．すなわち以下の定理が示された．

定理 18.7[5]　仮定 (18.2) および (18.3) が満たされるとする．定常修正因子 J を上のように定義する．このとき波動作用素

$$W_\pm = \operatorname*{s-lim}_{t\to\pm\infty} e^{itH}Je^{-itH_0} \tag{18.135}$$

が存在し $\mathcal{H}$ 上の有界作用素を定義する．そして漸近完全性

$$\mathcal{R}(W_\pm) = \mathcal{H}_{ac}(H) = \mathcal{H}_c(H) \tag{18.136}$$

---

[5] 長距離力の場合の波動作用素の存在は最初時間に依存する修正因子 (time-dependent modifier) を持った修正波動作用素 (modified wave operator) に対し Alsholm-Kato [3] により示され後 Hörmander [25] 等により一般的に示された．漸近完全性は [46], [48], [49], [50] により示され後 [31], [32], [12], [13] 等により別証明が与えられた．ここで紹介したのは [37] によって導入された時間に依存しない修正因子 (time-independent modifier, stationary modifier) を持った修正波動作用素による方法である．

第 18 章　2体ハミルトニアン

が成り立つ．さらに $W_\pm$ は以下の性質を満たす．すなわち $\mathbb{R}$ の任意のボレル集合 B に対し

$$E_H(B)W_\pm = W_\pm E_0(B) \tag{18.137}$$

が成り立つ．

第19章 多体ハミルトニアン

この章では一般の N-体ハミルトニアン H を考察するが前章までの波動作用素の漸近完全性が主題ではない. 多体ハミルトニアンの場合そのスペクトルは部分系の固有値に応じ細かく分解される. 本章では部分系に対応する部分固有空間の議論は避けもとの N-体ハミルトニアン H の散乱状態 f ですべての粒子が散乱する場合を主に考察する[1].

第 14 章および第 15.2 節の記号をいくつか復習することから始めよう.

19.1 序

第 14 章, 式 (14.2) で定義した $L^2(\mathbb{R}^{\nu N})$ ($\nu \geq 1$, $N \geq 2$) におけるシュレーディンガー作用素

$$H = H_0 + V, \quad H_0 = -\sum_{j=1}^{N} \frac{\hbar^2}{2m_j} \frac{\partial^2}{\partial X_j^2} \tag{19.1}$$

を考える. ただし

$$V = \sum_{\alpha} V_\alpha(x_\alpha) \tag{19.2}$$

は相互ポテンシャルの和で $X_i = (X_{i1}, \cdots, X_{i\nu}) \in \mathbb{R}^\nu$ は第 i 番目の粒子の位置ベクトルであり, $\alpha = \{i, j\}$ は $1 \leq i < j \leq N$ なる組で $x_\alpha = X_i - X_j$ は第 i 番目の粒子と第 j 番目の粒子の相対位置ベクトルである. また $\frac{\partial}{\partial X_j} = \left(\frac{\partial}{\partial X_{j1}}, \cdots, \frac{\partial}{\partial X_{j\nu}}\right)$, $\frac{\partial^2}{\partial X_j^2} = \sum_{k=1}^{\nu} \frac{\partial^2}{\partial X_{jk}^2} = \Delta_{X_j}$ で $m_j > 0$ は j 番目の粒子の質量である. 相互ポテンシャル $V_\alpha(x_\alpha)$ に対する仮定は以下の通りである.

---

[1] これは第 16 章に述べたように純粋な固有状態というものは観測され得ないということから自然な立場であろう. 多体の場合の波動作用素の漸近完全性については文献 [10], [102] などを参照されたい.

仮定 19.1 $V_\alpha(x)$ $(x \in \mathbb{R}^\nu)$ は $x \in \mathbb{R}^\nu$ に関する実数値 C^∞ 関数 $V_\alpha^L(x)$ と実数値可測関数 $V_\alpha^S(x)$ で以下の条件を満たすものの和に分解される．

(条件) $V_\alpha^L(x)$ は $0 < \epsilon < 1$ を満たすある実数 ϵ と任意の多重指数 β に対し $x \in \mathbb{R}^\nu$ によらないある定数 $C_\beta > 0$ が存在し

$$|\partial_x^\beta V_\alpha^L(x)| \leq C_\beta \langle x \rangle^{-|\beta|-\epsilon} \tag{19.3}$$

を満たし，$V_\alpha^S(x)$ は $0 < \epsilon_1 < 1$ なるある定数 ϵ_1 に対し条件

$$\langle x \rangle^{1+\epsilon_1} V_\alpha^S(x)(-\Delta_x + 1)^{-1} \text{ は } L^2(\mathbb{R}^\nu) \text{ における有界作用素である} \tag{19.4}$$

を満たす．ここで Δ_x は x についてのラプラシアンであり $\langle x \rangle$ は以下を満たす C^∞ 関数である．$\langle x \rangle = |x|$ $(|x| \geq 1)$ および $\geq \frac{1}{2}$ $(|x| < 1)$．

$V_\alpha^L(x)$ は二体の場合と同様に長距離力を表す長距離ポテンシャルである．上の条件 (19.3) における微分可能性と減少度についての仮定は少々弱くすることができるがここでは上の条件を仮定しておく．$V_\alpha^S(x)$ は短距離力を表す短距離ポテンシャルであり，上の条件は二体の場合のエンス条件より少々強い制限である (Enss [12])．

以下第 14 章および第 15.2 節と同じ記号を用いる．必要な記号を以下にいくつか再記する．まず式 (19.1) の H の重心を分離し粒子間の相対座標のみに依存するハミルトニアンも H と書いた．これはヒルベルト空間 $\mathcal{H} = L^2(\mathbb{R}^{\nu(N-1)})$ における自己共役作用素であった．以下 $a = \{C_1, \cdots, C_k\}$ は集合 $\{1, 2, \cdots, N\}$ のクラスター分解であり，$|a| = k$ である．また $(x_a, x^a) = (x_1, \cdots, x_{k-1}, x_1^{(C_1)}, \cdots, x_{|C_1|-1}^{(C_1)}, \cdots, x_1^{(C_k)}, \cdots, x_{|C_k|-1}^{(C_k)})$ $(x_a \in \mathbb{R}^{\nu(k-1)}, x^a \in \mathbb{R}^{\nu(N-k)})$ はクラスターヤコビ座標系である．また

$$H = H_0 + V = \sum_{i=1}^{N-1} \frac{1}{2\mu_i} p_i^2 + \sum_\alpha V_\alpha(x_\alpha)$$

$$= -\sum_{i=1}^{N-1} \frac{\hbar^2}{2\mu_i} \Delta_{x_i} + \sum_\alpha V_\alpha(x_\alpha), \tag{19.5}$$

$$\begin{aligned}\langle x, y \rangle &= \langle (x_a, x^a), (y_a, y^a) \rangle = \langle x_a, y_a \rangle + \langle x^a, y^a \rangle \\ &= \sum_{\ell=1}^{k-1} M_\ell x_\ell \cdot y_\ell + \sum_{\ell=1}^{k} \sum_{i=1}^{|C_\ell|-1} \mu_i^{(C_\ell)} x_i^{(C_\ell)} \cdot y_i^{(C_\ell)}, \end{aligned} \tag{19.6}$$

$$\begin{aligned}
H &= H_a + I_a = T_a \otimes I + I \otimes H^a + I_a, \\
H_a &= H - I_a = T_a \otimes I + I \otimes H^a, \\
H^a &= H_0^a + V_a = \sum_{C_\ell \in a} H^{(C_\ell)}, \quad H^{(C_\ell)} = H_0^{(C_\ell)} + V_{C_\ell}.
\end{aligned} \quad (19.7)$$

ただし T_a は $\mathcal{H}_a = L^2(\mathbb{R}_{x_a}^{\nu(k-1)})$ における作用素, H^a と H_0^a は $\mathcal{H}^a = L^2(\mathbb{R}_{x^a}^{\nu(N-k)})$ における作用素, $H^{(C_\ell)}$ と $H_0^{(C_\ell)}$ は $\mathcal{H}^{(C_\ell)} = L^2(\mathbb{R}_{x^{(C_\ell)}}^{\nu(|C_\ell|-1)})$ において定義された作用素であった. H^a の固有空間 $\mathcal{H}_p^a = \mathcal{H}_p(H^a)(\subset \mathcal{H}^a)$ への直交射影を P_a と書き, $\mathcal{H}$ への自明な拡張 $I \otimes P_a$ も P_a と書いた. $|a| = N$ に対しては $P_a = I$ とし, $|a| = 1$ に対しては $a = \{C\}, C = \{1, 2, \cdots, N\}$ であったから $P^{M_1} = P_a^{M_1} = P_H^{M_1}$ は H の固有空間への M_1 次元射影作用素である. また $|a|$ 次元多重指数 $M_a = (M_1, \cdots, M_{|a|-1}, M_{|a|}) = (\widehat{M_a}, M_{|a|})$ に対し

$$\widehat{P}_{|a|-1}^{\widehat{M_a}} = \left(I - \sum_{|b|=|a|-1} P_b^{M_{|a|-1}} \right) \cdots \left(I - \sum_{|b|=2} P_b^{M_2} \right)(I - P^{M_1}) \quad (19.8)$$

とおき

$$\widetilde{P}_a^{M_a} = P_a^{M_{|a|}} \widehat{P}_{|a|-1}^{\widehat{M_a}}, \quad 2 \leq |a| \leq N \quad (19.9)$$

と定義すれば, 多重指数 M_a の成分 M_j が j のみにより a に依らないとき

$$\sum_{2 \leq |a| \leq N} \widetilde{P}_a^{M_a} = \widehat{P}_1^{M_1} = I - P^{M_1} \quad (19.10)$$

であった. 以下そのような多重指数 M_a のみ考える.

Enss [16] による定理を再述するため仮定を導入する.

仮定 19.2 $2 \leq |a| \leq N-1$ を満たす任意のクラスター分解 a と任意の整数 $M = 1, 2, \cdots$ に対し

$$\||x^a|^2 P_a^M\| < \infty. \quad (19.11)$$

この仮定は H の部分ハミルトニアン H^a ($2 \leq |a| \leq N-1$) に関する仮定である. Froese and Herbst [20] により閾値固有値でない固有値に対応す

る H^a の固有関数は座標 x^a に関し指数関数的に減少することが知られているのでこの仮定は閾値固有関数に対する仮定である．

いま以前のように v_a によって a のクラスター間の速度作用素を表す．これは $\nu(|a|-1)$ 次元対角質量行列 m_a によって $v_a = m_a^{-1} p_a$ と表された．以上により前出の Enss による定理 15.2 を再述することができる．

定理 19.3 ([16]) $N \geq 2$ とし H を式 (19.5) または (19.7) で定義される N-体量子力学系のハミルトニアンとする．仮定 19.1 と 19.2 が満たされるとし，$f \in \mathcal{H}$ とする．このとき $t_m \to \pm\infty$ (as $m \to \pm\infty$) なる列と M_a^m なる多重指数の列でそのすべての成分が $m \to \pm\infty$ のとき無限に大きくなるもので以下を満たすものが存在する．すなわち任意のクラスター分解 a ($2 \leq |a| \leq N$) および任意の関数 $\varphi \in C_0^\infty(\mathbb{R}_{x_a}^{\nu(|a|-1)})$，正数 $R > 0$ および組 $\alpha = \{i,j\} \not\subseteq a$ に対し $m \to \pm\infty$ のとき

$$\left\| \frac{|x^a|^2}{t_m^2} \widetilde{P}_a^{M_a^m} e^{-it_m H/\hbar} f \right\| \to 0 \tag{19.12}$$

$$\| F(|x_\alpha| < R) \widetilde{P}_a^{M_a^m} e^{-it_m H/\hbar} f \| \to 0 \tag{19.13}$$

$$\| (\varphi(x_a/t_m) - \varphi(v_a)) \widetilde{P}_a^{M_a^m} e^{-it_m H/\hbar} f \| \to 0 \tag{19.14}$$

が成り立つ．ここで $F(S)$ は条件 S により定義される集合の特性関数を表す．

以下 H の閾値と固有値の和集合を $\mathcal{T}$ とあらわす．すなわち

$$\mathcal{T} = \bigcup_{1 \leq |a| \leq N} \sigma_p(H^a) = \widetilde{\mathcal{T}} \cup \sigma_p(H), \quad \widetilde{\mathcal{T}} = \bigcup_{2 \leq |a| \leq N} \sigma_p(H^a). \tag{19.15}$$

ただし

$$\sigma_p(H^a) = \{ \tau_1 + \cdots + \tau_{|a|} \mid \tau_\ell \in \sigma_p(H^{(C_\ell)}) \ (C_\ell \in a) \} \tag{19.16}$$

は部分量子系のハミルトニアン $H^a = \sum_{C_\ell \in a} H^{(C_\ell)}$ の固有値の集合である．$|a| = N$ に対しては $\sigma_p(H^a) = \{0\}$ とする．同様に $\mathcal{T}_a$ と $\widetilde{\mathcal{T}}_a$ は

$$\mathcal{T}_a = \bigcup_{b \leq a} \sigma_p(H^b) = \widetilde{\mathcal{T}}_a \cup \sigma_p(H^a), \quad \widetilde{\mathcal{T}}_a = \bigcup_{b < a} \sigma_p(H^b) \tag{19.17}$$

と定義される．Froese and Herbst [20] によりこれらの集合は $(-\infty, 0]$ の部分集合で，有界かつ可算な $\mathbb{R}$ の閉集合をなす．また $\sigma_p(H^a)$ は集積するとしても $\tilde{\mathcal{T}}_a$ の元にのみ集積する (Cycon et al. [8]).

以下ボレル集合 $\Delta, \Delta' \subset \mathbb{R}^k$ に対し $\Delta \Subset \Delta'$ は Δ の閉包 $\bar{\Delta}$ が $\mathbb{R}^k$ においてコンパクトでありかつ Δ' の開核の部分集合であることを意味する．

19.2 散乱空間

以下 $t \to -\infty$ の場合も同様なので $t \to \infty$ の場合のみ考える．また単位系として $\hbar = 1$ となるものを取り，$\mathcal{H}$-値関数 $f(t), g(t)$ $(t > 1)$ に対し記号 $f(t) \sim g(t)$ $(t \to \infty)$ は $\|f(t) - g(t)\| \to 0$ $(t \to \infty)$ を意味するものとする．

定義 19.4 実数 r, σ, δ とクラスター分解 b が $0 \leq r \leq 1, \sigma, \delta > 0, 2 \leq |b| \leq N$ を満たすとする．

i) $\Delta \Subset \mathbb{R} - \mathcal{T}$ を閉集合とする時，散乱空間 $S_b^{r\sigma\delta}(\Delta)$ $(0 < r \leq 1)$ を以下で定義する．

$$S_b^{r\sigma\delta}(\Delta) = \{f \in E_H(\Delta)\mathcal{H} \mid$$
$$e^{-itH}f \sim \prod_{\alpha \not\leq b} F(|x_\alpha| \geq \sigma t)F(|x^b| \leq \delta t^r)e^{-itH}f \text{ as } t \to \infty\}. \quad (19.18)$$

$r = 0$ に対しては $S_b^{0\sigma}(\Delta)$ は以下で定義される．

$$S_b^{0\sigma}(\Delta) = \{f \in E_H(\Delta)\mathcal{H} \mid$$
$$\lim_{R \to \infty} \limsup_{t \to \infty} \left\| e^{-itH}f - \prod_{\alpha \not\leq b} F(|x_\alpha| \geq \sigma t)F(|x^b| \leq R)e^{-itH}f \right\| = 0\} \quad (19.19)$$

さらにエネルギーに関し局所化された階数 $r \in (0, 1]$ の H に対する散乱空間 $S_b^r(\Delta)$ を

$$\bigcup_{\sigma > 0} \bigcap_{\delta > 0} S_b^{r\sigma\delta}(\Delta) = \{f \in E_H(\Delta)\mathcal{H} \mid \exists \sigma > 0, \forall \delta > 0 :$$
$$e^{-itH}f \sim \prod_{\alpha \not\leq b} F(|x_\alpha| \geq \sigma t)F(|x^b| \leq \delta t^r)e^{-itH}f \text{ as } t \to \infty\} \quad (19.20)$$

の閉包と定義する．$S_b^0(\Delta)$ は以下の閉包と定義される．

$$\bigcup_{\sigma>0} S_b^{0\sigma}(\Delta) = \{f \in E_H(\Delta)\mathcal{H} \mid \exists \sigma > 0 :$$
$$\lim_{R\to\infty}\limsup_{t\to\infty}\left\|e^{-itH}f - \prod_{\alpha\not\leq b} F(|x_\alpha| \geq \sigma t)F(|x^b| \leq R)e^{-itH}f\right\| = 0\} \quad (19.21)$$

ii) H に対する階数 $r \in [0,1]$ の散乱空間 S_b^r は

$$\bigcup_{\Delta \in \mathbb{R}-\mathcal{T}} S_b^r(\Delta) \tag{19.22}$$

の閉包と定義される．

これらの空間 $S_b^{r\sigma\delta}(\Delta)$, $S_b^{0\sigma}(\Delta)$, $S_b^r(\Delta)$, S_b^r はすべて $E_H(\Delta)\mathcal{H}$ および $\mathcal{H}_c(H)$ の閉部分空間である．

命題 19.5 $\Delta \in \mathbb{R}-\mathcal{T}$ とする．$\sigma,\delta > 0$, $2 \leq |b| \leq N$ とし $0 < r \leq 1$ に対し $f \in S_b^{r\sigma\delta}(\Delta)$ あるいは $r=0$ に対し $f \in S_b^{0\sigma}(\Delta)$ とする．このとき以下の関係が成り立つ．

i) $\alpha \not\leq b$ とするとき $0 < r \leq 1$ に対し $t \to \infty$ のとき

$$F(|x_\alpha| < \sigma t)F(|x^b| \leq \delta t^r)e^{-itH}f \to 0. \tag{19.23}$$

$r=0$ に対しては

$$\lim_{R\to\infty}\limsup_{t\to\infty}\left\|F(|x_\alpha| < \sigma t)F(|x^b| \leq R)e^{-itH}f\right\| = 0. \tag{19.24}$$

ii) $0 < r \leq 1$ に対し $t \to \infty$ のとき

$$F(|x^b| > \delta t^r)e^{-itH}f \to 0. \tag{19.25}$$

$r=0$ に対しては

$$\lim_{R\to\infty}\limsup_{t\to\infty}\left\|F(|x^b| > R)e^{-itH}f\right\| = 0. \tag{19.26}$$

iii) $f \in S_b^{r\sigma\delta}(\Delta)$ あるいは $f \in S_b^{0\sigma}(\Delta)$ に依存して決まるある列 $t_m \to \infty$ ($m \to \infty$) が存在して

$$\|(\varphi(x_b/t_m) - \varphi(v_b))e^{-it_m H} f\| \to 0 \quad \text{as} \quad m \to \infty \qquad (19.27)$$

が任意の関数 $\varphi \in C_0^\infty(\mathbb{R}_{x_b}^{\nu(|b|-1)})$ に対し成立する.

証明 i) と ii) は $S_b^{r\sigma\delta}(\Delta)$ あるいは $S_b^{0\sigma}(\Delta)$ の定義から明らかである. iii) を示す. $f \in E_H(\Delta)\mathcal{H} \subset H_c(H)$ であるから式 (19.10), 定理 15.2 および $f \in S_b^{r\sigma\delta}(\Delta)$ (あるいは $f \in S_b^{0\sigma}(\Delta)$) より

$$e^{-it_m H} f \sim \sum_{d \leq b} \widetilde{P}_d^{M_d^m} e^{-it_m H} f \qquad (19.28)$$

が f に依存するある列 $t_m \to \infty$ に沿って成り立つ. このとき式 (19.28) の右辺の各状態において式 (19.14) で a を d としたものが成り立つ. この事実と式 (19.28) の右辺の和における制限 $d \leq b$ により (19.27) が得られる. □

以下の二つの命題は定義から明らかである.

命題 19.6 $2 \leq |b| \leq N$ とする. $1 \geq r' \geq r > 0$, $\sigma \geq \sigma' > 0$, $\delta' \geq \delta > 0$, $\Delta \Subset \mathbb{R} - \mathcal{T}$ とすると $S_b^{0\sigma}(\Delta) \subset S_b^{0\sigma'}(\Delta)$, $S_b^{0\sigma}(\Delta) \subset S_b^{r\sigma\delta}(\Delta) \subset S_b^{r'\sigma'\delta'}(\Delta)$, $S_b^0(\Delta) \subset S_b^r(\Delta) \subset S_b^{r'}(\Delta)$, $S_b^0(\Delta) \subset S_b^r(\Delta) \subset S_b^r$, , $S_b^0 \subset S_b^r \subset S_b^{r'}$ が成り立つ.

命題 19.7 b, b' を $b \neq b'$ なる相異なるクラスター分解とする. このとき任意の $0 \leq r \leq 1$ に対し S_b^r と $S_{b'}^r$ は直交する. すなわち $S_b^r \perp S_{b'}^r$ である.

19.3 単位の分解

散乱空間 S_b^1 による連続スペクトル空間の分解という我々の基本結果を述べるためにいくつかの記号を用意する. b を $2 \leq |b| \leq N$ なるクラスター分解とし, b に属する任意の二つのクラスター C_1, C_2 に対しそれらの重心を結ぶベクトルを z_{b1} と表す. b 内の相異なる二つのクラスターをすべて取る

ときこのようなベクトルの総数は $k_b = \begin{pmatrix} |b| \\ 2 \end{pmatrix}$ となる．これらのベクトルのすべてを $z_{b1}, z_{b2}, \cdots, z_{bk_b}$ と表すことにする．

いま z_{bk} $(1 \leq k \leq k_b)$ が b の二つのクラスター C_ℓ と C_m $(\ell \neq m)$ の重心を結ぶとする．このとき任意の二つの粒子の組 $\alpha = \{i, j\}$ $(i \in C_\ell, j \in C_m)$ に対しベクトル $x_\alpha = x_{ij}$ は $(z_{bk}, x^{(C_\ell)}, x^{(C_m)}) \in \mathbb{R}^{\nu + \nu(|C_\ell|-1) + \nu(|C_m|-1)}$ と表現される．ただしここで $x^{(C_\ell)} (\in \mathbb{R}^{\nu(|C_\ell|-1)})$, $x^{(C_m)} (\in \mathbb{R}^{\nu(|C_m|-1)})$ はそれぞれクラスター C_ℓ 内での粒子 i と C_m 内での粒子 j の位置を表すベクトルである．この表現 $x_\alpha = (z_{bk}, x^{(C_\ell)}, x^{(C_m)})$ は空間 $\mathbb{R}^{\nu + \nu(|C_\ell|-1) + \nu(|C_m|-1)}$ におけるものであるが，これをより大きな空間 $\mathbb{R}^\nu_{z_{bk}} \times \mathbb{R}^{\nu(N-|b|)}_{x^b}$ で表現すると $x_\alpha = (z_{bk}, x^b)$ となり，$|x_\alpha|^2 = |z_{bk}|^2 + |x^b|^2$ が成り立つ．したがって $|z_{bk}|^2$ が $|x^b|^2 \geq |x^{(C_\ell)}|^2 + |x^{(C_m)}|^2$ に比べて非常に大きいとき，たとえば $\rho \gg \theta > 0$（すなわち ρ/θ が十分大きいとき）に対し $|z_{bk}|^2 > \rho > 0$ かつ $|x^b|^2 < \theta$ が成り立つとき任意の $\alpha \not\leq b$ に対し $|x_\alpha|^2 > \rho/2$ が成り立つ．

次に $c < b$ かつ $|c| = |b| + 1$ である場合を考える．このとき b 内のただ一つのあるクラスター $C_\ell \in b$ がクラスター分解 c において二つのクラスター C'_ℓ, C''_ℓ に分解されほかの b のクラスターはより細かいクラスター分解 c においても同じにとどまる．この場合 c のクラスター C'_ℓ と C''_ℓ を結ぶただ一つのベクトル z_{ck} $(1 \leq k \leq k_c)$ が存在し $x^b = (z_{ck}, x^c)$ と書ける．このベクトルのノルムは

$$|x^b|^2 = |z_{ck}|^2 + |x^c|^2 \tag{19.29}$$

と表される．同様に $x = (x_b, x^b)$ のノルムは

$$|x|^2 = |x_b|^2 + |x^b|^2 \tag{19.30}$$

と書ける．ノルムは通常通り式 (19.6) によって定義される内積から構成され，その内積は各コンテクストにおいて用いられるクラスター分解の取り方によって定まる方法により構成される．たとえば式 (19.29) において左辺は (19.6) によって b に対し定義され，右辺は c に対し式 (19.6) によって定まる．

これらの準備のもとに以下の補題を述べる[2]．クラスター分解 b $(2 \leq |b| \leq$

---

[2] これは [56], Lemma 2.1 の再術である．

19.3. 単位の分解　275

N) と実数 ρ, θ $(1 > \rho, \theta > 0)$ に対し $\mathbb{R}^{\nu(N-1)}$ の部分集合 $T_b(\rho, \theta)$ と $\tilde{T}_b(\rho, \theta)$ を以下のように定義する.

$$T_b(\rho, \theta) = \left(\bigcap_{k=1}^{k_b} \{x \mid |z_{bk}|^2 > \rho |x|^2\} \right) \cap \{x \mid |x_b|^2 > (1-\theta)|x|^2\}, \quad (19.31)$$

$$\tilde{T}_b(\rho, \theta) = \left(\bigcap_{k=1}^{k_b} \{x \mid |z_{bk}|^2 > \rho\} \right) \cap \{x \mid |x_b|^2 > 1 - \theta\}. \quad (19.32)$$

$\mathbb{R}^{\nu(N-1)}$ の部分集合 S と S_θ $(\theta > 0)$ を以下のように定義する.

$$\begin{aligned} S &= \{x \mid |x|^2 \geq 1\}, \\ S_\theta &= \{x \mid 1 + \theta \geq |x|^2 \geq 1\}. \end{aligned}$$

補題 19.8 定数 $1 \geq \theta_1 > \rho_j > \theta_j > \rho_N > 0$ が $j = 2, 3, \cdots, N-1$ に対し $\theta_{j-1} \geq \theta_j + \rho_j$ を満たすとする.このとき以下が成り立つ.

i)
$$S \subset \bigcup_{2 \leq |b| \leq N} T_b(\rho_{|b|}, \theta_{|b|}). \quad (19.33)$$

ii) $\gamma_j > 1$ $(j = 1, 2)$ が

$$\gamma_1 \gamma_2 < r_0 := \min_{2 \leq j \leq N-1} \{\rho_j / \theta_j\} \quad (19.34)$$

を満たすとする.このとき $b \not\leq c$ $(|b| \geq |c|)$ であれば

$$T_b(\gamma_1^{-1} \rho_{|b|}, \gamma_2 \theta_{|b|}) \cap T_c(\gamma_1^{-1} \rho_{|c|}, \gamma_2 \theta_{|c|}) = \emptyset \quad (19.35)$$

が成り立つ.

iii) $\gamma > 1$ と $2 \leq |b| \leq N$ に対し

$$\begin{aligned} T_b(\rho_{|b|}, \theta_{|b|}) \cap S_{\theta_{N-1}} &\subset \tilde{T}_b(\rho_{|b|}, \theta_{|b|}) \cap S_{\theta_{N-1}} \\ &\Subset \tilde{T}_b(\gamma^{-1} \rho_{|b|}, \gamma \theta_{|b|}) \cap S_{\theta_{N-1}} \\ &\subset T_b(\gamma_1'^{-1} \rho_{|b|}, \gamma_2' \theta_{|b|}) \cap S_{\theta_{N-1}} \quad (19.36) \end{aligned}$$

が成り立つ．ただし

$$\gamma_1' = \gamma(1+\theta_{N-1}), \quad \gamma_2' = (1+\gamma)(1+\theta_{N-1})^{-1} \tag{19.37}$$

である．

iv) $\frac{2\gamma_1'\gamma_2'}{2-\gamma_1'} < r_0$ であれば $2 \leq |b| \leq N$ に対し

$$T_b(\gamma_1'^{-1}\rho_{|b|}, \gamma_2'\theta_{|b|}) \subset \{x \mid |x_\alpha|^2 > \rho_{|b|}|x|^2/2 \text{ for all } \alpha \not\leq b\} \tag{19.38}$$

が成り立つ．

v) $\gamma(1+\gamma) < r_0$ かつ $b \not\leq c$ with $|b| \geq |c|$ であれば

$$T_b(\gamma_1'^{-1}\rho_{|b|}, \gamma_2'\theta_{|b|}) \cap T_c(\gamma_1'^{-1}\rho_{|c|}, \gamma_2'\theta_{|c|}) = \emptyset \tag{19.39}$$

が成り立つ．

証明 式 (19.33) を示すためには $|x|^2 \geq 1$ とし x が集合

$$A = \bigcup_{2 \leq |b| \leq N-1} \left[\left(\bigcap_{k=1}^{k_b} \{x \mid |z_{bk}|^2 > \rho_{|b|}|x|^2\} \right) \cap \{x \mid |x_b|^2 > (1-\theta_{|b|})|x|^2\} \right]$$

に属さないとし，この仮定の下に任意の組 $\alpha = \{i,j\}$ に対し $|x_\alpha|^2 > \rho_N|x|^2$ であることを示せばよい．($|b|=N$ であれば z_{bk} はいずれかの x_α に等しいことに注意されたい．) $|b|=2$ とし $x = (z_{b1}, x^b)$ と書く．すると式 (19.29) より $1 \leq |x|^2 = |z_{b1}|^2 + |x^b|^2$ である．x は A の補集合 A^c に属するから $|z_{b1}|^2 \leq \rho_{|b|}|x|^2$ あるいは $|x_b|^2 \leq (1-\theta_{|b|})|x|^2$ である．もし $|z_{b1}|^2 \leq \rho_{|b|}|x|^2$ であれば $\theta_{j-1} \geq \theta_j + \rho_j$ により $|x^b|^2 = |x|^2 - |z_{b1}|^2 \geq (1-\rho_{|b|})|x|^2 \geq (\theta_1 - \rho_{|b|})|x|^2 \geq \theta_{|b|}|x|^2$ となる．したがって $|b|=2$ なる任意の b に対し $|x_b|^2 = |x|^2 - |x^b|^2 \leq (1-\theta_{|b|})|x|^2$ となる．

次に $|c|=3$ とし $|x_c|^2 > (1-\theta_{|c|})|x|^2$ と仮定する．すると $x \in A^c$ よりある $1 \leq k \leq k_c$ に対し z_{ck} を $|z_{ck}|^2 \leq \rho_{|c|}|x|^2$ と選べる．C_ℓ と C_m を c 内の z_{ck} で結ばれる二つのクラスターとし，b を c 内のクラスター C_ℓ と C_m を一つのクラスターとして結合しほかはそのままにして c より得られる新たなクラスター分解とする．このとき $|b|=2$, $x^b = (z_{ck}, x^c)$ かつ $|x^b|^2 = |z_{ck}|^2 + |x^c|^2$ と

なる．したがって $|x_b|^2 = |x|^2 - |x^b|^2 = |x|^2 - |z_{ck}|^2 - |x^c|^2 = |x_c|^2 - |z_{ck}|^2 > (1 - \theta_{|c|} - \rho_{|c|})|x|^2 \geq (1 - \theta_{|b|})|x|^2$ となり，前段の結果と矛盾する．したがって $|c| = 3$ なる任意のクラスター c に対し $|x_c|^2 \leq (1 - \theta_{|c|})|x|^2$ でなければならない．

このプロセスを繰り返して $|d| = N - 1$ なる任意のクラスター d に対し $|x_d|^2 \leq (1 - \theta_{|d|})|x|^2$ となり，したがって $|x^d|^2 = |x|^2 - |x_d|^2 \geq \theta_{|d|}|x|^2 > \rho_N |x|^2$ となる．すなわち任意の組 $\alpha = \{i, j\}$ に対し $|x_\alpha|^2 > \rho_N |x|^2$ となり，式 (19.33) の証明が終わる．

次に式 (19.35) を示す．$b \not\leq c$ から組 $\alpha = \{i, j\}$ とクラスター $C_\ell, C_m \in c$ で $\alpha \leq b, i \in C_\ell, j \in C_m$ かつ $\ell \neq m$ なるものが取れる．するとある $1 \leq k \leq k_c$ に対し $x_\alpha = (z_{ck}, x^c)$ と書ける．したがってもし $x \in T_b(\gamma_1^{-1} \rho_{|b|}, \gamma_2 \theta_{|b|}) \cap T_c(\gamma_1^{-1} \rho_{|c|}, \gamma_2 \theta_{|c|})$ なる元 x が存在すれば

$$\gamma_2 \theta_{|b|} |x|^2 > |x^b|^2 \geq |x_\alpha|^2 = |z_{ck}|^2 + |x^c|^2 \geq |z_{ck}|^2 > \gamma_1^{-1} \rho_{|c|} |x|^2 \quad (19.40)$$

となる．ところが $|b| \geq |c|$ であるから $|b| = |c|$ のとき式 (19.34) より $\rho_{|c|} > \gamma_1 \gamma_2 \theta_{|b|}$ となり，$|c| < |b|$ のとき $\theta_{j-1} \geq \theta_j + \rho_j$ より $\rho_{|c|} > \gamma_1 \gamma_2 \theta_{|c|} \geq \gamma_1 \gamma_2 (\theta_{|b|} + \rho_{|b|}) > \gamma_1 \gamma_2 \theta_{|b|}$ となる．どちらも不等式 (19.40) に矛盾するから式 (19.35) の証明が終わる．

式 (19.36) は簡単な計算により，$S_{\theta_{N-1}}$ 上成り立つ不等式 $|x|^2 (1 + \theta_{N-1})^{-1} \leq 1$ より従う．式 (19.38) は補題の前に述べた関係式 $|x_\alpha|^2 = |z_{bk}|^2 + |x^b|^2$ より，また式 (19.39) は $\gamma_1' \gamma_2' = \gamma(1 + \gamma)$ と ii) より従う． □

以下定数 $\gamma > 1$ と $1 \geq \theta_1 > \rho_j > \theta_j > \rho_N > 0$ を次のようにとって固定する．

$$\theta_{j-1} \geq \theta_j + \rho_j \quad (j = 2, 3, \cdots, N-1), \tag{19.41}$$

$$\max\left\{\gamma(1+\gamma), \frac{2\gamma_1' \gamma_2'}{2 - \gamma_1'}\right\} < r_0 = \min_{2 \leq j \leq N-1} \{\rho_j / \theta_j\}. \tag{19.42}$$

ただし $\gamma_j' \ (j = 1, 2)$ は (19.37) によって定義されるものとする．

$\rho(\lambda) \in C^\infty(\mathbb{R})$ を $0 \leq \rho(\lambda) \leq 1, \rho(\lambda) = 1 \ (\lambda \leq -1), \rho(\lambda) = 0 \ (\lambda \geq 0)$ かつ $\rho'(\lambda) \leq 0$ を満たす関数とする．このとき定数 $\sigma > 0, \tau \in \mathbb{R}$ に対し $\lambda \in \mathbb{R}$

の関数 $\phi_\sigma(\lambda < \tau)$ と $\phi_\sigma(\lambda > \tau)$ を

$$\phi_\sigma(\lambda < \tau) = \rho((\lambda - (\tau + \sigma))/\sigma), \tag{19.43}$$

$$\phi_\sigma(\lambda > \tau) = 1 - \phi_\sigma(\lambda < \tau - \sigma) \tag{19.44}$$

により定義する．このとき $\phi_\sigma(\lambda < \tau)$ と $\phi_\sigma(\lambda > \tau)$ は以下を満たす．

$$\phi_\sigma(\lambda < \tau) = \begin{cases} 1 & (\lambda \leq \tau) \\ 0 & (\lambda \geq \tau + \sigma) \end{cases} \tag{19.45}$$

$$\phi_\sigma(\lambda > \tau) = \begin{cases} 0 & (\lambda \leq \tau - \sigma) \\ 1 & (\lambda \geq \tau) \end{cases} \tag{19.46}$$

$$\phi'_\sigma(\lambda < \tau) = \frac{d}{d\lambda}\phi_\sigma(\lambda < \tau) \leq 0,$$
$$\phi'_\sigma(\lambda > \tau) \geq 0. \tag{19.47}$$

$2 \leq |b| \leq N$ なるクラスター分解 b に対し

$$\varphi_b(x_b) = \prod_{k=1}^{k_b} \phi_\sigma(|z_{bk}|^2 > \rho_{|b|})\phi_\sigma(|x_b|^2 > 1 - \theta_{|b|}) \tag{19.48}$$

と定義する．ただし $\sigma > 0$ は以下のようにとって固定する．

$$0 < \sigma < \min_{2 \leq j \leq N-1}\{(1-\gamma^{-1})\rho_N, (1-\gamma^{-1})\rho_j, (\gamma-1)\theta_j\}. \tag{19.49}$$

このとき $\varphi_b(x_b)$ は $x \in S_{\theta_{N-1}}$ に対し

$$\varphi_b(x_b) = \begin{cases} 1 & \text{for } x \in \tilde{T}_b(\rho_{|b|}, \theta_{|b|}), \\ 0 & \text{for } x \notin \tilde{T}_b(\gamma^{-1}\rho_{|b|}, \gamma\theta_{|b|}). \end{cases} \tag{19.50}$$

を満たす．また $|b| = k$ $(k = 2, 3, \cdots, N)$ に対し

$$J_b(x) = \varphi_b(x_b)\left(1 - \sum_{|b_{k-1}|=k-1}\varphi_{b_{k-1}}(x_{b_{k-1}})\right)\cdots\left(1 - \sum_{|b_2|=2}\varphi_{b_2}(x_{b_2})\right) \tag{19.51}$$

とおく．補題 19.8 の v) と iii) および式 (19.50) より右辺の各和は $x \in S_{\theta_{N-1}}$ の時 $b < b_j$ $(j = k-1, \cdots, 2)$ のみ残る．すなわち

$$J_b(x) = \varphi_b(x_b) \left(1 - \sum_{|b_{k-1}|=k-1, b<b_{k-1}} \varphi_{b_{k-1}}(x_{b_{k-1}})\right) \cdots$$
$$\cdots \left(1 - \sum_{|b_2|=2, b<b_2} \varphi_{b_2}(x_{b_2})\right) \tag{19.52}$$

である．したがって $J_b(x)$ は x_b のみの関数であり

$$J_b(x) = J_b(x_b) \quad \text{when} \quad x = (x_b, x^b) \in S_{\theta_{N-1}} \tag{19.53}$$

となる．さらに補題 19.8 の iii) と v) より式 (19.51) の右辺の各和における関数 φ_{b_j} の台は $S_{\theta_{N-1}}$ において互いに共通部分を持たない．これらと補題 19.8 の (19.33) と (19.36) 式および $J_b(x_b)$ の定義 (19.48)-(19.51) より

$$\sum_{2 \leq |b| \leq N} J_b(x_b) = 1 \quad \text{on} \quad S_{\theta_{N-1}}$$

が得られる．

以上より以下のような $S_{\theta_{N-1}}$ 上の単位の分解が得られた．

命題 19.9 $j = 2, 3, \cdots, N-1$ に対し実数 $1 \geq \theta_1 > \rho_j > \theta_j > \rho_N > 0$ が $\theta_{j-1} \geq \theta_j + \rho_j$ を満たすとする．式 (19.42) が成り立つと仮定し $J_b(x_b)$ を式 (19.48)-(19.52) で定義されるものとする．このとき

$$\sum_{2 \leq |b| \leq N} J_b(x_b) = 1 \quad \text{on} \quad S_{\theta_{N-1}} \tag{19.54}$$

が成り立つ．$J_b(x_b)$ は x_b の C^∞-関数であり $0 \leq J_b(x_b) \leq 1$ を満たす．さらに $\text{supp } J_b \cap S_{\theta_{N-1}}$ の上で任意の $\alpha \not\leq b$ に対し以下が成り立つ．

$$|x_\alpha|^2 > \rho_{|b|} |x|^2 / 2. \tag{19.55}$$

さらに (19.48)-(19.49) において $\sigma > 0$ を固定するとき

$$\sup_{x \in \mathbb{R}^{\nu(N-1)}, 2 \leq |b| \leq N} |\nabla_{x_b} J_b(x_b)| < \infty \tag{19.56}$$

が成り立つ．

証明 式 (19.55) と (19.56) を示せばよいが，(19.55) は (19.36)，(19.38)，(19.42)，(19.50) および (19.51) より明らかであり，式 (19.56) は (19.44)，(19.48) および (19.52) より従う． □

19.4 連続スペクトル空間の分解

以下の定理は散乱空間 S_b^1 ($2 \leq |b| \leq N$) による連続スペクトル空間 $\mathcal{H}_c(H)$ の分解を与える．

定理 19.10 仮定 19.1 および 19.2 が満たされるとする．このとき

$$\mathcal{H}_c(H) = \bigoplus_{2 \leq |b| \leq N} S_b^1 \tag{19.57}$$

が成り立つ．

証明 集合

$$\bigcup_{\Delta \in \mathbb{R} - \mathcal{T}} E_H(\Delta)\mathcal{H}$$

は $\mathcal{H}_c(H)$ において稠密であり，S_b^1 ($2 \leq |b| \leq N$) は閉空間で互いに直交するから，任意の $\Phi(H)f$ ($\Phi \in C_0^\infty(\mathbb{R} - \mathcal{T})$, $f \in \mathcal{H}$) が $f_b^1 (\in S_b^1)$ の和に分解できることを示せばよい．すなわち $\Phi(H)f = \sum_{2 \leq |b| \leq N} f_b^1$ をいえばよい．

証明は二段階に分けて行われる．第一段 I) ではある時間極限の存在を示す．第二段 II) ではそれら極限のある種の境界値の存在を示し，式 (19.57) の証明を完結する．

I) ある時間極限の存在:

$\mathrm{diam}\, S$ により集合 $S \subset \mathbb{R}$ の直径を表す．すなわち $\mathrm{diam}\, S = \sup_{x,y \in S} |x-y|$ である．各 $E \in \mathbb{R} - \mathcal{T}$ に対し $d(E) > 0$ を十分小さい正の数とする．$\Phi \in C_0^\infty(\mathbb{R} - \mathcal{T})$ であるから与えられた $d(E) > 0$ に対し有限個の関数 $\psi_{j_0} \in C_0^\infty(\mathbb{R} - \mathcal{T})$ を $\mathrm{supp}\, \psi_{j_0}$ が $\mathrm{diam}\, \Delta < d(E)$ なる区間 Δ に対しその部分区間 $\tilde{\Delta} \Subset \Delta$ の部分集合 (すなわち $\mathrm{supp}\, \psi_{j_0} \subset \tilde{\Delta} \Subset \Delta$) となるように

19.4. 連続スペクトル空間の分解　281

とって $\Phi(H)f$ を有限個の $\psi_{j_0}(H)f$ の和 $\Phi(H)f = \sum_{j_0}^{\text{finite}} \psi_{j_0}(H)f$ と分解できる.

このようにした上で第一段 I) では極限

$$\lim_{t \to \infty} \sum_{\ell=1}^{L} e^{itH} G_{b,\lambda_\ell}(t)^* J_b(v_b/r_\ell) G_{b,\lambda_\ell}(t) e^{-itH} \psi_{j_0}(H)f \quad (19.58)$$

の存在を示す. この式の各因子 $J_b(v_b/r_\ell)$, $G_{b,\lambda_\ell}(t)$ は証明の途中で定義される.

以下一つの $\psi_{j_0}(H)f$ に着目し $f = \psi_{j_0}(H)f$ と書くことにする.

上述の区間 $\tilde{\Delta} \Subset \Delta$ に対し関数 $\psi \in C_0^\infty(\mathbb{R})$ を $\psi(\lambda) = 1$ $(\lambda \in \tilde{\Delta})$ かつ $\operatorname{supp}\psi \subset \Delta$ と取る. すると $f = \psi(H)f = E_H(\Delta)f \in E_H(\Delta)\mathcal{H} \subset \mathcal{H}_c(H)$ かつ $e^{-itH}f = \psi(H)e^{-itH}f$ となる. したがって定理 19.3 の列 t_m と M_b^m に対し分解 (19.10) を適用でき次を得る.

$$e^{-it_m H} f = \psi(H) e^{-it_m H} f = \psi(H) \sum_{2 \le |d| \le N} \widetilde{P}_d^{M_d^m} e^{-it_m H} f. \quad (19.59)$$

定理 19.3 の式 (19.13) より $m \to \infty$ のとき

$$\psi(H) \widetilde{P}_d^{M_d^m} e^{-it_m H} f \sim \psi(H_d) \widetilde{P}_d^{M_d^m} e^{-it_m H} f \quad (19.60)$$

が成り立つ. ここで P_{d,E_j} を固有値 E_j に対応する H^d の一次元固有直交射影とすると

$$\widetilde{P}_d^{M_d^m} = P_d^{M_{|d|}^m} \widehat{P}_{|d|-1}^{\widehat{M}_d^m}, \quad P_d^{M_{|d|}^m} = \sum_{j=1}^{M_{|d|}^m} P_{d,E_j} \quad (19.61)$$

であるから, 式 (19.60) の右辺は以下に等しくなる.

$$\sum_{j=1}^{M_{|d|}^m} \psi(T_d + E_j) P_{d,E_j} \widehat{P}_{|d|-1}^{\widehat{M}_d^m} e^{-it_m H} f. \quad (19.62)$$

$\operatorname{supp}\psi \subset \Delta \Subset \mathbb{R} - \mathcal{T}$, $E_j \in \mathcal{T}$ および $T_d \ge 0$ から $j = 1, 2, \cdots$ に依らない定数 $\Lambda_d > \lambda_d > 0$ が取れて $\psi(T_d + E_j) \ne 0$ のとき $\Lambda_d \ge T_d \ge \lambda_d$ となる. $\Lambda_0 = \max_d \Lambda_d > \lambda_0 = \min_d \lambda_d > 0$ および

$$\Sigma(E) = \{E - \lambda \mid \lambda \in \mathcal{T}, E \ge \lambda\} \quad (19.63)$$

とおく．このとき $\Lambda_0 > \lambda_0 > 0$ を次のように取れる．

$$\Sigma(E) \in (\lambda_0, \Lambda_0) \subset (0, \infty). \tag{19.64}$$

この $\Lambda_0 > \lambda_0 > 0$ に対し十分小なる正の数 $\kappa > 0$ を取り $\lambda_0' = \lambda_0 - 2\kappa > 0$ および $\Lambda_0' = \Lambda_0 + 2\kappa$ とおくとき集合 $[\lambda_0', \lambda_0] \cup [\Lambda_0, \Lambda_0']$ が $\Sigma(E)$ から離れているように取る．そして $\Psi \in C_0^\infty(\mathbb{R})$ を $\Psi(\lambda) = 1$ ($\lambda \in [\lambda_0, \Lambda_0]$) および $\operatorname{supp} \Psi \subset [\lambda_0 - \kappa, \Lambda_0 + \kappa]$ と取る．すると (19.62) の右辺は $m = 1, 2, \cdots$ に対し

$$\Psi^2(T_d) \psi(H_d) \widetilde{P}_d^{M_d^m} e^{-it_m H} f \tag{19.65}$$

に等しい．

他方定理 19.3 の式 (19.12) と (19.14) から $m \to \infty$ のとき

$$\frac{|x^d|^2}{t_m^2} \psi(H_d) \widetilde{P}_d^{M_d^m} e^{-it_m H} f \sim 0 \tag{19.66}$$

および

$$\Psi^2(T_d) \psi(H_d) \widetilde{P}_d^{M_d^m} e^{-it_m H} f \sim \Psi^2(|x_d|^2/(2t_m^2)) \psi(H_d) \widetilde{P}_d^{M_d^m} e^{-it_m H} f \tag{19.67}$$

である．ここで式 (19.66) を示すのに (19.12) および $i[H^d, |x^d|^2/t^2] = i[H_0^d, |x^d|^2/t^2] = 2A^d/t^2$ (ただし $A^d = (x^d \cdot p^d + p^d \cdot x^d)/2$) を用いた．また式 (19.67) については $|x_d|^2/t_m^2$ と H_d は関数 $\widetilde{P}_d^{M_d^m} e^{-it_m H} f$ の左において (19.14) より $m \to \infty$ のとき漸近的に可換なことを用いた．したがって $|x|^2 = |x_d|^2 + |x^d|^2$ より $m \to \infty$ のとき

$$\Psi^2(T_d) \psi(H_d) \widetilde{P}_d^{M_d^m} e^{-it_m H} f \sim \Psi^2(|x|^2/(2t_m^2)) \psi(H_d) \widetilde{P}_d^{M_d^m} e^{-it_m H} f \tag{19.68}$$

が得られる．これらの式 (19.59)-(19.60), (19.62), (19.65) および (19.68) より $m \to \infty$ のとき

$$e^{-it_m H} f \sim \Psi^2(|x|^2/(2t_m^2)) e^{-it_m H} f \tag{19.69}$$

19.4. 連続スペクトル空間の分解

が得られる．

いま定数 $\gamma > 1$ および $1 \geq \theta_1 > \rho_j > \theta_j > \rho_N > 0$ を式 (19.37) で定義される γ'_j ($j = 1, 2$) に対し

$$\theta_{j-1} \geq \theta_j + \rho_j \quad (j = 2, \cdots, N-1), \tag{19.70}$$

$$\max\left\{\gamma(1+\gamma), \frac{2\gamma'_1\gamma'_2}{2-\gamma'_1}\right\} < r_0 = \min_{2 \leq j \leq N-1}\{\rho_j/\theta_j\} \tag{19.71}$$

と定義する．また上に定義した $\lambda'_0 = \lambda_0 - 2\kappa$ に対し

$$\lambda''_0 = \lambda'_0 \theta_{N-1} > 0 \tag{19.72}$$

とおく．さらに $\tau_0 > 0$ を

$$0 < 16\tau_0 < \lambda''_0 (< \lambda'_0 < \lambda_0) \tag{19.73}$$

を満たすように取る．そして $\mathcal{T}$ の有限部分集合 $\{\tilde{\lambda}_\ell\}_{\ell=1}^L$ を

$$\mathcal{T} \subset \bigcup_{\ell=1}^L (\tilde{\lambda}_\ell - \tau_0, \tilde{\lambda}_\ell + \tau_0) \tag{19.74}$$

と取る．このとき実数 $\lambda_\ell \in \mathbb{R}$, $\tau_\ell > 0$ ($\ell = 1, 2, \cdots, L$) および $\sigma_0 > 0$ を

$$\tau_\ell < \tau_0, \quad \sigma_0 < \tau_0, \quad |\lambda_\ell - \tilde{\lambda}_\ell| < \tau_0,$$
$$\mathcal{T} \subset \bigcup_{\ell=1}^L (\lambda_\ell - \tau_\ell, \lambda_\ell + \tau_\ell), \quad (\lambda_\ell - \tau_\ell, \lambda_\ell + \tau_\ell) \subset (\tilde{\lambda}_\ell - \tau_0, \tilde{\lambda}_\ell + \tau_0),$$
$$\mathrm{dist}\{(\lambda_\ell - \tau_\ell, \lambda_\ell + \tau_\ell), (\lambda_k - \tau_k, \lambda_k + \tau_k)\} > 4\sigma_0 (>0) \ (\ell \neq k) \tag{19.75}$$

を満たすように取れる．このとき $\ell = 1, \cdots, L$ に対し

$$\{\Lambda \mid \tau_\ell \leq |\Lambda - (E - \lambda_\ell)| \leq \tau_\ell + 4\sigma_0\} \cap \Sigma(E) = \emptyset \tag{19.76}$$

である．さて区間 Δ と $\tilde{\Delta}$ を十分小さく取り

$$\mathrm{diam}\,\tilde{\Delta} < \mathrm{diam}\,\Delta < \tilde{\tau}_0 := \min_{1 \leq \ell \leq L}\{\sigma_0, \tau_\ell\} \tag{19.77}$$

が成り立つとする．

第 19 章 多体ハミルトニアン

式 (19.62) に戻ると $\psi(T_d + E_j) \neq 0$ であれば

$$T_d + E_j \in \operatorname{supp} \psi \tag{19.78}$$

となる．この式と $\operatorname{supp} \psi \subset \Delta$, $\operatorname{diam} \Delta < \tilde{\tau}_0$ および $E \in \Delta$ から次が得られる．

$$-\tilde{\tau}_0 \leq T_d - (E - E_j) \leq \tilde{\tau}_0. \tag{19.79}$$

したがって式 (19.62) の各項の上で漸近的に

$$-2\tilde{\tau}_0 \leq \frac{|x|^2}{t_m^2} - 2(E - E_j) \leq 2\tilde{\tau}_0 \tag{19.80}$$

が成り立つ．式 (19.75) より $E_j \in \mathcal{T}$ はただ一つの $\ell = \ell(j)$ $(1 \leq \ell(j) \leq L)$ に対し集合 $(\lambda_\ell - \tau_\ell, \lambda_\ell + \tau_\ell)$ に属する．$|E_j - \lambda_{\ell(j)}| < \tau_{\ell(j)}$ であるから式 (19.77) を用いて式 (19.62) の各項の上で

$$-2\tau_{\ell(j)} - 2\sigma_0 \leq \frac{|x|^2}{t_m^2} - 2(E - \lambda_{\ell(j)}) \leq 2\tau_{\ell(j)} + 2\sigma_0 \tag{19.81}$$

が成り立つ．したがって $m \to \infty$ のとき式 (19.62) の上で漸近的に

$$\sum_{\ell=1}^{L} \phi_{\sigma_0}^2(\left||x|^2/t_m^2 - 2(E - \lambda_\ell)\right| < 2\tau_\ell + 2\sigma_0) = 1$$

が成り立つ．

式 (19.69) を得たのと同様の議論により式 (19.59) は $m \to \infty$ のとき漸近的に以下に等しい．

$$\sum_{\ell=1}^{L} \sum_{2 \leq |d| \leq N} \phi_{\sigma_0}^2(\left||x|^2/t_m^2 - 2(E - \lambda_\ell)\right| < 2\tau_\ell + 2\sigma_0)$$
$$\times \Psi^2(|x|^2/(2t_m^2)) \widetilde{P}_d^{M_d^m} e^{-it_m H} f. \tag{19.82}$$

19.4. 連続スペクトル空間の分解　285

$\operatorname{supp} \phi_{\sigma_0}(||x|^2/t_m^2 - 2(E-\lambda_\ell)| < 2\tau_\ell + 2\sigma_0)$ 上 $\phi_{\sigma_0}(||x|^2/t_m^2 - 2(E-\lambda_\ell)| < 2\tau_\ell + 4\sigma_0) = 1$ であるから式 (19.82) は次に等しい.

$$\sum_{\ell=1}^{L} \sum_{2 \le |d| \le N} \phi_{\sigma_0}^2(||x|^2/t_m^2 - 2(E-\lambda_\ell)| < 2\tau_\ell + 4\sigma_0)$$
$$\times \phi_{\sigma_0}^2(||x|^2/t_m^2 - 2(E-\lambda_\ell)| < 2\tau_\ell + 2\sigma_0) \Psi^2(|x|^2/(2t_m^2))$$
$$\times \widetilde{P}_d^{M_d^m} e^{-it_m H} f. \tag{19.83}$$

いま

$$B = \langle x \rangle^{-1/2} A \langle x \rangle^{-1/2}, \quad A = \frac{1}{2}(x \cdot p + p \cdot x) = \frac{1}{2}(\langle x, v \rangle + \langle v, x \rangle) \tag{19.84}$$

とおく. 定理 19.3 の式 (19.12) および (19.14) より状態関数 $\widetilde{P}_d^{M_d^m} e^{-it_m H} f$ の上では $t_m \to \infty$ のとき漸近的に

$$B \sim \sqrt{2T_d} \sim \frac{|x|}{t_m} \tag{19.85}$$

である. これを用い式 (19.83) において因子 $\phi_{\sigma_0}(||x|^2/t_m^2 - 2(E-\lambda_\ell)| < 2\tau_\ell + 2\sigma_0)$ を $\phi_{\sigma_0}(|B^2 - 2(E-\lambda_\ell)| < 2\tau_\ell + 2\sigma_0)$ で置き換える. $\varphi(\lambda) \in C_0^\infty((\sqrt{2(\lambda_0 - 2\kappa)}, \sqrt{2(\Lambda_0 + 2\kappa)}))$, $0 \le \varphi(\lambda) \le 1$ および $\varphi(\lambda) = 1$ (on $[\sqrt{2(\lambda_0 - \kappa)}, \sqrt{2(\Lambda_0 + \kappa)}] (\supset \operatorname{supp} \Psi(\lambda^2/2) \cap (0, \infty))$) と関数 φ を取り式 (19.69) を用いて式 (19.83) に因子 $\varphi^2(B)$ を挿入しかつ因子 $\Psi^2(|x|^2/(2t_m^2))$ を取り除くと

$$\sum_{\ell=1}^{L} \sum_{2 \le |d| \le N} \phi_{\sigma_0}^2(||x|^2/t_m^2 - 2(E-\lambda_\ell)| < 2\tau_\ell + 4\sigma_0)$$
$$\times \phi_{\sigma_0}^2(|B^2 - 2(E-\lambda_\ell)| < 2\tau_\ell + 2\sigma_0) \varphi^2(B) \widetilde{P}_d^{M_d^m} e^{-it_m H} f \tag{19.86}$$

が得られる. $\operatorname{supp} \phi_{\sigma_0}(||x|^2/t_m^2 - 2(E-\lambda_\ell)| < 2\tau_\ell + 4\sigma_0)$ の上では

$$0 < 2(E-\lambda_\ell) - 7\tau_0 \le \frac{|x|^2}{t_m^2} \le 2(E-\lambda_\ell) + 7\tau_0 \tag{19.87}$$

である. 式 (19.64), $|\lambda_\ell - \tilde{\lambda}_\ell| < \tau_0$ および (19.73) より

$$\frac{2(E-\lambda_\ell) + 7\tau_0}{2(E-\lambda_\ell) - 7\tau_0} - 1 = \frac{14\tau_0}{2(E-\lambda_\ell) - 7\tau_0} < \frac{14\lambda_0''/16}{30\lambda_0/16 - \lambda_0''} < \theta_{N-1} \tag{19.88}$$

であるから命題 19.9 の単位の分解を式 (19.87) で定義される円環に適用できて次が得られる．

$$
\begin{aligned}
& e^{-it_m H} f \\
& \sim \sum_{\ell=1}^{L} \sum_{2 \leq |b| \leq N} \sum_{2 \leq |d| \leq N} J_b(x_b/(r_\ell t_m)) \\
& \times \phi_{\sigma_0}^2(\bigl|\|x\|^2/t_m^2 - 2(E-\lambda_\ell)\bigr| < 2\tau_\ell + 4\sigma_0) \\
& \times \phi_{\sigma_0}^2(\bigl|B^2 - 2(E-\lambda_\ell)\bigr| < 2\tau_\ell + 2\sigma_0) \varphi^2(B) \widetilde{P}_d^{M_d^m} e^{-it_m H} f. \quad (19.89)
\end{aligned}
$$

ただし

$$
r_\ell = \sqrt{2(E-\lambda_\ell) - 7\tau_0} > 0 \quad (\ell = 1, \cdots, L) \tag{19.90}
$$

である．性質 (19.55) より式 (19.89) において $d \leq b$ なる項のみ残る．すなわち

$$
\begin{aligned}
& e^{-it_m H} f \\
& \sim \sum_{\ell=1}^{L} \sum_{2 \leq |b| \leq N} \sum_{d \leq b} J_b(x_b/(r_\ell t_m)) \\
& \times \phi_{\sigma_0}^2(\bigl|\|x\|^2/t_m^2 - 2(E-\lambda_\ell)\bigr| < 2\tau_\ell + 4\sigma_0) \\
& \times \phi_{\sigma_0}^2(\bigl|B^2 - 2(E-\lambda_\ell)\bigr| < 2\tau_\ell + 2\sigma_0) \varphi^2(B) \widetilde{P}_d^{M_d^m} e^{-it_m H} f \quad (19.91)
\end{aligned}
$$

となる．

定理 19.3 の式 (19.14) を用いて x_b/t_m を v_b で置き換え，同時に式 (19.91) に以下で定義される擬微分作用素を $u > 0$ を十分小として導入する．

$$
P_b(t) = \phi_\sigma(|x_b/t - v_b|^2 < u). \tag{19.92}
$$

すると式 (19.91) は

$$
\begin{aligned}
& e^{-it_m H} f \\
& \sim \sum_{\ell=1}^{L} \sum_{2 \leq |b| \leq N} \sum_{d \leq b} P_b^2(t_m) J_b(v_b/r_\ell) \\
& \times \phi_{\sigma_0}^2(\bigl|\|x\|^2/t_m^2 - 2(E-\lambda_\ell)\bigr| < 2\tau_\ell + 4\sigma_0) \\
& \times \phi_{\sigma_0}^2(\bigl|B^2 - 2(E-\lambda_\ell)\bigr| < 2\tau_\ell + 2\sigma_0) \varphi^2(B) \widetilde{P}_d^{M_d^m} e^{-it_m H} f \quad (19.93)
\end{aligned}
$$

19.4. 連続スペクトル空間の分解　287

に等しくなる．式 (19.93) の右辺の各項は定理 19.3 により $m \to \infty$ のとき漸近的に可換であるから

$$\begin{aligned} G_{b,\lambda_\ell}(t) &= P_b(t)\phi_{\sigma_0}(\big||x|^2/t^2 - 2(E-\lambda_\ell)\big| < 2\tau_\ell + 4\sigma_0) \\ &\quad \times \phi_{\sigma_0}(\big|B^2 - 2(E-\lambda_\ell)\big| < 2\tau_\ell + 2\sigma_0)\varphi(B) \end{aligned} \quad (19.94)$$

とおけば

$$e^{-it_m H}f \sim \sum_{\ell=1}^{L}\sum_{2\leq |b|\leq N}\sum_{d\leq b} G_{b,\lambda_\ell}(t_m)^* J_b(v_b/r_\ell) G_{b,\lambda_\ell}(t_m)\widetilde{P}_d^{M_d^m} e^{-it_m H}f \quad (19.95)$$

が得られる．擬微分作用素の演算と定理 19.3 を用いると $P_b(t)J_b(v_b/r_\ell)$ は $m \to \infty$ のとき漸近的に単位の分解 $\tilde{J}_b(x_b/(r_\ell t))$ でその台が $J_b(x_b/(r_\ell t))$ に近いものに等しくなる．したがって $d \not\leq b$ なる項を以前と同様の議論により回復できる．そして式 (19.10) を用いて $2 \leq |d| \leq N$ についての $\widetilde{P}_d^{M_d^m}$ の和を除去でき

$$e^{-it_m H}f \sim \sum_{\ell=1}^{L}\sum_{2\leq |b|\leq N} G_{b,\lambda_\ell}(t_m)^* J_b(v_b/r_\ell) G_{b,\lambda_\ell}(t_m) e^{-it_m H}f \quad (19.96)$$

が得られる．右辺の $G_{b,\lambda_\ell}(t_m)$ の定義式 (19.94) において式 (19.45) と (19.76) より微分 $\phi'_{\sigma_0}(\big|B^2 - 2(E-\lambda_\ell)\big| < 2\tau_\ell + 2\sigma_0)$ の $B^2/2$ に関する台は $\Sigma(E)$ と共通部分を持たない．また式 (19.64) と φ の定義により $\varphi'(B)$ の台も同様の性質を満たす．

以上のもとに $\ell = 1,\cdots,L$ と $2 \leq |b| \leq N$ なる b に対し以下の極限の存在を示す．

$$f_{b,\ell} := \lim_{t\to\infty} e^{itH} G_{b,\lambda_\ell}(t)^* J_b(v_b/r_\ell) G_{b,\lambda_\ell}(t) e^{-itH}f. \quad (19.97)$$

このため $f,g \in E_H(\Delta)\mathcal{H}$ として関数

$$(e^{itH} G_{b,\lambda_\ell}(t)^* J_b(v_b/r_\ell) G_{b,\lambda_\ell}(t) e^{-itH}f, g) \quad (19.98)$$

を t について微分する．このとき作用素値関数 $g(t)$ に対し

$$D_t^b g(t) = i[H_b, g(t)] + \frac{dg}{dt}(t) \quad (19.99)$$

という記号を使うと以下が得られる．

$$\begin{aligned}
&\frac{d}{dt}(e^{itH}G_{b,\lambda_\ell}(t)^*J_b(v_b/r_\ell)G_{b,\lambda_\ell}(t)e^{-itH}f,g)\\
&=(e^{itH}D_t^b(\varphi(B))\phi_{\sigma_0}(\left|B^2-2(E-\lambda_\ell)\right|<2\tau_\ell+2\sigma_0)\\
&\qquad\times\phi_{\sigma_0}(\left|\|x\|^2/t^2-2(E-\lambda_\ell)\right|<2\tau_\ell+4\sigma_0)\\
&\qquad\times P_b(t)J_b(v_b/r_\ell)G_{b,\lambda_\ell}(t)e^{-itH}f,g)\\
&+(e^{itH}\varphi(B)D_t^b\left(\phi_{\sigma_0}(\left|B^2-2(E-\lambda_\ell)\right|<2\tau_\ell+2\sigma_0)\right)\\
&\qquad\times\phi_{\sigma_0}(\left|\|x\|^2/t^2-2(E-\lambda_\ell)\right|<2\tau_\ell+4\sigma_0)\\
&\qquad\times P_b(t)J_b(v_b/r_\ell)G_{b,\lambda_\ell}(t)e^{-itH}f,g)\\
&+(e^{itH}\varphi(B)\phi_{\sigma_0}(\left|B^2-2(E-\lambda_\ell)\right|<2\tau_\ell+2\sigma_0)\\
&\qquad\times D_t^b\left(\phi_{\sigma_0}(\left|\|x\|^2/t^2-2(E-\lambda_\ell)\right|<2\tau_\ell+4\sigma_0)\right)\\
&\qquad\times P_b(t)J_b(v_b/r_\ell)G_{b,\lambda_\ell}(t)e^{-itH}f,g)\\
&+(e^{itH}\varphi(B)\phi_{\sigma_0}(\left|B^2-2(E-\lambda_\ell)\right|<2\tau_\ell+2\sigma_0)\\
&\qquad\times\phi_{\sigma_0}(\left|\|x\|^2/t^2-2(E-\lambda_\ell)\right|<2\tau_\ell+4\sigma_0)D_t^b\\
&\qquad\times\left(P_b(t)\right)J_b(v_b/r_\ell)G_{b,\lambda_\ell}(t)e^{-itH}f,g)\\
&+((h.c.)f,g)\\
&+(e^{itH}i[I_b,G_{b,\lambda_\ell}(t)J_b(v_b/r_\ell)G_{b,\lambda_\ell}(t)]e^{-itH}f,g).\quad(19.100)
\end{aligned}$$

ただし $(h.c.)$ はその前に現れる作用素の随伴作用素を表す．

以下の補題を用いる．([56], Lemmas 4.1 and 4.2)

補題 19.11 仮定 19.1 が満たされるとする．$E\in\mathbb{R}-\mathcal{T}$ とし $F(s)\in C_0^\infty(\mathbb{R})$ が $0\leq F\leq 1$ および $F(s)$ の $s^2/2$ に関する台が $\Sigma(E)$ と共通部分を持たないとする．このときある定数 $d(E)>0$ が存在して diam $\Delta<d(E)$ かつ $E\in\Delta$ なる任意の区間 Δ に対し $f\in\mathcal{H}$ に依らない定数 $C>0$ が存在して

$$\int_{-\infty}^\infty\left\|\frac{1}{\sqrt{\langle x\rangle}}F(B)e^{-itH}E_H(\Delta)f\right\|^2dt\leq C\|f\|^2\quad(19.101)$$

が成り立つ．

補題 19.12 式 (19.92) で定義される擬微分作用素 $P_b(t)$ に対し作用素ノルムについて連続な有界作用素を値に持つ関数 $S(t)$ および $R(t)$ が存在して $t \in \mathbb{R}$ に依らない定数 $C > 0$ に対し

$$D_t^b P_b(t) = \frac{1}{t}S(t) + R(t) \tag{19.102}$$

および

$$S(t) \geq 0, \quad \|R(t)\| \leq C\langle t \rangle^{-2} \tag{19.103}$$

が成り立つ.

以下補題 19.11 を用いる場合区間 Δ は必要に応じて十分小なるものであると仮定してよいことに注意する..

式 (19.100) の右辺の第一項については

$$D_t^b(\varphi(B)) = \varphi'(B)i[H_b, B] + R_1 \tag{19.104}$$

である. ただし

$$\|(H+i)^{-1}\langle x \rangle^{1/2} i[H_b, B]\langle x \rangle^{1/2}(H+i)^{-1}\| < \infty, \tag{19.105}$$

$$\|(H+i)^{-1}\langle x \rangle R_1 \langle x \rangle (H+i)^{-1}\| < \infty. \tag{19.106}$$

(剰余項 R_1 および以下に現れるそのほかの剰余項 $S_1(t)$ 等の評価については [56], section 4 を参照されたい.) 式 (19.96) の後に述べた注意より $\varphi'(B)$ の $B^2/2$ に関する台は $\Sigma(E)$ と共通部分を持たない. したがって補題 19.11 の条件が満たされているから式 (19.105)-(19.106) を用い (19.100) の右辺の第一項の因子の順序が積分可能な誤差を除いて交換できて補題 19.11 より

$$\text{第一項} = (e^{itH} B_2^{(1)}(t)^* B_1^{(1)}(t) e^{-itH} f, g) + (e^{itH} S_1(t) e^{-itH} f, g) \tag{19.107}$$

が得られる. ただし $B_j^{(1)}(t)$ $(j = 1, 2)$ と $S_1(t)$ は $f \in E_H(\Delta)\mathcal{H}$ および $t \in \mathbb{R}$ に依らない定数 $C > 0$ に対し

$$\int_{-\infty}^{\infty} \|B_j^{(1)}(t) e^{-itH} f\|^2 dt \leq C\|f\|^2, \tag{19.108}$$

$$\|(H+i)^{-1} S_1(t) (H+i)^{-1}\| \leq Ct^{-2} \tag{19.109}$$

を満たす.

同様に式 (19.96) の後のもう一つの注意と補題 19.11 より式 (19.100) の右辺第二項も同様に押さえられる.

$$\text{第二項} = (e^{itH}B_2^{(2)}(t)^*B_1^{(2)}(t)e^{-itH}f, g) + (e^{itH}S_2(t)e^{-itH}f, g). \tag{19.110}$$

ただし $B_j^{(2)}(t)$ $(j=1,2)$ と $S_2(t)$ は $f \in E_H(\Delta)\mathcal{H}$ および $t \in \mathbb{R}$ に依らない定数 $C > 0$ に対し

$$\int_{-\infty}^{\infty} \|B_j^{(2)}(t)e^{-itH}f\|^2 dt \leq C\|f\|^2, \tag{19.111}$$

$$\|(H+i)^{-1}S_2(t)(H+i)^{-1}\| \leq Ct^{-2} \tag{19.112}$$

を満たす.

式 (19.100) の右辺の第三項については

$$\begin{aligned}
&\varphi(B)\phi_{\sigma_0}(|B^2 - 2(E-\lambda_\ell)| < 2\tau_\ell + 2\sigma_0) \\
&\quad \times D_t^b\left(\phi_{\sigma_0}(||x|^2/t^2 - 2(E-\lambda_\ell)| < 2\tau_\ell + 4\sigma_0)\right) \\
&= \frac{2}{t}\varphi(B)\phi_{\sigma_0}(|B^2 - 2(E-\lambda_\ell)| < 2\tau_\ell + 2\sigma_0) \\
&\quad \times \left(\frac{A}{t} - \frac{|x|^2}{t^2}\right)\phi'_{\sigma_0}(||x|^2/t^2 - 2(E-\lambda_\ell)| < 2\tau_\ell + 4\sigma_0) \\
&\quad + S_3(t)
\end{aligned} \tag{19.113}$$

を得る. ただし $S_3(t)$ は

$$\|(H+i)^{-1}S_3(t)(H+i)^{-1}\| \leq Ct^{-2}, \quad t > 1 \tag{19.114}$$

を満たす. 式 (19.73) と (19.75) より $\phi'_{\sigma_0}(||x|^2/t^2 - 2(E-\lambda_\ell)| < 2\tau_\ell + 4\sigma_0)$ の台の上では

$$|x|/t \geq \sqrt{2(E-\lambda_\ell) - 2\tau_\ell - 5\sigma_0} > 0 \tag{19.115}$$

19.4. 連続スペクトル空間の分解

である．したがってある定数 $T > 1$ が存在して $t \geq T$ に対し $|x| > 1$ および $\langle x \rangle = |x|$ でありしたがって

$$\begin{aligned}
2\left(\frac{A}{t} - \frac{|x|^2}{t^2}\right) &= \frac{\langle x \rangle}{t}\left(\frac{x}{\langle x \rangle} \cdot D_x - \frac{|x|}{t}\right) + \left(D_x \cdot \frac{x}{\langle x \rangle} - \frac{|x|}{t}\right)\frac{\langle x \rangle}{t} \\
&= 2\frac{\langle x \rangle}{t}\left(B - \frac{|x|}{t}\right) + tS_4(t) \quad (19.116)
\end{aligned}$$

となる．ただし $S_4(t)$ は $t \geq T$ に対し $\|S_4(t)\| \leq Ct^{-2}$ を満たす．式 (19.43) より

$$\operatorname{supp} \phi'_{\sigma_0}(|s| < 2\tau_\ell + 4\sigma_0) \subset I_1 \cup I_2 \quad (19.117)$$

である．ただし

$$I_1 = [-2\tau_\ell - 5\sigma_0, -2\tau_\ell - 4\sigma_0], \quad I_2 = [2\tau_\ell + 4\sigma_0, 2\tau_\ell + 5\sigma_0], \quad (19.118)$$

および

$$\phi'_{\sigma_0}(|s| < 2\tau_\ell + 4\sigma_0) \geq 0 \quad \text{for } s \in I_1, \quad (19.119)$$
$$\phi'_{\sigma_0}(|s| < 2\tau_\ell + 4\sigma_0) \leq 0 \quad \text{for } s \in I_2. \quad (19.120)$$

いま $|x|^2/t^2 - 2(E - \lambda_\ell) \in I_2$ の場合を考えると

$$\frac{|x|^2}{t^2} \in [2(E - \lambda_\ell) + 2\tau_\ell + 4\sigma_0, 2(E - \lambda_\ell) + 2\tau_\ell + 5\sigma_0] \quad (19.121)$$

である．因子 $\varphi(B)\phi_{\sigma_0}(|B^2 - 2(E - \lambda_\ell)| < 2\tau_\ell + 2\sigma_0)$ より

$$B^2 \in [2(E - \lambda_\ell) - 2\tau_\ell - 3\sigma_0, 2(E - \lambda_\ell) + 2\tau_\ell + 3\sigma_0] \quad (19.122)$$

および $B \geq \sqrt{2\lambda_0'} > 0$ であるから

$$B - \frac{|x|}{t} \leq 0 \quad (19.123)$$

である．したがって式 (19.116) と (19.120) より今の場合式 (19.113) は積分可能な誤差を除いて ≥ 0 である．同様に式 (19.113) は $|x|^2/t^2 - 2(E - \lambda_\ell) \in I_1$

の場合も可積分な誤差を除いて ≥ 0 である．以上より式 (19.100) の右辺第三項の因子の順序を積分可能な誤差を除いて交換すれば

$$\text{第三項} = (e^{itH}A(t)^*A(t)e^{-itH}f,g) + (e^{itH}S_5(t)e^{-itH}f,g) \qquad (19.124)$$

が得られる．ただし

$$\|(H+i)^{-1}S_5(t)(H+i)^{-1}\| \leq Ct^{-2} \qquad (19.125)$$

である．

式 (19.100) の右辺の第四項も補題 19.12 により同様の形に表される．

第五項 $((h.c.)f,f)$ は以上の各項と同様に扱われ同様に表される．

式 (19.100) の右辺の第六項は

$$|\text{第六項}| \leq Ct^{-1-\min\{\epsilon,\epsilon_1\}}\|f\|\|g\| \qquad (19.126)$$

を満たす．この評価は式 (19.55) と擬微分作用素の演算により式 (19.95) の後に述べた議論と同様に議論すれば因子 $G_{b,\lambda_\ell}(t)^*J_b(v_b/r_\ell)G_{b,\lambda_\ell}(t)$ が座標を領域 $|x_\alpha|^2 > \rho_{|b|}|x|^2/2$ に制限することから従う．

まとめれば式 (19.100) は以下のように書き直された．

$$\frac{d}{dt}(e^{itH}G_{b,\lambda_\ell}(t)^*J_b(v_b/r_\ell)G_{b,\lambda_\ell}(t)e^{-itH}f,g)$$
$$= (e^{itH}A(t)^*A(t)e^{-itH}f,g) + \sum_{k=1}^{2}(e^{itH}B_2^{(k)}(t)^*B_1^{(k)}(t)e^{-itH}f,g)$$
$$+ (S_6(t)f,g). \qquad (19.127)$$

ただしここで $B_j^{(k)}(t)$ および $S_6(t)$ は $t > T$ および $f \in \mathcal{H}$ に依らない定数 $C > 0$ に対し

$$\int_T^\infty \|B_j^{(k)}(t)e^{-itH}E_H(\Delta)f\|^2 \leq C\|f\|^2, \quad (j,k=1,2) \qquad (19.128)$$
$$\|(H+i)^{-1}S_6(t)(H+i)^{-1}\| \leq Ct^{-1-\min\{\epsilon,\epsilon_1\}} \qquad (19.129)$$

を満たす．

19.4. 連続スペクトル空間の分解   293

式 (19.127) を区間 $[T_1, T_2] \subset [T, \infty)$ 上 t について積分して

$$(e^{itH} G_{b,\lambda_\ell}(t)^* J_b(v_b/r_\ell) G_{b,\lambda_\ell}(t) e^{-itH} f, g)\Big|_{t=T_1}^{T_2}$$
$$= \int_{T_1}^{T_2} (A(t) e^{-itH} f, A(t) e^{-itH} g) dt$$
$$+ \sum_{k=1}^{2} \int_{T_1}^{T_2} (B_1^{(k)}(t) e^{-itH} f, B_2^{(k)}(t) e^{-itH} g) dt + \int_{T_1}^{T_2} (S_6(t) f, g) dt \quad (19.130)$$

が得られる．したがって式 (19.128), (19.129) および $G_{b,\lambda_\ell}(t)$ の $t > 1$ についての一様有界性を用いて $T_2 > T_1 \geq T$ および $g \in E_H(\Delta)\mathcal{H}$ のいずれにも依らない定数 $C > 0$ に対し

$$\int_{T_1}^{T_2} \|A(t) e^{-itH} g\|^2 dt \leq C \|g\|^2 \quad (19.131)$$

が成り立つ．

式 (19.128), (19.129), (19.130) および (19.131) から $T_2 > T_1 \to \infty$ のとき $\delta(T_1) \to 0$ なる数 $\delta(T_1) > 0$ に対し

$$\left| (e^{itH} G_{b,\lambda_\ell}(t)^* J_b(v_b/r_\ell) G_{b,\lambda_\ell}(t) e^{-itH} f, g)\Big|_{t=T_1}^{T_2} \right| \leq \delta(T_1) \|f\| \|g\| \quad (19.132)$$

がいえる．これは $E \in \mathbb{R} - \mathcal{T}$ を含む区間 Δ が $\mathrm{diam}\,\Delta < d(E)$ を満たすとき任意の $f \in E_H(\Delta)\mathcal{H}$ および $2 \leq |b| \leq N$ なる b に対し極限

$$\tilde{f}_b^1 = \lim_{t \to \infty} \sum_{\ell=1}^{L} e^{itH} G_{b,\lambda_\ell}(t)^* J_b(v_b/r_\ell) G_{b,\lambda_\ell}(t) e^{-itH} f \quad (19.133)$$

が存在することを意味する．したがって漸近展開式 (19.96) より $f = \psi(H)f = E_H(\Delta)f$ に対し

$$f = \sum_{2 \leq |b| \leq N} \tilde{f}_b^1 \quad (19.134)$$

がいえた．

さらに $f = E_H(\Delta)f$ および極限 (19.133) の存在より $\tilde{f}_b^1$ は

$$E_H(\Delta) \tilde{f}_b^1 = \tilde{f}_b^1 \quad (19.135)$$

を満たすことが波動作用素の性質 (18.27) の証明と同様にして示される.

最初の $\Phi(H)f$ に戻って $\mathrm{supp}\,\Phi$ が $\mathbb{R}-\mathcal{T}$ においてコンパクトなことから有限個の開区間 $\Delta_{j_0} \in \mathbb{R}-\mathcal{T}$ で $E_{j_0} \in \Delta_{j_0}$, $\mathrm{diam}\,\Delta_{j_0} < d(E_{j_0})$ および $\mathrm{supp}\,\Phi \in \bigcup_{j_0}^{\text{finite}} \Delta_{j_0} \in \mathbb{R}-\mathcal{T}$ を満たすものが取れることから関数 $\psi_{j_0} \in C_0^\infty(\Delta_{j_0})$ を $\Phi(H)f = \sum_{j_0}^{\text{finite}} \psi_{j_0}(H)f$ を満たすように取れる. したがって式 (19.133)-(19.135) より以下の極限が $2 \leq |b| \leq N$ に対し存在する.

$$\tilde{f}_b^1 = \lim_{t\to\infty} \sum_{j_0}^{\text{finite}} \sum_{\ell=1}^L e^{itH} G_{b,\lambda_\ell}(t)^* J_b(v_b/r_\ell) G_{b,\lambda_\ell}(t) e^{-itH} \psi_{j_0}(H)f. \quad (19.136)$$

そして関係

$$\Phi(H)f = \sum_{2\leq |b|\leq N} \tilde{f}_b^1, \quad E_H(\Delta)\tilde{f}_b^1 = \tilde{f}_b^1 \quad (19.137)$$

が $\mathrm{supp}\,\Phi \subset \Delta$ を満たす任意の集合 $\Delta \in \mathbb{R}-\mathcal{T}$ に対し成り立つ.

いま

$$\sigma_j = \sqrt{\gamma^{-1}\rho_j \lambda_0'/2}, \; \delta_j = \sqrt{\gamma\theta_j \Lambda_0'} \; (j=2,3,\cdots,N, \quad \theta_N=0) \quad (19.138)$$

とおくと式 (19.136) と擬微分作用素の演算および式 (19.49)-(19.51) より従う関係

$$\mathrm{supp}\bigl(J_b(x_b/r_\ell)\phi_{\sigma_0}(||x|^2 - 2(E-\lambda_\ell)| < 2\tau_\ell + 4\sigma_0)\bigr) \in \tilde{T}_b(\gamma^{-1}\rho_{|b|}, \gamma\theta_{|b|}) \quad (19.139)$$

より $t \to \infty$ のとき

$$\begin{aligned}
e^{-itH}\tilde{f}_b^1 &\sim \sum_{k=1}^K \sum_{\ell=1}^L G_{b,\lambda_\ell}(t)^* J_b(v_b/r_\ell) G_{b,\lambda_\ell}(t) e^{-itH} E_H(\Delta_k)f \\
&\sim \prod_{\alpha\not\leq b} F(|x_\alpha| \geq \sigma_{|b|}t) F(|x^b| \leq \delta_{|b|}t) \\
&\quad \times \sum_{k=1}^K \sum_{\ell=1}^L G_{b,\lambda_\ell}(t)^* J_b(v_b/r_\ell) G_{b,\lambda_\ell}(t) e^{-itH} E_H(\Delta_k)f \\
&\sim \prod_{\alpha\not\leq b} F(|x_\alpha| \geq \sigma_{|b|}t) F(|x^b| \leq \delta_{|b|}t) e^{-itH}\tilde{f}_b^1 \quad (19.140)
\end{aligned}$$

が成り立つ．式 (19.137) と (19.140) より

$$\tilde{f}_b^1 \in S_b^{1\sigma_{|b|}\delta_{|b|}}(\Delta) \quad (2 \leq |b| \leq N) \tag{19.141}$$

が得られる．

II) 精密化:

式 (19.74)-(19.75) と同様に $\tau_0^b < \tau_0$ なる定数 $\tau_0^b > 0$ に対し $\mathcal{T}_b$ の有限部分集合 $\{\tilde{\lambda}_\ell^b\}_{\ell=1}^{L_b}$ を

$$\mathcal{T}_b \subset \bigcup_{\ell=1}^{L_b}(\tilde{\lambda}_\ell^b - \tau_0^b, \tilde{\lambda}_\ell^b + \tau_0^b) \tag{19.142}$$

となるように取り，実数 $\lambda_\ell^b \in \mathbb{R}, \tau_\ell^b > 0 \ (\ell = 1, \cdots, L_b)$ および $\sigma_0^b > 0$ を

$$\tau_\ell^b < \tau_0^b, \quad \sigma_0^b < \tau_0^b, \quad |\lambda_\ell^b - \tilde{\lambda}_\ell^b| < \tau_0^b,$$
$$\mathcal{T}_b \subset \bigcup_{\ell=1}^{L_b}(\lambda_\ell^b - \tau_\ell^b, \lambda_\ell^b + \tau_\ell^b), \quad (\lambda_\ell^b - \tau_\ell^b, \lambda_\ell^b + \tau_\ell^b) \subset (\tilde{\lambda}_\ell^b - \tau_0^b, \tilde{\lambda}_\ell^b + \tau_0^b),$$
$$\mathrm{dist}\{(\lambda_\ell^b - \tau_\ell^b, \lambda_\ell^b + \tau_\ell^b), (\lambda_k^b - \tau_k^b, \lambda_k^b + \tau_k^b)\} > 4\sigma_0^b(>0) \quad (\ell \neq k)$$
$$\tag{19.143}$$

と取る．そして $\mathcal{T}_b^F = \{\lambda_\ell^b\}_{\ell=1}^{L_b}$ および

$$\tilde{\tau}_0^b = \min_{1 \leq \ell \leq L_b}\{\sigma_0^b, \tau_\ell^b\} \tag{19.144}$$

とおく．そして関数 $\psi_1(\lambda) \in C_0^\infty(\mathbb{R})$ を

$$0 \leq \psi_1 \leq 1, \tag{19.145}$$
$$\psi_1(\lambda) = \begin{cases} 1 & (\exists \lambda_\ell^b \in \mathcal{T}_b^F \text{ s.t. } |\lambda - \lambda_\ell^b| \leq \tilde{\tau}_0^b/2 \text{ なる} \lambda \text{ に対し}) \\ 0 & (\forall \lambda_\ell^b \in \mathcal{T}_b^F : |\lambda - \lambda_\ell^b| \geq \tilde{\tau}_0^b \text{ なる} \lambda \text{ に対し}) \end{cases}$$
$$\tag{19.146}$$

となるように取り，式 (19.136) を以下のように分解する．

$$\tilde{f}_b^1 = h_b + g_b. \tag{19.147}$$

ただし

$$h_b = \lim_{t\to\infty} \sum_{j_0}^{\text{finite}} \sum_{\ell=1}^{L} e^{itH} G_{b,\lambda_\ell}(t)^* \psi_1(H^b) J_b(v_b/r_\ell) G_{b,\lambda_\ell}(t) e^{-itH} \psi_{j_0}(H) f, \tag{19.148}$$

$$g_b = \lim_{t\to\infty} \sum_{j_0}^{\text{finite}} \sum_{\ell=1}^{L} e^{itH} G_{b,\lambda_\ell}(t)^* (I-\psi_1)(H^b) J_b(v_b/r_\ell) G_{b,\lambda_\ell}(t) e^{-itH} \psi_{j_0}(H) f \tag{19.149}$$

である．これらの極限は式 (19.136) の $\tilde{f}_b^1$ の存在と同様にして示される．今の場合 $\tilde{f}_b^1$ と異なっているところは交換子 $[H, \psi_1(H^b)] = [I_b, \psi(H^b)]$ が現れることであるがこの交換子は式 (19.126) における I_b を含む交換子の処理と同様に扱われる．

これらの h_b と g_b において式 (19.59) と同様に $e^{-itH}\psi_{j_0}(H)f$ の左側に式 (19.10) の分解を導入する．すると因子 $J_b(v_b/r_\ell)G_{b,\lambda_\ell}(t)$ により式 (19.59) の項のうち $t = t_m \to \infty$ のとき漸近的に残るのは $d \leq b$ なるもののみである．この和の各項 $P_{d,E_j}\widehat{P}_{|d|-1}^{\widehat{M_d^m}}$ ((19.61) 参照) の上で H^b は漸近的に $H_d^b = T_d^b + H^d = T_d^b + E_j \sim |x_d^b|^2/(2t_m^2) + E_j \sim |x^b|^2/(2t_m^2) + E_j$ に等しい．ただしここで $d \leq b$ に対し $H_d^b = T_d^b + H^d = H_d - T_b$, $T_d^b = T_d - T_b$ であり $x^b = (x_d^b, x^d)$ は座標 x^b の中のクラスターヤコビ座標系である．したがって $m \to \infty$ のとき

$$\psi_1(H^b) J_b(v_b/r_\ell) G_{b,\lambda_\ell}(t) P_{d,E_j}\widehat{P}_{|d|-1}^{\widehat{M_d^m}} e^{-it_m H}\psi_{j_0}(H)f$$
$$\sim \psi_1(|x^b|^2/(2t_m^2) + E_j) J_b(v_b/r_\ell) G_{b,\lambda_\ell}(t) P_{d,E_j}\widehat{P}_{|d|-1}^{\widehat{M_d^m}} e^{-it_m H}\psi_{j_0}(H)f \tag{19.150}$$

である．もし $\psi_1(|x^b|^2/(2t_m^2) + E_j) \neq 0$ であればある $\ell = 1, \cdots, L_b$ に対し

$$\left| \frac{|x^b|^2}{2t_m^2} - (\lambda_\ell^b - E_j) \right| \leq \tilde{\tau}_0^b \tag{19.151}$$

である．もし ℓ が $E_j \in (\lambda_{\ell(j)}^b - \tau_{\ell(j)}^b, \lambda_{\ell(j)}^b + \tau_{\ell(j)}^b)$ なる一意的に定まる $\ell(j)$ であれば

$$\frac{|x^b|^2}{2t_m^2} \leq \tau_{\ell(j)}^b + \tilde{\tau}_0^b < \tau_0^b + \tilde{\tau}_0^b \tag{19.152}$$

19.4. 連続スペクトル空間の分解

となる．このときは $\delta' = \sqrt{2(\tau_0^b + \tilde{\tau}_0^b)}$ とおいて

$$|x^b| \leq \delta' t_m \tag{19.153}$$

を得る．もし $\ell \neq \ell(j)$ であれば式 (19.151) より

$$0 \leq \lambda_\ell^b - E_j + \tilde{\tau}_0^b$$

でありこれと式 (19.143)-(19.144) より

$$\lambda_\ell^b - E_j \geq 4\sigma_0^b$$

となる．したがって式 (19.151) より

$$\frac{|x^b|^2}{2t_m^2} \geq 4\sigma_0^b - \tilde{\tau}_0^b \geq 3\sigma_0^b \geq 3\tilde{\tau}_0^b \tag{19.154}$$

となる．いま $\sigma' = \sqrt{6\tilde{\tau}_0^b}$ とおけば $\ell \neq \ell(j)$ に対し

$$|x^b| \geq \sigma' t_m \tag{19.155}$$

が得られる．したがって h_b は

$$h_b = f_b^{\delta'} + g_{b1}^{\sigma'} \tag{19.156}$$

と分解される．ただし

$$f_b^{\delta'} = \lim_{t \to \infty} \sum_{j_0}^{\text{finite}} \sum_{\ell=1}^{L} e^{itH} G_{b,\lambda_\ell}(t)^* F(|x^b| \leq \delta' t) \psi_1(H^b)$$
$$\times J_b(v_b/r_\ell) G_{b,\lambda_\ell}(t) e^{-itH} \psi_{j_0}(H) f, \tag{19.157}$$

$$g_{b1}^{\sigma'} = \lim_{t \to \infty} \sum_{j_0}^{\text{finite}} \sum_{\ell=1}^{L} e^{itH} G_{b,\lambda_\ell}(t)^* F(|x^b| \geq \sigma' t) \psi_1(H^b)$$
$$\times J_b(v_b/r_\ell) G_{b,\lambda_\ell}(t) e^{-itH} \psi_{j_0}(H) f. \tag{19.158}$$

極限 (19.157) の存在は (19.148) の存在と同様に示される．すなわち因子 $F(|x^b| \leq \delta' t)$ をなめらかな特性関数に置き換えて $J_b(v_b/r_\ell)G_{b,\lambda_\ell}(t)$ の中の定数を適当に入れ替えてこれに吸収して示す．式 (19.158) の存在はこれと式 (19.148) および (19.156) より得られる．

成分 g_b については $g_{b1}^{\sigma'}$ と同様にして

$$g_b = \lim_{t \to \infty} \sum_{j_0}^{\text{finite}} \sum_{\ell=1}^L e^{itH} G_{b,\lambda_\ell}(t)^* F(|x^b| \geq \sigma' t)(I - \psi_1)(H^b) \quad (19.159)$$
$$\times J_b(v_b/r_\ell)G_{b,\lambda_\ell}(t)e^{-itH}\psi_{j_0}(H)f$$

が成り立つ．いま

$$g_b^{\sigma'} = g_{b1}^{\sigma'} + g_b \quad (19.160)$$
$$= \lim_{t \to \infty} \sum_{j_0}^{\text{finite}} \sum_{\ell=1}^L e^{itH} G_{b,\lambda_\ell}(t)^* F(|x^b| \geq \sigma' t)$$
$$\times J_b(v_b/r_\ell)G_{b,\lambda_\ell}(t)e^{-itH}\psi_{j_0}(H)f$$

とおけば $\tilde{f}_b^1$ が以下のように分解される．

$$\tilde{f}_b^1 = f_b^{\delta'} + g_b^{\sigma'}. \quad (19.161)$$

ただし $f_b^{\delta'}$ と $g_b^{\sigma'}$ は

$$e^{-itH} f_b^{\delta'} \sim \prod_{\alpha \not\leq b} F(|x_\alpha| \geq \sigma_{|b|}t) F(|x^b| \leq \delta' t) e^{-itH} f_b^{\delta'}, \quad (19.162)$$

$$e^{-itH} g_b^{\sigma'} \sim \prod_{\alpha \not\leq b} F(|x_\alpha| \geq \sigma_{|b|}t) F(|x^b| \leq \delta_{|b|}t) F(|x^b| \geq \sigma' t) e^{-itH} g_b^{\sigma'}$$
$$(19.163)$$

を満たす．

ここで極限

$$f_b^1 = \lim_{\delta' \downarrow 0} f_b^{\delta'}, \quad g_b^1 = \lim_{\sigma' \downarrow 0} g_b^{\sigma'} \quad (19.164)$$

の存在が [17], Lemma 4.8 と同様にして示される．実際式 (19.145)-(19.146) の ψ_1 は $\tilde{\tau}_0^b \downarrow 0$ のとき単調減少に取れるので因子 $F(|x^b| \leq \delta' t)$ と $F(|x^b| \geq \sigma' t)$ は x^b/t を単一の変数と見なすことにより ψ_1 と同様に処理できる．

19.4. 連続スペクトル空間の分解

さらに式 (19.135) と同様にして

$$E_H(\Delta)f_b^1 = f_b^1, \quad E_H(\Delta)g_b^1 = g_b^1 \tag{19.165}$$

がいえるが，これは式 (19.162) および (19.164) とともに

$$f_b^1 \in S_b^1 \tag{19.166}$$

を含意する．

以上より以下の分解が得られた．

$$\tilde{f}_b^1 = f_b^1 + g_b^1, \quad f_b^1 \in S_b^1. \tag{19.167}$$

$g_b^{\sigma'}$ は変数 x^b を命題 19.9 の全変数 x と見なして円環 $\sigma' \leq |x^b|/t \leq \delta_{|b|}$ の単位の分解を作ることによってさらに分解される．第一段および第二段と同様に議論することによって g_b^1 は $d < b$ に対する S_d^1 の元 f_d^1 の和に分解される．これを式 (19.134), (19.166) および (19.167) とあわせて式 (19.57) が得られる． □

長距離ポテンシャル V_α^L がすべての組 α に対して消える場合，すなわち短距離ポテンシャルのみがハミルトニアンのポテンシャルである場合，定理 19.10 は漸近完全性を含意する．実際この場合数学的帰納法により短距離ポテンシャルに対する波動作用素

$$W_b^\pm = \text{s-}\lim_{t \to \pm\infty} e^{itH} e^{-itH_b} P_b \tag{19.168}$$

に対し $S_b^1 = \mathcal{R}(W_b^\pm)$ が示され N-体の場合の漸近完全性

$$\bigoplus_{2 \leq |b| \leq N} \mathcal{R}(W_b^\pm) = \mathcal{H}_c(H)$$

がいえる．

長距離ポテンシャルが消えない場合以下の結果がある．

定理 19.13 仮定 19.1 および 19.2 が満たされるとする．このとき以下が成り立つ．

i) $2(2+\epsilon)^{-1} < r \leq 1$ のとき

$$S_b^r = S_b^1. \tag{19.169}$$

ii) $\epsilon > 2(2+\epsilon)^{-1}$ すなわち $\epsilon > \sqrt{3}-1$ であれば $0 \leq r \leq 1$ なる任意の r に対し

$$S_b^r = S_b^1. \tag{19.170}$$

iii) $\epsilon > 1/2$ かつ任意の組 α に対し $V_\alpha^L(x_\alpha) \geq 0$ であれば $0 \leq r \leq 1$ なる任意の r に対し

$$S_b^r = S_b^1. \tag{19.171}$$

証明 i) と ii) は上の命題 19.6 と文献 [9] の Proposition 5.8 より従う．$r = 0$ に対する式 (19.170) は [9] の Proposition 5.8 の証明による．iii) は [57] の Theorem 1.1 と Proposition 4.3 および以下の (19.174) による[3]． □

定理 19.13-ii), iii) と定理 19.10 から以下が従う．

定理 19.14 仮定 19.1 および 19.2 が $\epsilon > 2(2+\epsilon)^{-1}$ あるいは $\epsilon > 1/2$ で $V_\alpha^L(x_\alpha) \geq 0$ ($\forall \alpha$) として満たされるとする．このとき $0 \leq r \leq 1$ なる任意の r に対し

$$\bigoplus_{2 \leq |b| \leq N} S_b^r = \mathcal{H}_c(H). \tag{19.172}$$

第 19.6 節で第 18 章で述べた二体の場合の J を N-体に拡張した定常修正因子 J_b を構成し以下の形の修正波動作用素の存在を示す．

$$W_b^\pm = \text{s-}\lim_{t \to \pm\infty} e^{itH} J_b e^{-itH_b} P_b. \tag{19.173}$$

---

[3] [57] の Theorem 1.1 の (1.31) 式の作用素 Ω_b^ψ の像空間 $\mathcal{R}(\Omega_b^\psi)$ の $\psi \in C_0^\infty(\mathbb{R} - \mathcal{T})$ についての和集合は S_b^1 の稠密部分集合をなすことによる．

さらに以下を証明する.

$$\mathcal{R}(W_b^\pm) = S_b^0. \tag{19.174}$$

これと定理 19.13 および 19.14 より以下が従う.

定理 19.15 仮定 19.1 および 19.2 が $\epsilon > 2(2+\epsilon)^{-1}$ あるいは $\epsilon > 1/2$ で $V_\alpha^L(x_\alpha) \geq 0 \ (\forall \alpha)$ として満たされるとする. このとき $0 \leq r \leq 1$ なる任意の r に対し

$$\mathcal{R}(W_b^\pm) = S_b^r \tag{19.175}$$

および

$$\bigoplus_{2 \leq |b| \leq N} \mathcal{R}(W_b^\pm) = \mathcal{H}_c(H) \tag{19.176}$$

が成り立つ.

19.5　蒸散する固有状態 - 自己相似性

これまでに見た漸近完全性の議論から見ると式 (19.172) と (19.176) は常に成り立つと期待されるかもしれないがそれは正しくない.

定理 19.16 仮定 19.1 と 19.2 が成り立つとし, $N \geq 3$ とする. このとき以下が成り立つ.

i) $2 \leq |b| \leq N$ とし $E_b(r)$ を $S_b^r \ (0 \leq r \leq 1)$ への直交射影とする. このとき $0 \leq r_1 \leq r_2 \leq 1$ に対し $E_b(r_1) \leq E_b(r_2)$ であり, $E_b(r)$ の $r \in [0,1]$ についての作用素の強位相に関する不連続点は高々可算である.

ii) 仮定 19.1 において $0 < \epsilon < 1/2$ とする. このとき長距離ポテンシャル $V_\alpha(x_\alpha)$ で, あるクラスター分解 $b \ (2 \leq |b| \leq N)$ に対し $E_b(r)$ が $r = r_0 := (\epsilon + 1)/3 \in (0, 1/2)$ で不連続になるものが存在する. 特に実数 r_1, r_2 で $0 \leq r_1 < r_0 < r_2 \leq 1$ を満たし

$$S_b^{r_1} \text{ は } S_b^{r_2} \text{ の真部分集合} \tag{19.177}$$

となるものが存在する.

証明 i) 命題 19.6 により S_b^r $(0 \leq r \leq 1)$ は可分なヒルベルト空間 $\mathcal{H}$ の閉部分空間の族であり，$r \in [0,1]$ に関して増大する．したがって対応する S_b^r への直交射影 $E_b(r)$ $(0 \leq r \leq 1)$ も r に関し増大するからこの作用素の族は作用素の強位相について r に関し高々可算個の不連続点を持つ．

ii) は [100], Theorem 4.3 および前述の定理 19.10 と命題 19.6 において $|b| = N - 1$ とし仮定 19.1 を満たす適当な相互ポテンシャルを選ぶと示される．実際 [100], Theorem 4.3 におけるヤファーエフの波動作用素 W_n $(n = 1, 2, \cdots)$ の像空間 $\mathcal{R}(W_n)$ はその構成により $|b| = N - 1$ を満たすある b に対し $(E_b(r_0 + 0) - E_b(r_0 - 0))\mathcal{H}$ の部分空間をなし，したがってこれより $E_b(r)$ は $r = r_0$ において不連続であることが従う．ただし通常のように $E_b(r_0 \pm 0) = \text{s-}\lim_{r \to r_0 \pm 0} E_b(r)$ である． □

文献 [100] に見られるハミルトニアンはエアリー関数のような自己相似性を持つ関数を固有関数に持つものであり，これはポテンシャル項が有限の範囲内に窪みあるいはふつう「井戸」(well) と呼ばれるトラップ領域を持ちそこに散乱粒子が部分的に停滞することから起こるものである．このトラップにより通常の散乱状態の一部が固有関数に変化する．しかしその固有関数は上記の r_0 $(0 < r_0 < 1/2)$ に対応する散乱空間 $S_b^{r_0}$ の元である散乱状態の固有関数部分であり，その空間部分 $\{x \mid |x^b| \leq \delta t^{r_0}\}$ は通常の散乱空間 S_b^0 の固有関数部分の空間部分 $\{x \mid |x| \leq R\}$ のように $t \to \infty$ において有界ではなく t^{r_0} のオーダーで蒸散してゆく．このような現象は井戸型のトラップによるとは限らず，二体の場合も長距離ポテンシャルの微分が減少せず無限遠方で振動するような場合にも起こる．

ここに見られるように一般的な量子力学的局所系ないし局所宇宙においては内部局所系は時間無限大で複数個の安定した固有状態に分解定着して散乱してゆくことはなく一般的に非線型な蒸散部分を含む．これはポテンシャルが無限遠でゆっくり減少する場合のことであるが，このような一般的な場合を含めれば第 16 章に述べたことと整合的に量子力学的局所宇宙ないし局所系はそのいかなる部分系も真の固有状態ではあり得ず，本章のまえがきで述べたように系内のすべての粒子が散乱してゆく散乱状態にあることが認識されよう．

19.6 波動作用素の像の特徴付け

本節では関係 (19.174) を仮定 19.1 および 19.2 を満たす一般の長距離ポテンシャルに対し示す．すなわち

定理 19.17 仮定 19.1 および 19.2 が成り立つとするとき任意のクラスター分解 $b\,(2 \leq |b| \leq N)$ に対し

$$\mathcal{R}(W_b^\pm) = S_b^0. \tag{19.178}$$

が成り立つ．

証明 前々節で予告したように我々は波動作用素として以下の形のものを考察する．

$$W_b^\pm = \text{s-}\lim_{t \to \pm\infty} e^{itH} J_b e^{-itH_b} P_b. \tag{19.179}$$

ただし J_b は第 18 章において導入された二体の長距離ポテンシャルの場合の同一視作用素ないし定常的修正因子を多体の場合に拡張したものである．ここでの最初の仕事はこの作用素 J_b を構成することである．極限 (19.179) が存在すれば (18.20) に対応する

$$e^{isH} W_b^\pm = W_b^\pm e^{isH_b} \quad (s \in \mathbb{R}) \tag{19.180}$$

が成り立つことは自明なことである．包含関係

$$\mathcal{R}(W_b^\pm) \subset S_b^0 \tag{19.181}$$

は極限 (19.179) の存在と J_b の定義より従う．したがって我々の関心は包含関係

$$S_b^0 \subset \mathcal{R}(W_b^\pm) \tag{19.182}$$

を示すことにある．これは散乱空間 S_b^0 の定義と作用素 J_b の性質よりエンス法 [12] により示される．

記述を簡単にするために以下短距離ポテンシャルが消える場合すなわち任意の組 α に対し $V_\alpha^S = 0$ となる場合を考える．以下の議論で短距離ポテ

ンシャルを含めることは容易であるが記述が複雑になるためこのような簡略化を行った上で議論する．いま $x \in \mathbb{R}^\nu$ の C^∞-関数 $\chi_0(x)$ を

$$\chi_0(x) = \begin{cases} 1 & (|x| \geq 2) \\ 0 & (|x| \leq 1). \end{cases} \tag{19.183}$$

を満たすように取る．作用素 J_b を定義するために各 $\rho \in (0,1)$ に対し以下の時間に依存するポテンシャル $I_{b\rho}(x_b, t)$ を導入する．これは例 12.2 で述べた二体の場合の (12.26) 式の多体の場合への拡張である．

$$I_{b\rho}(x_b, t) = I_b(x_b, 0) \prod_{k=1}^{k_b} \chi_0(\rho z_{bk}) \chi_0(\langle \log\langle t\rangle \rangle z_{bk}/\langle t\rangle). \tag{19.184}$$

すると $I_{b\rho}(x_b, t)$ は任意の $\ell \geq 0$ および $\epsilon_0 + \ell < |\beta| + \epsilon$ なる $0 < \epsilon_0 < \epsilon$ に対し

$$|\partial_{x_b}^\beta I_{b\rho}(x_b, t)| \leq C_\beta \rho^{\epsilon_0} \langle t\rangle^{-\ell} \tag{19.185}$$

を満たす．ただし $C_\beta > 0$ は t, x_b および ρ に依らない定数である．

このとき第 18.3 節と同様の議論が適用できアイコナル方程式

$$\frac{1}{2}|\nabla_{x_b}\varphi_b(x_b, \xi_b)|^2 + I_b(x_b, 0) = \frac{1}{2}|\xi_b|^2 \tag{19.186}$$

の解 $\varphi_b(x_b, \xi_b)$ を相空間 $\mathbb{R}_{x_b}^{\nu(|b|-1)} \times \mathbb{R}_{\xi_b}^{\nu(|b|-1)}$ のある錐状領域において構成できる．より正確に言えば $|z_{bk}|_e = (z_{bk} \cdot z_{bk})^{1/2}$ をユークリッドノルムとするとき

$$\cos(z_{bk}, \zeta_{bk}) := \frac{z_{bk} \cdot \zeta_{bk}}{|z_{bk}|_e |\zeta_{bk}|_e},$$

とおく．そして $R_0, d > 0$ および $\theta \in (0,1)$ に対し

$\Gamma_\pm(R_0, d, \theta)$
$= \{(x_b, \xi_b) \mid |z_{bk}| \geq R_0, |\zeta_{bk}| \geq d, \pm\cos(z_{bk}, \zeta_{bk}) \geq \theta \ (k = 1, \cdots, k_b)\}$

とおく．ただし ζ_{bk} は z_{bk} に共役な変数である．このとき以下が成り立つ．

定理 19.18 仮定 19.1 が任意の組 α に対し $V_\alpha^S = 0$ として成り立つとする．このときある C^∞-関数 $\phi_b^\pm(x_b, \xi_b)$ で以下の性質を満たすものが存在する．すなわち任意の $0 < \theta, d < 1$ に対しある定数 $R_0 > 1$ で任意の $(x_b, \xi_b) \in \Gamma_\pm(R_0, d, \theta)$ に対し

$$\frac{1}{2}|\nabla_{x_b}\phi_b^\pm(x_b, \xi_b)|^2 + I_b(x_b, 0) = \frac{1}{2}|\xi_b|^2 \qquad (19.187)$$

および

$$|\partial_{x_b}^\alpha \partial_{\xi_b}^\beta (\phi_b^\pm(x_b, \xi_b) - x_b \cdot \xi_b)| \leq \begin{cases} C_{\alpha\beta} \left(\max_{1 \leq k \leq k_b} \langle z_{bk} \rangle\right)^{1-\epsilon}, & \alpha = 0 \\ C_{\alpha\beta} \left(\min_{1 \leq k \leq k_b} \langle z_{bk} \rangle\right)^{1-\epsilon-|\alpha|}, & \alpha \neq 0, \end{cases} \qquad (19.188)$$

を満たすものが存在する．ただし $C_{\alpha\beta} > 0$ は $(x_b, \xi_b) \in \Gamma_\pm(R_0, d, \theta)$ に依らない定数である．

これより定理 18.6 と全く同様にして以下の定理が導かれる．いま $0 < \theta < 1$ とし $\psi_\pm(\tau) \in C^\infty([-1, 1])$ が

$$\begin{aligned} 0 &\leq \psi_\pm(\tau) \leq 1, \\ \psi_+(\tau) &= \begin{cases} 1 & \text{for } \theta \leq \tau \leq 1, \\ 0 & \text{for } -1 \leq \tau \leq \theta/2, \end{cases} \\ \psi_-(\tau) &= \begin{cases} 0 & \text{for } -\theta/2 \leq \tau \leq 1, \\ 1 & \text{for } -1 \leq \tau \leq -\theta. \end{cases} \end{aligned}$$

を満たすとする．このとき

$$\chi_\pm(x_b, \xi_b) = \prod_{k=1}^{k_b} \psi_\pm(\cos(z_{bk}, \zeta_{bk}))$$

とおき，関数 $\varphi_b(x_b, \xi_b) = \varphi_{b,\theta,d,R_0}(x_b, \xi_b)$ を $d, R_0 > 0$ に対し

$$\begin{aligned} &\varphi_b(x_b, \xi_b) \\ &= \{(\phi_b^+(x_b, \xi_b) - x_b \cdot \xi_b)\chi_+(x_b, \xi_b) + (\phi_b^-(x_b, \xi_b) - x_b \cdot \xi_b)\chi_-(x_b, \xi_b)\} \\ &\quad \times \prod_{k=1}^{k_b} \chi_0(2\zeta_{bk}/d)\chi_0(2z_{bk}/R_0) + x_b \cdot \xi_b \qquad (19.189) \end{aligned}$$

により定義する．このとき任意の k に対し $|z_{bk}| \geq \max(R_0, R_0')$ および $|\zeta_{bk}| \geq \max(d, d')$ であれば $\varphi_{b,\theta,d,R_0}(x_b, \xi_b) = \varphi_{b,\theta,d',R_0'}(x_b, \xi_b)$ であることに注意する．以下が得られる．

定理 19.19 仮定 19.1 が $V_\alpha^S = 0$ ($\forall \alpha$) として成り立つとする．いま $0 < \theta < 1$ および $d > 0$ とする．このときある定数 $R_0 > 1$ に対し上で定義される C^∞-関数 $\varphi_b(x_b, \xi_b)$ は以下の性質を満たす．

i) $(x_b, \xi_b) \in \Gamma_+(R_0, d, \theta) \cup \Gamma_-(R_0, d, \theta)$ に対し φ_b は方程式

$$\frac{1}{2}|\nabla_{x_b}\varphi_b(x_b, \xi_b)|^2 + I_b(x_b, 0) = \frac{1}{2}|\xi_b|^2 \tag{19.190}$$

の解である．

ii) $(x_b, \xi_b) \in \mathbb{R}^{2\nu(|b|-1)}$ および多重指数 α, β に対し φ_b は

$$|\partial_{x_b}^\alpha \partial_{\xi_b}^\beta (\varphi_b(x_b, \xi_b) - x_b \cdot \xi_b)| \leq \begin{cases} C_{\alpha\beta}(\max\langle z_{bk}\rangle)^{1-\epsilon}, & \alpha = 0 \\ C_{\alpha\beta}(\min\langle z_{bk}\rangle)^{1-\epsilon-|\alpha|}, & \alpha \neq 0 \end{cases} \tag{19.191}$$

を満たす．とくに $\alpha \neq 0$ であれば $\epsilon_0 + \epsilon_1 = \epsilon$ なる任意の $\epsilon_0, \epsilon_1 \geq 0$ に対し

$$|\partial_{x_b}^\alpha \partial_{\xi_b}^\beta (\varphi_b(x_b, \xi_b) - x_b \cdot \xi_b)| \leq C_{\alpha\beta} R_0^{-\epsilon_0} (\min\langle z_{bk}\rangle)^{1-\epsilon_1-|\alpha|} \tag{19.192}$$

が成り立つ．さらにある k に対し $|z_{bk}| \leq R_0/2$ あるいは $|\zeta_{bk}| \leq d/2$ であれば

$$\varphi_b(x_b, \xi_b) = x_b \cdot \xi_b \tag{19.193}$$

が成り立つ．

iii) いま

$$a_b(x_b, \xi_b) = e^{-i\varphi_b(x_b, \xi_b)} \left(T_b + I_b(x_b, 0) - \frac{1}{2}|\xi_b|^2\right) e^{i\varphi_b(x_b, \xi_b)} \tag{19.194}$$

とおくと

$$a_b(x_b, \xi_b) = \frac{1}{2}|\nabla_{x_b}\varphi_b(x_b, \xi_b)|^2 + I_b(x_b, 0) - \frac{1}{2}|\xi_b|^2 + i(T_b\varphi_b)(x_b, \xi_b) \tag{19.195}$$

19.6. 波動作用素の像の特徴付け

および

$$|\partial_{x_b}^\alpha \partial_{\xi_b}^\beta a_b(x_b,\xi_b)| \leq \begin{cases} C_{\alpha\beta}(\min\langle z_{bk}\rangle)^{-1-\epsilon-|\alpha|}, \\ ((x_b,\xi_b) \in \Gamma_+(R_0,d,\theta) \cup \Gamma_-(R_0,d,\theta)) \\ C_{\alpha\beta}(\min\langle z_{bk}\rangle)^{-\epsilon-|\alpha|}\langle\xi_b\rangle, \\ (\text{他の場合}). \end{cases} \quad (19.196)$$

が成り立つ.

以上の準備のもとに作用素 $J_b = J_{b,\theta,d,R_0}$ を $f \in \mathcal{H}_b = L^2(\mathbb{R}^{\nu(|b|-1)})$ に対し振動積分

$$\begin{aligned}&J_b f(x_b)\\&=(2\pi)^{-\nu(|b|-1)}\int_{\mathbb{R}^{\nu(|b|-1)}}\int_{\mathbb{R}^{\nu(|b|-1)}}e^{i(\varphi_b(x_b,\xi_b)-y_b\cdot\xi_b)}f(y_b)dy_bd\xi_b\end{aligned} \quad (19.197)$$

として定義する.すると波動作用素 $W_b^\pm$ は

$$W_b^\pm = \text{s-}\lim_{t\to\pm\infty} e^{itH}J_b e^{-itH_b}P_b \quad (19.198)$$

と定義される.

この定義は定数 θ, d, R_0 に依存するが,第17.2節で議論した停留位相の方法を右辺の $e^{-itH_b} = e^{-itT_b} \otimes e^{-itH^b}$ の中の e^{-itT_b} に対し適用すればこの依存は $t \to \pm\infty$ の極限において消え去ることがわかる.すなわち $f \in \mathcal{H}_b$ とし $d > 0$ に対し

$$f_d = \mathcal{F}_b^{-1}\prod_{k=1}^{k_b}F(|\zeta_{bk}| \geq d)\mathcal{F}_b f$$

とおく.ただし $\mathcal{F}_b$ は $\mathcal{H}_b = L^2(\mathbb{R}_{x_b}^{\nu(|b|-1)})$ のフーリエ変換である.このとき任意の $\epsilon > 0$ に対し $d > 0$ を

$$\|f_d - f\| < \epsilon$$

となるように取れる.このような f_d に対して $\varphi \in C_0^\infty(\mathbb{R}_{x_b}^{\nu(|b|-1)})$ とするとき停留位相の方法により $(\varphi(x_b/t) - \varphi(v_b))e^{-itT_b}f_d \to 0$ $(t \to \pm\infty)$ が言

える．したがって状態関数 $e^{-itT_b}f_d$ においては $t \to \pm\infty$ のとき漸近的に $|z_{bk}| \geq d|t| \to \infty$ である．この停留位相の議論を

$$J_b e^{-itT_b}f_d(x_b)$$
$$= (2\pi)^{-\nu(|b|-1)} \int_{\mathbb{R}^{\nu(|b|-1)}} \int_{\mathbb{R}^{\nu(|b|-1)}} e^{i(\varphi_b(x_b,\xi_b)-t|\xi_b|^2/2-y_b\cdot\xi_b)} f_d(y_b) dy_b d\xi_b$$

に対し直接行えば $t \to \pm\infty$ のとき残るのは $\nabla_{\xi_b}\varphi_b(x_b,\xi_b) = t\xi_b + y_b$ の周辺からの寄与だけである．これと (19.191) より式 (19.189) の関数 $\varphi_b(x_b,\xi_b)$ における $R_0 > 1$ および θ によるカットオフは消え，θ, R_0 に対する $W_b^\pm$ の依存はなくなる．

さらにこの停留位相の方法により，極限 (19.198) が存在すれば (19.181) に述べた包含関係

$$\mathcal{R}(W_b^\pm) \subset S_b^0 \tag{19.199}$$

が成り立つことが示される．

極限 (19.198) の存在は定理 19.19-iii)，e^{-itT_b} の漸近性質および仮定 19.1-19.2 から関係

$$(HJ_b - J_bH_b)e^{-itH_b}P_bf(x) = ((T_b + I_b(x_b,x^b))J_b - J_bT_b)e^{-itH_b}P_bf(x),$$
$$((T_b + I_b(x_b,0))J_b - J_bT_b)g(x_b)$$
$$= (2\pi)^{-\nu(|b|-1)} \int_{\mathbb{R}^{\nu(|b|-1)}} \int_{\mathbb{R}^{\nu(|b|-1)}} e^{i(\varphi_b(x_b,\xi_b)-y_b\cdot\xi_b)} a_b(x_b,\xi_b)g(y_b) dy_b d\xi_b$$
$$\tag{19.200}$$

および s-$\lim_{M\to\infty} P_b^M = P_b$ を用いて示される．

したがって逆の包含関係 (19.182) すなわち

$$S_b^0 \subset \mathcal{R}(W_b^\pm) \tag{19.201}$$

を示すためには

$$f \in S_b^0 \ominus \mathcal{R}(W_b^\pm) \tag{19.202}$$

から

$$f = 0 \tag{19.203}$$

19.6. 波動作用素の像の特徴付け　309

がいえることを示せば十分である．

これが成り立つことを見るために $t \to +\infty$ の場合において $f \in S_b^0(\Delta)$, $\Delta \Subset \mathbb{R} - \mathcal{T}$ および $t, s \geq 0$ に対し

$$(I - e^{isH} J_b e^{-isH_b} J_b^{-1})e^{-itH} f = (J_b - e^{isH} J_b e^{-isH_b})J_b^{-1} e^{-itH} f \quad (19.204)$$

を考えエンス法を用いる．ここで逆作用素 J_b^{-1} の存在は式 (19.192) において $R_0 > 0$ を十分大きく取り定理 10.7 の仮定を相関数が今の定理 19.19 を満たすものに対し拡張して示すことができる．式 (19.204) は

$$-i \int_0^s e^{iuH}(HJ_b - J_b H_b)e^{-iuH_b} J_b^{-1} du \; e^{-itH} f \quad (19.205)$$

と等しい．$S_b^0(\Delta)$ の定義 19.4-i) の式 (19.21) より f を任意の誤差 $\delta > 0$ である十分小なる $\sigma > 0$ に対する $h \in S_b^{0\sigma}(\Delta)$ により $\|f - h\| < \delta$ と近似できるから式 (19.205) は誤差 $\delta > 0$ をのぞいて

$$-i \int_0^s e^{iuH}(HJ_b - J_b H_b)e^{-iuH_b} J_b^{-1} du \; e^{-itH} h \quad (19.206)$$

に等しい．このとき十分大きい $R > 0$ に対し

$$\limsup_{t \to \infty} \left\| e^{-itH} h - \prod_{\alpha \not\leq b} F(|x_\alpha| \geq \sigma t) F(|x^b| \leq R) e^{-itH} h \right\| < \delta \quad (19.207)$$

となる．命題 19.5-iii) および $h \in S_b^{0\sigma}(\Delta)$ より $m \to \infty$ のとき $t_m \to \infty$ となるある列 t_m が存在して $\varphi \in C_0^\infty(\mathbb{R}^{\nu(|b|-1)})$ なる任意の関数 φ に対し

$$\|(\varphi(x_b/t_m) - \varphi(v_b))e^{-it_m H} h\| \to 0 \quad \text{as} \quad m \to \infty$$

が成り立つ．したがって式 (19.205) の t と f を t_m と h で置き換えた式

$$-i \int_0^s e^{iuH}(HJ_b - J_b H_b)e^{-iuH_b} J_b^{-1} du \; e^{-it_m H} h \quad (19.208)$$

の $e^{-it_m H} h$ の左において因子

$$\Phi = \prod_{k=1}^{k_b} Q_k \tilde{F}(|p_{bk}| \geq \sigma') \tilde{F}(|p_b| \leq S) \tilde{F}(|z_{bk}|/t_m \geq \sigma') \tilde{F}(|x^b| \leq R) \quad (19.209)$$

を高々 $\delta > 0$ の誤差においていつでも自由に挿入したり取り除いたりできる．ただし $p_{bk} = \frac{1}{i}\frac{\partial}{\partial z_{bk}}$ であり $\sigma' > 0$ は $\sigma' < \sigma$ なる小なる数であり，$\tilde{F}(|p_b| \leq S)$ は $h = E_H(\Delta)h$ における $E_H(\Delta)$ から来る因子であり，$\tilde{F}(\tau \leq S)$ は集合 $\{\tau \in \mathbb{R} |\ \tau \leq S\}$ の S に依らない傾きを持った滑らかな特性関数である．また Q_k はそのシンボル $q_k(z_{bk}, \zeta_{bk})$ が

$$\begin{aligned}&|\partial_{z_{bk}}^{\beta}\partial_{\zeta_{bk}}^{\gamma} q_k(z_{bk}, \zeta_{bk})| \leq C_{\beta\gamma}\langle z_{bk}\rangle^{-|\beta|}\langle \zeta_{bk}\rangle^{-|\gamma|}, \\ &q_k(z_{bk}, \zeta_{bk}) = 0 \quad \text{for} \quad \cos(z_{bk}, \zeta_{bk}) \leq \theta \text{ or } |z_{bk}| \leq R_0.\end{aligned} \quad (19.210)$$

を満たす擬微分作用素

$$\begin{aligned}Q_k g(x_b) = (2\pi)^{-\nu(|b|-1)} &\int_{\mathbb{R}^{\nu(|b|-1)}} \int_{\mathbb{R}^{\nu(|b|-1)}} e^{(x_b \cdot \xi_b - y_b \cdot \xi_b)} \\ &\times q_k(z_{bk}\zeta_{bk}) g(y_b) dy_b d\xi_b\end{aligned} \quad (19.211)$$

である．

式 (19.205) に挿入した (19.209) 内の因子および J_b^{-1} の順序はこれらの因子が (19.207) により $t \to \infty$ において漸近的に互いに可換であることから任意に変更できる．W_b^+ は $J_b = J_{b,\theta,d,R_0}$ の定義における定数 $d > 0$ に依らないからこの $d > 0$ はあらかじめ $\sigma' > 0$ より小に取っておくことができる．したがって式 (19.210) に加えて以下を仮定してよい．

$$q(z_{bk}, \zeta_{bk}) = 0 \quad \text{for} \quad |\zeta_{bk}| \leq d. \quad (19.212)$$

いま $f \in \mathcal{H}_c(H)$ は $(I - P_1^{M_1^m})f = f$ を満たし $\|f - h\| < \delta$ なことから $\|(I - P_1^{M_1^m})h - h\| < 2\delta$ であることに注意して式 (19.208) の $e^{-it_m H}h$ の左側に式 (19.10) の分解

$$\sum_{2 \leq |a| \leq N} \tilde{P}_a^{M_a^m} = \hat{P}_1^{M_1^m} = I - P_1^{M_1^m} \quad (19.213)$$

を挿入する．そして (19.213) を加えた後に因子 (19.209) を $e^{-it_m H}h$ の左側に挿入すると

$$\limsup_{m \to \infty} \|(I - P_b^{M_{|b|}^m})\Phi e^{-it_m H}h\| < 3\delta \quad (19.214)$$

を得る．式 (19.209) における因子 $\tilde{F}(|x^b| \leq R)$ と $h = E_H(\Delta)h$ における $E_H(\Delta)$ より式 (19.214) の $P_b^{M_{|b|}^m}$ は $m \to \infty$ のとき表現 (19.214) の中にお

19.6. 波動作用素の像の特徴付け

いて作用素ノルムで P_b に収束する．したがって任意の与えられた $\delta > 0$ に対しある十分大きな整数 m_0 が取れて式 (19.205) は $t = t_m$ のとき誤差 $\delta > 0$ を除いて

$$\int_0^s e^{iuH}((T_b + I_b(x_b, x^b))J_b - J_b T_b)e^{-iuH_b}J_b^{-1}du\, P_b^{M_{|b|}^{m_0}}\Phi e^{-it_m H}h \tag{19.215}$$

に一致する．ここで J_b は変数 x^b に依らないため H^b と J_b は可換であることを用いた．

P_{b,E_j} を固有値 E_j に対応する H^b の一次元固有射影とすると $P_b^{M_{|b|}^{m_0}} = \sum_{j=1}^{M_{|b|}^{m_0}} P_{b,E_j}$ ($0 \le M_{|b|}^{m_0} < \infty$) と書けるから式 (19.215) は

$$\int_0^s e^{-iuE_j}e^{iuH}((T_b + I_b(x_b, x^b))J_b - J_b T_b)P_{b,E_j}e^{-iuT_b}J_b^{-1}\Phi du\, e^{-it_m H}h \tag{19.216}$$

を考えることに帰着する．

仮定 19.1-19.2 により因子 P_{b,E_j} は変数 x^b を押さえるから $I_b(x_b, x^b)$ を $I_b(x_b, 0)$ で置き換えるとき e^{-iuT_b} の左側にオーダー $O((\min\langle z_{bk}\rangle)^{-1-\epsilon})$ の短距離ポテンシャルの誤差が生ずる．したがって式 (19.216) は

$$\int_0^s e^{-iuE_j}e^{iuH}P_{b,E_j}$$
$$\times O(\langle x^b\rangle)((T_b + I_b(x_b, 0))J_b - J_b T_b + O((\min\langle z_{bk}\rangle)^{-1-\epsilon}))$$
$$\times\, e^{-iuT_b}J_b^{-1}\Phi du\, e^{-it_m H}h \tag{19.217}$$

と等しい．ただし $O(\langle x^b\rangle)$ は $\langle x^b\rangle^{-1}O(\langle x^b\rangle)$ が有界な作用素を表す．

式 (19.200) と定理 19.19-iii) の評価 (19.196) および定理 17.9 により $u \ge 0$ に依らない定数 $C > 0$ に対して以下の評価が得られる．

$$\|((T_b + I_b(x_b, 0))J_b - J_b T_b + O((\min\langle z_{bk}\rangle)^{-1-\epsilon}))$$
$$\times e^{-iuT_b}J_b^{-1}\Phi (\min\langle z_{bk}\rangle)^{\epsilon/2}\| \le C\langle u\rangle^{-1-\epsilon/2}. \tag{19.218}$$

他方式 (19.207) より

$$\| (\min\langle z_{bk}\rangle)^{-\epsilon/2} e^{-it_m H} h \|$$

は $m \to \infty$ のとき漸近的に 2δ 未満になる．

これと式 (19.218) より式 (19.215) のノルムは $m \to \infty$ のとき漸近的にある定数倍の δ より小さくなる．

式 (19.204) にもどって以上から

$$\begin{aligned}
& \limsup_{m\to\infty} \sup_{s\geq 0} \|(I - e^{isH} J_b e^{-isH_b} J_b^{-1}) e^{-it_m H} f\| \\
& \approx_\delta \limsup_{m\to\infty} \sup_{s\geq 0} \|(I - e^{isH} J_b e^{-isH_b} J_b^{-1}) P_b^{M_{|b|}^m} e^{-it_m H} f\| \leq C\delta
\end{aligned} \quad (19.219)$$

がいえた．ただし $a \approx_\delta b$ はある定数 $C > 0$ に対し $|a - b| \leq C\delta$ を意味する．波動作用素 $W_b^+ = \text{s-}\lim_{s\to\infty} e^{isH} J_b e^{-isH_b} P_b$ は存在するから式 (19.219) より

$$\limsup_{m\to\infty} \|(I - W_b^+ J_b^{-1}) P_b^{M_{|b|}^m} e^{-it_m H} f\| \leq C\delta \quad (19.220)$$

が得られる．ここで上の式 (19.214) を導いたと同じ議論により $P_b^{M_{|b|}^m}$ を除去できるから

$$\limsup_{m\to\infty} \|(I - W_b^+ J_b^{-1}) e^{-it_m H} f\| \leq C\delta \quad (19.221)$$

が得られる．以上で式 (19.202) を仮定しているから f は $\mathcal{R}(W_b^+)$ に直交する．したがって式 (19.221) のノルムの内側の式と $e^{-it_m H} f$ との内積を取ると

$$\begin{aligned}
\|f\|^2 &= \lim_{m\to\infty} |(e^{-it_m H} f, e^{-it_m H} f)| \\
&= \lim_{m\to\infty} |(e^{-it_m H} f, (I - W_b^+ J_b^{-1}) e^{-it_m H} f)| \leq C\delta \|f\|
\end{aligned}$$

となる．$\delta > 0$ は任意であったからこれより $f = 0$ となり式 (19.203) が証明され定理 19.17 の証明が終わる． □

19.6. 波動作用素の像の特徴付け

注 19.20 $|b| = N$ のときは常に $S_b^0 = S_b^1$ であるから

$$\mathcal{R}(W_b^\pm) = S_b^1 \quad (|b| = N). \tag{19.222}$$

が成り立つ．このとき $P_b = I$, $H_b = H_0$ であるから

$$W_b^\pm = \text{s-}\lim_{t \to \pm\infty} e^{itH} J_b e^{-itH_0}. \tag{19.223}$$

である．したがって式 (19.222) は

$$(W_b^\pm)^* : E_H((0,\infty))\mathcal{H} \longrightarrow E_{H_0}((0,\infty))\mathcal{H} = \mathcal{H} = L^2(\mathbb{R}^{\nu(N-1)}) \tag{19.224}$$

がユニタリであることを意味する．すなわち通常の H_0 と同型な H の部分は H のスペクトル $(0,\infty)$ に対応する部分であり，それはすべての粒子が互いに離れてゆく場合に等しい．これは一般の減衰度 $\epsilon > 0$ に対し成り立つ．

第20章　一般相対性原理

本章では相対性理論と量子力学とがどのようにして整合的に統合されるかを見てゆく．現実の物理を考えるため空間次元 $\nu = 3$ とする．

まず局所系 $(H_{n\ell}, \mathcal{H}_{n\ell})$ の重心は公理 14.1 の式

$$\sum_{j \in F_{n+1}^{\ell}} m_j X_j = 0$$

により常に局所座標系 $x_{(H_{n\ell}, \mathcal{H}_{n\ell})} \in R^3$ の原点にあることに注意する．そしてこれらの空間座標はその局所系の内部の相対運動のみを記述することに注意する．したがって局所系の重心はその局所系自身からはそれが原点にあるということ以外のことは同定され得ないものである．

さらに任意の二つの局所系 $(H_{n\ell}, \mathcal{H}_{n\ell})$ および $(H_{mk}, \mathcal{H}_{mk})$ は $(H_{n\ell}, \mathcal{H}_{n\ell})$ の内部の量子力学は他の局所系 $(H_{mk}, \mathcal{H}_{mk})$ の内部の量子力学にいかなる影響も与えないという意味で互いに独立である．したがってそれら二つの系の時間座標 $t_{(H_{n\ell}, \mathcal{H}_{n\ell})}$, $t_{(H_{mk}, \mathcal{H}_{mk})}$ および空間座標 $x_{(H_{n\ell}, \mathcal{H}_{n\ell})}$, $x_{(H_{mk}, \mathcal{H}_{mk})}$ も互いに独立であり，時間-空間座標系 $(t_{(H_{n\ell}, \mathcal{H}_{n\ell})}, x_{(H_{n\ell}, \mathcal{H}_{n\ell})})$ および $(t_{(H_{mk}, \mathcal{H}_{mk})}, x_{(H_{mk}, \mathcal{H}_{mk})})$ は異なる局所系の間で独立となる．とくにそれらの系を量子力学的なものと考える限りそれらの重心の間には何の関係も関連もない．言い換えればいかなる局所系の重心も他の局所系からは同定され得ない．

まとめれば

(1) 局所系 $(H_{n\ell}, \mathcal{H}_{n\ell})$ の重心は量子力学的にはいかなる局所系 $(H_{mk}, \mathcal{H}_{mk})$ からも同定されない．これは $(H_{mk}, \mathcal{H}_{mk}) = (H_{n\ell}, \mathcal{H}_{n\ell})$ の場合も正しい．

(2) 二つの局所系 $(H_{n\ell}, \mathcal{H}_{n\ell})$ および $(H_{mk}, \mathcal{H}_{mk})$ の局所座標系 $(t_{(H_{n\ell}, \mathcal{H}_{n\ell})}, x_{(H_{n\ell}, \mathcal{H}_{n\ell})})$ および $(t_{(H_{mk}, \mathcal{H}_{mk})}, x_{(H_{mk}, \mathcal{H}_{mk})})$ の間には量子力学的な関係は存在しない．．

これらの局所系の重心および座標系の性質から以下の二点に関してはいかなる仮定をおいてもよいことがわかる.

(1) 複数の局所系の重心の間の運動
(2) 任意の二つの局所系の座標系の間の関係

とくに仮定としてそれ自身整合的であれば古典論の仮定をおいてもよい.

そこで二つの局所系 $L_j = (H_{n_j \ell_j}, \mathcal{H}_{n_j \ell_j})$ $(j = 1, 2)$ の時間-空間座標 (t_j, x_j) に対し c を光の速度とするとき $y_j = (y_j^\mu)_{\mu=0}^3 = (y_j^0, y_j^1, y_j^2, y_j^3) = (ct_j, x_j)$ $(j = 1, 2)$ とおきそれらの間に任意かつ固定された関係

$$y_2 = f_{21}(y_1) \tag{20.1}$$

を仮定する. そして局所系の重心の運動および複数の局所系の間の関係を考えるときこれらの座標 $y_j = (ct_j, x_j)$ を古典座標と見なす. 以上の準備のもとに重心の運動に関する一般相対性原理を導入する.

公理 20.1 複数の局所系の重心の間の相対運動を記述する物理法則は任意の二つの局所系 $(H_{mk}, \mathcal{H}_{mk})$ および $(H_{n\ell}, \mathcal{H}_{n\ell})$ に対し座標系 $(ct_{(H_{mk}, \mathcal{H}_{mk})}, x_{(H_{mk}, \mathcal{H}_{mk})})$ から $(ct_{(H_{n\ell}, \mathcal{H}_{n\ell})}, x_{(H_{n\ell}, \mathcal{H}_{n\ell})})$ への基準座標系の変換に関し共変である.

この公理は局所系の内部に採用されたユークリッド計量と整合的であることに注意する. 実際公理 20.1 は局所系の外側での重心の古典運動を記述しているので我々はこの公理において局所系の内部の量子力学的な性質とは異なるものを考えているからである.

公理 20.1 から二つの局所系から見た同一の間隔の長さの不変性が従う. したがってここで現れる計量テンソル $g_{\mu\nu}(ct, x)$ は変換法則

$$g_{\mu\nu}^1(y_1) = g_{\alpha\beta}^2(f_{21}(y_1)) \frac{\partial f_{21}^\alpha}{\partial y_1^\mu}(y_1) \frac{\partial f_{21}^\beta}{\partial y_1^\nu}(y_1) \tag{20.2}$$

を満たす. ただし $y_1 = (ct_1, x_1)$ であり, $y_2 = f_{21}(y_1)$ は上の式 (20.1) で定義された $y_1 = (ct_1, x_1)$ から $y_2 = (ct_2, x_2)$ への変換である. また $g_{\mu\nu}^j(y_j)$ は古典座標 $y_j = (ct_j, x_j)$ $(j = 1, 2)$ で表現された計量テンソルである.

二番目の古典的要請は等価原理である．これは古典座標 $(ct_{(H_{n\ell},\mathcal{H}_{n\ell})},$ $x_{(H_{n\ell},\mathcal{H}_{n\ell})})$ は局所系 $(H_{n\ell},\mathcal{H}_{n\ell})$ の重心の古典的振る舞いに関する限り局所ローレンツ系をなす事を要請する．

公理 20.2 局所系 $(H_{n\ell},\mathcal{H}_{n\ell})$ の重心に対する計量テンソルないし重力テンソル $g_{\mu\nu}$ はそれ自身の座標系 $(ct_{(H_{n\ell},\mathcal{H}_{n\ell})}, x_{(H_{n\ell},\mathcal{H}_{n\ell})})$ において表現されたとき $\eta_{\mu\nu} = 0\ (\mu \neq \nu),\ = 1\ (\mu = \nu = 1,2,3),\ = -1\ (\mu = \nu = 0)$ で定義されるテンソル $\eta_{\mu\nu}$ に等しい．

重心においては古典座標は $x=0$ であるから公理 20.2 と上述の変換法則 (20.2) より

$$g^1_{\mu\nu}(f_{21}^{-1}(ct_2,0)) = \eta_{\alpha\beta}\frac{\partial f_{21}^\alpha}{\partial y_1^\mu}(f_{21}^{-1}(ct_2,0))\frac{\partial f_{21}^\beta}{\partial y_1^\nu}(f_{21}^{-1}(ct_2,0)) \qquad (20.3)$$

である．さらに同じ理由から局所系の原点における相対論的固有時間

$$d\tau = \sqrt{-g_{\mu\nu}(ct,0)dy^\mu dy^\nu} = \sqrt{-\eta_{\mu\nu}dy^\mu dy^\nu}$$

は光速度 c 倍の量子力学的固有時間ないし局所時間 dt に等しい．

古典的物理学的公理 20.1 および 20.2 は量子力学的に制御不能な重心に関して仮定されており，また相異なるしたがって量子力学的な関係を持たない複数の局所系の座標系に関し仮定されている．したがって古典的相対論的公理 20.1 および 20.2 が量子力学的公理 14.1 および 14.2 と整合的なことは明らかである．すなわち

定理 20.3 公理 14.1, 14.2, 20.1 および 20.2 は整合的である．

念のため形式的な証明を与えておく．

証明 定義 15.1 により局所座標系 $(t_{(H_{n\ell},\mathcal{H}_{n\ell})}, x_{(H_{n\ell},\mathcal{H}_{n\ell})})$ はおのおのの局所系 $(H_{n\ell},\mathcal{H}_{n\ell})$ の内部のみにおいて量子力学的内的運動により定められる．したがってこの座標系は他のいかなる局所系 $(H_{mk},\mathcal{H}_{mk})$ の局所座標

系 $(t_{(H_{mk},\mathcal{H}_{mk})}, x_{(H_{mk},\mathcal{H}_{mk})})$ とも独立である．これは公理 14.1 によって定まる基本ヒルベルト空間 $\mathcal{H}_{n\ell}$ および $\mathcal{H}_{mk}$ の L^2 表現が互いに独立なためである．

相対論的公理 20.1 および 20.2 は座標系 $(t_{(H_{n\ell},\mathcal{H}_{n\ell})}, x_{(H_{n\ell},\mathcal{H}_{n\ell})})$ を持った観測者の局所系 $(H_{n\ell}, \mathcal{H}_{n\ell})$ により観測されている局所系 $(H_{mk}, \mathcal{H}_{mk})$ の重心にのみ関係している．この観測者の座標系 $(t_{(H_{n\ell},\mathcal{H}_{n\ell})}, x_{(H_{n\ell},\mathcal{H}_{n\ell})})$ は上の段落に述べたように被観測者 $(H_{mk}, \mathcal{H}_{mk})$ の座標系 $(t_{(H_{mk},\mathcal{H}_{mk})}, x_{(H_{mk},\mathcal{H}_{mk})})$ と独立である．この独立性のため局所系 $(H_{mk}, \mathcal{H}_{mk})$ はそれ自身の座標系 $(t_{(H_{mk},\mathcal{H}_{mk})}, x_{(H_{mk},\mathcal{H}_{mk})})$ に関してはその内部において公理 14.1 および 14.2 の成り立つ量子力学に従って変化し，他方では観測者の座標系 $(t_{(H_{n\ell},\mathcal{H}_{n\ell})}, x_{(H_{n\ell},\mathcal{H}_{n\ell})})$ においてはその重心は公理 20.1 に従うことが可能になる．そしてこのことは観測者の座標系 $(t_{(H_{n\ell},\mathcal{H}_{n\ell})}, x_{(H_{n\ell},\mathcal{H}_{n\ell})})$ が被観測者の座標系 $(t_{(H_{mk},\mathcal{H}_{mk})}, x_{(H_{mk},\mathcal{H}_{mk})})$ に一致するときにも正しい．実際重心の運動と局所系の内部の相対運動は互いに独立であるからである．とくに局所系 $(H_{n\ell}, \mathcal{H}_{n\ell})$ の重心に関する局所ローレンツ性を要請する公理 20.2 も系の内部を支配する量子力学的ユークリッド公理 14.1 および 14.2 と整合的である．

この意味で公理 20.1 および 20.2 は，相対性理論が局所系の重心の間の観測される運動について成り立つように選ばれており，公理 14.1 および 14.2 に従う各局所系内部の運動とは無関係である．

したがって公理 20.1 および 20.2 は公理 14.1 および 14.2 と整合的である．
□

第 21 章　観測

21.1　序

これまで実際に観測される物理的現象については何も述べてこなかった．ただ互いに独立な二つの自然の側面を与えたにすぎなかった．以下実際に自然を見るとき何が観測されるかを与える手順を導入する．この手続きは「観測者にとって如何に自然が映るか」を与えるものでありこれまで述べた二つの自然の側面とは矛盾しないものである．この手続きの有効性はこの手順が与える予測と実際の観測との比較によってのみ判定されるものである．

我々のアプローチは一般相対論の量子化 (たとえば [35] を参照されたい) や Ashtekar et al. [5] による量子重力のような伝統的なものとは異なっている．これらのアプローチにおける重力の量子化は量子論と重力とが同じレベルにおいて議論されるものであるとの仮定の上に立ったものである．我々は重力は現実の力とは見なさず公理 20.2 における意味でのある種の架空の力と見なす．しかし以下に見るようにいくつかの量子力学的相対論の結果を説明することができる．

観測においては我々は単に有限個の対象しか観測し得ないことを思い起こそう．これらの対象は互いに共通部分を持たない局所系 $L_1, \cdots, L_k$ と見なされる．ただし $k \geq 1$ は有限整数である．さらに各系 L_j は同じ理由で有限個の素粒子より成っている．したがってこれらの $L_1, \cdots, L_k$ は第 16 章の意味の局所系と見なすことができる．

局所系は量子力学的システムでありその座標系は公理 14.1–14.2 による限り各局所系の内部にのみ適用できるものである．しかし我々は公理 20.1 および 20.2 をこれらの座標系の古典的側面を規定するものとして措定した．これにより各局所系の局所座標系は他の局所系の重心に対し古典的基準座標

系としての役割を持つ．このことにより我々は観測を局所系 $L_1, \cdots, L_k$ の重心の古典的観測として定義することが可能になる．いま $L = (L_1, \cdots, L_k)$ により $L_1, \cdots, L_k$ のいずれかの局所系 L_j $(1 \leq j \leq k)$ に属する粒子すべてより成る局所系を表すとする．このとき L の部分局所系 $L_1, \cdots, L_k$ の重心の古典的観測を「L の部分系 $L_1, \cdots, L_k$ に着目した観測」と呼ぶことにする．

L の部分系 $L_1, \cdots, L_k$ を観測するとき我々はこれらの部分系の間の関係や相対運動を観測する．内部的には L は L のハミルトニアン H_L に従うが，我々が実際に観測するものは純粋に L の量子力学的な計算が与えるものとは異なる．たとえば原子核により散乱された電子が光の速度に近い速度で散乱されてゆけば観測値は純粋の量子力学的計算が与えるものとは異なる．

局所系 L の量子力学的過程は発展作用素により

$$\exp(-it_L H_L) f$$

と表される．ただし f は初期状態であり t_L は L の局所時間である．ハミルトニアン H_L は部分系 $L_1, \cdots, L_k$ の局所ハミルトニアン $H_1, \cdots, H_k$ を用いて以下のように分解される．

$$H_L = H^b + T + I, \quad H^b = H_1 + \cdots + H_k.$$

ここで $b = (C_1, \cdots, C_k)$ は L の分解 $L = (L_1, \cdots, L_k)$ に対応したクラスター分解であり，$H^b = H_1 + \cdots + H_k$ は L_j 内部のエネルギー H_j の総和でクラスター内ヒルベルト空間 $\mathcal{H}^b = \mathcal{H}_1^b \otimes \cdots \otimes \mathcal{H}_k^b$ において定義された自己共役作用素である．また $T = T_b$ はクラスター外ヒルベルト空間 $\mathcal{H}_b$ において定義されたクラスター $C_1, \cdots, C_k$ の間の自由エネルギーを表す自己共役作用素である．さらに $I = I_b = I_b(x) = I_b(x_b, x^b)$ はクラスター分解 b の任意の相異なる二つのクラスターを結ぶ相互作用の総和である (第 15.2 節を参照されたい)．

この観測手順における関心はクラスター $C_1, \cdots, C_k$ が $t_L \to \infty$ において漸近的に固有状態を形成してゆく場合である[1]．

---

[1] 通常観測者の関心は系の最終状態すなわち散乱の最終状態を見ることにあり，他の場合たとえば漸近的に別のクラスターに分解してゆく場合は別のクラスター分解たとえば b' を考える方が扱いやすいからである．

21.1. 序

したがって $\exp(-it_L H_L)f$ は $t_L \to \infty$ のとき漸近的に部分ハミルトニアン $H_1, \cdots, H_k$ のある固有状態 $g_1, \cdots, g_k$ ($g_j \in \mathcal{H}_j^b$) および外部ヒルベルト空間 $\mathcal{H}_b$ に属するある状態 g_0 に対し

$$\exp(-it_L H_L)f$$
$$\sim \exp(-it_L h_b)g_0 \otimes \exp(-it_L H_1)g_1 \otimes \cdots \otimes \exp(-it_L H_k)g_k$$
(21.1)

のように振る舞う.ただし $h_b = T_b + I_b(x_b, 0)$ とした.$\exp(-it_L H_L)f$ がこのように振る舞えば $g = g_0 \otimes g_1 \otimes \cdots \otimes g_k$ は

$$g = g_0 \otimes g_1 \otimes \cdots \otimes g_k = \Omega_b^{+*}f = P_b \Omega_b^{+*}f$$

で与えられる.ここで Ω_b^{+*} は以下で定義されるクラスター分解 b に対応するデレジンスキー ([9]) の意味の正準波動作用素の随伴作用素である.

$$\Omega_b^+ = \text{s-}\lim_{t\to\infty} \exp(it H_L) \cdot \exp(-it h_b) \otimes \exp(-it H_1) \otimes \cdots \otimes \exp(-it H_k) P_b.$$

ただし P_b はハミルトニアン $H^b = H_1 + \cdots + H_k$ の固有空間の上への固有射影である.式 (21.1) におけるプロセスは局所系 L の内部の量子力学的過程のみを表しておりここまでの段階では観測とは関係したことは規定されていない.

実際の観測で何が観測されるかを調べるため通常の散乱過程において何が観測されるか振り返ってみよう.散乱過程の観測での関心はその始状態と最終状態でありその間の比較をしたいのである.最終状態の観測においては観測される量は一義的に散乱粒子が当たったスクリーン上の点である.もし実験環境が適切に設定されていれば観測者は最終状態の粒子の運動量を不確定性関係の許す範囲で規定することができる.たとえば原子核による電子の散乱過程を考えてみよう.原子核に対する電子の相対運動量の初期値の大きさが与えられていれば,電子は初期および最終状態において原子核から十分離れているのだからポテンシャルの影響は電子の力学的エネルギーに比べて無視でき,したがってエネルギー保存則から散乱の最終状態の電子の運動量は初期値と同じ大きさを持つと期待される.最終状態の運動量の向きはスクリーンの特定方向のみに当たるようにスリットの列を

おくことによりやはり不確定性関係の許す範囲で特定できる．初期状態の電子の運動量もたとえば運動方向と垂直な方向に一様な磁場をかけておけば電子は運動量の大きさに比例した半径の円周上を動くからこの電子の流れの中にスリットをおくことにより望みの運動量を持つ電子を選び出して原子核に向けることができる．もちろんこれも不確定性原理の許す誤差の範囲内で可能なことである．したがって観測には必ずある不明確さあるいは誤差の範囲が付随する．

しかしながら一個の粒子の実際の観測では我々観測者はスクリーンのどの点をその電子が打ったか，そしていかなる運動量で当たったか，上記のスリットのような装置を使って「決定」しなければならない．仮に観測値に対しある区間に入っているという結論を出す場合でもその区間の端点を決めるのは観測者である．あるいは観測者はあたかも正確に端点ないし境界値を決められるかのように振る舞わなければならない．これらのことはいわゆる「観測」と呼ばれるものに暗黙のうちに仮定されている事柄である．すなわち我々はいかなる観測ないし測定においても状況を理想化しており，一個の粒子の観測においても位置と運動量の双方が正確にシャープな値を取ることを期待しかつ実際の観測の記録においてたとえ区間内にあるかないかにせよイエスかノーとシャープな値を紙に書き込んでいる．この意味で観測される値は古典的であることを期待されかつ各観測者および測定者は古典的な結果を書き留めているのである．すなわち観測は実際のところ古典的行為である．

理論としては散乱過程の量子力学的な確率的性質は $W_b^{\pm}$ を波動作用素とするとき $S_{bd} = W_b^{+*} W_d^{-}$ によって定義される散乱作用素から得られる散乱振幅の絶対値の二乗として定義される散乱の微分断面積によって表される．初期運動量と散乱角を与えれば微分断面積は平均としてどの方向へ散乱粒子が飛んでゆくかの予想を与え，上の電子の例でいえばスクリーンのどの位置を打つかの確率を与える．しかしながら上に述べたように各粒子の打つスクリーン上の理想化された位置および初期運動量の方向と最終運動量の方向の差で与えられる理想化された散乱角が示すように観測の最終段階はすべて古典的である．したがって我々観測者はこれら古典的な観測値を古典的相対性理論の効果を考慮して補正ないし修正する必要が生ずる．

21.2　第一段

　散乱過程の相対論的修正の第一段階として，E を散乱過程のエネルギーを表すとし θ を散乱粒子の方向を表すパラメタとして散乱振幅 $\mathcal{S}(E,\theta)$ を考える．前節の注意により実際の実験で観測される散乱振幅に対し以下の公理を措く．

公理 21.1 散乱過程の最終段階を観測するとき散乱の全エネルギー E は古典量と見なされねばならずしたがって散乱システムから観測系への相対論的座標変換に従う量とされねばならない．

　簡単のため二体の場合の $\mathcal{S}(E,\theta)$ を考える．Z を実数，$r=|x|$ で x は散乱体に対する電子の位置ベクトルを表すとし，クーロン場 Ze^2/r による電子の散乱現象を考える．散乱体の質量は電子に比べ十分大きいとし $|Z|/137$ が十分小さいとする．このとき量子力学のボルン近似によると微分断面積は

$$\frac{d\sigma}{d\Omega} = |\mathcal{S}(E,\theta)|^2 \approx \frac{Z^2 e^4}{16 E^2 \sin^4(\theta/2)},$$

で与えられる．ここで θ は散乱角で E は電子と散乱体の全エネルギーである．観測者はこの電子と散乱体とのなすシステムの重心に対し静止しているとする．電子は散乱された後散乱体から遠方に離れ散乱体の質量は電子に比べ十分大きいので上式のエネルギー E は公理 21.1 により電子の古典的な力学エネルギーによって置き換えてよい．このとき電子の散乱体に対する相対速度 v が真空中の光の速度 c に比べて小さいと仮定すると，電子の静止質量を m とするとき公理 21.1 により E は以下の相対論的な値を取るように観測されることになる．

$$E' = c\sqrt{p^2 + m^2 c^2} - mc^2 = \frac{mc^2}{\sqrt{1-(v/c)^2}} - mc^2 \approx \frac{mv^2}{2\sqrt{1-(v/c)^2}}.$$

ただし $p = mv/\sqrt{1-(v/c)^2}$ は電子の相対論的運動量である．従って観測される微分断面積は近似的に

$$\frac{d\sigma}{d\Omega} \approx \frac{Z^2 e^4}{4 m^2 v^4 \sin^4(\theta/2)}(1-(v/c)^2) \tag{21.2}$$

に等しくなるはずである．実際この値はクラインゴルドン方程式 (Klein-Gordon equation) からボルン近似によって予言される値に一致し実験と合致することがわかる．電子のスピンを考慮した結果については [58], p.297 を参照されたい．

一般の k 個のクラスターを持つ場合に重力を含めることの考察に進む前にこの二体の場合を復習しておく．二体の場合は $k=2$ に対応しておりそこでの二つの部分系 L_1 および L_2 はともに単一の粒子より成る．したがって対応するハミルトニアン H_1 および H_2 は $\mathcal{H}^0 = \mathbb{C}$ におけるゼロ作用素である．散乱振幅 $\mathcal{S}(E,\theta)$ はこの場合散乱行列 $\widehat{S} = \mathcal{F}S\mathcal{F}^{-1}$ の積分核である．ただし $S = W^{+*}W^{-}$ は散乱作用素であり $W^{\pm} = s\text{-lim}_{t\to\pm\infty} \exp(itH_L)\exp(-itT)$ は波動作用素である[2]．また $\mathcal{F}$ はフーリエ変換である．したがって $\mathcal{F}T\mathcal{F}^{-1}$ は運動量空間 $L^2(R^3_\xi)$ において $|\xi|^2/2$ による掛け算作用素である．定義より S は T と可換であるから $\widehat{S}$ は $|\xi|^2/2 = \mathcal{F}T\mathcal{F}^{-1}$ に関して分解可能 (decomposable) であり，したがってほとんど至る所の $E > 0$ に対し $L^2(S^2)$ のユニタリ作用素 $\mathcal{S}(E)$ があって[3] a.e. $E > 0$ および $\omega \in S^2$ に対し

$$(\widehat{S}h)(\sqrt{E}\omega) = \left(\mathcal{S}(E)h(\sqrt{E}\cdot)\right)(\omega)$$
$$\text{for } h \in L^2(R^3_\xi) = L^2((0,\infty), L^2(S^2_\omega), |\xi|^2 d|\xi|)$$

が成り立つ．したがって $\widehat{S}$ は $\widehat{S} = \{\mathcal{S}(E)\}_{E>0}$ と書ける．このとき $\mathcal{S}(E)$ は $\varphi \in L^2(S^2)$ に対し

$$(\mathcal{S}(E)\varphi)(\theta) = \varphi(\theta) - 2\pi i\sqrt{E}\int_{S^2}\mathcal{S}(E,\theta,\omega)\varphi(\omega)d\omega$$

と書ける[4]．この積分核 $\mathcal{S}(E,\theta,\omega)$ は ω を初期波動の方向とする上述の散乱振幅 $\mathcal{S}(E,\theta)$ であり $|\mathcal{S}(E,\theta,\omega)|^2$ は微分断面積と呼ばれる．これらの事柄はこれらの量のみが実際の物理学において観測可能な量であるという意味において物理学においてもっとも重要な量である．

したがって先の例におけるエネルギーレベル E はエネルギーシェル $T = E$ に対応しており上記で E を E' で置き換えるということは T を古典的相対

---
[2] 短距離ポテンシャルの場合 T は適当な単位系のもとに $T = -\Delta/2$ であり，長距離ポテンシャルがある場合は第 18 章に述べたように修正する必要がある．
[3] S^2 は 2 次元単位球面である．
[4] [39] を参照されたい．

論的量 $E' = c\sqrt{p^2 + m^2c^2} - mc^2$ によって置き換えるということである．この置き換えによって現実の観測を説明することができた．したがって上述の公理および計算は実験と合致する結果を与える．

公理 21.1 は散乱現象の最終段階に関係している．重力を考察する場合公理 21.1 を量子力学的発展の途中のプロセスにまで拡張する．途中の過程を観測するとプロセス自体が変化してしまい最終に得られる結果が変わってしまうため途中の過程は実際の観測の対象にはなり得ない．我々の次の公理 21.2 は公理 21.1 を実際の観測からアイデアル (理念的な) 観測に拡張したものである．すなわち公理 21.2 は実際の観測の対象となり得ない見えない途中過程に関するものであり途中過程に現れるアイデアルな古典量を相対論的座標変換によって修正するものである．以下述べる方法の精神は量子力学的経路をアイデアルな観測によってトレースししたがって量子力学的量は各段階で古典量に変換されるが量子力学的な経路はアイデアルな観測ということによって変化しないというところにある．最終的に得られる古典的ハミルトニアンは量子力学的性質を取り戻すために「再量子化」され，結果として途中過程がアイデアルであるという事実が最後の表現において実現する．

21.3 第二段

これらの事柄を念頭に置いて一般の k クラスターの場合に戻り重力を考慮することを考える．

$k \geq 1$ 個のクラスターへの散乱過程において観測されるものは k 個のクラスター $C_1, \cdots, C_k$ の重心とそれらをあわせた局所系 $L = (L_1, \cdots, L_k)$ の重心である．21.2 節の二体の例の場合 $H_1 = H_2 = 0$ であったから合成した系 $L = (L_1, L_2)$ のみが現れた．したがって T を E' で置き換えることは $L = (L_1, L_2)$ の二つのクラスター C_1 および C_2 の間の自由エネルギーに関することであった．

第 21.2 節のこの T の取り扱いにしたがって漸近関係 (21.1) の右辺の $\exp(-it_L h_b) = \exp(-it_L(T_b + I_b(x_b, 0)))$ の指数の中の $T = T_b$ を以下の式で

定義される $L = (L_1, \cdots, L_k)$ の重心の周りの k 個のクラスター $C_1, \cdots, C_k$ の相対論的力学的エネルギー T'_b によって置き換える.

$$T'_b = \sum_{j=1}^{k} \left(c\sqrt{p_j^2 + m_j^2 c^2} - m_j c^2 \right). \tag{21.3}$$

ここで $m_j > 0$ はクラスター C_j の質量 (これは C_j の内部の力学的エネルギーや C_j の静止質量のような内的エネルギーをすべて含むもの) で, p_j は L 内での L の重心に対する C_j の重心の相対運動量である. 簡単のため L の重心は観測者に対し静止しているとする. すると $\exp(-it_L(T'_b + I_b(x_b, 0)))$ の指数において

$$t_L = t_O \tag{21.4}$$

とおくことができる. ただし t_O は観測者の時間である.

式 (21.1) の右辺の因子 $\exp(-it_L H_j)$ に対してはアイデアルな観測の対象は k 個のクラスター $C_1, \cdots, C_k$ の重心でありこれらは相対論的取り扱いが必要なものである. クラスター $C_1, \cdots, C_k$ を古典的に運動するそれらの重心と同一視するため $\exp(-it_L H_j)$ の指数の t_L は局所系 L_j の原点における古典相対論的固有時間の c^{-1} 倍で置き換える. これは部分系 L_j の量子力学的局所時間 t_j に等しい. 同じ理由および H_j は C_j のその重心に対する内部エネルギーであるという事実から $\exp(-it_j H_j)$ の指数の H_j を C_j 内のその重心に対する古典相対論的エネルギー

$$H'_j = m_j c^2 \tag{21.5}$$

で置き換える. ただし $m_j > 0$ は上と同じである.

まとめると以下の公理に到達する. これは公理 21.1 と精神において同じでありまたそれを含む公理である.

公理 21.2 実際およびアイデアルな観測において被観測系 L の時間-空間の座標 (ct_L, x_L) と 4 元運動量 $p = (p^\mu) = (E_L/c, p_L)$ は古典相対論的量で置き換えられ, 観測者の局所系 L_O における古典量 (ct_O, x_O) および $p = (E_O/c, p_O)$ へ公理 20.1 および 20.2 によって規定される相対論的座標

変換にしたがって変換される．ここで t_L は局所系 L の時間であり x_L はその内部座標系であり，E_L は系 L の内部エネルギー，p_L は L の重心の運動量である．

この公理の局所系 L は今考えている L の k クラスターへの散乱過程の場合 L およびその k 個の部分系 L_j $(j = 1, 2, \cdots, k)$ である．

この散乱過程においては最終段階で $C_1, \cdots, C_k$ の各重心の観測者に対する相対速度はほぼ一定の $v_1, \cdots, v_k$ になる．したがって公理 21.2 によれば $\exp(-it_j H_j')$ の指数の局所時間 t_j $(j = 1, 2, \cdots, k)$（これらは L_j の原点 $x_j = 0$ における相対論的固有時間の c^{-1} 倍に等しい）は観測者の時間 t_O を用いて

$$t_j = t_O \sqrt{1 - (v_j/c)^2} \approx t_O \left(1 - v_j^2/(2c^2)\right), \quad j = 1, 2, \cdots, k \quad (21.6)$$

と表される．ただし $|v_j/c| \ll 1$ と仮定し公理 20.1 および 20.2 により得られるローレンツ変換

$$t_j = \frac{t_O - (v_j/c^2) x_O}{\sqrt{1 - (v_j/c)^2}}, \quad x_j = \frac{x_O - v_j t_O}{\sqrt{1 - (v_j/c)^2}}$$

を用いた．(ここでは簡単のため 2 次元の時空に対する表現を書いた．)

式 (21.3), (21.4), (21.5) および (21.6) を式 (21.1) の右辺に代入し，仮定 $|v_j/c| \ll 1$ $(j = 1, 2, \cdots, k)$ のもとに発展作用素の古典近似

$$\exp\left(-it_O[(T_b' + I_b(x_b, 0) + H_1' + \cdots + H_k') - (m_1 v_1^2/2 + \cdots + m_k v_k^2/2)]\right) \quad (21.7)$$

を得る．

我々の関心は散乱の最終過程であるからクラスター $C_1, \cdots, C_k$ は互いに遠くにあり観測者に対しほぼ一定の速度 $v_1, \cdots, v_k$ で運動していると仮定してよい．

r_{ij} によって $1 \le i < j \le k$ なるクラスター C_i および C_j の重心間の距離を表す．このとき我々はクラスター $C_1, \cdots, C_k$ の重心の振る舞いを公理 20.1 および 20.2 にしたがって古典的に観測しているという精神にしたがう

とクラスター $C_1, \cdots, C_k$ はそれらの間で互いに重力を及ぼすと考えられる．この重力は公理 20.1 および 20.2 のほかにアインシュタインの場の方程式と $|v_j/c| \ll 1$ および重力がある意味で弱いという条件 ([78], section 17.4 を参照されたい) を加えると計算され，第一近似としてニュートンの重力ポテンシャルが得られる．たとえばクラスター C_1 および $U_1 = \bigcup_{i=2}^{k} C_i$ の間には

$$-G \sum_{i=2}^{k} m_1 m_i / r_{1i}$$

というポテンシャルが働く．ここで G は重力定数である．

これらの重力場の和の中を運動する k 個のクラスター $C_1, \cdots, C_k$ を古典的に考えるとエネルギーの保存則から，$C_1, \cdots, C_k$ の運動エネルギーとこれらクラスターの間の重力ポテンシャルの和は定数となることがわかる．すなわち

$$m_1 v_1^2 / 2 + \cdots + m_k v_k^2 / 2 - G \sum_{1 \leq i < j \leq k} m_i m_j / r_{ij} = 定数.$$

時間が無限大になるとき $v_j \to v_{j\infty}$ となると仮定するとこの定数は $m_1 v_{1\infty}^2 / 2 + \cdots + m_k v_{k\infty}^2 / 2$ に等しい．この関係を式 (21.7) に代入し式 (21.1) の古典近似として

$$\exp\left(-it_O\left[T_b' + I_b(x_b, 0) + \sum_{j=1}^{k}(m_j c^2 - m_j v_{j\infty}^2/2) - G \sum_{1 \leq i < j \leq k} m_i m_j / r_{ij}\right]\right) \tag{21.8}$$

を得る．この段階で行っていることはアイデアルな観測であるからこれらの観測はいかなるシャープな値も与えてはいけない．したがって式 (21.8) を量子力学的発展と見なしプロセスの量子力学的特性を回復しなければならない．そのため式 (21.8) の T_b' の中の p_j を量子力学的運動量 D_j で置き換える．ただし D_j はクラスター C_j の重心の 3 次元座標 x_j についての微分作用素 $-i\frac{\partial}{\partial x_j} = -i\left(\frac{\partial}{\partial x_{j1}}, \frac{\partial}{\partial x_{j2}}, \frac{\partial}{\partial x_{j3}}\right)$ である．したがって実際のプロセスは式 (21.8) で T_b' を量子力学的ハミルトニアン

$$\widetilde{T}_b = \sum_{j=1}^{k}\left(c\sqrt{D_j^2 + m_j^2 c^2} - m_j c^2\right)$$

で置き換えたもので表現される．このプロセスを「再量子化」と呼ぶことはすでに述べた．

これはアイデアルな観測についての以下の公理としてまとめられる．

公理 21.3 アイデアルな観測の際の古典的過程の表現においてクラスター間の運動量 $p_j = (p_{j1}, p_{j2}, p_{j3})$ を量子力学的運動量 $D_j = -i\left(\frac{\partial}{\partial x_{j1}}, \frac{\partial}{\partial x_{j2}}, \frac{\partial}{\partial x_{j3}}\right)$ で置き換えると，これは途中過程の量子力学的発展を表す．

以上である定数項を含んでいるが重力の効果を表す量子力学的ハミルトニアンに到達した．この定数項は L とその分解 $L_1, \cdots, L_k$ の仕方に依存するが量子力学的な発展には影響しないので落とすことができて以下のハミルトニアンが得られる．

$$\widetilde{H}_L = \widetilde{T}_b + I_b(x_b, 0) - G \sum_{1 \leq i < j \leq k} m_i m_j / r_{ij}$$

$$= \sum_{j=1}^{k} \left(c\sqrt{D_j^2 + m_j^2 c^2} - m_j c^2 \right) + I_b(x_b, 0) - G \sum_{1 \leq i < j \leq k} m_i m_j / r_{ij}. \quad (21.9)$$

ここでの重力項は式 (21.1) の右辺の因子 $\exp(-it_L H_j)$ において系 L の時間 t_L を部分局所系 L_j の局所時間 t_j に置き換えたことから現れたものである．式 (21.9) の形のハミルトニアンは実際 [77] において $I_b = 0$ としたハミルトニアンを用いて大きな質量を持つ冷たい星の安定性および不安定性を説明するのに用いられ観測と合致する結果が得られている．

式 (21.1) から (21.9) までの議論をまとめると量子力学的発展の観測の以下の「解釈」が得られる．

> 局所系 $L_1, \cdots, L_k$ に関する予測をするためには合成局所系 $L = (L_1, \cdots, L_k)$ の量子力学的発展
>
> $$\exp(-it_L H_L) f$$

は $|v_j/c| \ll 1$ $(j = 1, 2, \cdots, k)$ および発生する重力が弱いとした場合第一近似では以下の発展で与えられる．

$$(\exp(-it_O \widetilde{H}_L) \otimes \underbrace{I \otimes \cdots \otimes I}_{k \text{ factors}}) P_b \Omega_b^{+*} f. \qquad (21.10)$$

ただしもとの発展 $\exp(-it_L H_L)f$ は $t_L \to \infty$ のとき式 (21.1) の意味で k 個のクラスター $C_1, \cdots, C_k$ に分解するとする．ここで b は L の分解 $L = (L_1, \cdots, L_k)$ に対応するクラスター分解 $b = (C_1, \cdots, C_k)$ であり t_O は観測者の時間である．また

$$\widetilde{H}_L = \widetilde{T}_b + I_b(x_b, 0) - G \sum_{1 \leq i < j \leq k} m_i m_j / r_{ij} \qquad (21.11)$$

は式 (21.9) で与えられるクラスター $C_1, \cdots, C_k$ の重心の運動を表す L の内部の量子力学的相対論的ハミルトニアンである．

第22章　数学は矛盾している？

以上のような考察が我々をどのような事柄に導くかを考える前にガリレオ，デカルト，ニュートン以来今日に至るまで語られてきた少なくとも物理的な宇宙を考える場合我々の考える事柄の相当多くが数学的な言葉に置き換えられることを思い起こそう．したがって宇宙の記述を考察する場合必然的に現代数学の基礎を考察する超数学 (metamathematics) および集合論 (set theory) について考察する必要がある．次章で宇宙を我々の言語の矛盾的な相あるいは正確には数学的言語の矛盾的様相すなわち少なくとも意味のある文章の総体としては我々の考えることは互いに矛盾しているという事柄から宇宙を記述する試みを述べる．その前に本章では現代数学の基礎をなす集合論は整合的であるのかあるいは矛盾しているのかという問題を考えてみよう．よく知られているように1903年のラッセルによる矛盾する集合の発見は数学の基礎に関し大きな問題を投げかけ議論のもとになった．このような問題に対処すべくヒルベルトの形式主義等の諸々の立場が提唱されたが，ヒルベルトの形式主義の主張ないしテーゼ「無矛盾性と完全性を数学理論の健全性の証とする」という立場はゲーデル [23] によって否定的に答えられたかに見える．本章ではこのゲーデルの定理が一見数学自体が矛盾しているように見える結果を含意することを見たうえで一つの解決を述べる．

いま形式的集合論 S を考える．我々はこの中で自然数論を展開できる[1]．この S の部分系としての自然数論を $S^{(0)}$ と表すことにする．このとき以下の定義をする．

定義 22.1　1) $S^{(0)}$ の各記号列にゲーデル数を対応させるある対応 (これ

---

[1][107], 第 II 部を参照されたい．

をゲーデルナンバリング (Gödel numbering) と呼ぶ) が与えられているとする．ゲーデル数が n である式を A_n と書く．

2) a) $\mathbf{A}^{(0)}(a,b)$ を以下の意味の述語とする．
    「a はただ一つの自由変数を持つ式 $A = A(x)$ のゲーデル数であり，b は $A(\boldsymbol{a})$ の $S^{(0)}$ における証明のゲーデル数である.」

    b) $\mathbf{B}^{(0)}(a,c)$ を以下の意味の述語とする．
    「a は $A(x)$ のゲーデル数であり，c は $\neg A(\boldsymbol{a})$ の $S^{(0)}$ における証明のゲーデル数である.」

以上で $\boldsymbol{a}$ はメタレベルの自然数 a に対応する形式的体系 $S^{(0)}$ 内の形式的自然数を表す．

定義 22.2 $\mathbf{P}(x_1,\cdots,x_n)$ を直観的なメタレベルの述語とする．$\mathbf{P}(x_1,\cdots,x_n)$ が形式的体系 $S^{(0)}$ 内で数値的に表現可能であるとは相異なる変数 $x_1,\cdots,x_n$ 以外の自由変数を持たないある式 $P(x_1,\cdots,x_n)$ が存在して自然数の n-組 $x_1,\cdots,x_n$ に対し以下を満たすことをいう．

  i) $\mathbf{P}(x_1,\cdots,x_n)$ が真であれば $\vdash P(\mathbf{x}_1,\cdots,\mathbf{x}_n)$ が成り立つ．

  ii) $\mathbf{P}(x_1,\cdots,x_n)$ が偽であれば $\vdash \neg P(\mathbf{x}_1,\cdots,\mathbf{x}_n)$ が成り立つ．

ただし $\mathbf{P}$ が真あるいは偽であるとは直観的なメタレベルの意味で $\mathbf{P}$ あるいはその否定が証明できることを意味し，$\vdash P$ は式 P が形式的体系 $S^{(0)}$ 内で証明可能なことを意味する．

以上の定義のもとで以下が成り立つ．

補題 22.3 以下の性質を満たす $S^{(0)}$ のゲーデルナンバリングが存在する．すなわち上に定義された述語 $\mathbf{A}^{(0)}(a,b)$ と $\mathbf{B}^{(0)}(a,c)$ は原始帰納的 (ないし原始再帰的) であり，したがってこれらは $S^{(0)}$ において対応する式 $A^{(0)}(a,b)$ および $B^{(0)}(a,c)$ により数値的に表現可能である．

証明は [72] あるいは [107], 第 6 章を参照されたい．

定義 22.4 $q^{(0)}$ を式

$$\forall b[\neg A^{(0)}(a,b) \lor \exists c(c \leq b \ \land \ B^{(0)}(a,c))]$$

のゲーデル数とする．すなわち

$$A_{q^{(0)}}(a) = \forall b[\neg A^{(0)}(a,b) \lor \exists c(c \leq b \ \land \ B^{(0)}(a,c))]$$

とする．このとき

$$A_{q^{(0)}}(\mathbf{q}^{(0)}) = \forall b[\neg A^{(0)}(\mathbf{q}^{(0)},b) \lor \exists c(c \leq b \ \land \ B^{(0)}(\mathbf{q}^{(0)},c))]$$

である．

さていま自然数論の体系 $S^{(0)}$ が無矛盾であると仮定しよう．

このとき

$$\vdash A_{q^{(0)}}(\mathbf{q}^{(0)}) \text{ in } S^{(0)}$$

であると仮定し，$k^{(0)}$ を式 $A_{q^{(0)}}(\mathbf{q}^{(0)})$ の $S^{(0)}$ における証明のゲーデル数とする．すると $\mathbf{A}^{(0)}(a,b)$ は数値的に表現可能であるから

$$\vdash A^{(0)}(\mathbf{q}^{(0)}, \mathbf{k}^{(0)}) \tag{22.1}$$

が成り立つ．$S^{(0)}$ が無矛盾であるという仮定から

$$\vdash A_{q^{(0)}}(\mathbf{q}^{(0)}) \text{ in } S^{(0)}$$

は

$$\text{not } \vdash \neg A_{q^{(0)}}(\mathbf{q}^{(0)}) \text{ in } S^{(0)}$$

を含意する．よって任意の自然数 ℓ に対し $\mathbf{B}^{(0)}(q^{(0)}, \ell)$ は偽であり，特に $\mathbf{B}^{(0)}(q^{(0)}, 0), \cdots, \mathbf{B}^{(0)}(q^{(0)}, k^{(0)})$ はすべて偽である．これより $\mathbf{B}^{(0)}(a,c)$ の数値的表現可能性から

$$\vdash \neg B^{(0)}(\mathbf{q}^{(0)}, 0), \vdash \neg B^{(0)}(\mathbf{q}^{(0)}, 1), \cdots, \vdash \neg B^{(0)}(\mathbf{q}^{(0)}, \mathbf{k}^{(0)})$$

が成り立つ．したがって

$$\vdash \forall c(c \leq \mathbf{k}^{(0)} \Rightarrow \neg B^{(0)}(\mathbf{q}^{(0)}, c))$$

であり，これと式 (22.1) の $\vdash A^{(0)}(\mathbf{q}^{(0)}, \mathbf{k}^{(0)})$ より

$$\vdash \exists b[A^{(0)}(\mathbf{q}^{(0)}, b) \wedge \forall c(c \leq b \Rightarrow \neg B^{(0)}(\mathbf{q}^{(0)}, c))]$$

が得られる．これは

$$\vdash \neg A_{q^{(0)}}(\mathbf{q}^{(0)}) \text{ in } S^{(0)}$$

と同値であるから $S^{(0)}$ が無矛盾であることに矛盾する．したがって

$$\text{not } \vdash A_{q^{(0)}}(\mathbf{q}^{(0)}) \text{ in } S^{(0)}$$

となる．

逆に

$$\vdash \neg A_{q^{(0)}}(\mathbf{q}^{(0)}) \text{ in } S^{(0)}$$

と仮定すると $\neg A_{q^{(0)}}(\mathbf{q}^{(0)})$ の $S^{(0)}$ における証明のゲーデル数 $k^{(0)}$ が存在する．したがって

$$\mathbf{B}^{(0)}(q^{(0)}, k^{(0)}) \text{ は真である．}$$

よって

$$\vdash B^{(0)}(\mathbf{q}^{(0)}, \mathbf{k}^{(0)})$$

であり，これより

$$\vdash \forall b[b \geq \mathbf{k}^{(0)} \Rightarrow \exists c(c \leq b \wedge B^{(0)}(\mathbf{q}^{(0)}, c))] \tag{22.2}$$

となる．$S^{(0)}$ が無矛盾であり，$\neg A_{q^{(0)}}(\mathbf{q}^{(0)})$ は $S^{(0)}$ において証明可能であるから $A_{q^{(0)}}(\mathbf{q}^{(0)})$ の $S^{(0)}$ における証明は存在しない．したがって

$$\vdash \neg A^{(0)}(\mathbf{q}^{(0)}, 0), \vdash \neg A^{(1)}(\mathbf{q}^{(0)}, 1), \cdots, \vdash \neg A^{(0)}(\mathbf{q}^{(0)}, \mathbf{k}^{(0)} - 1)$$

が成り立ち，とくに

$$\vdash \forall b[b < \mathbf{k}^{(0)} \Rightarrow \neg A^{(0)}(\mathbf{q}^{(0)}, b)] \tag{22.3}$$

がいえる．式 (22.2) と (22.3) により

$$\vdash \forall b[\neg A^{(0)}(\mathbf{q}^{(0)}, b) \vee \exists c(c \leq b \wedge B^{(0)}(\mathbf{q}^{(0)}, c))],$$

が得られるが，これは

$$\vdash A_{q^{(0)}}(\mathbf{q}^{(0)}).$$

であり，$S^{(0)}$ が無矛盾であることに矛盾する．したがって

$$\text{not } \vdash \neg A_{q^{(0)}}(\mathbf{q}^{(0)}) \text{ in } S^{(0)}$$

でなければならない．

以上により以下のロッサー型のゲーデルの不完全性定理がいえた．

補題 22.5 $S^{(0)}$ が無矛盾であれば $A_{q^{(0)}}(\mathbf{q}^{(0)})$ および $\neg A_{q^{(0)}}(\mathbf{q}^{(0)})$ のいずれも $S^{(0)}$ において証明可能でない．とくに $S^{(0)}$ は不完全である．

したがって $A_{q^{(0)}}(\mathbf{q}^{(0)})$ あるいは $\neg A_{q^{(0)}}(\mathbf{q}^{(0)})$ のどちらか一方を $A_{(0)}$ とし，これを $S^{(0)}$ の新しい公理として付け加えた形式的体系 $S^{(1)}$ を作ると補題 22.5 より

$$S^{(1)} \text{ は無矛盾である．} \tag{22.4}$$

がいえる．

ここで定義 22.1 および 22.4 を以下のようにこの拡大された体系 $S^{(1)}$ に拡張する．

1) a) $\mathbf{A}^{(1)}(a, b)$ は以下の意味の述語である．

「a は式 $A(x)$ のゲーデル数であり，b は $A(\boldsymbol{a})$ の拡大された体系 $S^{(1)}$ における証明のゲーデル数である．」

b) $\mathbf{B}^{(1)}(a, c)$ は以下の意味の述語である．

「a は $A(x)$ のゲーデル数であり，c は $\neg A(\boldsymbol{a})$ の $S^{(1)}$ における証明のゲーデル数である．」

第 22 章 数学は矛盾している？

2) $q^{(1)}$ を式
$$\forall b[\neg A^{(1)}(a,b) \vee \exists c(c \leq b \wedge B^{(1)}(a,c))]$$
のゲーデル数とする.

すると前と同様に述語 $\mathbf{A}^{(1)}(a,b)$ および $\mathbf{B}^{(1)}(a,c)$ は $S^{(0)}$ に対する補題 22.3 と同じゲーデルナンバリングを与えた体系 $S^{(1)}$ において原始帰納的に定義され，したがって $S^{(1)}$ において数値的に表現可能である.

拡張された数値的表現可能性と式 (22.4) の $S^{(1)}$ の無矛盾性を用い補題 22.5 と同様にして

$$\text{not} \vdash A_{q^{(1)}}(\mathbf{q}^{(1)}) \quad \text{かつ} \quad \text{not} \vdash \neg A_{q^{(1)}}(\mathbf{q}^{(1)}) \quad \text{in } S^{(1)}$$

が得られる.

同様のプロセスを続けることにより任意の自然数 $n(\geq 0)$ に対し

$$S^{(n)} \text{は無矛盾である} \tag{22.5}$$

および

$$\text{not} \vdash A_{q^{(n)}}(\mathbf{q}^{(n)}) \quad \text{かつ} \quad \text{not} \vdash \neg A_{q^{(n)}}(\mathbf{q}^{(n)}) \quad \text{in } S^{(n)} \tag{22.6}$$

が得られる.

いま $S^{(0)}$ に $A_{(n)}(=A_{q^{(n)}}(\mathbf{q}^{(n)})$ あるいは $\neg A_{q^{(n)}}(\mathbf{q}^{(n)}))$ $(n \geq 0)$ のすべてを公理として付け加えた体系を $S^{(\omega)}$ と表すと，式 (22.5) より $S^{(\omega)}$ は無矛盾である．ここで体系 $S^{(n)}$ が構成されていれば式 $A_{(n)}$ は再帰的に定義されていることに注意する．さらに $\tilde{q}(n)$ を式 $A_{(n)}$ のゲーデル数とすれば，式 $A_{(j)}$ は $i < j$ なる体系 $S^{(i+1)}$ においては証明可能でないことから $i < j$ なる任意の i, j に対し $\tilde{q}(i) \neq \tilde{q}(j)$ である．したがって $\sup_{i \leq n} \tilde{q}(i)$ は n が無限に大きくなるとき無限に大きくなる.

さらに $\tilde{q}(n)$ は n の帰納的ないし再帰的関数であることから，与えられた式 A_r でゲーデル数 r を持つものを $\tilde{q}(n) \leq r$ なる有限個の公理式 $A_{(n)}$ と比較することにより A_r が $A_{(n)}$ という形を持つ公理か否かを判定できる．し

たがって可算個の公理 $A_{(n)}$ $(n \geq 0)$ すべてを $S^{(0)}$ に加えた体系 $S^{(\omega)}$ においても以下の述語は再帰的に定義されている．

a) $\mathbf{A}^{(\omega)}(a,b)$ は以下の意味の述語である．

「a は式 $A(x)$ のゲーデル数であり，b は $A(\boldsymbol{a})$ の $S^{(\omega)}$ における証明のゲーデル数である．」

b) $\mathbf{B}^{(1)}(a,c)$ は以下の意味の述語である．

「a は $A(x)$ のゲーデル数であり，c は $\neg A(\boldsymbol{a})$ の $S^{(\omega)}$ における証明のゲーデル数である．」

ゆえに述語 $\mathbf{A}^{(\omega)}(a,b)$ および $\mathbf{B}^{(\omega)}(a,c)$ は $S^{(\omega)}$ において数値的に表現可能であり，式

$$A_{q^{(\omega)}}(a) = \forall b[\neg A^{(\omega)}(a,b) \vee \exists c(c \leq b \wedge B^{(\omega)}(a,c))]$$

のゲーデル数 $q^{(\omega)}$ はきちんと定義されている．

そこで

$$A_{(\omega)} = A_{q^{(\omega)}}(\mathbf{q}^{(\omega)}) \quad \text{あるいは} \quad \neg A_{q^{(\omega)}}(\mathbf{q}^{(\omega)})$$

とおいてこれを $S^{(\omega)}$ の公理として加えて得られる体系を $S^{(\omega+1)}$ と表すと以上と同様にして

$S^{(0)}$ が無矛盾ならば $S^{(\omega+1)}$ も無矛盾である

がいえる．

以下同様にこれらのプロセスを超限帰納法により繰り返すことにより任意の順序数 α に対し $S^{(0)}$ の拡大である形式的体系 $S^{(\alpha)}$ が作れて

$S^{(0)}$ が無矛盾ならば $S^{(\alpha)}$ も無矛盾である

がいえる．

ところが任意の順序数 α に対し体系 $S^{(\alpha)}$ が構成できるとすると各段階で付加される公理 $A_{(\alpha)}$ の総数は可算個より多くなる．しかし論理式は有限個

の原始記号を任意有限個並べて得られるものであり従って総数で高々可算である．これは矛盾である．

基礎論のほうでは付け加えられる公理 $A_{(\alpha)}$ として「$S^{(\alpha)}$ が無矛盾である」という意味の命題式 $\text{Consis}_{(\alpha)}$ を考えることが多い．この命題自体ゲーデルの第二不完全性定理により一般に $S^{(\alpha)}$ において決定不可能である．このような命題を公理として付加する場合基礎論のほうでは上述のプロセスがチャーチ-クリーネ順序数 (Church-Kleene ordinal) と呼ばれる可算の順序数 $\omega_1 = \omega_1^{CK}$ で終わるような制限条件が考えられている．([18], [98] などを見られたい．)

この場合体系 $S^{(\alpha)}$ の拡大は $\alpha = \omega_1$ でストップし，$S^{(0)}$ が無矛盾なら $S^{(\omega_1)}$ はそれ以上無矛盾性を保って拡大することはできない．すなわち $S^{(0)}$ が無矛盾なら $S^{(\omega_1)}$ は完全である．

この順序数 ω_1 は極限数である．実際 $\omega_1 = \delta + 1$ の形をしていれば $S^{(\omega_1)}$ は $S^{(\delta)}$ に公理 $A_{(\delta)}$ を加えて得られるが，この場合上に述べたと同様にして $S^{(\omega_1)} = S^{(\delta+1)}$ は無矛盾性を保って拡大でき，上と矛盾する．

したがって ω_1 は可算な極限数であるから可算個の単調増大な順序数列 $\alpha_n < \omega_1$ ($n = 0, 1, 2, \ldots$) を用いて

$$\omega_1 = \bigcup_{n=0}^{\infty} \alpha_n$$

と書ける．$S^{(\omega_1)}$ の公理 $A_{(\gamma)}$ ($\gamma < \omega_1$) は $S^{(\alpha_n)}$ の公理 $A_{(\gamma)}$ ($\gamma < \alpha_n$) の和集合である．そして $\gamma < \alpha_n$ に対し $\tilde{q}(\gamma)$ は前と同様に再帰的に定義されているから各 $S^{(\alpha_n)}$ において与えられた式 A_r が $S^{(\alpha_n)}$ の公理か否かは $\tilde{q}(\gamma) \leq r$ なる有限個の γ に対し $A_{(\gamma)} = A_r$ か否かを見ることにより再帰的に決定できる．したがって与えられた A_r が $S^{(\omega_1)}$ の公理か否か，を見るには $\tilde{q}(\gamma) \leq r$, $\gamma < \omega_1$ なる有限個の γ について $A_{(\gamma)} = A_r$ か否かを見ればよいが

$$\omega_1 = \bigcup_{n=0}^{\infty} \alpha_n$$

により

$$\tilde{q}(\gamma) \leq r \wedge \gamma < \omega_1 \Leftrightarrow \exists n \; [\tilde{q}(\gamma) \leq r \wedge \gamma < \alpha_n]$$

であるから「与えられた式 A_r が $S^{(\omega_1)}$ の公理か否か」は n についての帰納法により有限回の操作で再帰的に決定できる．

ゆえに

a) $\mathbf{A}^{(\omega_1)}(a,b) = $ 「a は式 $A(x)$ のゲーデル数であり，b は $A(\mathbf{a})$ の $S^{(\omega_1)}$ における証明のゲーデル数である．」，

b) $\mathbf{B}^{(\omega_1)}(a,c) = $ 「a は $A(x)$ のゲーデル数であり，c は $\neg A(\mathbf{a})$ の $S^{(\omega_1)}$ における証明のゲーデル数である．」

とおくとこれらは $S^{(\omega_1)}$ において数値的に表現可能である．したがって $S^{(\omega_1)}$ の式

$$A_{q^{(\omega_1)}}(a) = \forall b[\neg A^{(\omega_1)}(a,b) \vee \exists c(c \leq b \wedge B^{(\omega_1)}(a,c))]$$

のゲーデル数 $q^{(\omega_1)}$ が再帰的ないし帰納的にきちんと定義される．したがって体系 $S^{(\omega_1)}$ の決定不能式

$$A_{q^{(\omega_1)}}(\mathbf{q}^{(\omega_1)})$$

が定義され不完全性定理が体系 $S^{(\omega_1)}$ に対しても成り立ち $S^{(\omega_1)}$ は不完全である．ところがこれは上述の

「体系 $S^{(\alpha)}$ の拡大は $\alpha = \omega_1$ でストップし，$S^{(0)}$ が無矛盾なら $S^{(\omega_1)}$ はそれ以上無矛盾性を保って拡大することはできない．すなわち $S^{(0)}$ が無矛盾なら $S^{(\omega_1)}$ は完全である．」

に矛盾する．

このようにメタのレベルにおいても集合論が成り立つと仮定し集合論的論理を対象理論である形式的集合論自身に適用しようとすると矛盾が生ずる．ヒルベルトのプログラムでは有限の立場に立ち，メタのレベルでは有限回の操作しか許さないとし，その上で対象世界では有限を超えた無限の存在を扱おうとする．こうする上では以上述べたような矛盾は生じないが，対象世界が無矛盾と仮定すると不完全になる．さらにこの無矛盾性自体が有限の立場では決定不能となる．しかしこれを逆手に取り，メタのレベルと同様に対象の世界自体も有限の立場に立つものとすると矛盾は生ぜず，

かつ対象理論は完全になる．正確に言えば対象理論たる集合論において無限公理を仮定しない，あるいは自然数論においては数学的帰納法を仮定しなければ対象世界とメタの世界は互いに対称になりかつこの設定において対象世界は完全かつ無矛盾となる．上記で矛盾が現れたのは対象世界およびメタの世界の両者において対称に無限公理を措定したためである．すなわち問題が生じたのは「無限」という実体が対象世界およびメタの世界において存在すると仮定したからであり，「無限」が実体ではなく，ある「仮想の存在である」とすれば数学は無矛盾かつ完全なまま存在する．すなわち「数学的実体は計算可能なもののみであり，無限はその計算可能性を探る補助的手段である」という立場に立てばヒルベルトのテーゼ「無矛盾性と完全性を数学理論の健全性の証とする」は復活する．

第23章 混沌としての宇宙

宇宙という言葉はその意味自体からすべてを含むものとして閉じたものである．本章では宇宙をある量子力学的条件によって規定することを試みる．

前章で考察した形式的集合論 S のメタ理論を考察する．このメタ理論を M_S と呼ぶことにする[1]．

M_S において以下の定義をする．

$$\phi = S \text{ の命題式 (well-formed formula (wff)) の全体}.$$

この ϕ は可算集合である．

我々は ϕ を ϕ の式 (wff) の $\mathbb{C}$-値真偽値の集合と同一視する．こうした上で ϕ から ϕ への写像 T を以下のように定義する．$q \subset \phi$ に対し $\wedge(q)$ を q の元である wff の連言とする．つまり $w_1, w_2, \cdots \in q$ のとき $\wedge(q) = w_1 \wedge w_2 \wedge \ldots$ とする．このとき

$$T(\wedge(q)) = [\wedge(q) \wedge \neg \wedge (q)] \text{ の真偽値}$$

と定義する．

ϕ の部分集合 q にある式 f を加えたものを $q' = q \cup \{f\}$ と書くと，任意の $q \subset \phi$ に対し $q' = q \cup \{f\}$ の連言 $\wedge(q')$ が偽になる式 f が必ず存在する．このように f を選ぶことはいつでも可能だから

$$T(\wedge(q')) = \wedge(q')$$

---

[1] M_S はそれが S のメタ理論 (Meta-theory) であることを示すとともにそれが Ronald Swan [97] が言及した意味でメタ科学的理論 (Meta-Scientific theory) であることを示唆する．

が成り立つ．

この意味においてつまりその任意の部分集合 q に対しその拡大 $q' = q \cup \{f\}$ を $T(\wedge(q')) = \wedge(q')$ が成り立つように取れるという意味において ϕ は写像 T の不動点である．

さらに以下が成り立つ．

1. ϕ の任意の部分集合 q はある式をそれに加えるとその連言が偽になるという意味で「非整合的」である．

2. ϕ はすべての可能な命題式の集合であるという意味において「絶対的」である．

3. ϕ は命題式の全体であるから ϕ はその意味が「ϕ は S の命題式の全体の集合である」となる命題式を含む[2]．この意味において ϕ は ϕ 自身の定義を含んでいる．したがって ϕ は「自己言及的」(self-referential) かつ「自己創造的」(self-creative) でありかつ「自己同一的」(self-identical) である[3]．

第3項により ϕ は無基礎集合であることがわかる ([99] を参照されたい)．

類 ϕ は第一世界すなわち宇宙でありそれは完全な混沌である．言い換えれば ϕ は西田幾多郎 [83] の意味で「絶対矛盾的自己同一」あるいは Ronald Swan [97] の意味で "absolute inconsistent self-identity" である．後者の意味では ϕ はヘーゲルの意味での「絶対無」とも考えられる．

宇宙 ϕ は非整合的でありしたがってその真偽値は恒常的に両極端の値 – 真および偽 – の間を振動している．あるいは数として書けば $+1$ または -1 の間あるいはより一般に複素数 $\mathbb{C}$ の単位円の中を振動する．すなわち類 ϕ は集合論 S の命題式の集合としては可算集合であるが ϕ の要素の取る真偽値は連続濃度を持つ $\mathbb{C}$ の単位円周を動くのである．ほかの言葉で言えば宇宙 ϕ はその意味論ないし真偽値という解釈からいえば定常振動である．

---

[2] 第22章と同様に S のあるゲーデルナンバリングを取ってこの命題が数値的表現可能であることが示される．

[3] M. C. Escher のリトグラフ "pencil drawing" (1948) が思い起こされる．

振動は指数関数 $\exp(ix \cdot p)$ により表される．ただし $d \geq 1$ は空間の次元を表す整数であり，$x = (x_1, \cdots, x_d)$, $p = (p_1, \cdots, p_d) \in \mathbb{R}^d$ は座標および運動量を表し $x \cdot p = \sum_{i=1}^{d} x_i p_i$ は内積である．

この指数関数 $\exp(ix \cdot p)$ は負のラプラシアン $-\Delta$

$$-\Delta = -\sum_{i=1}^{d} \frac{\partial^2}{\partial x_i^2}$$

の固有関数であり

$$-\Delta \exp(ix \cdot p) = p^2 \exp(ix \cdot p)$$

を満たす．

このことはある意味で一般化される．すなわちもし摂動 $V = V(x)$ が

$$H = -\Delta + V(x) \text{ は } \mathcal{H} = L^2(\mathbb{R}^d) \text{ の自己共役作用素である}$$

を満たせば ϕ は以下の条件で規定されると考えてもよい．

$$\phi \text{ は } H \text{ の固有関数として表される．}$$

宇宙 ϕ の絶対的性質を考えれば ϕ をこの意味で規定するハミルトニアン H_{total} は以下のようなヒルベルト空間 $\mathcal{U}$ 上の無限自由度を持ったハミルトニアンであろうという考えに行き着く．

$$\mathcal{U} = \{\phi\} = \bigoplus_{n=0}^{\infty} \left(\bigoplus_{\ell=0}^{\infty} \mathcal{H}^n \right) \quad (\mathcal{H}^n = \underbrace{\mathcal{H} \otimes \cdots \otimes \mathcal{H}}_{n \text{ factors}}).$$

$\mathcal{U}$ は可能な宇宙全体のなすヒルベルト空間である[4]．すなわち $\mathcal{U}$ の各元 ϕ は宇宙と呼ばれそれは要素 $\phi_{n\ell} \in \mathcal{H}^n$ を持つ無限行列 $(\phi_{n\ell})$ である．$\phi = 0$ は $\phi_{n\ell} = 0 \ (\forall n, \ell)$ を意味する．

---

[4] $\mathcal{U}$ は第 I 部の随所で触れたフーリエの「夢」すなわち「すべての関数はフーリエ級数展開される」を公理としてたてたものである．$\mathcal{U}$ はすべての可能な宇宙の全体でありその構成からフーリエ展開される関数で成り立っている．

$\mathcal{O} = \{S\}$ を $\phi = (\phi_{n\ell}) \in \mathcal{D}(S) \subset \mathcal{U}$ に対し $S\phi = (S_{n\ell}\phi_{n\ell})$ と作用するものとして定義される $\mathcal{U}$ における自己共役作用素 S の全体とする．ただし $S_{n\ell}$ は $\mathcal{H}^n$ における自己共役作用素である．

以上をまとめ宇宙 ϕ は全ハミルトニアン H_{total} の固有関数であるという公理を描く．

公理 1. $\mathcal{U}$ における自己共役作用素 $H_{total} = (H_{n\ell}) \in \mathcal{O}$ が存在してある $\phi \in \mathcal{U} - \{0\}$ および $\lambda \in \mathbb{R}$ に対し

$$H_{total}\phi \approx \lambda\phi \tag{23.1}$$

を以下の意味で満たす．すなわち F_n を $\sharp(F_n) = n$ なる $\mathbb{N} - \{0\} = \{1, 2, \cdots\}$ の有限集合で $\{F_n^\ell\}_{\ell=0}^\infty$ をそのような F_n の全体とする[5]．このとき上の式 (23.1) はある整数列 $\{n_k\}_{k=1}^\infty$, $\{\ell_k\}_{k=1}^\infty$ および実数列 $\{\lambda_{n_k\ell_k}\}_{k=1}^\infty$ に対し $F_{n_k}^{\ell_k} \subset F_{n_{k+1}}^{\ell_{k+1}}$; $\bigcup_{k=1}^\infty F_{n_k}^{\ell_k} = \mathbb{N} - \{0\}$;

$$H_{n_k\ell_k}\phi_{n_k\ell_k} = \lambda_{n_k\ell_k}\phi_{n_k\ell_k}, \quad \phi_{n_k\ell_k} \neq 0, \quad k = 1, 2, 3, \cdots; \tag{23.2}$$

および

$$\lambda_{n_k\ell_k} \to \lambda \quad \text{as} \quad k \to \infty$$

が成り立つことを意味する．

ここで公理 14.2 で述べた注意を思い起こしておく．すなわち $H_{n\ell}$ の添え字 ℓ は同じ個数 $N = n+1$ の粒子を持つ相異なる局所系を区別するものである．

H_{total} は $\mathcal{H}^n$ における自己共役作用素 $H_{n\ell}$ の無限行列である．公理 1 はこの行列が式 (23.1) の意味で我々の宇宙 ϕ において収束することを意味する．この条件によって宇宙 ϕ は一意には定まらないことを注意しておく．

宇宙は状態 ϕ として全体でありその中にすべてが含まれる．このような全体として状態 ϕ は二つの道に従い得る．一つは ϕ は大宇宙 $\mathcal{U}$ においてある大域時間 T にしたがって $\exp(-iTH_{total})\phi$ のように発展する場合であり，

---

[5] $\mathbb{N} - \{0\}$ の有限部分集合 F_n の全体は可算集合であることに注意されたい．

他の一つは ϕ は H_{total} の固有状態である場合である．もし前者のような大域時間 T が存在すればすべての現象がこの時間 T に沿って発展することになり時間の局所性が失われる．その場合我々は一般相対性理論と整合的な局所時間の概念を構成できない．したがって唯一の可能性は公理 1 の定常宇宙 ϕ を採用することである．

宇宙 ϕ の任意の有限部分において ϕ の有限存在はある重み関数 $g(p)$ による指数関数 $exp(ix \cdot p)$ の重畳として

$$\psi(x) = (2\pi)^{-d(N-1)/2} \int_{\mathbb{R}^{d(N-1)}} \exp(ix \cdot p) g(p) dp \qquad (23.3)$$

のように表される．ここで自然数 $n = N - 1 \geq 1$ は上の $\mathcal{U}$ の定義に現れる $\mathcal{H}^n$ における上付きの添え字 n に対応する．関数 $g(p)$ は $\psi(x)$ のフーリエ変換と呼ばれ

$$g(p) = \mathcal{F}\psi(p) := (2\pi)^{-d(N-1)/2} \int_{\mathbb{R}^{d(N-1)}} \exp(-ip \cdot y) \psi(y) dy$$

を満たす．

ϕ の命題式 (wff) の有限集合は H_{total} の有限自由度を持つ部分ハミルトニアン H に対応し，ϕ の有限個の命題式によって与えられる自由度は H_{total} の部分波動関数 $\psi(x)$ の有限自由度 $n = N - 1$ に対応する．この H_{total} の部分ハミルトニアン H がある条件を満たせば有限存在 $\psi(x)$ を H の一般化された固有関数によって式 (23.3) と同じように展開できる．これは一般化された状況では H のスペクトル表現として知られているが，今考えているのはより具体的な表現で通常 H に対応する一般化されたフーリエ変換あるいは H の一般化された固有関数による固有関数展開と呼ばれるものである[6]．

p を x に共役な運動量と呼ぶことは前に述べたとおりである．より正確には掛け算作用素としての座標作用素 $X = (X_1, \cdots, X_d)$ に共役な運動量作用素 $P = (P_1, \cdots, P_d)$ を

$$P_j = \mathcal{F}^{-1} p_j \mathcal{F} = \frac{1}{i} \frac{\partial}{\partial x_j} \qquad (j = 1, \cdots, d)$$

---

[6]Teruo Ikebe [28] に端を発する．

により定義する．すると P と X は

$$[P_j, X_\ell] = P_j X_\ell - X_\ell P_j = \delta_{j\ell} \frac{1}{i}$$

を満たす．このことは我々が考えているのは量子力学であることを示唆する．そこで実際の観測と一致するよう P の定義にプランク定数 h を加えて以下のようにする．

$$P_j = \frac{\hbar}{i} \frac{\partial}{\partial x_j}.$$

ただし $\hbar = h/(2\pi)$ である．したがってフーリエ変換および逆フーリエ変換は以下のように修正される．

$$\mathcal{F}\psi(p) = g(p) = (2\pi\hbar)^{-d(N-1)/2} \int_{\mathbb{R}^{d(N-1)}} \exp(-ip \cdot y/\hbar) \psi(y) dy,$$

$$\mathcal{F}^{-1}g(x) = (2\pi\hbar)^{-d(N-1)/2} \int_{\mathbb{R}^{d(N-1)}} \exp(ix \cdot p/\hbar) g(p) dp.$$

ここまでにおいて形式的集合論 S の命題式 (wff) の全体の類 ϕ の意味論的解釈として量子力学が構成された．

宇宙 ϕ の意味論的解釈を続けよう．

局所存在は有限存在であり局所的であるため無限の宇宙の存在を知り得ずしたがって自己中心的である．言い換えれば局所座標系はそれ自身の原点から出発しそれは局所系の自己中心的原点である．すべてのものがこの局所的原点から測られる．

したがって以下の第二，第三の原理が得られる．

公理 2. (公理 14.1 の簡易版) 局所系は有限的性質のものであり，それ自身の位置および運動量の原点を持ち，これらは他の局所系の原点および内部とは独立である．

公理 3. (公理 14.2 の簡易版) 局所系の有限性は局所ハミルトニアン

$$H_{n\ell} = -\frac{1}{2}\Delta + V_{n\ell}$$

によって表される．ここで摂動 $V_{n\ell}$ は有限存在の振動性を害さないものとする．また，$\Delta = \sum_{j=1}^{n} \frac{\hbar^2}{\mu_j} \sum_{k=1}^{d} \frac{\partial^2}{\partial x_{jk}^2}$ であり，自然数 $N = n+1$ は局所系の粒子の個数を表す．μ_j はその局所系における換算質量である．

局所的存在あるいは局所系は $H_{n\ell}$ の一般化された固有関数の和あるいは積分として振動する存在である．この意味で局所系は「定常的振動系」である．

一般に局所振動は局所ハミルトニアン $H_{n\ell}$ の真の固有関数であり得る．しかし局所性は有限的性質のものであることから局所系の定常振動は $H_{n\ell}$ の真の固有関数ではあり得ず散乱状態成分を含んでいることが示される．(第 24 章あるいは [60], [61], [58], [68], [67] を参照されたい.)

この振動を明示的に表すためにこの局所系をある実数パラメタ t を導入しこれに沿って強制的に振動させてみる．するとその振動はハミルトニアン $H_{n\ell}$ を用いて

$$\exp(-2\pi i t H_{n\ell}/h)$$

と表される．この作用素は量子力学において局所系の発展作用素として知られているものである．この作用素を我々は今考えている局所系の局所時計 (local clock) と呼ぶ．そして t をその局所系の局所時間 (local time) と呼ぶ．

公理 2 の局所系の座標系の作用素 x および速度作用素 $v = m^{-1}P$ (m はある対角形の質量行列) を用いて，上述の局所振動 $\psi(x)$ が $H_{n\ell}$ の真の固有関数ではないという事実から t がある列に沿って $\pm\infty$ に発散するときおおざっぱに言って

$$\left(\frac{x}{t} - v\right) \exp(-itH_{n\ell}/\hbar)\psi(x) \to 0$$

が成り立つことが言える (定理 15.2 あるいは [58])．これは局所時計という言葉が作用素 $\exp(-itH_{n\ell}/\hbar)$ にふさわしいことおよび同様に局所時間という言葉がパラメタ t にとってふさわしい言葉であることを意味する．

P_H により自己共役作用素 H の固有空間への直交射影を表す．固有空間に直交する状態よりなる空間を散乱空間と呼びその元を散乱状態と呼ぶ．$\phi_{n\ell} = \phi_{n\ell}(x_1, \cdots, x_n) \in \mathcal{H}^n = L^2(\mathbb{R}^{dn})$ とし $\phi = (\phi_{n\ell})$ を公理 1 の宇宙と

する．$\{n_k\}$ および $\{\ell_k\}$ をそこで規定された列とする．$x^{(n,\ell)}$ により F_{n+1}^ℓ 内の $n+1$ 個の粒子の相対座標を表す．

定義 1.

(1) $\mathcal{H}_{n\ell}$ により $y \in \mathbb{R}^{d(n_k-n)}$ をパラメタと見なした $x^{(n,\ell)} \in \mathbb{R}^{dn}$ の関数 $\phi_{n_k \ell_k}(x^{(n,\ell)}, y)$ により生成される $\mathcal{H}^n$ の部分ヒルベルト空間を表す．ただし k は集合 $\{k \mid n_k \geq n, F_{n+1}^\ell \subset F_{n_k+1}^{\ell_k}, k \in \mathbb{N} - \{0\}\}$ を動くものとする．

(2) $\mathcal{H}_{n\ell}$ は ϕ の局所宇宙と呼ばれる．

(3) $\mathcal{H}_{n\ell}$ は $(I - P_{H_{n\ell}})\mathcal{H}_{n\ell} \neq \{0\}$ のとき自明でないと呼ばれる．

　全宇宙 ϕ は $\mathcal{U}$ の単一の要素である．局所宇宙 $\mathcal{H}_{n\ell}$ はより豊富になり得て，一個以上の要素を持つ場合がある．これは全宇宙の有限個の粒子より成る部分系を考えているからである．これら部分系は外側の無限個の粒子からの影響を受けしたがって非自明な部分空間 $\mathcal{H}_{n\ell}$ を生成しうる．この点については第 24 章で考察する．

　ここで局所系を定義できる．

定義 2.

(1) 公理 3 あるいは公理 14.2 において定義された F_{n+1}^ℓ に含まれる粒子のなす量子力学系のハミルトニアン $H_{n\ell}$ の $\mathcal{H}_{n\ell}(\subset \mathcal{H}^n)$ への制限を同じ記号 $H_{n\ell}$ で表す．

(2) 組 $(H_{n\ell}, \mathcal{H}_{n\ell})$ を局所系と呼ぶ．

(3) $\mathcal{H}_{n\ell}$ が非自明すなわち $(I - P_{H_{n\ell}})\mathcal{H}_{n\ell} \neq \{0\}$ を満たすとき $\mathcal{H}_{n\ell}$ 上のユニタリ群 $e^{-itH_{n\ell}}$ ($t \in \mathbb{R}$) を局所系 $(H_{n\ell}, \mathcal{H}_{n\ell})$ の局所時計あるいは固有時計と呼ぶ．($H_{0\ell} = 0$ したがって $P_{H_{0\ell}} = I$ であるから局所時計は $N = n + 1 \geq 2$ に対してのみ定義されていることに注意されたい．)

(4) 宇宙 ϕ は任意の $n \geq 1, \ell \geq 0$ に対し $\mathcal{H}_{n\ell} = \mathcal{H}^n(= L^2(\mathbb{R}^{dn}))$ のとき豊かであるという．

定義 3.

(1) 局所系 $(H_{n\ell}, \mathcal{H}_{n\ell})$ が $(I - P_{H_{n\ell}})\mathcal{H}_{n\ell} \neq \{0\}$ を満たすときその局所時計 $e^{-itH_{n\ell}} = e^{-itH_{(N-1)\ell}}$ の指数に現れるパラメタ t をこの局所系の (量子力学的) 局所時間あるいは固有時間という．

(2) この時間 t をその属する系を明示して $t_{(H_{n\ell}, \mathcal{H}_{n\ell})}$ と表す．

この定義は通常の力学における運動の定義と逆のものである．すなわち N-体量子力学系では通常時間 t がアプリオリに与えられており，そこから粒子の運動が与えられた初期状態 f から $e^{-itH_{(N-1)\ell}}f$ によって定義される．

以上より時間が局所系 $(H_{n\ell}, \mathcal{H}_{n\ell})$ に対し定義され対応する固有時計 $e^{-itH_{n\ell}}$ によって決定されることがわかった．したがっておのおのが各局所系 $(H_{n\ell}, \mathcal{H}_{n\ell})$ に固有な無限個の局所時間 $t = t_{(H_{n\ell}, \mathcal{H}_{n\ell})}$ が存在する．この意味で時間は局所的な概念である．公理 1 の全宇宙 ϕ は式 (23.1) の意味で全宇宙のハミルトニアン H_{total} の固有状態でありしたがって時間を持たない．

局所時間が以上のように与えられれば局所系はシュレーディンガー方程式

$$\left(\frac{\hbar}{i}\frac{d}{dt} + H_{n\ell}\right)\exp(-itH_{n\ell}/\hbar)\psi(x) = 0$$

に従うことは明らかである．

ここまではすべてユークリッド空間 $\mathbb{R}^d$ において表現され，局所系においては自分自身の座標系に関して自身を考察すればよかったから空間に関して何らかの曲率を仮定する必要は存在しなかった．

しかしいったん外の世界に目を向ければ自身の能力の有限性から我々の見るものは歪んで見える．互いに同等な存在として我々は一つの共通の「視界の歪み」に関する法則に従うことになる．

この意味である種のデモクラシーの原理が導入される．

公理 4. (公理 20.1 の簡易版) 一般相対性原理．物理的世界あるいは物理法則はすべての局所観測者に対して同一である．

局所的存在として我々は現実の力と視界の歪みから生ずる架空の力を区別できない．このことより第五番目の公理が得られる．

公理 5. (公理 20.2 の簡易版) 等価原理．ある点におけるいかなる重力に対しても時間 t に依存する空間座標系を選んでその点においてその重力の影響を消すことができる．

公理 4 および 5 は外界に対するとき我々の視界が歪むことに関連しており，公理 1–3 は自身として外界とは独立な内的世界に関するものである．公理 3 の局所系の振動する性質は宇宙の定常性と系の局所性との帰結であり，したがって振動は本質的な内的原因によるものである．これに対し外界に対する視界の歪みは観測に関わる外的原因によるものである．

これらの内的および外的側面は互いに独立である．実際局所系の内部座標はその局所系の内部の相対座標でありいかなる外部の座標系とも関連を持たないからである．したがって我々が内部世界にいるとき我々は外部との対峙による歪みから自由であるが，外部を見るときは一時的に内的世界を忘れ歪んだ世界を見ることになる．したがってすでに第 20 章 定理 20.3 において見たように公理 1–5 は整合的である．

量子力学は形式的集合論の意味論的解釈として導入され一般相対性理論は複数の有限な局所系の間の一種のデモクラシーの原理として導入された．局所時間のおおもとはこの局所的存在の有限性にありこの各局所系固有の局所時間は一般相対論と整合的な局所時間を与える．

集合論は純粋に内的な考察である．物理学は集合論を外から見た意味論的解釈から得られた．結果として導かれた量子力学は集合論を生み出す内的世界の記述を与える．自己言及性は至る所にまたあらゆるレベルに存在している．

第24章 局所運動の存在

本書の最後に全体として無時間の定常的宇宙と局所的運動ないし局所時間の存在が如何にして両立して存立しうるかを示す.

24.1 ゲーデルの定理

我々の出発点はゲーデルの不完全性定理である (K. Gödel [23]). この定理によれば自然数論を含むいかなる整合的な形式的理論も無限個の決定不可能な命題を持つということが導かれる (第22章). 物理世界は少なくとも自然数を含みまた形式的物理理論に翻訳可能な言葉のシステムによって記述される. したがって物理理論はもしそれが整合的であれば決定不可能な命題を含む. すなわち物理理論はある命題でその真偽をそれを支持するか反証する現象が観測されない限り決定できない命題を含む. ゲーデルによればそのような命題は無限個存在する. したがって人間あるいはいかなる有限的存在も宇宙の現象をすべて記述するような最終理論には決して到達し得ない.

すなわちいかなる人間も宇宙の部分系 L を観測するのみであり観測によって式 (23.1) の全ハミルトニアン H_{total} に到達することはできない. すなわちゲーデルの定理の一つの帰結はある観測者が彼の観測する宇宙を表すと思うハミルトニアン H_L は全ハミルトニアン H_{total} の部分ハミルトニアンにすぎないということである. より明確に述べればゲーデルの定理の帰結は以下の式である.

$$H_{total} = H_L + I + H_E, \quad H_E \neq 0. \tag{24.1}$$

ただし H_E は観測者の視野の外にある系 E の「知られていない (unknown)」ハミルトニアンであり，その存在がゲーデルの定理から保証されるのである．この知られていないシステム E は我々のそばにありながら未だ発見されていない粒子やあるいはたまたま何らかの理由で観測の時には発見されなかった粒子等を含むかもしれない．

項 I は被観測系 L と「知られていない」がゲーデルの定理により存在の保証される系 E とのやはり「知られていない」相互作用を表す項である．外部のシステムの存在が保証されているのだから I は消えない．実際もし仮に $I = 0$ であれば被観測系 L と外部系 E は互いに相互作用を及ぼさない．これは観測者に取り外部の系 E が存在しないことと同値である．ゲーデルは自然数論の各命題式にいわゆるゲーデル数を対応させ，対角式を用いて自然数論における決定不可能な命題の存在を示した．これによりいかなる整合的な形式的体系にも知り得ない領域が存在することを示した ([23])．今我々が考えている観測者はこのゲーデルの手順に則って E が存在することを証明できる命題を構成できることが保証されているが，もし $I = 0$ であれば観測者にはこのような手順を実行するデータが存在せず，矛盾する．したがって $I \neq 0$ でなければならない．

同じ理由で I は定数ポテンシャルであってはならない．すなわち

$$I \neq \text{定数作用素}. \tag{24.2}$$

実際もし I が定数であれば系 L と E はそれらがどんなに近くにあろうがあるいは如何に遠くにあろうがともに変化しない．これは相互作用 I が存在しないことと同値であり，上の場合に帰着し矛盾である．

以上より次の帰結に到達した．すなわち観測者にとり観測可能な宇宙は全宇宙の部分系 L でありそれは全ハミルトニアン H_{total} に従うのではなく，その系のハミルトニアン H_L に従って変化するように見えるということである．そして系 L の状態は全宇宙の状態 ϕ の部分 $\Phi = \phi(\cdot, y)$ によって記述される．ただし y は系 L の全宇宙内における「知り得ない」位置座標を表し，$\cdot$ は観測者によって制御可能な変数 x を表す．

24.2 局所時間の存在

以下の議論では式 (23.1) の代わりに関係

$$H_{total}\phi = 0 \tag{24.3}$$

を仮定する.

いま式 (24.3) より期待されるように L の局所時間が存在しない, すなわち状態 $\phi(x,y)$ がある $y = y_0$ および実数 μ に対し局所ハミルトニアン H_L の固有状態であり

$$H_L\phi(x,y_0) = \mu\phi(x,y_0) \tag{24.4}$$

が成り立つと仮定する. このとき式 (24.1), (24.3) および (24.4) より

$$0 = H_{total}\phi(x,y_0) = H_L\phi(x,y_0) + I(x,y_0)\phi(x,y_0) + H_E\phi(x,y_0)$$
$$= (\mu + I(x,y_0))\phi(x,y_0) + H_E\phi(x,y_0) \tag{24.5}$$

が得られる. ここで x は L 内の粒子の可能な位置座標を動く変数とする. 他方 H_E は L の外の系 E を表すハミルトニアンであるから変数 x には影響せず変数 y のみに影響を及ぼす. したがって変数 x に関する限り $H_E\phi(x,y_0)$ は $\phi(x,y_0)$ と同じように変化する. ゆえに式 (24.5) より任意の x に対し

$$H_E\phi(x,y_0) = -(\mu + I(x,y_0))\phi(x,y_0) \tag{24.6}$$

となる. 式 (24.2) で見たように相互作用 I は定数でないから x が変化するとき変化する[1]. 他方 H_E の ϕ への影響は x が変化するとき変化しない. したがって空でない点 x_0 の集合が存在してそれに属する点 x_0 においては $H_E\phi(x_0,y_0)$ と $-(\mu + I(x_0,y_0))\phi(x_0,y_0)$ は相異なり, そのような点 x_0 においては式 (24.6) が成立しない. もし I が変数 x および y について連続であればこれらの点 x_0 は正の測度を持った集合を構成する. これは我々の

---

[1] ゲーデルの定理は式 (24.2) において任意に固定された点 $y = y_0$ に対し適用される. すなわち局所系 L の宇宙内での任意の位置 y_0 において観測者は外部系 E が存在することを知り得なければならない. これはゲーデルの定理が宇宙全体において成り立つユニバーサルな定理であるからである. したがって $I(x,y_0)$ はいかなる固定された y_0 に対しても x について定数作用素ではない.

仮定 (24.4) が誤りであることを含意する．したがって部分系 L の状態関数はそのハミルトニアン H_L の固有状態ではない．これは系 L が非定常状態として観測されることを意味し，したがって系 L 内には運動が観測されなければならない．これは観測者にとって局所系 L の時間が存在することを示す．

24.3 作用素による証明

前節 24.2 の議論をより明確に示すために全ハミルトニアンが

$$H_{total} = \frac{1}{2}\sum_{k=1}^{N} h^{ab}(X_k)p_{ka}p_{kb} + V(X)$$

という形を持つ場合を考える．ただし N ($1 \leq N \leq \infty$) は宇宙の粒子の個数であり h^{ab} は d メトリックとし $X_k \in \mathbb{R}^d$ は k 番目の粒子の位置を表すとする．また p_{ka} は k 番目の粒子の運動量であり，$V(X)$ はポテンシャルである．全粒子の座標 $X = (X_1, X_2, \cdots, X_N)$ は $X = (x, y)$ と分解される．ただし k 番目の粒子が局所系 L にはいっていれば X_k は x の成分であり，そうでなければそれは y の成分である．H_{total} は以下のように分解される．

$$H_{total} = H_L + I + H_E.$$

ただし H_L は部分系 L のハミルトニアンであり変数 x にのみ影響する．また H_E は L の外部 E を表すハミルトニアンであり変数 y のみに影響を与える．また $I = I(x, y)$ は系 L と E の間の相互作用項である．H_L は H_E と可換なことに注意する．

定理 24.1 P を全ハミルトニアン H_{total} の固有空間への直交射影とする．また P_L を H_L の固有空間への直交射影とする．このとき相互作用項 $I = I(x, y)$ が任意の y に対し x について定数でなければ

$$(1 - P_L)P \neq 0 \tag{24.7}$$

が成り立つ．

24.3. 作用素による証明

証明 式 (24.7) が誤りであり

$$P_L P = P \tag{24.8}$$

であると仮定する．この式の随伴作用素を取ると

$$PP_L = P$$

が得られる．したがって $[P_L, P] = P_L P - PP_L = 0$ となる．しかし $I(x,y)$ が x について定数でなければ一般に

$$[H_L, H_{total}] = [H_L, H_L + I + H_E] = [H_L, I] \neq 0$$

であり矛盾である．したがって仮定 (24.8) は誤りであり定理が証明された． □

注 24.2 第 23 章のコンテクストではこれより

$$(1 - P_L)P\mathcal{U} \neq \{0\}$$

が従う．ただし $\mathcal{U}$ は全宇宙の可能な状態の全体のなすヒルベルト空間である．この関係より $\mathcal{U}$ のあるベクトル $\phi \neq 0$ である実数 λ に対し $H_{total}\phi = \lambda\phi$ を満たすが，任意の実数 μ に対し $H_L\Phi \neq \mu\Phi$ なるものが存在することが導かれる．ただし $\Phi = \phi(\cdot, y)$ は局所系 L の位置 y を適当に取ったときの L の状態ベクトルである．したがって y が動くとき $\phi(\cdot, y)$ は第 23 章の定義 1 の意味で自明でない空間を生成する．これは上の宇宙 ϕ に対し局所系 L が自明でないことを示し，したがって局所系 L に時間が存在することを示す．

あとがき

当初『フーリエ解析の話』として『理系への数学』に連載された文章をまとめるようにとの依頼をいただいたときはフーリエ解析そのものである第19章まででやめる予定であった．しかし富田栄社長の「改変等の内容は全く自由です」とのお言葉をいただき与えられた機会を生かさせていただいた．

2007年7月 東京にて
北 田　 均

関連文献

[1] R. Abraham and J. E. Marsden, Foundations of Mechanics, The Benjamin/Cummings Publishing Company, 2nd ed., London-Amsterdam-Don Mills, Ontario-Sydney-Tokyo, 1978.

[2] S. Agmon, *Spectral properties of Schrödinger operators and scattering theory*, Ann. Scuola Norm. Sup. Pisa **2** (1975), 151-218.

[3] P. Alsholm and T. Kato, *Scattering with long-range potentials*, Proc. Symp. Pure Math. **23** (1973), 393-399.

[4] W. O. Amrein and V. Georgescu, *On the characterization of bound states and scattering states in quantum mechanics*, Helv. Physica Acta **46** (1972), 635-658.

[5] A. Ashtekar and J. Stachel (eds.), *Conceptual Problems of Quantum Gravity*, Birkhäuser, Boston-Basel-Berlin, 1991.

[6] P. Beamish, http://groups.yahoo.com/group/time/message/2054.

[7] P. Busch and P. J. Lahti, *The determination of the past and the future of a physical system in quantum mechanics*, Foundations of Physics, **19** (1989), 633-678.

[8] H. L. Cycon, R. G. Froese, W. Kirsch and B. Simon, Schrödinger Operators, Springer-Verlag, 1987.

[9] J. Dereziński, *Asymptotic completeness of long-range N-body quantum systems*, Annals of Math. **138** (1993), 427-476.

[10] J. Dereziński and C. Gerard, Scattering Theory of Classical and Quantum N-particle systems, Texts and Monographs in Physics, Springer, 1997.

[11] A. Einstein, *On the electrodynamics of moving bodies*, translated by W. Perrett and G. B. Jeffery from *Zur Elektrodynamik bewegter Körper*, Annalen der Physik, **17** (1905) in The Principle of Relativity, Dover, 1952.

[12] V. Enss, *Asymptotic completeness for quantum mechanical potential scattering I. Short-range potentials*, Commun. Math. Phys., **61** (1978), 285-291.

[13] V. Enss, *Asymptotic completeness for quantum mechanical potential scattering II. singular and long-range potentials*, Ann. Physics **119** (1979), 117-132.

[14] V. Enss, *Propagation properties of quantum scattering states*, J. Functional Analysis **52** (1983), 219-251.

[15] V. Enss, *Quantum scattering theory for two- and three-body systems with potentials of short and long range*, in "Schrödinger Operators" edited by S. Graffi, Springer Lecture Notes in Math. **1159**, Berlin 1985, 39-176.

[16] V. Enss, *Introduction to asymptotic observables for multiparticle quantum scattering*, in "Schrödinger Operators, Aarhus 1985" edited by E. Balslev, Lect. Note in Math., vol. 1218, Springer-Verlag, 1986, 61-92.

[17] V. Enss, *Long-range scattering of two- and three-body quantum systems*, Equations aux derivées partielles, Publ. Ecole Polytechnique, Palaiseau (1989), 1-31.

[18] S. Feferman, *Transfinite recursive progressions of axiomatic theories*, Journal Symbolic Logic, **27** (1962), 259-316.

[19] J. Fourier, The Analytical Theory of Heat, Transl. by A. Freeman, Dover Publications, Mineola, New York, 2003.

[20] R. Froese and I. Herbst, *Exponential bounds and absence of positive eigenvalues for N-body Schrödinger operators*, Commun. Math. Phys. **87** (1982), 429-447.

[21] D. Fujiwara, *A construction of the fundamental solution for the Schrödinger equation*, J. Analyse Math. **35** (1979), 41-96.

[22] D. Gilberg and N. S. Trudinger, Elliptic Partial Differential Equations of Second Order, Springer-Verlag, Berlin, Heidelberg, New York, 1977.

[23] K. Gödel, *On formally undecidable propositions of Principia mathematica and related systems I*, in "Kurt Gödel Collected Works, Volume I, Publications 1929-1936," Oxford University Press, New York, Clarendon Press, Oxford, 1986, 144-195, translated from *Über formal unentsceidebare Sätze der Principia mathematica und verwandter Systeme I*, Monatshefte für Mathematik und Physik, **38** (1931), 173-198.

[24] L. Hörmander, *Fourier integral operators I*, Acta Math. **127** (1971), 79-183.

[25] L. Hörmander, *The existence of wave operators in scattering theory*, Math. Z. **146** (1976), 69-91.

[26] L. Hörmander, The Analysis of Linear Partial Differential Operators, II Differentail Operators with Constant Coefficients, Springer, 1983.

[27] L. Hörmander, The Analysis of Linear Partial Differential Operators, IV Fourier Integral Operators, Springer, 1985.

[28] T. Ikebe, *Eigenfunction expansions associated with the Schrödinger operators and their applications to scattering theory*, Arch. Rational Mech. Anal., **5** (1960), 1-34.

[29] T. Ikebe, *Spectral representation for Schrödinger operators with long-range potentials*, J. Functional Analysis **20** (1975), 158-177.

[30] T. Ikebe, *Spectral representation for Schrödinger operators with long-range potentials II perturbation by short-range potentials*,Publ. RIMS Kyoto Univ. **11** (1976), 551-558.

[31] T. Ikebe and H. Isozaki, *Completeness of modified wave operators for long-range potentials*, Publ. RIMS Math. Sci. **15** (1979), 679-718.

[32] T. Ikebe and H. Isozaki, *A stationary approach to the existence and completeness of long-range wave operators*, Integral Equations Operator Theory **5** (1982), 18-49.

[33] T. Ikebe and Y. Saitō, *Limiting absorption method and absolute continuity for the Schrödinger operators*, J. Math. Kyoto Univ. **12** (1972), 513-542.

[34] M. Insall, private communication, 2003, (an outline is found at:

http://www.cs.nyu.edu/pipermail/fom/2003-June/006862.html).

[35] C. J. Isham, *Canonical quantum gravity and the problem of time*, Proceedings of the NATO Advanced Study Institute, Salamanca, June 1992, Kluwer Academic Publishers, 1993.

[36] H. Isozaki and H. Kitada, *Micro-local resolvent estimates for 2-body Schrödinger operators*, Journal of Functional Analysis, **57** (1984), 270-300.

[37] H. Isozaki and H. Kitada, *Modified wave operators with time-independent modifiers*, Journal of the Fac. Sci, University of Tokyo, Sec. IA, **32** (1985), 77-104.

[38] H. Isozaki and H. Kitada, *A remark on the microlocal resolvent estimates for two body Schrödinger operators*, Publ. RIMS Kyoto Univ. **21** (1985), 889-910.

[39] H. Isozaki and H. Kitada, *Scattering matrices for two-body Schrödinger operators*, Scientific Papers of the College of Arts and Sciences, The University of Tokyo **35** (1985), 81-107.

[40] A. Jensen and H. Kitada, *Fundamental solutions and eigenfunction expansions for Schrödinger operators II. Eigenfunction expansions*, Math. Z. **199** (1988), 1-13.

[41] W. Jäger, *Ein gewöhnlicher Differentialoperator zweiter Ordnung für Funktionen mit Werten in einem Hilbertraum*, Math. Z. **113** (1970), 68-98.

[42] T. Kato, Perturbation Theory for Linear operators, Springer-Verlag, 1976.

[43] T. Kato, *Wave operators and similarity for some non-selfadjoint operators*, Math. Annalen 162 (1966), 258-279.

[44] T. Kato and S. T. Kuroda, *Theory of simple scattering and eigenfunction expansions*, Functional Analysis and Related Fields, Springer-Verlag, Berlin, Heidelberg, and New York, 1970, 99-131.

[45] T. Kato and S. T. Kuroda, *The abstract theory of scattering*, Rocky Mount. J. Math. **1** (1971), 127-171.

[46] H. Kitada, *On the completeness of modified wave operators*, Proc. of the Japan Academy **52** (1976), 409-412.

[47] H. Kitada, *A stationary approach to long-range scattering*, Osaka J. Math. **13** (1976), 311-333.

[48] H. Kitada, *Scattering theory for Schrödinger operators with long-range potentials, I abstract theory*, J. Math. Soc. Japan **29** (1977), 665-691.

[49] H. Kitada, *Scattering theory for Schrödinger operators with long-range potentials, II spectral and scattering theory*, J. Math. Soc. Japan **30** (1978), 603-632.

[50] H. Kitada, *Asymptotic behavior of some oscillatory integrals*, J. Math. Soc. Japan **31** (1979), 127-140.

[51] H. Kitada, *On a construction of the fundamental solution for Schrödinger equations*, Journal of the Fac. Sci, University of Tokyo, Sec. IA, **27** (1980), 193-226.

[52] H. Kitada, *Scattering theory for Schrödinger equations with time-dependent potentials of long-range type*, Journal of the Fac. Sci, University of Tokyo, Sec. IA, **29** (1982), 353-369.

[53] H. Kitada, *Fourier integral operators with weighted symbols and micro-local resolvent estimates*, J. Math. Soc. Japan, **39** (1987), 101-124.

[54] H. Kitada, *Fundamental solutions and eigenfunction expansions for Schrödinger operators I. Fundamental solutions*, Math. Z. **198** (1988), 181-190.

[55] H. Kitada, *Fundamental solutions and eigenfunction expansions for Schrödinger operators III. Complex potentials*, Scientific Papers of the College of Arts and Sciences, The University of Tokyo **39** (1989), 109-123.

[56] H. Kitada, *Asymptotic completeness of N-body wave operators I. Short-range quantum systems*, Rev. in Math. Phys. **3** (1991), 101-124.

[57] H. Kitada, *Asymptotic completeness of N-body wave operators II. A new proof for the short-range case and the asymptotic clustering for long-range systems*, Functional Analysis and Related Topics, 1991,

Ed. by H. Komatsu, Lect. Note in Math., vol. 1540, Springer-Verlag, 1993, 149-189.

[58] H. Kitada, *Theory of local times*, Il Nuovo Cimento **109 B, N. 3** (1994), 281-302, http://xxx.lanl.gov/abs/astro-ph/9309051.

[59] H. Kitada, *Quantum Mechanics and Relativity – Their Unification by Local Time*, Spectral and Scattering Theory, edited by A. G. Ramm, Plenum Publishers, New York 1998, 39-66. (http://xxx.lanl.gov/abs/gr-qc/9612043)

[60] H. Kitada, *A possible solution for the non-existence of time*, http://xxx.lanl.gov/abs/gr-qc/9910081, 1999.

[61] H. Kitada, *Local Time and the Unification of Physics Part II. Local System*, http://xxx.lanl.gov/abs/gr-qc/0110066, 2001.

[62] H. Kitada, *Inconsistent Universe – Physics as a meta-science –*, (http://arXiv.org/abs/physics/0212092) (2002).

[63] H. Kitada, *Is mathematics consistent?*, (http://arXiv.org/abs/math.GM/0306007) (2003).

[64] H. Kitada, *Does Church-Kleene ordinal ω_1^{CK} exist?*, (http://arXiv.org/abs/math.GM/0307090) (2003).

[65] H. Kitada, Quantum Mechanics, Lectures in Mathematical Sciences, vol. 23, The University of Tokyo, 2005, ISSN 0919-8180, ISBN 1-000-01896-2. (http://arxiv.org/abs/quant-ph/0410061)

[66] H. Kitada, *Fundamental solution global in time for a class of Schrödinger equations with time-dependent potentials*, Commun. in Math. Analysis **1** (2006), 137-147 (http://arxiv.org/abs/math.AP/0607101).

[67] H. Kitada and L. Fletcher, *Local time and the unification of physics, Part I: Local time*, Apeiron **3** (1996), 38-45.

[68] H. Kitada and L. Fletcher, *Comments on the Problem of Time*, http://xxx.lanl.gov/abs/gr-qc/9708055, 1997.

[69] H. Kitada and H. Kumano-go, *A family of Fourier integral operators and the fundamental solution for a Schrödinger equation*, Osaka J. Math., **18** (1981), 291-360.

[70] H. Kitada and K. Yajima, *A scattering theory for time-dependent long-range potentials*, Duke Math. J. **49** (1982), 341-376.

[71] H. Kitada and K. Yajima, *Remarks on our paper "A scattering theory for time-dependent long-range potentials"*, Duke Math. J. **50** (1983), 1005-1016.

[72] S. C. Kleene, Introduction to Metamathematics, North-Holland Publishing Co. Amsterdam, P. Noordhoff N. V., Groningen, 1964.

[73] S. T. Kuroda, *Scattering theory for differential operators, I operator theory*, J. Math. Soc. Japan **25** (1973), 75-104.

[74] S. T. Kuroda, *Scattering theory for differential operators, II self-adjoint elliptic operators*, J. Math. Soc. Japan **25** (1973), 222-234.

[75] R. Lavine, *Absolute continuity of positive spectrum for Schrödinger operators with long-range potentials*, J. Functional Analysis **12** (1973), 30-54.

[76] R. Lavine, *Commutators and scattering theory II*, Indiana Univ. Math. J. **21** (1972), 643-656.

[77] E. H. Lieb, *The stability of matter: From atoms to stars*, Bull. Amer. Math. Soc. **22** (1990), 1-49.

[78] C. W. Misner, K. S. Thorne, and J. A. Wheeler, Gravitation, W. H. Freeman and Company, New York, 1973.

[79] T. S. Natarajan, private communication, 2000.

[80] T. S. Natarajan, Phys. Essys., **9, No. 2** (1996) 301-310, or *Do Quantum Particles have a Structure?* (http://www.geocities.com/ResearchTriangle/Thinktank/1701/).

[81] J. von Neumann, "Mathematical Foundations of Quantum Mechanics," translated by R. T. Beyer, Princeton University Press, Princeton, New Jersey, 1955.

[82] I. Newton, Sir Isaac Newton Principia, Vol. I The Motion of Bodies, Motte's translation Revised by Cajori, Tr. Andrew Motte ed. Florian Cajori, Univ. of California Press, Berkeley, Los Angeles, London, 1962.

[83] Kitarou Nishida, *Absolute inconsistent self-identity (Zettai-Mujunteki-Jikodouitsu)*, http://www.aozora.gr.jp/cards/000182/files/1755.html, 1989.

[84] P. Perry, I. M. Sigal and B. Simon, *Spectral analysis of N-body Schrödinger operators*, Ann. Math. **114** (1981), 519-567.

[85] M. Reed and B. Simon, Methods of Modern Mathematical Physics Vol. I: Functional Analysis, Academic Press, 1972.

[86] M. Reed and B. Simon, Methods of Modern Mathematical Physics Vol. II: Fourier Analysis, Self-adjointness, Academic Press, 1975.

[87] H. Rogers Jr., Theory of Recursive Functions and Effective computability, McGraw-Hill, 1967.

[88] D. Ruelle, *A remark on bound states in potential-scattering theory*, Il Nuovo Cimento **61 A** (1969), 655-662.

[89] Y. Saitō, *The principle of limiting absorption for second-order differential equations with operator-valued coefficients*, Publ. RIMS, Kyoto Univ. **7** (1971/72), 581-619.

[90] Y. Saitō, *Spectral and scattering theory for second-order differential operators with operator-valued coefficients*, Osaka J. Math. **9** (1972), 463-498.

[91] Y. Saitō, *Spectral theory for second-order differential operators with long-range operator-valued coefficients I Limiting absorption principle*, Japan. J. Math. **1** (1975), 311-349.

[92] Y. Saitō, *Spectral theory for second-order differential operators with long-range operator-valued coefficients II Eigenfunction expansions and the schrödinger operators with long-range potentials*, Japan. J. Math. **1** (1975), 351-382.

[93] Y. Saitō, Spectral Representations for Schrödinger Operators with Long-Range Potentials, Lecture Notes in Math. **727**, Springer, 1979.

[94] L. I. Schiff, Quantum Mechanics, McGRAW-HILL, New York, 1968.

[95] U. R. Schmerl, *Iterated reflection principles and the ω-rule*, Journal Symbolic Logic, **47** (1982), 721–733.

[96] I. M. Sigal and A. Soffer, *The N-particle scattering problem: Asymptotic completeness for short-range systems*, Ann. Math. **126** (1987), 35-108.

[97] Ronald Swan, *A meta-scientific theory of nature and the axiom of pure possibility*, a draft not for publication, 2002.

[98] A. M. Turing, *Systems of logic based on ordinals*, Proc. London Math. Soc., ser. 2, **45** (1939), 161–228.

[99] P. Wegner and D. Goldin, *Mathematical models of interactive computing*, draft, January 1999, Brown Technical Report CS 99-13, http://www.cs.brown.edu/people/pw.

[100] D. Yafaev, *New channels in three-body long-range scattering*, Equations aux derivées partielles, Publ. Ecole Polytechnique, Palaiseau XIV (1994), 1–11.

[101] K. Yosida, Functional Analysis, Springer-Verlag, 1968.

[102] 磯崎 洋, 多体シュレーディンガー方程式, シュプリンガー東京, 2004.

[103] 熊ノ郷 準, 擬微分作用素, 岩波書店, 1974.

[104] 黒田 成俊, スペクトル理論 II, 岩波講座 基礎数学, 岩波書店, 1979.

[105] 黒田 成俊, 関数解析, 共立出版, 1980.

[106] 黒田 成俊, 量子物理の数理, 岩波書店, 2007.

[107] 北田 均-小野俊彦, 理学を志す人のための数学入門, 現代数学社, 2006.

索 引

アーベルの級数変形, 57
アイコナル方程式, 169, 252, 256
一回連続的微分可能, 9
ウェーブレット, 14
L^2-有界性, 116
エンス法, 303, 309
オイラーの公式, 7

ガウス積分, 34
可逆性, 115, 133
換算質量, 179, 185
完全性, 42
観測, 319
完備化, 44
完備性, 23, 42
完備な距離空間, 40

擬微分作用素, 12, 84, 103
基本解, 140
逆フーリエ変換, 13
急減少関数, 30
級数, 3
共役複素数, 7
極限吸収原理, 216
局所系, 203
局所時間, 183, 184

クラスター分解, 184
クラスターヤコビ座標系, 185
クロネッカーのデルタ, 8

形式主義, 331

コーシー (Cauchy), 5
コーシーの積分定理, 33
コーシーの判定条件, 251
コーシー列, 42, 122
固有空間, 186
固有状態, 301
固有値, 241

サポート, 118, 182, 226, 264
三角級数, 5
散乱空間, 271
散乱状態, 245

時間, 173
自己共役作用素, 187
二乗可積分な関数の空間 L^2, 45
二乗平均収束, 21
実数値関数, 3
周期関数, 5
修正波動作用素, 300
自由ハミルトニアン, 207
シュレーディンガー方程式, 140, 153
純粋点スペクトル空間, 186
振動積分, 12, 83, 85, 89
シンボル, 84, 102, 105, 106, 112

随伴作用素, 210, 242, 244
スペクトル測度, 187
スペクトル表現, 207

正規直交基底, 22
正規直交系, 8

正準交換関係, 179
積分の第二平均値定理, 57, 66, 69
セサロ (Cesàro) 総和可能, 18
セミノルム, 99, 106, 116, 117
漸近 (的) 完全性, 250, 253
線型空間, 40

相関数, 125, 126
相対性, 315
ソボレフ空間, 78

台, 14, 118, 182
対称作用素, 242
多重指数, 46, 83
多重積, 111
多重積の表象, 112
多体ハミルトニアン, 267
単位の分解, 188, 209

定常的修正因子, 250, 303
ディリクレ (Dirichlet), 5
ディリクレ型境界条件, 76
ディリクレの定理, 54
停留位相の方法 (sationary phase method), 220, 307
テンソル積, 180
転置作用素, 90
伝播評価, 227, 231

同一視作用素, 250, 264, 303

内積, 8

2 体ハミルトニアン, 241

熱伝導方程式, 71
『熱の解析的理論』, 3

ノイマン型境界条件, 76
ノルム, 8

パーセバルの関係式, 37
パーセバルの等式, 22
波動作用素, 246, 303

ハミルトニアン, 139–141, 153, 176
ハミルトン-ヤコビ方程式, 161, 256

左単化表象, 101
表象, 84, 93, 97, 99
表象のテイラー展開, 106
ヒルベルト空間, 38, 40, 43

フーリエ (J. Fourier), 3
フーリエ級数, 3
フーリエ係数, 3
フーリエ積分, 12
フーリエ積分作用素, 12, 125, 153
フーリエの主張, 26
フーリエの積分公式, 36, 62
フーリエの反転公式, 13, 29, 34
フーリエ変換, 13, 30
フェイェール (Fejér) の定理, 21
不確定性関係, 176
不完全性定理, 335, 338, 351
複素数値関数, 7
フビニの定理, 94
プランシュレルの定理, 38, 209, 225

ベッセル (Bessel) の不等式, 9
ヘルダー連続, 216
偏微分方程式, 71

ポアッソン (Poisson), 5
ポアッソン積分, 213
ポアッソンの和公式, 49

右単化表象, 101

無限次元線型空間, 23

ヤコビ座標系, 179

有界変動関数, 53
ユニタリ群, 184, 216
ユニタリ作用素, 38

ラプラス変換, 233

リゾルベント, 213

連続スペクトル空間, 242, 280

(著者紹介)

北田 均 (きただ ひとし)

1973年　東京大学理学部数学科卒業
1979年　理学博士
現　在　東京大学大学院数理科学研究科准教授
著　書　Quantum Mechanics, 東京大学数理科学セミナリーノート 23, 友隣社, 2005
　　　　理学を志す人のための数学入門, 現代数学社, 2006

フーリエ解析の話　　　2007年11月1日　　　初版1刷発行

検印省略	著　者　北田　均
	発行者　富田　栄
	発行所　株式会社　現代数学社
	〒606-8425　京都市左京区鹿ヶ谷西寺ノ前町1
	TEL&FAX 075 (751) 0727　振替 01010-8-11144
	http://www.gensu.co.jp/

印刷・製本　　モリモト印刷株式会社

ISBN 978-4-7687-0377-9　　　　　　落丁・乱丁はお取替え致します．